광복 후 독도와 언론보도 II
1945~1954년의 독도

일러두기

- 이 책은 2019년도 동북아역사재단 기획연구 수행 결과물이다(NAHF-2019-기획연구-4).
- 이 책의 신문 기사는 최대한 원문 그대로 수록하였으나 내용 이해를 위해 다음과 같이 교정하였다.
    - 띄어쓰기, 외래어 표기 등은 현대의 한글 맞춤법에 따라 교정하였다.
    - 한자는 한글로 바꾸되, 성명 등은 '한글(한자)'로 병기하였다. 성명이나 한 단어에 한자와 한글이 섞여 있는 경우도 있는데, 원문 그대로 두었다.
    - 신문의 인쇄 상태가 좋지 않아 알아볼 수 없는 글자는 '□'로 표시하였다.
    - '독도'와 '동해'의 명칭이 일본 신문기사를 인용하여 '죽도'와 '일본해'로 표기된 경우도 있는데, 기사 원문 그대로 일본식 명칭으로 표기하였다.
    - 다만, 이 책 중 국회 속기록 내용은 지금의 맞춤법대로 교정하지 않고 '국회 회의록'에 있는 내용 그대로 옮겼다.
- 2편 〈자료〉에서 내용이 중복되는 기사는 하나의 대표 기사만 수록하고 나머지는 각주에 출처를 표기하였다.

동북아역사 자료총서 60

광복 후 독도와 언론보도 II
1945~1954년의 독도

홍성근 편

동북아역사재단
NORTHEAST ASIAN HISTORY FOUNDATION

촬영: 최계복, 제공: 한국산악회

1947년 8월 20일 조선산악회의 독도 학술조사에 참가한 한 대원이 동도의 몽돌해변에서 무언가를 씻고 있고, 바다 건너편으로 서도의 탕건봉과 촛대바위, 삼형제굴바위가 보인다. 그날 독도 학술조사에는 조선산악회의 울릉도학술조사대, 과도정부의 중앙 당국과 경상북도에서 파견한 공무원, 그리고 울릉도의 도사(島司)와 경찰서장 등 72명이 참가하였다.

* 참고: 『자유신문』, 1947년 8월 24일, 2면,
"동해 신비경인 독도의 생태에 황홀, 산악회 조사대"

촬영: 김한용, 제공: 국립아시아문화전당

1953년 10월 15일 한국산악회 울릉도·독도학술조사단이 세운 독도 영토표석의 뒷면 모습이다. 영토표석의 오른쪽 아래에 새겨진 날짜("15th AUG 1952")를 통해 알 수 있듯이 조사단은 이 표석을 1952년 8월 15일까지 세우려고 했다. 그런데 독도폭격사건 등으로 그해(1952년)에는 세우지 못하고 울릉도 경찰서에 1년을 보관해 두었다가 세웠다.

* 참고: 『조선일보』, 1953년 10월 26일, 2면,
"독도에 다녀와서(3), 로빈슨 크루소도 될 뻔, 15일 밤엔 고도서 막영(幕營) (홍종인)"

촬영: 김한용, 제공: 국립아시아문화전당

1953년 10월 15일 한국산악회 울릉도·독도학술조사단 단원들이 독도에서 하룻밤을 보내며 캠프파이어를 하고 있다. 조사단장 홍종인 씨는 그날 밤의 추억을 이렇게 기록했다. "무인고도의 밤이라고 하지만 조금도 외로울 바 없었다. 물결 소리 출렁거리는 기슭에는 캠프파이어(營火)가 밤새 피어오르고 하늘에는 반달이 찾아든다."

* 참고: 『조선일보』, 1953년 10월 26일, 2면,
"독도에 다녀와서(3), 로빈손 크루소도 될 뻔, 15일 밤엔 고도서 막영(幕營) (홍종인)"

제공: 홍인근

1954년 8월 28일 울릉도 도민을 대표하는 각 관공서의 기관장과 독도의용수비대 관계자 등 36명이 독도의 동도 정상에서 독도 경비초사 건립과 영토표석 제막을 기념하여 사진을 찍었다. 맨 앞에 독도의용수비대 홍순칠 대장이 서 있고 그의 오른쪽에는 홍순엽 울릉교육감이 있다. 그 뒷줄 맨 왼쪽에서 두 번째 제복을 입고 있는 사람이 구국찬 울릉경찰서장, 그 오른쪽이 임상욱 울릉군수이다.

*참고: 『마산일보』, 1954년 8월 26일, 2면,
"선박과 인원 배치, 독도 경비에 만반 터세"

책머리에

이 책은 『광복 후 독도와 언론보도』의 두 번째 자료총서로, 1945년 광복 후 1954년까지 국내 신문에 게재된 독도 관련 사항을 다루었다.

광복 후 독도를 언급한 최초의 국내 신문은 1947년 6월 20일 『대구시보』로 파악된다. 그래서 이 책에서 다루는 신문기사는 1947년에서 1954년까지로 하였다. 기간을 1954년까지로 잡은 데는 우선 한 권의 책으로 엮을 수 있는 기사의 분량을 고려하였다. 더불어 1954년은 광복 후 독도 관련 사항에 있어 중요한 시기라는 점도 고려하였다. 1954년은 한국의 경비대가 독도 상주를 시작한 해로 일본의 독도 침범에 상시 대응이 가능하게 된 시점이다.

광복 후 1954년까지의 기간은 미군정과 대한민국 정부 수립, 그리고 6·25 전쟁으로 이어지는 시기이다. 그 시기, 독도를 둘러싸고 많은 일들이 꼬리에 꼬리를 물고 일어났다. 일본인들의 독도 침범, 한국산악회의 독도 학술조사, 독도폭격사건, 맥아더 라인과 평화선 선언, 샌프란시스코강화조약 체결, 독도폭격연습지 지정과 해제, 한국과 일본의 영토표지 설치와 철거, 독도 등대와 감시초 건립, 독도경비대 파견 등이 있었다.

당시의 언론보도는 이러한 상황을 잘 설명해 주고 있다. 물론 당시 독도와 관련된 모든 사항이 언론을 통해 보도되지는 않았다. 그리고 시시각각의 소식이 전 세계를 오가는 오늘날에도 언론보도에 대한 '팩트체크'의 필요성이 요구되고 있는데, 광복 후의 언론보도도 마찬가지이다.

그럼에도 언론보도는 역사적 사실을 기록하고 평가하는 데 있어 중요한 기초자료가 된다. 언론보도를 통해 광복 후 일본의 독도 도발과 한국의 대응이 어떻게 이어졌는지, 한국이 일본의 독도 침범을 어떻게 막아내었는지, 그리고 그 과정에서 한국의 국민들은 독도에 대해 어떠한 인식을 갖게 되었는지도 살펴볼 수 있다.

이 책은 〈개설〉(1편)과 〈자료〉(2편), 〈목록〉(3편)으로 구성되어 있다. 제1편 〈개설〉에서는 제2편 〈자료〉에 수록된 언론보도를 기초로 1947~1954년간 독도 관련 사항을 정리하였다. 〈개설〉의 내용은 독도와 관련된 사건의 흐름을 전체적으로 파악할 수 있도록 기사를 시간순으로 정리하였다. 그리고 관련 기사 내용을 확인할 수 있도록 이 책에 수록된 기사나 그와 관련된 참고자료의 출처를 각주에 표시하였다.

제2편 〈자료〉에서는 1947년 6월부터 1954년 12월까지 독도와 관련된 주요 언론보도 기사를 선별하여 원문 그대로 실었다. 다만 '일러두기'에서 말한 바와 같이 특별한 경우를 제외하고 띄어쓰기, 외래어 표기 등은 현대의 한글 맞춤법에 따랐다. 기사는 연도별로 구분하고, 내용이 중복되는 기사는 대표적인 기사만 수록하였다. 나머지 기사는 각주에 그 출처를 표시하였다. 기사와 관련된 국회 회의록 등 참고자료도 게재하여 기사에 대한 이해를 돕고자 했다.

마지막으로 제3편 〈목록〉에서는 1947~1954년간 독도와 관련된 국내 신문기사 목록을 수록하였다. 한 가지 밝혀둘 것은 이 책에서는 1948년 독도폭격사건과 1950년 독도조난어민위령비 제막식과 관련된 기사는 제외하였다. 그 기사들은 이미 출판한 『광복 후 독도와 언론보도 I : 1948년 독도폭격사건』(동북아역사재단, 2020)에 수록되어 있다.

이 책에 수록된 신문기사의 원문은 국립중앙도서관의 고신문 검색 사이트, 국사편찬위원회 사료관에서 소장하고 있는 신문, 『경향신문』, 『동아일보』, 『조선일보』 등의 기사를 열람할 수 있는 온라인 사이트에서 확인할 수 있다.

책의 앞부분에는 1947~1954년간 독도와 관련된 주요 장면이 담긴 4장의 사진을 수록하였다. 이 사진들은 그 당시의 상황을 현장감 있게 보여준다.

끝으로 이 책을 통해 광복 후 독도를 둘러싸고 일본의 도발과 한국의 대응이 이어지는 역사를 되돌아보며, 지금도 계속되고 있는 일본의 독도 도발에 대해 어떻게 대응해 나가며 독도를 우리 삶의 터전으로 어떻게 가꾸어나갈 것인지 역사 속에서 교훈을 배울 수 있길 기대한다.

2021년 12월
동북아역사재단 연구위원
홍성근 씀

차례

책머리에 8

I편 〈개설〉 언론보도를 통해 본 1945~1954년의 독도

I 머리말 26

II 1947년의 독도: 일본의 도발과 한국의 학술조사 29
   1. 일본 측의 독도 도발 29
   2. 과도정부의 독도수색위원회 조직 32
   3. 울릉도 독도 학술조사 34

III 1948~1951년의 독도: 독도폭격사건과 대일강화조약 체결 40
   1. 1948년의 독도: 독도폭격사건 40
   2. 1949년의 독도: 맥아더 라인 확대 41
   3. 1950년의 독도: 맥아더 라인과 독도조난어민위령비 43
   4. 1951년의 독도: 대일강화조약과 일본의 도발 45

IV 1952년의 독도: 평화선 선언과 독도폭격사건 50
   1. 평화선 선언 50
   2. '독도가 한국령'이라는 자료 공개 52
   3. 맥아더 라인 폐기 53
   4. 제2차 울릉도·독도학술조사단 파견과 제2차 독도폭격사건 54
   5. 클라크 라인의 설정 60

V 1953년의 독도: 일본의 침범과 한국의 학술조사 61
   1. 1953년 2월 독도폭격연습지 해제 61
   2. 일본의 독도 침범과 한국의 대응 62

VI 1954년의 독도: 독도의 시설 설치와 경비대 상주 — 69
1. 한국의 독도 영토표지 설치 — 69
2. 일본의 자위권 발언 — 70
3. 울릉도민의 '독도자위대' 결성 — 70
4. 일본 측의 총격사건 — 74
5. 국회 독도시찰위원단의 독도 시찰 — 75
6. 독도의 시설 설치 및 독도 우표 발매 — 76
7. 국제사법재판소와 유엔에 회부 시도 — 78
8. 경북 경찰국장의 독도 방문과 독도 경비대의 구호 요청 — 80

VII 맺음말 — 83

* 참고문헌 — 86

2편 〈자료〉 1947~1954년 독도 관련 국내 주요 언론보도 기사

1 1947년의 독도
과도정부, 울릉도 독도 학술조사 실시

6월 20일
『대구시보』, 2면, "왜적 일인(日人)의 걸빠진 수작, 울릉도 근해의 소도(小島)를 자기네 섬이라고 어구(漁區)로 소유" — 91

7월 23일
『동아일보』, 2면, "판도에 야욕의 촉수 못 버리는 일인(日人)의 침략성, 울릉도 근해 독도 문제 재연" — 93
『동아일보』, 2면, "당연 우리 것, 신(申) 국사관장 담(談)" — 94

8월 3일
『동아일보』, 4면, "독도 문제 중대화, 수색위원회 조직코 협의" — 95
『부인신보』, 2면, "울릉도 답사대, 조선산악회서 파견" — 96

8월 5일
『동아일보』, 2면, "독도는 우리 판도(版圖), 역사적 증거 문헌을 발견, 수색회서 맥 사령에 보고" — 97

8월 12일
『대구시보』, 2면, "독도에 조사단, 경찰청서 파견" — 98

8월 13일
『한성일보』, 2면, "근해 침구(侵寇)의 일(日) 어선, 맥아더선(線) 수정도 건의" — 99

8월 17일
『영남일보』, 3면, "독도시찰대, 오늘 출발" — 100

8월 19일

『영남일보』, 2면, "울릉도학술단 조사 수행기(1), 동백꽃 피는 바닷가에서 도민의 해양 비약을 기원" ... 101

8월 21일

『자유신문』, 2면, "문제 많은 독도도 탐험, 울릉도학술조사대 안착 활동 중" ... 103

8월 22일

『대구시보』, 2면, "독도를 탐사" ... 104

『서울신문』, 2면, "울릉도학술조사대 현지 착(現地着), 활동에 착수" ... 105

8월 23일

『부녀일보』, 2면, "독도는 해산물의 보고, 그러나 사람 살 수 없는 곳" ... 106

『영남일보』, 2면, "울릉도학술단 조사 수행기(2), 너울안개 도동 항구에 다정하게 맞아 준 도민들" ... 107

『조선일보』, 2면, "울릉도 학술답사대, 독도 답사, 의외! 해구(海狗) 발견" ... 109

8월 24일

『영남일보』, 2면, "독도서 해구(海狗) 3두를 포획" ... 110

『자유신문』, 2면, "동해 신비경인 독도의 생태에 황홀, 산악회 조사대" ... 111

8월 27일

『남선경제신문』, 2면, "독도는 이런 곳, 절경의 풍광 가지고, 수산 자원이 풍부" ... 113

『대구시보』, 2면, "동해의 고도(孤島) 울릉도행(1), 선경(仙境)에 들어온 감(感)" ... 115

『서울신문』, 2면, "조사대 일행, 울릉도 출발 귀로(歸路)에" ... 117

8월 28일

『남선경제신문』, 2면, "독도는 이런 곳" ... 118

『영남일보』, 2면, "울릉도 학술조사를 마치고 돌아와서(3) (김득룡)" ... 121

8월 29일

『부녀일보』, 2면, "독도 소개 영화를 목하(目下) 제작 중" ... 124

『영남일보』, 2면, "울릉도 학술조사를 마치고 돌아와서(4), 원시적 영농의 개량과 흉년 제가가 초급(焦急) 과제 (김득룡)" ... 125

8월 30일

『대구시보』, 2면, "독도 사진 공개, 본사 최 촉탁 촬영" ... 127

8월 31일

『대구시보』, 2면, "사진, 본사 최 촉탁 촬영" ... 128

9월 4일

『공업신문』, 2면, "생명선은 수산과 임산업(林產業), 울릉도, 식량 교통난도 해결" ... 129

9월 9일

『서울신문』, 3면, "울릉도조사대의 귀환 보고 강연회" ... 132

9월 21일

『한성일보』, 2면, "울릉도학술조사대 보고기(1) (홍종인)" ... 133

9월 24일

『한성일보』, 2면, "울릉도학술조사대 보고기(2) (홍종인)" ... 135

9월 25일
『한성일보』, 2면, "울릉도학술조사대 보고기(3) (홍종인)"   137

9월 26일
『한성일보』, 2면, "울릉도학술조사대 보고기(終) (홍종인)"   139

10월 15일
『독립신보』, 2면, "독도는 우리 것! 닥랄한 왜적의 촉수, 증빙자료가 염연히 증명"   141

10월 18일
『수산경제신문』, 1면, "독도 근방에 길(日) 밀선(密船) 출몰"   143

10월 22일
『동아일보』, 2면, "일본의 침략적 야욕, 이번엔 황해 파랑서에, 자기네 영토라고 맥 사령에 보고"   144

11월 5일
『부산신문』, 2면, "울릉도 보고전(報告展) 서울서 개최"   145

11월 15일
『서울신문』, 4면, "울릉도 보고전을 결면서 (홍종인)"   146

2 1948년의 독도
독도폭격사건과 독도 어업

7월 8일
『조선일보』, 1면, "헌법안 제2독회 됐결, '대한민국 헌법', 제3독회는 12일부터 개시, 국회 27차 회의"   149

7월 17일
『대공일보』, 1면, "울릉도와 독도(1) (유하준)"   150

7월 18일
『대공일보』, 1면, "울릉도와 독도(2) (유하준)"   152

7월 20일
『대공일보』, 1면, "울릉도와 독도(3) (유하준)"   155
『수산경제신문』, 2면, "독도의 물개① (박재동)"   158

7월 21일
『대공일보』, 1면, "울릉도와 독도(4) (유하준)"   160

7월 22일
『대공일보』, 1면, "울릉도와 독도(5) (유하준)"   163
『수산경제신문』, 2면, "독도의 물개② (박재동)"   165

7월 23일
『대공일보』, 1면, "울릉도와 독도(6) (유하준)"   167
『수산경제신문』, 2면, "독도의 물개④ (박재동)"   168

7월 25일
『수산경제신문』, 2면, "독도의 물개⑤ (박재동)"   170

9월 4일
『수산경제신문』, 1면, "수산업계의 회고와 전망(6), 이재 어민의 구휼책 막연, 인명과 선박 손실은 일대 치명상" … 171

9월 5일
『수산경제신문』, 1면, "수산업계의 회고와 전망(7), 근해에 왜(倭) 밀어선 빈번, 교활한 수단으로서 재침 기도" … 174

3 1949년의 독도
맥아더 라인 변경

6월 3일
『조선중앙일보』, 2면, "맥아더 라인 사수, 손 해군 총참모장 담(談)" … 177

6월 15일
『강원일보』, 1면, "맥아더 라인 확대 문제, 주일대사에 재교섭 지시" … 178

9월 23일
『경향신문』, 1면, "정부 당면 시책, 33의원에 답변, 맥아더 라인 변경할 시에는 한국 안전을 불침해" … 179

4 1950년의 독도
맥아더 라인 사수

2월 28일
『경향신문』, 2면, "일(日) 어구(漁區)의 확장 언명한 일 없다, 맥 라인 침범선은 엄단, 내한한 '헤' 씨 기자단에 언명" … 183

11월 27일
『동아일보』, 1면, "대일강화(對日講和), 미(美) 7원칙을 제시, 소(蘇)는 미측 설명을 요구" … 184

5 1951년의 독도
샌프란시스코강화조약 체결

7월 23일
『조선일보』, 1면, "대일강화(對日講和) 조인국서, 한국 제외는 부당, 양(梁) 주미 대사 정식 항의" … 187

7월 24일
『동아일보』, 1면, "[사설] 외교사절단 파견을 요망" … 188

7월 25일
『동아일보』, 1면, "대일구화조약안의 검토(상) (유진오)" … 190

8월 21일
『조선일보』, 2면, "한국 요구 대부분을 용인, 대일강화조약 최종안 수정" … 192

8월 28일

『조선일보』, 1면, "맥선(線) 존속시키라, 이(李) 공보처장 성명 발표" … 193

8월 30일

『민주신보』, 2면, "잊어버렸던 독도, 대일강화문제로 재등장, 한일 어획 경쟁 석일(昔日)부터 계속, 귀속 여부 상항 회의 관건, 엄연히 한국 영토인데 일본인들이 모략" … 194

9월 1일

『민주신보』, 2면, "명백히 된 독도 구속, 15세기 말엽 한인이 발견, 성종 2년 군역 피한 사람 수색으로 발견, 아(我) 정부 문헌을 양 대사에게 송부" … 197

9월 5일

『민주신보』, 2면, "가증, 일 독도 자기 영토라고 주장, 노골화한 영토 야심, 포츠담선언, 맥 지령에도 엄연히 불포함, 경계하자! 독도 아닌 타 영토 수호에도" … 198

『조선일보』, 2면, "경계할 일본의 재기, 민주 관용은 침략을 조장, 이 대통령 상항(桑港)회의 등에 언급" … 200

9월 9일

『조선일보』, 1면, "한국은 요구권 보유, 상항(桑港)회의에서 덜레스 씨 연설" … 203

9월 22일

『조선일보』, 2면, "파랑서조사단(波浪嶼調査團) 현지에" … 204

11월 26일

『동아일보』, 2면, "독도를 죽도(竹島)로 자칭, 일 영유 주장, 조일신문 보도에 교포 분격" … 205

11월 29일

『자유신문』, 2면, "독도는 우리 영토, 이 공보처장 일본에 경고" … 206

6 1952년의 독도
평화선 선언과 제2차 울릉도 독도 학술조사

1월 16일

『경향신문』, 1면, "재일동포의 사활문제, 한일회담에 부치는 좌담회, 상호간 감정 완화, 한일회담에 현지 대표 참석이 필요" … 209

1월 26일

『자유신문』, 2면, "한국 해역 주권행사 선언의 파문, 공해 관습의 위반, 일본 정부 강경히 비난 개시" … 210

1월 30일

『동아일보』, 2면, "인해권(隣海權) 선언에 일 정식 항의, 가증! 독도의 일본 영토를 주장" … 211

2월 1일

『경향신문』, 1면, "국회와 협조로, 허(許) 서리 기자 회견 담" … 212

『경향신문』, 2면, "독도는 엄연한 아(我) 영토! 해양 주권선언 당연, 일본 이의에 산악회서 반박" … 213

2월 2일

『경향신문』, 1면, "인접해양 주권선언고-일본" … 215

2월 17일
『동아일보』, 1면, "한일 본회담, 일본 주장" ... 217

3월 8일
『동아일보』, 2면, "독도의 한국 영토 입증, 귀중한 문헌 외무당국 입수" ... 219

4월 15일
『경향신문』, 2면, "중등 입학, 국가고시문제" ... 220

5월 2일
『동아일보』, 1면, "독도 문제 귀추 주목, 맥선(線) 철폐로 복잡화" ... 221

5월 6일
『동아일보』, 1면, "[사설] 한일어업문제" ... 222

5월 23일
『민주신보』, 2면, "어선단 대규모 확충 화급, 일본 어선 아(我) 해역에 불법 침범" ... 224

7월 12일
『조선일보』, 2면, "독도 근해서 조개 등 대량 어획" ... 225

8월 2일
『경향신문』, 2면, "독도 등에 조사단, 11반 구성 출발" ... 226

9월 12일
『동아일보』, 2면, "울릉도 독도 탐사, 산악회서 금일 출발" ... 227

9월 13일
『동아일보』, 2면, "독도학술조사단, 수일간 출발 연기" ... 228

9월 18일
『경향신문』, 2면, "울릉도·독도학술조사단, 17일 출발" ... 229
『조선일보』, 2면, "17일 출발, 울릉도 독도 학술조사반" ... 230

9월 21일
『경향신문』, 2면, "독도학술조사단, 현지에 무사 귀착" ... 231
『동아일보』, 2면, "독도에 또 폭격소동, 불안과 공포에 싸인 도민들" ... 232
『동아일보』, 2면, "미군 비행기로 추정, 독도학술조사단이 보고" ... 232

9월 22일
『경향신문』, 2면, "독도주변 어선을 폭격, 현지 학술조사단 보고" ... 234
『동아일보』, 2면, "폭격연습지 아님은 5공군도 확인하고 있다, 독도 무경고폭격에 상공장관 담" ... 235

9월 23일
『조선일보』, 2면, "독도를 또 폭격, 단발기 폭탄 4개를 투하" ... 236

9월 24일
『조선일보』, 2면, "침범시엔 발포! 일(日), 해양선언 무시에 단호 태도" ... 237

9월 25일
『조선일보』, 2면, "독도에 또 폭격 연습! 22일 쌍발기 4대가" ... 238

9월 26일
『동아일보』, 2면, "울릉도 우복(又復) 폭격, 학술조사단이 보고" ... 239

9월 28일

『동아일보』, 2면, "독도폭격 상금(尙今) 계속, 학술조사단 제4차 보고" ... 240

9월 29일

『동아일보』, 1면, "한국전쟁 양상 변모? 연안 전면 봉쇄 단행, 적의 해로 기습 등에 대비" ... 241

『동아일보』, 1면, "일선침범도 경계, 민간선박에 출입허가제" ... 242

『동아일보』, 1면, "신(新) 경비선서 독도는 제외" ... 242

9월 30일

『경향신문』, 2면, "천연자원이 사장(死藏), 독도의 어로 보호 긴요" ... 243

『조선일보』, 1면, "목적 못 이루고, 독도학술조사단 28일 무위 귀환" ... 244

10월 8일

『동아일보』, 2면, "독도조사단, 9일 보고회 개최" ... 245

10월 10일

『동아일보』, 1면, "유엔근 봉쇄선 일부를 개정? 정부 요청을 이해" ... 246

10월 11일

『동아일보』, 2면, "울릉도 조사단 보고회 성황" ... 247

10월 16일

『경향신문』, 2면, "독도 미답기(未踏記)(상) (김원용)" ... 248

10월 17일

『경향신문』, 2면, "독도 미답기(중) (김원용)" ... 250

10월 18일

『경향신문』, 2면, "독도 미답기(완) (김원용)" ... 252

7 1953년의 독도
독도 경비와 제3차 울릉도 독도 학술조사

2월 28일

『동아일보』, 2면, "독도 더민 공포 일소(一掃), 공폭(空爆) 연습 중지를 미군서 보장" ... 255

3월 2일

『경향신문』, 1면, "대(對) 독도 야욕 미식(未熄), 일본 또 소유를 주장" ... 256

『마산일보』, 2면, "독도은 한국 귀속어 일(日), 금명 견해 표명시, 한일혜담에서 토의 의향" ... 257

6월 29일

『동아일보』, 1면, "한국 예부 불법 체포, 일, 독도 영유 계속 주장" ... 258

7월 3일

『동아일보』, 2면, "침략의 상투 수단 노골, 일의 독도 침범에 국내 여론 비등" ... 259

『동아일보』, 2면, "역사적 제(諸) 증거 뚜렷, 일본의 영토란 만부당, 산악회 성명" ... 260

『동아일보』, 2면, "어민 넋치는 불법행위, 행정 당국의 강력한 조치 절실, 어민회 성명" ... 261

7월 7일

『경향신문』, 2면, "일본의 괴이한 처사" ... 262

7월 8일

『동아일보』, 2면, "국회서 처리방안 논의, 일 정부의 독도 침점(侵占) 사건"   263

7월 9일

『경향신문』, 1면, "외무위원 독도에 관심 집중"   265
『경향신문』, 2면, "우리 경찰대를 파견, 일인이 건 현판 철거, 독도사건에 진 장관 언명"   266
『동아일보』, 2면, "독도의 일(日) 표식 제거, 조병옥(趙炳玉) 씨 피살설 무근, 진 내무장관 담"   267
『조선일보』, 2면, "국회의 태도 강경, 일본 경찰의 독도 침범문제"   268

7월 10일

『조선일보』, 1면, "독도사건에 건의안 8일 국회서 채택"   269
【참고자료】국회 회의록(1953년 7월 6일)   270
【참고자료】국회 회의록(1953년 7월 7일)   272
【참고자료】국회 회의록(1953년 7월 8일)   288

7월 11일

『조선일보』, 2면, "독도에 군함 급파, 일인 침범 사실을 조사"   290

7월 15일

『경향신문』, 2면, "독도 보호에 실력 행사, 일(日) 안보청 순시선 불법상륙 기도"   291
『경향신문』, 2면, "조일신문의 보도"   291
『동아일보』, 1면, "일, 독도 영유 고집, 순시선 피격? 일(日) 대한(對韓) 항의"   292
『조선일보』, 2면, "일, 적반하장, 독도사건 항의설"   293

7월 16일

『동아일보』, 1면, "미(美)에 조정 요청? 독도 문제, 일(日) 외상 해괴 증언"   294
『민주신보』, 2면, "독도 문제 또다시 험악, 관계관 긴급 회동코 대책 강구"   295
『조선일보』, 2면, "독도는 단호 방위, 손 국방부 장관 담"   296
『조선일보』, 2면, "일선 2척 독도 침범, 정지 신호하자 도주"   296
『평화신문』, 2면, "일본 정부 의연(依然) 해괴한 고집"   298

7월 19일

『동아일보』, 1면, "독도 근해 초계 계속, 아(我) 해군 일선 침범에 대비"   299

7월 20일

『동아일보』, 1면, "독도 문제에 대일(對日) 통고? 18일 국무회의 결과 주목"   300

7월 24일

『경향신문』, 2면, "평화한 농촌의 묘사, 울릉도의 농가, 임석제(林奭濟) 씨 사진전에서"   301

8월 6일

『동아일보』, 1면, "일선(日船)의 영해 침범, 정부서 대일 항의"   302

8월 22일

『조선일보』, 2면, "독도에 해군 체류, 손 국방장관 기자회견 담"   303

9월 12일

『조선일보』, 2면, "독도에 일(日) 어선 200척, 추방 위해 함정(艦艇)을 파견"   304
『조선일보』, 2면, "철저히 추방할 터, 손 장관 강경한 태도 천명"   304

9월 17일

『경향신문』, 1면, "한일회담 재개도 의문시" ... 305

9월 18일

『경향신문』, 1면, "평화선 침범과 일본의 항의" ... 306

9월 27일

『조선일보』, 1면, "[사설] 오도(誤導)되는 일본 여론" ... 307

10월 3일

『동아일보』, 2면, "독도 등 답사, 대한산악회서" ... 309

10월 5일

『자유신보』, 1면, "독도·평화선 문제 위요(圍繞), 일본 측 고의로 배한(排韓) 여론을 선동, 김 공사(公使), 실증 들어 일 태도를 재차 통박" ... 310

10월 19일

『조선일보』, 2면, "독도 답사에 성공, 산악회 학술조사단 18일 귀경" ... 312

10월 20일

『경향신문』, 1면, "[사설] 일본의 태도 시정을 촉구" ... 313

10월 22일

『조선일보』, 2면, "독도에 다녀와서(1), 제1차는 상륙 실패, 표식없는 일본 경비선 근해에 출몰 (홍종인)" ... 315

10월 23일

『조선일보』, 2면, "독도에 다녀와서(2), 뜻 않은 '전파'의 격려, 해가 뜨며, 본격적인 작업을 개시 (홍종인)" ... 317

10월 24일

『조선일보』, 1면, "한일회담 절충 위하, 일 외상 방한을 시사" ... 320

10월 26일

『조선일보』, 2면, "독도에 다녀와서(3), 로빈손 크루소도 될 뻔, 15일 밤엔 고도(孤島)서 막영(幕營) (홍종인)" ... 321

10월 27일

『동아일보』, 1면, "한국령 표식 탈거(奪去), 일, 23일 독도를 침해" ... 324

『조선일보』, 2면, "독도에 다녀와서(4), 하룻밤 꿈을 맺고, 분화구 있는 독도와 기약없이 작별 (홍종인)" ... 325

10월 31일

『조선일보』, 2면, "독도에 다시 우리 드식, 백(白) 내무장관, 경북지사에 명령" ... 327

11월 15일

『동아일보』, 1면, "'한국이 독도 침략 은운', 일 정부, 미(美)에 구원 요청" ... 328

11월 16일

『자유신문』, 1면, "출어문제 미(美)와 협의, 일 외상, 독도 문제도 언급" ... 329

11월 26일

『조선일보』, 1면, "대일외교의 강화, 국회, 정부에 건의안을 가결" ... 330

8 1954년의 독도
독도의 시설 설치와 경비 강화

1월 20일
『조선일보』, 4면, "우리나라 표식을 다시 건립, 20일, 독도에 경북도 직원을 파견" 333

1월 23일
『조선일보』, 2면, "독도에 영토표식, 19일 또다시 건립" 334

1월 25일
『조선일보』, 2면, "포항으로 무위 귀환, 독도 영토표식 건립대(建立隊)" 335

2월 2일
『동아일보』, 1면, "일령(日領)을 고집, 독도 문제에 일 회답문서" 336

3월 17일
『동아일보』, 1면, "독도 방위에 자위권, 일본 법제국 장관이 언명" 337

4월 2일
『경향신문』, 2면, "독도에 새로운 촉수, 일본 권위지도에도 한국 영토라고 명시, 인광채굴권 허가, 일(日), 매일(每日) 지(紙) 그 기만성을 야유(揶揄)" 338

4월 3일
『경향신문』, 2면, "독도 보호해주오, 울릉도민 당국에 진정" 340

5월 2일
『동아일보』, 3면, "'독도를 수호하자', 울릉도민회서 자위대 결성 결의" 341
『서울신문』, 3면, "독도 수호에 궐기! 울릉도민이 자위대 조직" 342

5월 3일
『조선일보』, 3면, "우리 영토를 수호, 독도의 자위대를 결성" 343

5월 5일
『경향신문』, 2면, "금년 내로 완성, 울릉도에 수전(水電) 건설" 344

5월 6일
『조선일보』, 2면, "독도 기록영화, 6일 치대(齒大)서 공개" 345
『조선일보』, 2면, "훌륭한 조직이다, 백 총리, 독도자위대에 협조 지시" 346

5월 13일
『조선일보』, 2면, "이번엔 암석에 조각, 독도에 영토 표식대를 다시 파견" 347

6월 2일
『경향신문』, 2면, "독도에 괴비행기, 기총소사코 하관(下關) 쪽으로 뺑소니" 348
『동아일보』, 2면, "독도에 정체 불명 기(機), 영토표식 향해 기총소사" 349
『조선일보』, 2면, "일함(日艦), 독도에 기총소사, 영토표식 말소가 목적?" 350

6월 4일
『조선일보』, 1면, "[사설] 독도의 우리 어민에 대한 일본 경비선의 발포" 351
『조선일보』, 2면, "정체 불명 기(機), 독도 상공서 사격, 당국, 일함(日艦) 기총소사 진상을 조사" 354

6월 5일
『경향신문』, 2면, "억지 쓰는 일(日) 정부, 독도 영토권에 또 망언" 355

『마산일보』, 2면, "독도 총격사건, 과학적 조사 진행" 356

『조선일보』, 2면, "일기(日機) 소행이 확실, 독도 총격사건의 진상 판명" 357

6월 6일

『조선일보』, 1면, "독도 영토권을 고집, 일 조약국장이 망언" 358

6월 7일

『조선일보』, 3면, "이번엔 우리 표식을 촬영, 거듭하는 일본의 독도 침범행위" 359

6월 8일

『조선일보』, 1면, "'독도는 우리 영토', 일본 주장은 어불성설, 외무부 반박" 360

6월 9일

『민주신보』, 2면, "악화된 평화선, 일본 측 독도 영유를 호언" 361

6월 12일

『조선일보』, 2면, "독도에 조사대 급파, 내무부, 독도사건 경위를 발표" 362

6월 16일

『조선일보』, 2면, "격랑 만나 귀환, 해양경찰, 다시 독도로" 363

6월 19일

『조선일보』, 2면, "평화선 수호에 이상 있다, 당국자 함정 부족 해결을 호소" 364

『조선일보』, 2면, "독도 방위 강화, 항각시설 적부(適否) 조사" 364

『조선일보』, 2면, "해양경비의 강화, 백(白) 장관, 필요성을 역설" 365

6월 20일

『경향신문』, 1면, "일본의 침략근성, 갈(葛) 처장, 독도 침범사건에 경고" 366

7월 16일

『경향신문』, 2면, "토비대(討匪隊)와 허양경찰, 국회위원들이 위문" 367

『조선일보』, 2면, "일 참의원 독도 조사계획, 엄중한 한국의 감시로 실패" 368

7월 20일

『경향신문』, 2면, "오만불손한 왜경(倭警), 독도 부근에 배회코 어민 협박" 369

7월 25일

『동아일보』, 3면, "독도 경비 강화를 명령, 일 참의원단 내도설(來島說)에 대비" 370

7월 26일

『조선일보』, 3면, "24일 현지로 출발, 독도시찰의원단" 371

7월 28일

『조선일보』, 2면, "독도시찰의원단, 기념 표식 새겨놓고 귀항(歸港)" 372

7월 29일

『동아일보』, 2면, "절해의 섬 독도를 찾아서, 어장(漁場) 보도(寶島)에 등대 설치 긴요, 남대문 연상되는 무수한 수문(水門)" 373

『조선일보』, 2면, "풍파 거센 독도, 민의원 시찰단과 동선하고, 암석에 기록된 시찰 표식, 무심한 갈매기의 외로운 표정" 376

『조선일보』, 2면, "명함인사를 배격, 김ㅈ 안국장, 독도 문제 등 언급" 379

7월 30일

『동아일보』, 2면, "해경대의 실태 해부, 영해 수호에 SOS, 부족된 함정, 비약한 장비의 강화 초미" 380

8월 5일
『조선일보』, 1면, "일측(日側) 만행 규탄, 자유당(自由黨)서 성명" … 382

8월 8일
『조선일보』, 2면, "독도에 등대 세우라, 의원들, 무장병 배치도 주장" … 383
【참고자료】 국회 회의록(1954년 8월 6일) … 384

8월 13일
『경향신문』, 2면, "독도에 등대 완성, 우리 영역표식에 개가" … 389

8월 14일
『동아일보』, 2면, "독도에 등대, 12일부터 점등" … 390

8월 15일
『조선일보』, 1면, "[사설] 독도에 불멸의 등대" … 391

8월 24일
『조선일보』, 2면, "독도의 등대 설치, 외교사절단에 통고" … 393

8월 26일
『마산일보』, 2면, "선박과 인원 배치, 독도 경비에 만반 태세" … 394

8월 29일
『동아일보』, 1면, "독도서 국군이 발포, 일 가소로운 항의" … 395

8월 30일
『조선일보』, 3면, "독도와 울릉도 간 무선시설을 완비" … 396

9월 1일
『경향신문』, 2면, "3,000만 환의 예산, 독도에 경비대를 파견" … 397

9월 2일
『서울신문』, 3면, "독도를 완전 무장, 경관(警官)을 상시 주둔, 국무회의 최종 결정" … 398
『조선일보』, 1면, "김 공사, 일본 정부에 항의, 일정(日艇)의 독도 상륙 기도사건" … 399

9월 3일
『동아일보』, 1면, "일(日) 항의를 일축, 김 공사 독도 문제에" … 400

9월 5일
『경향신문』, 1면, "한일 독도분쟁, 일(日) 국제법정 제소?" … 401

9월 9일
『동아일보』, 2면, "독도 우표 발매, 내(來) 15일부터" … 402

9월 11일
『동아일보』, 1면, "여하한 사태에도 대처, 독도 경비에 만전, 김(金) 치안국장 담" … 403

9월 12일
『경향신문』, 3면, "독도 경비는 반석, 외침시엔 단호히 분쇄, 김(金) 치안국장 담" … 404
『조선일보』, 2면, "외침시엔 국방력을 동원. 독도 방위에 만반의 준비 완료" … 405

9월 13일
『조선일보』, 3면, "독도 근해를 유익(遊弋), 경비정 장비를 강화" … 406

9월 24일
『경향신문』, 1면, "독도 문제, 국재(國裁)에 일(日) 제소?" … 407

9월 26일

『경향신문』, 1면, "독도 문제를 국재(國裁)에 제소, 일 내각서 결정" … 408

9월 27일

『동아일보』, 1면, "국재(國裁) 제소는 해괴, 독도사건, 정부, 일에 반박 회답 호(乎)" … 409

『조선일보』, 1면, "일(日), 김 공사에 제의, 독도 문제의 국재(國裁) 제소" … 410

9월 29일

『경향신문』, 1면, "독도는 한국 영토, 일본의 부당한 주장 단호 일축" … 411

9월 30일

『경향신문』, 1면, "국재(國裁) 제소는 부당, 외무부서 독도 문제로 성명" … 412

『마산일보』, 1면, "독도는 한국 영토, 외무부서 일 주장 논박" … 413

10월 3일

『동아일보』, 1면, "[사설] 독도 문제에 대한 일본의 망론" … 415

10월 6일

『경향신문』, 2면, "독도 침범엔 발포, 김(金) 치안국장, 강경책 시사" … 417

『동아일보』, 2면, "일(日) 독도에 상륙 시도, 아(我) 경비진에 놀라 퇴주" … 418

『조선일보』, 1면, "김 공사 귀국, 독도 문제 등 협의" … 419

10월 7일

『경향신문』, 1면, "김 주일 공사. 경무대에 보고" … 420

『조선일보』, 2면, "일선(日船) 독도에 접근, 아(我) 측 포문에 놀라 도주" … 421

10월 8일

『경향신문』, 1면, "한일회담 조건 제시, 김(金) 공사, 기자회견에서 수긍" … 422

10월 16일

『마산일보』, 1면, "일본 성의 표시 여하로 한일회담 재개 용의, 김 공사 외국 기자회견서 언명" … 423

『마산일보』, 1면, "독도 문제 불일 정식 회답" … 424

10월 25일

『경향신문』, 2면, "재일교포 위문단, 23일에 본사 방문" … 425

10월 26일

『마산일보』, 1면, "일(日), 독도 문제 제소 실패, 한일회담 재개에 난제 개입" … 426

10월 30일

『동아일보』, 1면, "한국 측 정식 거절, 일의 독도 문제 국제재(國際裁) 제소" … 428

『마산일보』, 1면, "독도 엄연한 한국 영토, 국제재판소 제소 거부, 김 공사 일에게 공식 각서 수교" … 429

10월 31일

『마산일보』, 1면, "독도 제소 거부 후, 일본 태도 극 주목" … 431

11월 12일

『조선일보』, 2면, "독도, 확연한 우리 영토, 60년 전 일인(日人) 간행지도에도 명시" … 432

11월 16일

『경향신문』, 2면, "독도시찰위문단, 대구서 현지로 향발" … 433

11월 22일

『경향신문』, 2면, "해괴한 일 정부의 처사, 독도 우표 붙인 우편물 반송 결정" … 434

11월 24일

『동아일보』, 1면, "한국 해안포 사격, 독도 접근한 일선(日船)에" ... 435

『조선일보』, 2면, "국제협정의 위반, 일의 독도 우표 붙인 우편물의 반송설, 갈(葛) 처장 한일 우호 저해를 지적" ... 436

11월 25일

『경향신문』, 3면, "독도에 접근한 일선(日船), 해안포 사격에 격퇴" ... 437

『경향신문』, 3면, "수복지구에 우체국 개설, 체신장관, 독도 우표 언급" ... 438

11월 28일

『동아일보』, 1면, "독도 그린 우표 거부, 일 각의(閣議)서 정식 결정" ... 439

12월 2일

『마산일보』, 2면, "독도 우표 문제, 일측에서 항서" ... 440

12월 5일

『조선일보』, 2면, "독도는 한국 영토, 170년 전 일인 제작 지도에 명시, 영국박물관서 문헌 발견" ... 441

12월 7일

『동아일보』, 2면, "패류(貝類) 번식 적지, 독도 수산 실태 조사" ... 442

12월 8일

『동아일보』, 1면, "독도 문제 유엔 제소, 강기(岡崎) 일 외상 또 망언" ... 443

『마산일보』, 1면, "일측 망동을 응시! 강기(岡崎) 부수상, 독도 문제 고집" ... 444

12월 16일

『조선일보』, 3면, "일 정부의 항의는 부당한 간섭, '독도 우표' 사용은 정당, 김 주일공사, 14일 회답 전달" ... 445

12월 17일 ... 446

『서울신문』, 1면, "독도 문제와 나 (최남선)"

12월 20일

『조선일보』, 3면, "쌀 없어 기아 상태, 독도수비대서 구호 요청" ... 448

12월 22일

『서울신문』, 2면, "'독도 우표'는 정당, 일 정부서의 불법화 계획 좌절" ... 449

3편 〈목록〉 1947~1954년 독도 관련 국내 언론보도 기사 목록

1	1947년	452
2	1948년	458
3	1949년	460
4	1950년	460
5	1951년	461
6	1952년	463
7	1953년	468
8	1954년	478

색인 ... 494

자료 출처 ... 499

I편

⟨개설⟩
언론보도를 통해 본
1945~1954년의 독도

홍성근

I. 머리말

제2차 세계대전 중 미국, 영국, 중국, 소련 등 연합국은 1943년 카이로 선언과 1945년 포츠담 선언 등을 결의하며, 전후 일본의 영토처리 방침을 정해 나갔다. 1945년 8월 15일 일본은 무조건 항복을 선언하였고, 그해 9월 2일 항복문서에 서명을 하였다. 일본은 한국을 비롯하여 과거 폭력과 탐욕으로 탈취하거나 점령했던 지역에서 쫓겨났다.

제2차 세계대전 후 일본을 점령한 연합국최고사령관은 1945년 9월 일본열도 주변에 일본인들에 대한 어업제한선인 맥아더 라인을 설정하였다. 일본 어선들은 맥아더 라인 밖에 있는 독도를 비롯하여 한국의 근해에서 조업을 하는 것이 금지되었다. 1946년 1월 일본을 점령 통치했던 연합국최고사령관은 각서(SCAPIN) 제677호를 내려 독도를 일본의 통치영역에서 명시적으로 제외하였다. 1946년 6월에는 연합국최고사령관 각서(SCAPIN) 제1033호에 독도를 명시하여 일본 어민들의 독도 접근 및 어로를 금지하였다.

그런데, 1947년 이래 극동위원회에서 대일영토처리 방침을 발표하고, 미국 내부에서도 대일강화조약 초안 작업을 하면서 일본의 영토가 구체적으로 논의되기 시작하였다. 그 시기, 일본 측에서 독도를 자국 영토라 주장하며 독도를 침범하는 일이 벌어졌다.

비록 독도는 동해 먼바다에 있는 조그마한 섬이었지만 광복 직후부터 이어지는 일본의 독도 도발 소식은 우리 국민들에게서 과거 일제의 한반도 침략의 암울했던 기억들을 불러내었다. 더욱이 1948년 독도폭격사건으로 조업하던 우리 어민들이 희생되었다는 소식은 국민들로 하여금 독도를 더욱 애절한 마음으로 바라보게 하였다.

광복 후 1954년까지 국내 신문에 게재된 독도 관련 소식은 당시 매일 매 순간 벌어진 독도 관련 사항을 전해주었다. 광복 후 1954년까지 독도 관련 주요 기사 내용을 연도별로 정리하면 〈표 1〉과 같다.

〈표 1〉 광복 후 독도 관련 국내 신문기사의 연도별 주요 내용

연번	연도	주요 기사 내용	기사 건수
1	1945년	독도 관련 기사 없음	0
2	1946년	독도 관련 기사 없음	0
3	1947년	일본의 독도 영유권 주장 과도정부, 독도수색위원회 조직 울릉도학술조사대 파견(제1차 울릉도 독도 학술조사) 독도 영유권 증명 문헌 공개	72
4	1948년	제1차 독도폭격사건(485건)* 독도 강치 등(13건)	498
5	1949년	해군 참모총장 인터뷰 맥아더 라인 사수	4
6	1950년	맥아더 라인 확대(6건) 독도조난어민위령비 제막식(29건)*	35
7	1951년	대일강화조약 체결 일본의 독도 영유권 주장	14
8	1952년	평화선 선언 울릉도·독도학술조사단 파견(제2차 울릉도 독도 학술조사) 제2차 독도폭격사건	61
9	1953년	일본의 독도 침입, 영토 표주 설치 독도에 경찰 파견 독도 총격사건 울릉도·독도학술조사단 파견(제3차 울릉도 독도 학술조사)	105
10	1954년	한국령 영토표석 설치 독도경비대 상주 독도 등대 및 감시초 설치 무선시설 설치 독도 총격사건 독도 우표 발매 국회의원 및 경북 관계자 독도 시찰 일본 ICJ 제소 제의 및 한국의 거부	182
	합계		971

* 『광복 후 독도와 언론보도 I : 1948년 독도폭격사건』의 기사 전체 목록 참조.

〈표 1〉의 신문기사 건수는 이 책 3편에 있는 독도 관련 기사 목록을 기초로 작성하였다. 목록에는 기본적으로 독도를 언급한 기사는 모두 포함시키고자 하였다. 그런데 1949~1951년간 맥아더 라인이나 대일강화조약과 관련된 기사의 경우, 독도가 언급되지

는 않았지만 영토규정 등 독도에 대해 고려할 만한 내용이 있는 기사에 한하여 목록에 추가하였다. 다른 한편, 어떤 경우에는 독도 관련 기사가 실린 신문 자체가 멸실되었거나, 데이터베이스가 되어 있지 않아서 찾지 못한 경우도 있을 것이다. 또한 1954년 기사의 경우, 데이터베이스가 되어 있거나 자료조사가 가능한 『경향신문』, 『동아일보』, 『마산일보』, 『서울신문』, 『조선일보』에 한하여 조사하였다. 이러한 사항들을 고려하면 실제 독도 관련 기사 건수는 〈표 1〉의 기사 건수보다 더 많을 것이라 생각된다. 기사 건수가 실제와 차이가 있을 것이라 생각하면서도 기사 건수를 표시한 것은 독도 관련 뉴스의 연도별 빈도를 대략적으로나마 파악할 수 있기 때문이다.

이 책 1편 〈개설〉에서는 2편 〈자료〉에 수록한 독도 관련 기사를 중심으로 광복 후 1954년까지 독도 관련 사항을 종합적으로 정리하고자 한다. 이를 통해 광복 후 독도와 관련하여 어떠한 사항이 뉴스 또는 사회적 이슈로 등장하였는지, 그 내용이 무엇인지, 그러한 것들이 어떻게 처리되었는지를 살펴보고자 한다.

이를 위해 연도별로 독도 관련 사항을 살펴보되, 독도와 관련된 기사의 분량이 상대적으로 적은 연도는 다른 연도와 묶어 한 장(章)에서 다루고자 한다. 그중 1948년과 1950년 기사 중 독도폭격사건과 관련된 것은 『광복 후 독도와 언론보도 I : 1948년 독도폭격사건』에서 다루었으므로 이 책에서는 다루지 않는다.[1]

---

1 홍성근 편, 2020, 『광복 후 독도와 언론보도 I : 1948년 독도폭격사건』, 동북아역사재단 참조.

II. 1947년의 독도: 일본의 도발과 한국의 학술조사

1. 일본 측의 독도 도발

1947년 4월 19일 『조선일보』에는 그달 17일 극동위원회에서 대일정책을 발표할 것이라는 기사가 게재되었다.[2] 기사에 따르면, 극동위원회는 설립 후 1947년 2월 26일까지 내린 결정 및 정책, 지령을 모두 발표할 것이라 하였다. 극동위원회는 제2차 세계대전 후 샌프란시스코강화조약이 발효될 때까지 일본을 관리하기 위해 1945년 12월까지 있었던 극동자문위원회를 대신하여 설치된 미국, 영국, 소련 등 연합국의 최고 결정기관이다.[3] 1947년 4월 극동위원회의 대일정책 발표를 즈음하여, 전후 연합국의 일본 영토 처리와 관련된 사항이 표면화되었다.

한편 1947년 3월 19일 자로 미 국무부에서 내부 검토용으로 작성한 대일강화조약 초안의 개요와 조약의 전문, 영토규정 관련 문서가 도쿄(東京)에 있는 미국 정부 대사인 조지 애치슨(George Atcheson, Jr.)에게도 전달되었다.[4] 이 초안의 제4조에는 일본이 한국과 한국 주변의 모든 작은 도서들에 대한 권리와 권원을 포기한다는 내용이 규정되어 있다.[5] 한국

---

2 『조선일보』, 1947년 4월 19일, 1면, "극둥위원회서 대일정책 발표 결정"
3 『조선일보』, 1945년 12월 29일, 1면, "11개국 대표로 극동위원회 신설"
4 미국 국립문서기록관리청 소장자료(국사편찬위원회 전자사료관) Record Group 59: General Records of the Department of State, 1763-2002〉 Records Relating to the Treaty of Peace with Japan, 1945-1951 [Entry A1 1230]〉 Drafts by Ruth Bacon (1 of 6): 자료 4쪽; 정병준, 2010, 『독도 1947: 전후 독도 문제와 한·미·일 관계』, 돌베개, 405~406쪽 참고.
5 1947년 3월 19일 초안 제4조 원문: Article 4. Japan hereby renounces all rights and titles to Korea and all minor offshore Korean islands, including Quelpart Island, Port Hamilton, Dagelet (Utsuryo) Island and Liancourt rock (Takeshima). 미국 국립문서기록관리청 소장자료(국사편찬위원회 전자사료관) Record Group 59: General Records of the Department of State, 1763-2002〉 Records Relating to the Treaty of Peace with Japan, 1945-1951 [Entry A1 1230]〉 Drafts by Ruth Bacon (1 of 6): 자료 21쪽).

의 작은 섬들에 포함되는 도서로 제주도, 거문도, 울릉도, 독도를 열거하고 있다.

이러한 시기에 독도에 대한 일본의 도발이 시작되었다. 1947년 6월 20일 『대구시보』 기사를 보면, 그해 4월 일본 돗토리현(鳥取縣)의 사카이미나토(境港)[6]에 살고 있는 한 일본 어민이 독도를 자신의 어장인 것처럼 주장하면서, 독도에서 조업을 하던 울릉도 어선 한 척에 대해 기총소사를 가했다는 것이다.[7] 이 기사는 이러한 일본 측의 독도 도발에 대한 국내 여론이 얼마나 비등했는지를 잘 보여주고 있다.

> 해방 후 만 2년이 가까운 오늘에 이르기까지 조국의 강토는 남북으로 분열되고 이 땅의 동족들은 좌우로 분리되어 주권 없는 백성들의 애달픈 비애가 가슴 깊이 사무치는 이즈음, 영원히 잊지 못할 침략귀(侵略鬼) 강도 일본이 나라의 정세가 혼란한 틈을 타서 다시금 조국의 일(一) 도서(島嶼)를 삼키려고 독아(毒牙)를 갈고 있다는 악랄한 소문 하나가 전해져 삼천만 동포의 분노에 불지르고 있다.

『대구시보』에서는 일본 어민이 우리 어선에 대해 기총소사를 했다고 했지만 다른 언론보도에는 일본 어민의 기총소사가 아니라 비행기의 폭격이 있었다는 증언도 있다. 1948년 6월 8일 독도폭격사건이 일어났을 때 언론에서는 울릉도 도사(島司) 허필 씨의 증언을 다음과 같이 소개하였다.[8]

> 독도 부근의 폭격은 이번이 처음이 아니고 작년 4월 16일에도 있었는데 다행히 그 당시에는 인명과 선박 등에는 아무 피해가 없었고 자기도 몸소 당했다고 한다.

---

[6] 기사에는 사카이미나토(境港)가 시마네현 소속으로 표기되어 있으나 현재는 돗토리현 소속이다.
[7] 『대구시보』, 1947년 6월 20일, 2면, "왜적 일인의 얼빠진 수작, 울릉도 근해의 소도를 자기네 섬이라고 어구로 소유".
[8] 한규호, "독도사건 현지보고, 참극의 독도", 『신천지』 제3권 제6호(1948년 7월); 『서울신문』, 1948년 6월 12일, 2면, "동해에 살인 비기 출현, 어선을 폭격, 11척 침몰 9명 사상". 1948년 6월 당시 울릉도 경찰서장(여태현)도 "피해 정도는 달랐으나 이에 흡사한 사건이 작년 4월경에도 있었다"고 하였다. 『한성일보』, 1948년 6월 12일, 2면, "소속 불명 비기(飛機) 어선 습격, 11척 침몰 24명 사상".

1948년 울릉도 도사 허필 씨가 증언한 사건과 『대구시보』에서 언급한 사건이 모두 1947년 4월에 일어났다는 점에서 같은 사건으로 보인다. 다만 일본 어민이 기총소사를 했는지, 아니면 비행기가 폭탄을 투하했는지를 명확히 밝혀주는 자료는 없다. 그런데 울릉도 도사 허필 씨가 '몸소 당했다'고 한 점과 '독도가 미국의 폭격연습지로 사용한다는 말을 들었다'는 점을 고려하면 비행기에 의한 폭탄 투하(또는 기총소사)가 아니었을까 추정해본다. 그런데 '독도가 미국의 폭격연습지로 사용된다'는 말은 조금 의아한 부분이기도 하다. 독도가 미군의 폭격연습지로 처음 지정된 것은 1947년 9월 16일이었다.[9] 어쨌든 1947년 4월 일본 측에서 독도 영유권을 주장했다는 것과 당시 독도에 있는 우리 어민들을 향해 폭탄 투하든 기총소사든 총격사건이 있었던 것은 사실로 보인다.

『대구시보』에는 독도가 한국의 영토임을 증거하는 내용도 있다.[10] 즉 광무 10년(1906년) 음력 3월 4일 일본 시마네현 관리들이 울릉도에 와서 독도를 일본의 영토라 주장했던 사실을 상기시키며, 그때 울도군수가 중앙 정부에 그 사건의 전말을 보고하며 조치를 요청하는 문서가 아직 남아 있다는 것이다. 경상북도 최희송(崔熙松) 지사가 이 문서를 6월 19일 중앙 당국에 송달하였다고 보도하였다.

이 문서는 1906년 3월 29일 심흥택 울도군수가 작성한 독도 관련 보고서(이하, 독도 보고서)로 보인다. 이 보고서는 1906년 3월 28일(음력 3월 4일) 일본 시마네현 관리 일행이 울릉도에 와서 심흥택 군수에게 '이제부터 독도가 일본의 영토가 되었다'고 한 것에 대해 심 군수가 그 전말을 보고한 것이다.

심흥택 군수의 이른바 '독도 보고서'의 내용은 1947년 8월 제1차 울릉도 독도 학술조사 때 국사관장 신석호가 울릉도청에서 입수하여 1948년 논문에 소개하여 널리 알려지게 되었다.[11] 그런데 『대구시보』에 소개된 심 군수의 독도 보고서는 신석호 국사관장이 소개한 보고서와는 또 다른 부본으로 보인다.[12]

---

9 SCAPIN-1778(16 Sep. 1947): Liancourt Rocks Bombing Range.
10 『대구시보』, 1947년 6월 20일, 2면, "왜적 일인의 얼빠진 수작, 울릉도 근해의 소도를 자기네 섬이라고 어구로 소유"
11 신석호, 1948, 「독도 소속에 대하여」, 『사해』 창간호(12월호), 96쪽.
12 경상북도 지사가 보낸 보고서는 1951년 경상북도 지사가 1948년 독도폭격사건과 관련하여 내무부장관 앞으

『대구시보』 기사는 독도의 지리와 수산물 등 독도의 현황도 소개하고 있다.[13] 즉 독도는 일본의 본토보다 경상북도 울릉도까지의 거리가 더 가깝다는 사실을 적시하고 있다. 그리고 독도의 동도를 우도(右島), 서도를 좌도(左島)로 표기하고 있고, 좌도는 둘레가 1리(哩) 반이고 우도는 둘레가 반 리에 지나지 않는다고 보았다.[14] 독도는 사람이 살지 않는 작은 섬(無人小島)이지만, 해구(海狗: 바다사자), 포패(鮑貝: 전복), 감곽(甘藿: 미역) 등의 산지로도 유명한 곳이라고 했다.

이러한 내용들을 볼 때 독도의 현황이 사람들에게도 상당 부분 알려져 있었던 것으로 생각된다. 1947년 7월 23일 『동아일보』에서는 독도를 우리의 판도에 속하는 땅으로 우리의 어장이자 국방기지로 소개하고 있다.

2. 과도정부의 독도수색위원회 조직

1947년 7월 23일 『동아일보』에는 일본 측의 독도 도발에 대해 울릉도 도민들이 경상북도를 거쳐서 군정 당국에 진정을 했다는 기사가 실려 있다.[15]

> 그런데 요즘에 와서는 일본 도근현(島根縣)[16] 사카이(境) 사는 일인이 동 섬은 자기 개인의 것이라며 조선인의 어업을 금하고 있으며, 또한 일인은 우리의 영해에 침입하고 있어 울릉도 도민들은 경북도를 거처 군정 당국에 진정을 해 왔다.

로 보낸 보고서에 기록한 것과 유사한 것으로 생각된다. 이 보고서와 1947년 국사관장 신석호가 울릉도청에서 입수하여 소개한 독도 보고서 부분 간에는 글자 몇 자가 다를 뿐 내용은 같다. 심흥택 군수의 보고서 부분에 관해서는, 홍성근, 2020, 「울도군수 심흥택의 치적과 '독도 보고서'의 법·역사적 의미」, 『이사부와 동해』 제16호, 204~209쪽 참조.

13 『대구시보』, 1947년 6월 20일, 2면, "왜적 일인의 얼빠진 수작, 울릉도 근해의 소도를 자기네 섬이라고 어구로 소유"
14 실제 두 섬의 둘레가 2.6km(서도), 2.8km(동도)인 점을 고려할 때 약간의 차이가 있다.
15 『동아일보』, 1947년 7월 23일, 2면, "판도에 야욕의 촉수, 못 버리는 일인의 침략성, 울릉도 근해 독도 문제 제언"
16 사카이는 사카이미나토(境港)를 가리키는 것으로 보이는데, 시마네현(島根縣)이 아니라 돗토리현(鳥取縣) 소속이다.

울릉도 도민들이 나서서 정부에 진정을 할 정도였다면 일본 측의 독도 도발 행위가 자체적으로 해결할 수 있는 사안은 아니었던 것으로 보인다. 1947년 8월 13일 『한성일보』에는 독도에 일본 경찰, 의사 등이 섞인 일본인 7, 8명 이상이 독도를 침범한 내용도 기록되어 있다.[17]

사안의 심각성을 인식한 남조선과도정부에서는 민정장관(民政長官, 안재홍)을 위원장으로 하여 대책 마련을 위하여 독도에 관한 수색위원회(搜索委員會)[18]를 조직하였다.[19]

8월 4일 오전 10시 중앙청 민정장관실에서 첫 회의를 가졌다.[20] 수색위원회 회의에는 관계 방면의 권위자들이 다수 참석하였다. 수색위원회의 중요한 임무 중 하나는 '독도가 한국의 영토'라는 것을 밝히는 것으로 보인다. 이는 첫 번째 회의 때 '독도가 우리 판도'라는 것을 밝히는 증거자료에 대한 논의가 있었기 때문이다. 기사에서는 그 자료가 '역사적 증거 문헌'과 '독도가 강원도 행정구역에 편입되었다는 일본인의 지리학 논문'이라고 했다.[21] 일본인의 지리학 논문이 어떤 것인지 소개되지 않았지만 1930년 일본 학자 히바타 셋코(樋畑雪湖)가 쓴 글로 보인다.[22] 기사에서 거론된 '역사적 증거 문헌'은 1947년 6월 19일 최희송 경상북도 지사가 중앙 당국에 송달한 심흥택 울도군수의 독도 보고서도 있지 않았을까 생각된다.[23] 수색위원회에서는 추가 조사를 통해 그 결과를 맥아더 사령부에까지 보고하기로 했다고 한다.

---

17 『한성일보』, 1947년 8월 13일, 2면, "근해 침구의 일 어선, 맥아더선 수정도 건의"
18 『대구시보』, 1947년 8월 17일, 2면, "독도조사단, 16일 등정"에서는 '교섭위원회(交涉委員會)'라는 명칭을 사용하고 있다.
19 1947년 8월 3일, 『동아일보』, 4면, "독도 문제 중대화, 수색위원회 조직코 협의"
20 『동아일보』, 1947년 8월 5일, 2면, "독도는 우리 판도, 역사적 증거 문헌을 발견, 수색회서 맥 사령에 보고"
21 『동아일보』, 위의 기사.
22 정병준 교수는 일본인의 지리학 논문이 1930년 일본역사지리학회(日本歷史地理學會)의 『역사지리(歷史地理)』(55-56)에 실린 히바타 셋코(樋畑雪湖)의 「일본해(日本海)에 있는 죽도(竹島)의 일선(日鮮) 관계에 대해」라고 보았다(정병준, 앞의 책, 112쪽). 일본인 지리학 논문이 히바타 셋코(Hibata Sekko)의 글이라는 것은 「1953년 7월 13일자 독도에 관한 일본 정부의 견해에 대한 한국 정부의 반박서」를 통해서도 짐작해볼 수 있다. 이 반박서에는 히바타 셋코의 글에 "현재 강원도에 속하는 죽도와 울릉도는 한국 영토의 최동단으로서 일본해 중에 있다"는 점을 들고 있다. "The Korean Government's Refutation of the Japanese Government's View Concerning Dokdo(Takeshima) Dated July 13, 1953." (September 9, 1953)(『독도 문제, 1952-53』(분류번호 743.1JA, 등록번호 4565).
23 『대구시보』, 1947년 6월 20일, 2면, "왜적 일인의 얼빠진 수작, 울릉도 근해의 소도를 자기네 섬이라고 억지로 소유"

3. 울릉도 독도 학술조사

1947년 8월 3일 『동아일보』에는 과도정부에서 독도에 관한 수색위원회를 조직하여 첫 회의를 가진다는 기사가 실려 있다.[24] 그날, 『부인신보』 등에는 조선산악회(朝鮮山岳會)에서 1947년 하기(夏期) 사업으로 울릉도학술조사대를 파견할 것이라는 보도가 나왔다.[25] 조사대가 8월 16일 서울을 출발할 것이라는 것과 사회과학반, 생물학반 등 울릉도학술조사대의 학술반 편성에 대해 소개하였다.

이들 기사에서는 독도에 관한 학술조사를 실시할 것이라는 내용은 보이지 않는다. 이는 학술조사대에서 의도적으로 밝히지 않은 것으로 보인다. 이 학술조사대의 부대장인 홍종인 씨는 답사 후 쓴 '울릉도학술조사대 보고기'에서 "독도행은 실행 전까지 외부 발표를 시종 보류하고 있었으나, 이는 우리가 당초부터 계획해온 기습의 여정이었던 것"이라고 말한 것에서 알 수 있다.[26] 울릉도학술조사대가 독도를 답사할 것이라는 것은 울릉도학술조사대가 서울을 출발한 다음 날인 8월 17일 자 신문에서 볼 수 있다. 1947년 8월 17일 『영남일보』에서는 다음과 같이 기록하고 있다.[27]

> 조선의 땅덩어리 독도가 어떠한 섬인지 상세히 실지(實地)를 답사하기 위하여 안(安) 민정장관도 시달(示達)한 바 있어 중앙에서 4명의 답사원(踏査員)이 내도(來道)하게 되어 본도에서는 권(權) 지방과장이 동행하여 17일, 즉 오늘 울릉도를 거쳐 독도로 출발하게 되었으며 조선산악회(朝鮮山岳會)에서도 독도를 실지 답사하게 되어 이 두 답사대의 거행은 전례가 없는 것으로 그 성과가 매우 기대된다.

---

24 『동아일보』, 1947년 8월 3일, 4면, "독도 문제 중대화, 수색위원회 조직코 협의"
25 『부인신보』, 1947년 8월 3일, 2면, "울릉도 답사대, 조선산악회서 파견"; 『서울신문』, 1947년 8월 3일, 2면, "울릉도학술조사대, 조선산악회서 파견"; 『한성일보』, 1947년 8월 3일, 2면, "울릉도 답사대, 조선산악회서 파견"
26 『한성일보』, 1947년 9월 21일, 2면, "울릉도학술조사대 보고기(1) (홍종인)"
27 『영남일보』, 1947년 8월 12일, 2면, "무인도 독도, 경찰청서 조사에 착수"

이 기사에는 과도정부에서도 민정장관 안재홍의 지시에 따라 중앙부처 공무원 등으로 구성된 별도의 조사단원을 파견하여 독도를 조사할 것이라는 내용도 있다. 중앙 당국에서 파견한 조사대원은 국사관장 신석호, 외무처 일본과장 추인봉 등 4명이었고, 경상북도에서도 지방과장 권대일 등 2명이 동행하였다.[28] 그리고 제5관구경찰청(第五管區警察廳)에서도 경무부장(警務部長) 통첩(通牒)에 의하여 경위 1명, 경사 1명, 순경 1명, 사진사 1명 등 4명이 참가하였다.[29]

조선산악회에서는 학술조사대를 대규모로 조직하였다.[30] 1947년 9월 21일과 24일 『한성일보』에는 학술조사대 부대장인 홍종인 씨가 밝힌 학술조사대 편성, 참가자, 일정 등에 관한 내용이 나와 있다.[31] 학술조사대(대장 송석하)는 조사대의 행동 전반을 총괄하는 본부(대장, 지휘, 총무, 식량 장비, 운송 등 15명, 일부는 학술반을 겸무)와 학술반으로 구성되었다. 학술반은 사회과학반, 동물학반, 식물학반 등 모두 8개였다.

> 학술반에는 ▲사회과학 A반(역사, 지리, 경제, 사회, 고고, 민속, 언어) 10명 ▲사회과학 B반(생활실태조사 본부원이 겸무) 11명 ▲동물학반 6명 ▲식물학반 9명 ▲농림반 4명 ▲지질광물반 2명 ▲의학반 8명 ▲보도반(사진, 무전) 8명의 8반으로 총원(總員) 63명이라는 대부대이었다.

8개 학술반의 인원은 모두 63명이었고, 여기에 학술조사대의 본부 인원(15명, 일부는 학술반 겸무)과 과도정부의 중앙 당국에서 파견한 조사원(4명), 경상북도 공무원(2명), 경찰청 직원(4명)까지 합하면 80여 명이나 되었다. 학술반의 대원들은 대학과 국립 기관의 학자, 전문 기술자들이었는데, 인문사회 자연과학 등 각 분야의 전문가들이 참가하였다. 당시

---

28 『대구시보』, 1947년 8월 17일, 2면, "독도조사단, 16일 등정". 1947년 7월 7일 국회 회의록에는 권 지방과장이 권대일 씨라고 밝히고 있다. 「제16회 국회 임시회의 속기록」 제18호(단기 4286년 7월 7일(화) 상오 10시)
29 『대구시보』, 1947년 8월 12일, 2면, "독도에 조사단, 경찰청서 파견"
30 『영남일보』, 1947년 8월 17일, 3면, "독도시찰대, 오늘 출발"
31 이하 학술조사대와 관련된 내용은, 『한성일보』, 1947년 9월 21일, 2면, "울릉도학술조사대 보고기(1) (홍종인)"; 『한성일보』, 1947년 9월 24일, 2면, "울릉도학술조사대 보고기(2) (홍종인)" 참조.

'대내외적으로 유감이 없을 정도의 유능한 권위자를 망라'하였다고 한다.

> 총동원된 각 대학과 기관을 소개하면 ▲서울문리과대학 2 ▲서울상대 1 ▲수원농대 2 ▲대구사대 1 ▲약대 2 ▲서울의대 6 ▲여자의대 1 ▲중등교교원 11 ▲수원의학시험소 1 ▲국립과학박물관 3 ▲국립박물관 1 ▲국립지질조사소 2 ▲국립방역연구소 1 ▲경기도세균연구소 1 ▲체신부 무전 1 ▲상무부 전기기사 1 ▲국(립)민족박물관 1 등으로 각 반은 반장을 중심으로 서로 협조 편달케 되며 전대(全隊)로서는 전원일치의 협동 정신 하에 각 반의 종합적 성과를 목표로 항상 유기적으로 행동을 전개할 것을 전제로 했다.

학술조사에는 과도정부의 적극적 지원이 있었다. 학술조사대에 공무원, 국립 기관 전문가들이 참가하고, 조사대는 군정청의 주선으로 해안경비대에서 제공한 해안경비선(대전호)을 타고 이동하였다.[32] 조사대는 8월 16일 서울을 출발하여 대구를 경유하여 포항으로 갔는데, 그들의 일정을 보면 다음과 같다.[33]

- ▲8월 16일 오전 강연반 선발, 오후 본대(本隊) 출발
- ▲17일 대구 경유, 경북교육협회 주최로 사범대학에서 강연회 개최, 오후 포항에 전원 집합
- ▲18일 오전 7시 포항 출범(出帆), 오후 6시 울릉도 도동(道洞) 착(着)[34]
- ▲19일 휴양, 오후 위문품 전달, 강연회 개최, 야간 환담회 임석
- ▲20일 오전 5시 10분발 독도행, 오전 9시 40분 착, 오후 8시경 도동 귀착(歸着)

---

32 『영남일보』, 1947년 8월 19일, 2면, "울릉도학술단 조사 수행기(1), 동백꽃 피는 바닷가에서 도민의 해양 비약을 기원"; 『자유신문』, 1947년 8월 21일, 2면, "문제 많은 독도도 탐험"; 『한성일보』, 1947년 9월 24일, 2면, "울릉도 학술조사대 보고기(2) (홍종인)"
33 『한성일보』, 1947년 9월 24일, 2면, "울릉도학술조사대 보고기(2) (홍종인)"
34 『부녀일보』에서는 새벽 3시에 울릉도를 출발해서 오전 9시에 독도에 도착했다고 한다. 『부녀일보』, 1947년 8월 23일, 2면, "독도는 해산물의 보고, 그러나 사람 살 수 없는 곳"; 『조선일보』에서는 새벽 5시 10분에 출발하여 오전 9시 50분경에 도착했다고 한다. 『조선일보』, 1947년 8월 23일, "울릉도 학술답사대, 독도 답사, 의외! 해구 발견"

▲ 21일 의학반을 제외한 전원을 양대(兩隊)로 편성, 도내 최고봉(最高峰)인 성인봉(聖人峯)(983.6미터)에서 A반은 동남(東南)으로 하산, 남양동(南陽洞)에서, B반은 동북(東北)으로 하산, 나리동(羅里洞)서 숙박

▲ 22일 A반 남양동발(發), 태하 숙박. B반 나리동발 천부동(天府洞) 경유, 현포(玄圃) 숙박

▲ 23일 A반 태하발, 현포 경우, 천부동 숙박. B반 현포발, 태하 경유, 남양동 숙박

▲ 24일 오후 전원 도동에 집합

▲ 의학반은 기간(其間) 도동에서 2일간, 천부동에서 2일간, 나리동에서 1일간 시료(施療) 조사를 마쳐고 성인봉 등정, 도동으로 귀착

▲ 25일 휴양, 정리. 오전부터 우산중학(于山中學)에서 특별강연

▲ 26일 오전 9시 반 도동 출발 오후 10시 반 포항 귀착, 숙박

▲ 27일 오전 오후로 포항발, 대구 경유

▲ 28일 오전 본대 서울 귀착

학술조사대는 18일 울릉도에 도착하고 19일 하루 휴식을 하면서 위문품을 전달하고, 강연회를 개최하였다. 20일부터 본격적으로 독도와 울릉도에 대한 조사를 추진하였는데, 우선적으로 독도를 조사했다. 독도 현지 조사는 8월 20일에 있었다. 중앙청의 각 국장과 제5관구경찰청 홍(洪) 경위 등 일행과 울릉도의 도사(島司), 서장(署長), 치안관(治安官) 등을 포함하여 72명이 대전호(150톤 12노트) 등에 나누어 타고 독도로 갔다.[35]

독도에 도착한 조사대는 독도를 측량하고 동물과 식물 등 각 분야별로 조사하였다. 독도 도착시간(오전 9시 40분 또는 50분)과 독도 출발시간(오후 3시 30분), 울릉도 귀환시간(오후 8시경) 등 그날의 일정을 고려하면 6시간 정도 독도에 체류하며 조사를 하였다.[36] 그들은 독도가 한국령이라는 표목을 동도의 비탈에 세우고, 해구(海狗) 3두(頭)를 잡아 울릉도로

---

35 『대구시보』, 1947년 8월 22일, 2면, "독도를 탐사"
36 『자유신문』, 1947년 8월 24일, 2면, "동해 신비경인 독도의 생태에 황홀, 산악회 조사대" 참고.

귀환하였다. 그날 일본인들의 독도 내왕은 없었다고 한다.[37]

학술조사대는 8월 21일부터 24일까지 울릉도를 조사하였다. 울릉도 조사는 학술반 전체를 2개 반으로 나누어 울릉도의 이곳저곳을 조사하였다. 이와 별도로 의학반에서는 도동, 천부동, 나리동 등을 다니며 시료 조사를 하였다. 조사를 모두 마친 학술조사대는 25일 휴식을 취하며 강연회를 가졌다. 그리고 26일 울릉도를 떠나 27일 포항과 대구를 거쳐서 8월 28일 서울에 도착하였다. 서울과 울릉도 간 왕복과 울릉도와 독도 현지 조사에 걸린 시일이 모두 12일이었다.

학술조사대의 조사결과는 현지답사 후 신문에 신속히 게재되었다. 특히 1947년 8월 24일『자유신문』, 1947년 8월 27일과 28일『남선경제신문』등에는 독도의 지리, 생물, 역사 등에 관한 내용이 게재되었다.[38] 학술조사대 부대장 홍종인 씨는『한성일보』에 4회에 걸쳐 "울릉도학술조사대 보고기"를 게재하였고[39]『조선일보』,『서울신문』,『수산경제신문』등에도 울릉도 조사에 참가했던 이들의 기고문이 게재되었다.[40]『대구시보』에는 사진작가 최계복 씨가 촬영한 울릉도와 독도 사진이 게재되었다.[41]

한편, 10월 15일과 16일 자 신문에는 독도가 조선의 영토라는 것을 입증하는 자료가

---

[37] 『부녀일보』, 1947년 8월 23일, 2면, "독도는 해산물의 보고, 그러나 사람 살 수 없는 곳";『조선일보』, 1947년 8월 23일, 2면, "울릉도 학술답사대, 독도 답사 의외! 해구 발견";『영남일보』, 1947년 8월 24일, 2면, "독도서 해구(海狗) 3두를 포획"

[38] 『자유신문』, 1947년 8월 24일, 2면, "동해 신비경(神秘境)인 독도의 생태에 황홀, 산악회 조사대"

[39] 『한성일보』, 1947년 9월 21일, 2면, "울릉도학술조사대 보고기(1) (홍종인)";『한성일보』, 1947년 9월 24일, 2면, "울릉도학술조사대 보고기(2) (홍종인)";『한성일보』, 1947년 9월 25일, 2면, "울릉도학술조사대 보고기(3) (홍종인)";『한성일보』, 1947년 9월 26일, 2면, "울릉도학술조사대 보고기(終) (홍종인)"

[40] 『조선일보』, 1947년 9월 3일, 2면, "절해의 울릉도, 학술조사대 답사①, 동해면(東海面)의 중요거점, 국가적 재인식이 절대 필요";『조선일보』, 1947년 9월 4일, 2면, "절해의 울릉도, 학술조사대 답사①, 생업은 오징어잡이, 40□ 비탈에 옥수수는 익는다.";『서울신문』, 1947년 9월 6일, 4면, "울릉도의 여인 (김원용)";『서울신문』, 1947년 9월 9일, 4면, "울릉도의 자연 (석주명)";『공업신문』, 1947년 9월 9일, 2면, "울릉도 보고, 10일에 강연회";『수산경제신문』, 1947년 9월 20일, 1면, "울릉도기행(1) (구동련)";『수산경제신문』, 1947년 9월 21일, 1면, "울릉도기행(2) (구동련)";『수산경제신문』, 1947년 9월 23일, 1면, "울릉도기행(3) (구동련)";『수산경제신문』, 1947년 9월 24일, 1면, "울릉도기행(終) (구동련)"

[41] 『대구시보』, 1947년 8월 30일, 2면, "독도 사진 공개, 본사 최 촉탁(囑託) 촬영";『대구시보』, 1947년 8월 31일, 2면, "사진, 최계복 본사 특파원 촬영";『대구시보』, 1947년 9월 3일, 2면, "사진, 본사 최계복 특파원 촬영";『대구시보』, 1947년 9월 4일, 2면, "사진, 울릉도에서 본사 최계복 특파원 촬영"

발굴되었다는 소식이 보도되었다.[42] 8월 독도 학술조사에 참가한 이문엽(李紋燁, 조선여행사 부산사무소 주임) 씨의 조사로 단명된 것이라며 다음 3가지 증거를 소개하였다. 첫째는 지리적 이유로 독도가 일본의 오키섬에 비해 울릉도에 가깝다는 점이다. 둘째는 동물학상 근거인데, 조선과 대륙, 대만에만 분포되어 있고 일본에는 없는 '대만 흰 나비'가 독도에 있다는 점이다. 세 번째는 문헌상 증거인데, 이에 관해서는 "이조 말에도 이것을 우리 영토로써 확인하고 일본의 침략을 우려하여 당시 울릉도 군수로부터 상부(上府)에 더하여 보고한 증빙자료도 있다"고 했다. 내용을 보아 이 증빙자료는 1906년 심흥택 울도군수의 독도 보고서로 보인다.

조선산악회(朝鮮山岳會)에서는 울릉도 학술조사 보고 전람회를 1947년 11월 10일부터 18일까지 서울 시내의 동화(東和)백화점 갤러리에서 열었다.[43] 이 전람회에는 사진을 비롯하여 동물, 식물, 광물, 농림 관계 표본 등을 전시하고 석기시대 이래 고고학, 민속학 자료 조사결과 등 각 반의 조사 결과물도 종합하여 전시하였다. 전람회가 열리는 1947년 11월 15일 『서울신문』에는 홍종인 씨의 "울릉도 보고전을 열면서"라는 기고문이 게재되었는데, 전람회를 개최하기까지 울릉도 학술조사의 배경과 의미, 전시 내용 등에 대해 소개하였다.

---

[42] 『독립신보』, 1947년 10월 15일, 2면, "독도는 우리 것, 악랄한 왜적의 촉수, 증빙자료가 엄연히 증명"; 『공업신문』, 1947년 10월 15일, 2면, "독도의 극적은 조선, 입증할 엄연한 증빙자료 보관"; 『대동신문』, 1947년 10월 15일, 2면, "독도는 조선 땅 증빙자료 다수 보관"; 『부녀일보』, 1947년 10월 15일, 1면, "교활하게도 조선 엿보는 일본, 그러나 독도 국적은 조선, 엄연한 증거자료도 보관"; 『한성일보』, 1947년 10월 15일, 2면, "독도의 국적은 조선, 엄연한 증빙자료도 보관"; 『수산경제신문』, 1947년 10월 16일, 2면, "독도의 국적은 조선, 엄연한 증빙자료도 보관"

[43] 『부산신문』, 1947년 11월 5일, 2면, "울릉도 보고전(報告展) 서울서 개최"; 『경향신문』, 1947년 11월 5일, 2면, "울릉도 보고전, 10일부터 동화(東和)서"

III. 1948~1951년의 독도: 독도폭격사건과 대일강화조약 체결

1. 1948년의 독도: 독도폭격사건

1948년 6월 8일 독도에서 폭격사건이 일어났다. 이 폭격사건으로 강원도와 울릉도에서 독도로 출어나온 우리 어민 14명이 사망하고 최소 6명 이상이 중경상을 입었다. 이 사건에 대한 국내외 언론보도는 6월 11일 첫 보도가 있은 후 7월 말까지 최소 480건이나 되었다.[44] 독도폭격사건은 독도에서 우리 어민들이 희생되었다는 측면뿐만 아니라, 선박과 어장의 손실이라는 측면에서도 조명되었다.[45] 1947년부터 제기된 일본의 독도 영유권 주장도 우리의 수산업계에 영향을 주는 요소로 보았다.

독도폭격사건과 일본의 영유권 주장으로 독도에 대해 국민들의 관심이 높아진 가운데, 신문에는 울릉도와 독도의 현황을 소개하는 기사가 연재되었다. 1948년 7월 17일부터 23일에 이르기까지『대공일보』에는 서울상대 유하준(兪夏濬) 교수가 "울릉도와 독도"라는 제목의 기고문이 모두 6회 게재되었다.[46]

1회부터 5회까지는 울릉도의 지리, 인문, 역사, 산업 현황 등에 대해, 그리고 5회차 기고문 일부와 6회에서 독도에 대해 소개하였다. 여기서 독도에 관해서는 1905년 일본의 독도 편입과 관련된 내용을 이야기하면서 당시 한국은 피점령국으로서 일본에 대해 항의

---

[44] 이 사건에 대해서는 홍성근 편, 앞의 책 참조.
[45] 『수산경제신문』, 1948년 9월 4일, 1면, "수산업계의 회고와 전망(6), 이재 어민이 구휼책 막연, 인명과 선박 손실은 일대 치명상";『수산경제신문』, 1948년 9월 5일, 1면, "수산업계의 회고와 전망(7), 근해에 왜 밀어선(密漁船) 빈번, 교활한 수단으로서 재침(再侵) 기도"
[46] 『대공일보』, 1948년 7월 17일, 1면, "울릉도와 독도(1) (유하준)";『대공일보』, 1948년 7월 18일, 1면, "울릉도와 독도(2) (유하준)"; 1948년 7월 20일,『대공일보』, 1면, "울릉도와 독도(3) (유하준)";『대공일보』, 1948년 7월 21일, 1면, "울릉도와 독도(4) (유하준)";『대공일보』, 1948년 7월 22일, 1면, "울릉도와 독도(5) (유하준)";『대공일보』, 1948년 7월 23일, 1면, "울릉도와 독도(6) (유하준)"

할 수 없었던 처지에 있었다는 점을 상기시켰다. 독도는 역사적으로 또 거리적으로 울릉도의 속도인데 일본인들이 자기네 영토인 것처럼 독도 부근에 출어하여 우리 국민들의 분노를 자아내게 하여 독도에 관한 '주권 회복 확인 운동'이 불같이 일어나게 되었다고 한다. 또한 맥아더 라인을 보더라도 독도는 우리 세력권에 완전히 포함되어 있기 때문에 독도 귀속 문제에 비관할 필요는 없다고 했다.

1948년 7월 20일 자 이후 『수산경제신문』에서는 수시(水試) 포항지장(浦項支場) 박재동 씨가 쓴 "독도의 물개"라는 제목의 기고문이 모두 4차례 연재되었다.[47] 여기서 독도의 물개는 강치(바다사자)를 의미한다. 기고문의 첫머리는 그해 6월 8일 독도에서 있은 폭격 사건을 언급하면서 시작한다. 기고문은 강치를 독도의 특산물로 소개하고, 강치의 형태와 습성에서 시작하여, 강치 포획 및 도살 방법, 그리고 강치의 모피와 기름의 이용방법 등에 대해 설명하고 있다. 독도의 강치에 대해서는 1947년 11월 15일과 18일 『서울신문』에서도 다루었다.[48]

2. 1949년의 독도: 맥아더 라인 확대

1949년 6월 3일 『조선중앙일보』에는 "맥아더 라인 사수, 손 해군 총참모장 담(談)"이라는 제목의 기사가 실렸다. 손원일 해군 총참모장이 1949년 6월 2일 기자회견을 통해 맥아더 라인을 사수하겠다는 의지를 밝혔다.[49]

'맥아더 라인'은 연합국최고사령관이 설정한 일본 어선에 대한 어업제한선으로서 일본 어선들이 일정 수역 밖에서는 조업을 할 수 없도록 일본 어선의 어로 활동 범위를 제한하

---

47 『수산경제신문』, 1948년 7월 20일, 2면, '독도의 물개① (박재동)'; 『수산경제신문』, 1948년 7월 22일, 2면, "독도의 물개② (박재동)"; 『수산경제신문』, 1948년 7월 23일, 2면, "독도의 물개④ (박재동)"; 『수산경제신문』, 1948년 7월 25일, 2면, "독도의 물개⑤ (박재동)". 여기서 기고문의 회순을 의미하는 ④, ⑤는 ③, ④의 오기로 보인다.

48 『서울신문』, 1947년 11월 17일, 4면, "가제(독도産) (윤병익)"; 『서울신문』, 1947년 11월 18일, 4면, "가제(독도産 (承前) (윤병익)".

49 『자유신문』, 1949년 6월 3일, 2면, "유명두실한 맥아더 라인, 일 어선 침범은 묵인, 맥 사령부는 일 태도 비호 손원일 소장 기자단 회견"; 1949년 6월 3일, 『조선중앙일보』, 2면, "맥아더 라인 사수, 손 해군 총참모장 담".

기 위해 설정한 것이다. 당시 연합국최고사령관인 더글러스 맥아더(Douglas MacArthur)의 이름을 따서 우리 언론에서는 '맥아더 라인', '맥아더선(線)', '맥선(線)'이라고 불렀다.

맥아더 라인은 1945년 9월 설정된 이래, 1945년 11월 30일(제1차 맥아더 라인)과 1946년 6월 22일(SCAPIN 제1033호, 제2차 맥아더 라인), 1949년 9월 19일(SCAPIN 제2046호, 제3차 맥아더 라인)로 그 범위가 확대되었다.

그 과정에서 1948년 7월 28일 미군정 장관이 지령으로 맥아더 라인을 침범한 일본 어선을 나포하지 말고 선명 또는 침범 사실만을 보고하도록 하였다. 우리 정부로서는 그렇게 해서는 일본 선박을 실제로 단속하기도 어렵고 우리 어장도 크게 타격을 입을 것이라 판단했다. 실제 1947년 4월 일본 어민의 독도 침범사건에서 보는 바와 같이 일본 어선들이 맥아더 라인을 무시하고 독도나 우리 연안으로 넘어와 어로 활동을 하는 일들이 빈번히 일어나고 있었다.

그래서 우리 정부에서는 1949년 5월 16일 주일한국대표부 정환범 대사에게 훈령을 내려, 축소된 맥아더 라인을 원상 복구할 것과 일본 어선이 우리 어장에 침입할 경우에 나포할 수 있는 권한을 부여하도록 연합국총사령부와 교섭할 것을 지시하였다.[50]

그후 일본 정부에서 맥아더 라인의 확대를 총사령부에 요청했다는 소식이 알려지자, 한국 정부에서는 6월 8일 다시 주일 정 대사에게 훈령을 내려 맥아더 라인의 확대는 어업 및 경제, 국방상 큰 위협이 된다며 적극 반대하는 교섭을 할 것을 지시하였다. 정 대사는 연합국총사령부와 교섭한 결과, 현재의 맥아더 라인을 한국에 불리하게 변경할 의사가 없다는 답변을 6월 12일 확인하였다.[51]

하지만 거의 같은 때에 미 국무성과 내무성, 육군성에서 맥아더 라인 확대를 지지한다는 소식이 전해져서 재차 주일대사에게 각별히 교섭에 임할 것을 지시하였다. 6월 14일 임병직 외무장관은 우리 정부가 맥아더 라인의 확대에 반대하는 이유에 대해 6가지 사항

---

50 『경향신문』, 1949년 9월 23일, 1면, "정부 당면 시책, 33의원에 답변, 맥아더 라인 변경할 시에는 한국 안전을 불침해"
51 『강원일보』, 1949년 6월 15일, 1면, "맥아더 라인 확대 문제, 주일대사에 재교섭 지시"; 『경향신문』, 1949년 9월 23일, 1면, "정부 당면 시책, 33의원에 답변, 맥아더 라인 변경할 시에는 한국 안전을 불침해"

을 들어 피력하였다.[52]

> 우리가 맥아더 라인 확대를 반대하는 이유는 (가) 어업권을 침해받고 아울러 어족 박멸의 우려가 있다. (나) 국방상 좋지 않은 우려가 있다. (다) 교만한 일본의 제국주의 야망을 세계는 알아야 한다. (라) 그들이 이 선을 넘고자 하는 데는 까닭이 있다. (마) 이 선을 넘게 하려면 대한민국과 협의할 필요가 있다. (바) 이 선을 함부로 넘게 한다면 대한민국으로서는 사활문제인 것이다. (사) 일본이 이 선을 넘게 되면 다른 나라도 관계가 큰 것임으로 제 외국도 적절한 고려를 하여야 할 것이다. 이런 몇 가지 이유로 우리는 끝까지 일본의 야망을 물리치기에 힘쓸 것입니다.

그런데 연합국총사령부는 1949년 9월 19일 SCAPIN 제2046호를 내려 제3차로 맥아더 라인을 변경하였다. 하지만 한국 측의 적극적인 반대 때문인지, 맥아더 라인에 있어서 태평양 쪽 라인에는 변동이 있었으나 한국 쪽 라인에는 변동이 없었다. 물론 독도는 여전히 맥아더 라인 밖에 놓여 있어 일본 어선이 독도 근해에서 조업하는 것이 금지되었다.

3. 1950년의 독도: 맥아더 라인과 독도조난어민위령비

1949년에 이어 1950년 새해부터 맥아더 라인과 관련된 논의가 진행되었다. 1950년 2월 5일 『자유신문』에는 어업에 관한 협정이 생기기 전까지는 맥아더 라인을 사수해야 한다는 주장이 실렸다.[53] 일본 선박이 한국 연안으로 침범하는 것을 막기 위해서는 맥아더 라인이 계속 존치되어야 한다고 생각한 것이다.

1950년 2월 27일 맥아더 사령부 관계자(천연자원국 수산부장)는 한국 방문 중에 가진 기

---

52 『강원일보』, 1949년 6월 15일, 1면, "맥아더 라인 확대 문제, 주일대사에 재교섭 지시"
53 『자유신문』, 1950년 2월 5일, 2면, "맥아더 라인을 사수하자. 맥선(線) 침범의 일 어선, 금후는 나포 않기로, 선명(船名) 위치만 스캡에 보고"

자회견에서 맥아더 라인의 확대는 없다고 언명한 바도 있었다.[54] 제3차 맥아더 라인 확대를 끝으로 맥아더 라인은 변경되지 않았으며, 샌프란시스코강화조약의 발효를 3일 앞두고 1952년 4월 25일 자로 폐지되었다.

1950년 6월 8일에는 독도 현지에서 독도조난어민위령비 제막식과 위령제가 열렸다. 이 행사는 1948년 6월 8일 독도폭격사건으로 희생된 14명의 어민들을 기억하고 추모하기 위해 열린 것으로 경상북도 지사 등 대규모 인원이 참석하였다. 이 행사에는 기자들도 다수 참가하여 행사를 취재, 보도하였다.[55]

1950년 11월 27일 『동아일보』에는 대일강화조약 초안의 영토규정에 관한 기사가 실렸다. 그것은 미 국무성에서 11월 25일 대일강화조약에 관하여 미국 대표 존 포스터 덜레스와 소련 대표 야곱 말릭 간에 교환된 미국의 각서와 소련의 답서에 관한 내용이었다. 미국은 대일강화조약상 영토규정에 관해 다음과 같은 원칙을 제시하였다.[56]

> 3. 영토. 일본은 ①한국의 독립을 승인하고 ②유구(琉球)와 소립원제도(小笠原諸島)의 미국 통치에 의한 UN신탁관리에 합의하고 ③대만, 팽호열도(澎湖列島), 남화태(南樺太), 천도열도(千島列島)에 관해서는 미, 영, 중, 소의 장래 결정에 순종할 것. 단 조약이 발효한 후 1년 이내에 결정이 없을 경우에는 UN 총회에서 이를 결정함. 중국 내의 특권과 이권은 이를 폐기함.

소련은 이에 대한 답서를 의문문의 형태로 제기하였는데, '카이로 선언과 포츠담 선언에도 없는 류큐(琉球)와 오가사와라 제도(小笠原諸島)에 대해 신탁통치를 제안하고 있는 이유가 무엇인지'를 물었다. 미국이 제시한 영토규정의 원칙에 관한 내용은 이미 그 전인

---

54 『경향신문』, 1950년 2월 28일, 2면, "일(日) 어구(漁區)의 확장 언명한 일 없다. 맥 라인 침범선은 엄단, 내한한 '헤'씨 기자단에 언명"
55 이에 대해서는 홍성근 편, 앞의 책, 369~391쪽 참조.
56 미 국무부는 1950년 11월 24일 대일강화조약에 대한 미국의 입장을 7개 원칙으로 확정하여 발표하였다. 정병준, 앞의 책, 509~510쪽 참고.

1950년 8월과 9월 미국 측 내부에서 작성한 초안에서도 볼 수 있다.[57]

4. 1951년의 독도: 대일강화조약 체결과 일본의 도발

1) 대일강화조약 체결

1951년 7월부터 9월 간에 국내 신문에는 대일강화조약에 관한 기사가 집중적으로 게재되었다. 1951년 5월 3일 미국과 영국은 대일강화조약에 관한 제1차 합동초안을 만들어 관계국가에 회람하여 의견을 듣고, 6월 14일 제2차 합동초안, 7월 3일 제3차 합동초안을 만들어 7월 12일 자로 언론에 배부하였다.[58]

7월 23일 『조선일보』에서는 한국 정부가 주미한국대사인 양유찬 대사를 통해 덜레스 특사에게 대일강화조약 조인국에서 제외된 것에 대해 항의를 제기하고 한일 양국간 어업 경계선 설정, 대마도 권리 포기 등 3개 항목에 관하여 수정할 것을 요청하였다는 내용을 보도하였다.[59]

1. 일본은 한국과 명확한 배상문제 해결을 지어야 한다는 보증을 할 것.
2. 한일 양국간의 어구(漁區)의 선(線)을 확정할 것.
3. 일본은 대마도(對馬島) 등에 대한 권리를 포기할 것.

이 기사는 1951년 7월 19일 양유찬 주미대사가 미 국무부의 덜레스 특사를 만나서 요

---

[57] 미국 국립문서기록관리청 소장자료(국사편찬위원회 전자사료관) Record Group 59: General Records of the Department of State, 1763-2002〉 Subject files, 1950-1953 [Entry A1 1252], Japan Subject Files, 1947-1956 [Entry A1 1220]〉 522. Japanese Peace Treaty[June 22, 1950 - May 6, 1952]: 자료 30, 47쪽); 정병준, 앞의 책, 501~512쪽 참고.

[58] 미국 국립문서기록관리청 소장자료(국사편찬위원회 전자사료관) Record Group 59: General Records of the Department of State, 1763-2002〉 Subject files, 1950-1953 [Entry A1 1252], Japan Subject Files, 1947-1956 [Entry A1 1220]〉 494. Dulles Black Book (Japanese Peace Treaty Papers): 자료 137쪽); 정병준, 앞의 책, 546쪽.

[59] 『조선일보』, 1951년 7월 23일, 1면, "대일강화(對日講和) 조인국서 한국 제외는 부당, 양(梁) 주미 대사 정식 항의"

구한 내용에 관한 보도로 보여진다.⁶⁰ 7월 24일 『동아일보』 사설에는 대일강화조약을 통한 맥아더 라인 확보 등을 위해 미국에 외교사절단을 파견할 것으로 요청하며, 독도와 파랑도(이어도)에 대한 일본의 권리 포기도 주장하고 있다.⁶¹ 사설에서 특별히 독도와 파랑도에 대한 일본의 권리 포기를 요구한 것은 7월 19일 자로 한국 정부가 미국 측에 보낸 1951년 7월 3일 자 대일강화조약 초안에 대한 수정 요구 사항과 관련된 것으로 보인다.⁶²

7월 3일 자 대일강화조약 초안의 제2조 a항에는 일본이 모든 권리, 권원 및 청구권을 포기해야 할 한국의 섬이 기술되어 있는데, 제주도, 거문도, 울릉도를 열거하고 있다.⁶³ 여기에는 독도가 명기되어 있지 않았다.

> 일본은 한국의 독립을 승인하며 제주도, 거문도 및 울릉도를 포함하는 한국에 대한 모든 권리, 권원 및 청구권을 포기한다.

이와 관련하여 유진오 씨는 7월 25일 『동아일보』에 쓴 기고문("대일구화조약안의 검토(상)")을 통해 제2조 영토규정을 소개하며 그 규정의 문제점을 지적하였다.⁶⁴ 즉 형식적으로 조문을 해석하면 위 3개 섬만 한국에 반환되고 나머지 섬들은 일본으로 반환된다는 종류의 억설(臆說)도 나올 수 있다고 예상했다. 그래서 이러한 억지 주장이 제기되지 않도록 개정되어야 한다고 하면서, 이전의 덜레스 초안처럼 아예 섬을 명기하지 않거나 섬을 표

---

60 정병준, 앞의 책, 748쪽 참고.
61 『동아일보』, 1951년 7월 24일, 1면, "[사설] 외교사절단 파견을 요망".
62 대일강화조약 초안과 관련하여, 미국에 대한 한국의 수정 요구사항에 대해서는, 정병준, 앞의 책, 748~750쪽 참고.
63 1951년 7월 3일 대일강화조약 초안 제2조 a항: "(a) Japan, recognizing the independence of Korea, renounces all right, title and claim to Korea, including the islands of Quelpart, Port Hamilton and Dagelet." 미국 국립문서기록관리청 소장자료(국사편찬위원회 전자사료관) Record Group 59: General Records of the Department of State, 1763-2002〉 Subject files, 1950-1953 [Entry A1 1252], Japan Subject Files, 1947-1956 [Entry A1 1220]〉 494. Dulles Black Book (Japanese Peace Treaty Papers): 자료 108쪽).
64 『동아일보』, 1951년 7월 25일, 1면, "대일구화조약안의 검토(상) (유진오)". 당시 신문에서는 대일강화조약(對日講和條約) 또는 대일구화조약(對日媾和條約)이라고도 했다.

기할 필요가 있다면 '독도와 같은 섬을 넣는 것이 좋을 것'이라고 했다.[65] 그 이유는 독도는 한국의 영토가 명백하지만, '이것을 명기해두지 않으면 장래 말썽이 일어날 여지가 없지 않기 때문'이라고 했다. 이는 당시 제기되었던 일본의 독도 영유권 주장을 고려했던 것으로 보인다.

1951년 8월 21일 『조선일보』에는 정부가 대일강화조약에서 한국에 불리하거나 불분명하다고 판단한 3개 사항에 대해 조약 기초 관계 당국에 수정을 요구했다는 기사가 실렸다.[66] 이와 관련, 한국 내에 있는 모든 일본국 또는 일본인 재산의 포기 등에 대해서는 그대로 수용하였으나, "새로운 어업협정이 있을 때까지 맥아더선은 존속한다" 등의 요구에 대해서는 대일강화조약 체결 후 일본과의 개별적 조약에 의해 추진할 것을 통보해 왔다는 것이다.

그후 정부에서는 8월 24일 공보처장을 통해 대일강화조약 최종 초안 제9조에서 "일본은 공해에 있어 어로의 규정 혹은 제한 또는 보호 및 발전을 조건으로 쌍무 혹은 다수 협정 체결을 희망하면 조속히 연합국과 교섭할 수 있다"고 했을 뿐 우리의 주장이 규정되지 않았다고 하며, 영해권 문제가 확정적으로 해결될 때까지 맥아더 라인이 존속되어야 한다고 주장하였다.

그런데 이 시기 독도와 관련하여 미국 측에서 한국 측에 보내온 1951년 8월 10일 자 서한(일명 러스크 서한)에 관한 내용은 어느 신문에서도 다루어지지 않았다.[67] 러스크 서한은 국제적으로 공개되지 않았을뿐 아니라 국내적으로도 공개되지 않았던 것이다.

8월 30일 『민주신보』에서는 한국의 영토인 독도가 대일강화조약의 최종안에 명백히 규정되어 있지 않다는 점을 문제로 지적하며, 그 뒤에 일본의 모략이 있음을 말하였다.[68]

---

[65] 기고문에는 독도를 '덕도(德島, 울릉도 동남에 있는, 같은 섬을 YIANCOURT ROCKS)'라고 잘못 표기하고 있다.
[66] 『조선일보』, 1951년 8월 21일, 2면, "한국 요구 대부분을 용인, 대일강화조약 최종안 수정"
[67] 한국 정부는 7월 19일 미국 측에 보낸 서한에서 제주도, 거문도, 울릉도와 함께 독도와 파랑도에 대해서도 일본의 권리를 포기한다는 내용을 대일강화조약에 규정해 줄 것을 요청하였다. 그런데 8월 10일 미 국무부 극동차관보 딘 러스크는 양유찬 주미대사 앞으로 서한을 보내어 한국의 요청을 받아들일 수 없다고 하였다. 정병준, 앞의 책, 775~781쪽 참고.
[68] 『민주신보』, 1951년 8월 30일, 2면, "잊어버렸던 독도, 대일강화 문제로 재등장, 한일 어획 경쟁 석일(昔日)브터 계속, 귀속 여부 상항 회의 관건, 엄연히 한국 영토인데 일본인들이 모략"

그리고 기사에는 우리 정부에서 독도가 우리 영토라는 증거 자료를 양유찬 대사에게 보내어 독도가 한국 영토임을 주장하도록 지시했다고도 했다. 그 증거 자료가 어떤 것이었는지는 9월 1일 『민주신보』에서 유추해볼 수 있다.[69] 그 기사에 따르면, 독도가 한국의 영토라는 증거는 '조선 성종 시대 영흥인 김자주 등 12명을 보내어 삼봉도라는 섬을 수색토록 하였는데, 이 섬이 바로 독도라는 것'이다.

1951년 9월 1일 『아사히(朝日) 신문』에는 독도가 일본의 영토라는 외무성의 견해가 게재되었다.[70] 이에 대해 9월 5일 『민주신보』에서는 우리 정부에서 일본의 주장을 반박한 내용을 소개하고 있는데, 역사적 문헌이나 거리상으로도 독도가 한국의 영토라는 점을 언급하고 있다. 또한 일본의 1905년 독도 영토편입은 러일 전쟁이라는 혼란한 틈을 이용하여 한국의 영토를 일방적으로 침탈한 행위라고 하였다.

9월 22일 『조선일보』에는 이어도 탐사에 관한 기사가 기록되어 있다.[71] 대일강화조약을 계기로 이어도 독도와 함께 우리 영토로 귀속되어야 한다고 했다. 이어도의 당시 이름인 파랑서라는 이름을 따서 파랑서조사단이라고 했다. 9월 18일 파랑서조사단 일행은 해군 함정으로 부산을 출발하여 이어도로 향하였다. 조사단은 지리, 역사, 언어, 해양, 기상, 수산 등의 학술반을 편성하여 학계 전문가 30명으로 구성되었으며 홍종인 씨가 단장을 맡았다. 이어도는 수중 암초인데, 기사에서는 섬 또는 영토로 표현하고 있다.

2) 일본 신문의 독도 보도

11월 26일 『동아일보』에는 1951년 11월 24일 『아사히(朝日) 신문』의 독도 관련 기사가 보도되었다.[72] 『아사히 신문』에는 독도를 '죽도(竹島)'라고 하고 일본의 영토라고 주장한 내용과 아사히 신문 기자의 특파원기(特派員記)로 독도의 사진과 함께 독도를 답사한 내

---

[69] 『민주신보』, 1951년 9월 1일, 2면, "명백히 된 독도 귀속, 15세기 말엽 한인이 발견, 성종 2년 군역 피한 사람 수색으로 발견, 아(我) 정부 문헌을 양 대사에게 송부"
[70] 『朝日新聞』, 1951年 9月 1日(東京／朝刊), p. 1, "竹島は日本領, 外務省の見解"
[71] 『조선일보』, 1951년 9월 22일, 2면, "파랑서조사단 현지에"
[72] 1951년 11월 26일, 『동아일보』, 2면, "독도를 죽도(竹島)로 자칭, 일(日) 영유 주장 조일신문 보도에 교포 분격"

용이 게재되었다.[73] 아사히 신문 기자의 독도 답사는 고등학교 수산과 학생실습선에 사진 반원과 특파원 7명을 싣고 11월 12일 일본을 출발하여 13일에 독도를 답사하였다. 그들은 총사령부의 정식 여행 수속도 밟지 않고 특파원을 파견하였다는 점에서 당국으로부터 조사를 받고 있다고 했다. 『아사히신문』의 이 기사는 한일회담의 우리 측 대표는 물론이고 재일교포들의 분노를 자아내며 적지 않은 파문을 던졌다.

이와 관련, 11월 26일 우리나라 공보처장(이철원: 李哲源)이 일본의 독도 영유권 주장을 비판하는 성명을 발표하였다.[74] 성명에는 연합국최고사령관 각서(SCAPIN) 제677호에서 독도가 일본의 행정권에 속하지 않는다는 사실을 적시하고, 1948년 독도폭격사건으로 희생된 이들을 위해 독도조난어민위령비가 경상북도 조재천(曺在千) 지사 명의로 건립된 사실도 상기시켰다. 그러면서 일본인들의 망언과 야욕을 철저히 분쇄해야 할 것임을 다짐하고 있다.

---

[73] 『朝日新聞』, 1951년 11月 24日(東京／朝刊), p. 3, "日本へ還る無人の竹島, 空白十年の島の全容探る"; 『朝日新聞』, 1951년 11月 24日(東京／朝刊), p. 3, "竹島由来記"
[74] 『자유신문』, 1951년 11월 29일, 2면, "독도는 우리 영토, 이(李) 공보처장 일본에 경고"

IV. 1952년의 독도: 평화선 선언과 독도폭격사건

1. 평화선 선언

1951년 9월 8일 대일강화조약이 샌프란시스코에서 체결되었다. 한국은 1949년 이후 맥아더 라인 확대 조치에 강하게 대응해 왔다. 대일강화조약에도 맥아더 라인을 대체할 수 있는 어업권역을 규정해 줄 것을 요청하였지만 받아들여지지 않았다. 한국 정부로서는 맥아더 라인을 대체할 수 있는 자구책 마련이 필요하였다.

한국 정부는 그 일환으로 1952년 1월 18일 '인접해양에 대한 주권에 관한 선언', 즉 평화선을 선포하였다. 맥아더 라인을 대신하여 한국 근해에서 일본인들의 어업을 금지하겠다는 것이었다. 일본 외무성은 1952년 1월 20일 항의 성명을 발표하고, 28일에는 주일한국대표부를 통해 우리 정부에 항의를 해왔다. 일본 정부는 한국의 평화선 선언이 '항해 자유의 원칙과 공해에서의 수자원 개발·보호에 관한 국제협정 원칙에 반하는 것이므로 납득할 수 없다'고 하며, '독도를 평화선 내에 포함시킨 것도 받아들일 수 없다'고 하였다.[75]

일본의 항의에 대해 한국산악회에서는 일본 외무성의 주장이 근거 없다고 하며, 6개 항의 견해를 표명하였다. 그 내용의 요지는 다음과 같다.[76]

독도가 역사적으로 한국의 영토라는 것은 일본 문헌을 통해서도 알 수 있다. 독도는 지리적으로 일본의 오키섬보다 울릉도에 더 가깝고 독도의 주된 어업자들은 울릉도 주민

---

[75] 『동아일보』, 1952년 1월 30일, 2면, "인해(隣海) 주권선언에 일(日) 정식 항의, 가증! 독도의 일본 영토를 주장"
[76] 『마산일보』, 1952년 1월 31일, 2면, "침략주의 일본을 상기하라, 외함(畏啣)! 독도를 일본령으로 주장, 한국산악회에서 반박 성명"; 『경향신문』, 1952년 2월 1일, 2면, "독도는 엄연한 아(我) 영토! 해양 주권선언 당연, 일본 이의에 산악회서 반박"; 『자유신문』, 1952년 2월 1일, 2면, "해역 선언과 '죽도', 독도는 엄연한 우리 땅, 해괴한 일측 이의를 산악회서 반박"

들이다. 1948년 미 공군의 폭격으로 우리 어민들이 죽거나 다쳤으며, 아직도 독도에는 당시의 희생자를 위한 위령비가 서 있다.

평화선은 제2차 대전 후 새로운 국제관례를 반영한 것이다. 영토권의 인접 해양에 대한 연장은 국제 분쟁을 미연에 방지하고 인접 해양에 대한 자원의 보호와 채취 권리를 명백하기 위함이다. 미국이 인접해안에 200마일의 주권을 선언한 사례에 비추어 보더라도 평화선은 필요 최소한에 그치며, 공해상 항해의 자유는 제한하고 있지 않다.

이 시기 국내 언론에서는 일본이 독도를 '죽도'라고 부르는 것 외에 동해를 '일본해'라고 부르는 것도 문제라는 점을 지적하고 있다.[77]

정부에서도 평화선 선언에 대한 일본의 문제제기를 공개적으로 비판하였다. 허정 국무총리 서리는 1월 30일 중앙청 기자단과의 회견에서 평화선 선언의 정당성에 대해 말하였다.[78]

> 일본에서 반박하고 있으나 이것은 우리 한국이 국제법을 무시한 것도 아니며 불합리 및 전례 없는 일이 아니다. 그리고 이 선언은 외국의 이권과 주권을 침범한 것이 아니다. 맥 라인은 점령군사령관의 잠정적 획정선이니 우리 공해(公海) 선언과 접촉될 문제가 아니며 독도를 일본 영토라고 주장함은 일본의 일방적 주장이다. 독도는 역사적 사실로 보아 문헌에 한국 영토로 되어 있다.

1952년 2월 17일 『동아일보』에는 2월 15일부터 개최되는 한일 양국간 본 회담을 앞두고 일본 정부가 발표한 교섭 방침이 기사화되었다. 독도 및 평화선과 관련된 사항을 보면 다음과 같다.

---

77 『경향신문』, 1952년 2월 2일 1면, "인접해양 주권선언과 일본"
78 『경향신문』, 1952년 2월 1일 1면, "국회과 협조로, 허(許) 서리 기자회견 담"

1. 한일우호조약: … 영토문제에 있어서는 한국령으로 주장하는 독도(죽도?)의 영유를 재확인하는 데 노력한다.

(중략)

1. 어업협정: … 특히 주목할 바는 앞서 이 대통령이 선포한 인접해양주권 선포를 전면적으로 반대할 것과 맥아더 철폐 희구(希求)를 시사하고 있는 점인데 해양선언에 대한 일정(日政)의 항의를 한국이 일축한 바 있음을 상기하여 두자.

일본 정부는 한일회담 교섭시 독도 영유권을 주장하고 평화선에 반대한다는 입장을 적극적으로 개진하고자 방침을 정했던 것이다.

2. '독도가 한국령'이라는 자료 공개

1952년 3월 한국 외무부 당국에서 독도가 한국의 영토라는 것을 입증하는 서류를 입수했다는 소식이 전해졌다.[79] 그 시기 도쿄(東京)에서 개최되는 한일회담에서 독도가 가장 중요한 논제의 하나로 예상되는 시기에 나온 기사였다. 그 내용은 1785년 하야시 시헤이(林子平)가 그린 지도에 독도가 한국의 영토로 명확히 기록되어 있다는 것이다.[80] 하야시 시헤이가 저술한 『삼국통람도설』에는 5장의 지도가 첨부되어 있는데, 그중 「삼국접양지도」에 울릉도와 독도를 '조선의 것(朝鮮ノ持之)'이라고 표기하고 있다.

기사에는 1948년 독도폭격사건, 하야시 시헤이의 지도 등을 보아 독도가 우리의 영토인 것이 틀림이 없다고 했다. 이를 기초로 정부 및 한일회담 한국 측 대표단은 독도가 우

---

[79] 『독도 문제, 1952-53』(분류번호 743.11JA, 등록번호 4565)
[80] 신문에는 "일본 해양학회에서 1943년 6월 1일 자로 발행한 『해양의 과학』 제3권 제6호의 4, 5면에 수록된 하야시 시헤이의 삼국도람(三國圖覽)과 그 지도(1785년)에 독도가 한국의 영토라는 것이 명확히 기록되어 있다"라고 적고 있다. 『동아일보』, 1952년 3월 8일, 2면, "독도의 한국 영토 입증 귀중한 문헌 외무당국 입수"; 『마산일보』, 1952년 3월 8일, 1면, "한국회담의 일대 쾌보, 독도는 한국 영토 일본 해양학회 문헌에 명시"; 『경향신문』, 1952년 3월 9일, 2면, "한일회의 호조리(好調裡) 진행, 독도는 우리 영토로"; 『자유신문』, 1952년 3월 9일, 2면, "한·일회담에 일대 낭보! 독도는 한국 영토, 일본 해양학자 임자평(林子平)이 반증"

리의 영토임을 다시 세계에 천명하여 독도 어장을 강탈하려는 일본의 야욕은 일축될 것이라는 기대감을 나타내었다.

1952년 4월 15일 『경향신문』에는 '중등입학 국가고시문제'를 소개하고 있는데, 독도와 관련된 문제가 나왔다.[81] 그 문제는 '울릉도, 제주도, 독도, 거제도'를 지문으로 제시하고 '큰 섬부터 쓰라'는 문제였다.

3. 맥아더 라인 폐지

1952년 4월 28일 대일강화조약의 발효를 앞두고 4월 25일 맥아더 라인이 폐지되었다. 이와 관련하여 1952년 5월 2일 『동아일보』는 맥아더 라인 폐지에 따라 일본 어선들이 독도까지 올 수 있게 되어 복잡한 문제가 일어날 것이라는 내용을 일본발 기사를 인용하여 보도하였다.[82] 『동아일보』에 따르면, 한국 어선들이 그 전해(1951년) 4월과 5월에 독도에서 해초 채취나 해구 포획을 하였고, 그해 1952년에도 출어를 하고 있기 때문에 만일 일본 어선이 독도로 오면 한국 어민들과의 마찰이 우려된다고 했다. 그래서 일본 어선은 물론이고 일본 해상보안대의 순시선조차 독도로 오지 못하고 있다고 했다.

맥아더 라인이 있을 때는 일본 어선들이 독도 근해에서 조업을 하는 것이 금지되어 있었다. 맥아더 라인이 폐지되자 일본 어선들이 독도 근해로 조업을 하러 올 것이 예상되었다. 당시 『동아일보』와 『민주일보』에서는 맥아더 라인과 평화선이 설정된 배경을 고려하여 일본 측의 자제를 요청하고, 동시에 다시 몰려올 일본 선박에 대해 해양경비의 철저와 한국 어선단의 확충 등을 요청하였다.[83]

그해 7월의 한 국내 신문에는 울릉도에서 중앙 정부에 보고한 독도의 어업 생산에 관한 내용이 실렸다.[84] 독도에서 미역, 조개 등이 무진장으로 번식하고 있고, 1952년 그해

---

[81] 『경향신문』, 1952년 4월 15일, 2면, "중등 입학, 국가고시문제"
[82] 『동아일보』, 1952년 5월 2일, 1면, "독도 문제 귀추 주목 맥선 철폐로 복잡화"
[83] 『동아일보』, 1952년 5월 6일, 1면, "[사설] 한일어업문제"; 『민주신보』, 1952년 5월 23일, 2면, "어선단 대규모 확충 화급, 일본 어선 아(我) 해역에 불법 침범"
[84] 『조선일보』, 1952년 7월 12일, 2면, "독도 근해서 조개 등 대량 어획"

6월까지 2억 원 이상의 어획고를 올리고 있다고 했다. 그 무렵 독도는 한일간 영유권 문제로 우리 국민들의 관심을 집중시키고 있었는데, 경제적인 측면에서 우리 어민들이 독도에서 높은 어획고를 올리고 있다며 국민들의 기대를 모으고 있었다.

4. 제2차 울릉도·독도학술조사단 파견과 제2차 독도폭격사건

한국산악회에서는 1947년에 이어 1952년 두 번째 울릉도·독도학술조사단을 파견키로 하였다. 울릉도·독도학술조사단이 출발할 것이라는 기사가 1952년 8월 2일 『경향신문』에 실렸다. 조사단은 홍종인 씨를 단장으로 약 60여 명이 2주간 일정으로 8월 9일 출발할 것이라고 하였다.[85] 그런데 실제 출발은 9월 중순으로 늦어졌다. 9월 12일 부산항을 출발할 예정이었으나, 태풍으로 다시 연기가 되어 9월 17일 출발하였다.[86] 인원도 다시 조정이 되어 45명이라고 했다가 울릉도에 실제 도착한 대원들은 36명이었다고 한다.[87]

9월 17일 오전 10시 조사단 일행은 교통부 소속 선박인 진남호(鎭南號, 305톤)를 타고 부산항을 출발하여 울릉도로 향하였다.[88] 조사단이 울릉도에 도착한 것은 9월 18일 오전 7시였다.[89] 조사단은 10일간 일정으로 일부 대원들은 2~3일간 울릉도와 독도를 왕복하면서 조사하고, 나머지 대원들은 울릉도를 조사할 계획이었다.[90]

그런데 조사단이 18일 울릉도에 도착했을 때, 놀라운 소식을 접하게 되었다. 3일 전인 15일 오전 11시경 미군기로 추정되는 비행기가 독도에 폭탄을 투하했다는 것이다.[91] 조사단은 이러한 내용을 울릉도 도착 후 첫 번째 소식으로 20일 상공부 장관에게 전하였는데 1952년 9월 21일 『동아일보』에 그 내용이 실렸다.[92]

---

85 『경향신문』, 1952년 8월 2일, 2면, "독도 등에 조사단, 11반 구성 출발"
86 『조선일보』, 1952년 9월 18일, 2면, "17일 출발, 울릉도 독도 학술조사반"
87 『경향신문』, 1952년 9월 21일, 2면, "독도학술조사단, 현지에 무사 귀착"
88 『경향신문』, 1952년 9월 18일, 2면, "울릉도·독도학술조사단 17일 출발"
89 『경향신문』, 1952년 9월 21일, 2면, "독도학술조사단, 현지에 무사 도착"
90 『조선일보』, 1952년 9월 18일, 2면, "17일 출발, 울릉도 독도 학술조사반"
91 『동아일보』, 1952년 9월 21일, 2면, "독도 또 폭격 소동, 불안과 공포에 싸인 도민(島民)들"
92 『동아일보』, 위의 기사;『경향신문』, 1952년 9월 22일, 2면, "독도 주변 어선을 폭격, 현지 학술조사단 보고";『조

미군 비행기가 틀림없으리라고 추정되는 비행기 1대가 폭탄을 던져서 출어 중의 어민이 화급히 퇴피치 않을 수 없었다는 사실을 알게 되어 본 조사단에서 곧 해군본부 총참모장에게 이 사실을 통지하는 동시에 본 조사단은 안전한 항해를 보장하기 위하여 공군 관계당국에 연락기를 청탁하고 19일에 행동을 유예하고 있음.

(1) 독도의 폭격사건인즉 지난 9월 15일 오전 11시경 울릉통조림공장 소속선 광영호가 해녀 14명과 선원 등 합 23명이 소라, 전복 등을 따고 있던 중 1대의 단발 비행기가 나타나서 독도의 주변을 돌면서 4개의 폭탄을 던졌는데 이 때문에 어민들이 곧 퇴피에 착수하자 비행기는 일본 방면으로 날아갔다는 것이다.

(2) 독도를 이에 대해서는 울릉도 어민들이 간절히 원하는 바이어서 지난 봄 4월 25일 무렵 한국 공군 고문관을 통하여 미 제5공군에 조회했던바 5월 4일부로 독도와 그 근방에 출어가 금지되었다는 사실이 없고, 또 극동공군의 연습폭격 목표로 사용돼 있지 않다는 회답이 있어서 한국 공군총참모장으로부터 경북도를 통하여 울릉도에도 기별되었던 것임에도 불구하고 금번에 하등의 경고 없이 폭탄을 투하하였기 때문에 울릉도 도민은 1948년 6월 30명의 사망자를 내인 미 공군 폭격자가 참여한 기억을 다시 명기하고 불안 공포를 느끼며 미군 당국이나 우리 정부기관에 조회나 통보를 믿기 어렵다는 생각을 가지고 있다.

1952년 9월 15일 오전 11시경 울릉도 통조림 공장 소속선 광영호(光永號)가 해녀(海女) 14명 외 선원(船員) 등 23명을 태우고 독도에서 소라, 전복 등을 채취하고 있었다. 그런데 틀림없이 미군 비행기라고 추정되는 한 대의 단발 비행기가 나타나서 독도 주변을 돌면서 4개의 폭탄을 투하하고 일본 방향으로 날아갔다는 것이다. 이 때문에 울릉도의 어민들은 불안과 공포에 사로잡혀 독도 출어를 마음 놓고 하지 못하는 상태였다. 조사단으로서도 독도 조사에 큰 지장을 받게 된 것이다. 그래서 조사단에서는 19일로 예정했던 독

선일보』, 1952년 9월 23일, 2면, "독도를 또 폭격, 단발기 폭탄 4개를 투하"; 『평화신문』, 1952년 9월 23일, 2면, "독도에 또 폭격사건, 국적 불명기가 폭탄 4개 투하"

도 조사를 일단 연기하고, 관계 당국과 연락하여 안전한 항행을 보장해 달라고 요청하였다.

이에 대해 9월 21일 상공부 장관이 담화를 발표하여 독도에서 폭격사건이 일어난 것에 대해 우려를 표하며 사건이 재발되지 않도록 조치를 취하겠다고 하였다.[93]

> 1948년 독도폭격사건으로 무고한 어민 다수가 희생되어 국민의 우울한 감정이 아직 사라지기도 전에 9월 15일 또다시 폭격사건이 발생하였다는 울릉도·독도학술조사단의 보고에 접하여 경악하여 마지않는다. 독도가 폭격연습지가 되어 있지 않은 것은 제5공군에 의하여 확인되고 있으며 정착성(定着性) 수산물의 풍산지로서 울릉도는 중요한 어장이다. 다행히 인적피해는 없었으나 여사한 사건이 금후 계속한다면 어민의 활동에 영향이 미치는 바 지대할 것이며 생업 유지상 중대한 결과를 초래할 것이므로 지금 관계 당국과 절충하여 그 신상을 규명하는 동시에 여차한 사건이 재기치 않도록 조치를 취하고자 하는 바이다.

담화 내용 중에는 "독도가 폭격연습지가 되어 있지 않은 것은 제5공군에 의하여 확인되고 있다"고 하였다. 그런데 이 내용은 홍종인 씨의 보고 내용대로, "그해 4월 25일 무렵 한국 공군 고문관을 통해 미 제5공군에 조회했던바, 5월 4일부로 독도와 그 근방에 출어가 금지되었다는 사실이 없고, 또 극동공군의 연습폭격 목표로 사용되고 있지 않다는 회답"을 받았다고 한 것과 같은 것으로 보인다.[94]

하지만 1952년 9월 15일 폭격 당시에는 독도가 폭격연습지로 지정되어 있었다. 일본은 1952년 7월 26일 미국을 유도하여 미일합동위원회에서 독도를 폭격연습지로 지정하

---

[93] 『동아일보』, 1952년 9월 22일, 2면, "폭격연습지 아님은 5공군도 확인하고 있다, 독도 무경고폭격에 상공장관 담"

[94] 『동아일보』, 1952년 9월 21일, 2면, "독도 또 폭격 소동, 불안과 공포에 싸인 도민(島民)들"; 『경향신문』, 1952년 9월 22일, 2면, "독도 주변 어선을 폭격, 현지 학술조사단 보고"; 『조선일보』, 1952년 9월 23일, 2면, "독도를 또 폭격. 단발기 폭탄 4개를 투하"; 『평화신문』, 1952년 9월 23일, 2면, "독도에 또 폭격사건, 국적 불명기가 폭탄 4개 투하"

고, 그 사실을 7월 26일 자 일본 정부 관보에도 고시하였던 것이다.[95] 그런데 우리 정부에서는 이 사실을 알지 못하고 있었다.

상공부 장관의 담화가 언론에 발표된 9월 22일 조사단은 독도로 출발하였다. 그런데 조사단을 태운 선박이 오전 11시경 독도 부근 2km 해상으로 접근했을 때 갑자기 4대의 비행기가 나타나서 해상에 폭탄을 투하하였다. 조사단장 홍종인 씨가 이날 폭격사항에 대해 보고한 내용이 1952년 9월 26일 『동아일보』에 게재되었다.[96]

1. 22일 드디어 독도행을 결행했던 본 조사단은 오전 11시경 독도까지 약 2킬로 접근하였으나 1시간 이상 계속되는 폭격 연습으로 상륙치 못하고 부득이 일단 울릉도로 돌아오지 않을 수 없었음.

2. 이날 천기는 극히 청명하여 비행기의 폭격 광경은 자세히 관찰할 수 있었고 수종의 촬영기에도 완전히 수록할 수 있었음. 본 진남호 선상에서 비행기의 폭격을 확인하기는 10시 15분부터인데 비행기는 암록색의 쌍발기로 우편 날개에 수개의 백색선과 날개 끝에 역시 백색의 표식을 그렸으나 확인키 어려웠음. 처음 발견했을 때는 3기 내지 4기로 약 1,000미의 고도에서 독도에 향하여 연속 폭격을 하면서 점차로 고도를 높여 내종에는 3,100미 이상의 고도에서 폭격하고 있었는데 그 때 본 진남호는 독도까지 약 2킬르 접근하였으나 이때의 폭격이 본선과는 딴 방향으로 독도에서 약 2킬로 되는 해상에 폭탄을 투하하는 것을 보고 더욱 위험을 느끼고 12시 40분 귀항하였는데 비행기는 계속 폭격하다가 미구에 본선과 같은 방향인 울릉도로 최종의 2대가 자체를 감추었음.

조사단은 9월 22일 비행기의 폭격 상황을 진남호 선상 위에서 보았고 그 모습을 촬영기로도 촬영하였다고 했다. 폭격기는 암록색의 쌍발기로 우편 날개에 수개의 백색선과 날개 끝에 역시 백색의 표식이 있었다고 기록하였다. 상황을 보면, 비행기가 3대 내지 4대로

---

[95] 홍성근, 2003, 「독도폭격사건의 국제법적 쟁점 분석」, 『독도연구총서 10: 한국의 독도 영유권 연구사』, 독도연구보전협회, 398~403쪽 참조.
[96] 『동아일보』, 1952년 9월 26일, 2면, "울릉도 우복(又復) 폭격 학술조사단이 보고"

약 1,000m의 고도에서 독도를 향하여 연속 폭격을 하다가 점차로 고도를 높여 나중에는 3,000m에서 폭격을 하였다.[97] 그때 조사단을 태운 진남호는 독도 약 2km 지점까지 접근하였는데, 이때의 폭격이 본선과는 딴 방향으로 독도에서 약 2km 되는 해상에 폭탄을 투하하는 것을 보고 더욱 위협을 느꼈다고 한다. 폭격은 1시간 이상 계속되었는데, 폭격이 끝난 후 마지막 2대의 비행기는 진남호와 같은 방향인 울릉도로 날아갔다고 한다. 조사단은 이날도 독도에 입도하지 못하고 밤 12시 40분경 울릉도로 귀환하였다.

조사단은 24일 해군의 도움을 받아 독도 입도를 다시 시도하였다. 그런데 조사단을 태운 선박이 오전 9시 30분 독도 4km 지점까지 접근하였는데, 2대 내지 4대의 비행기가 또 다시 독도에서 폭격을 하고 있는 것을 보게 되었다. 1952년 9월 28일 『동아일보』에는 조사단에서 보낸 보고 내용이 기록되어 있다.[98]

1. 24일 재차의 독도행을 결행한 본 단이 24일 상오 9시 30분경 독도 동방 약 4킬로 지점에 접근하자 2대 내지 4대의 쌍발기가 약 3,000미 고도에서 여전히 폭격 연습을 하고 있음을 발견하였다. 본선은 독도 1킬로까지 접근하여 섬을 일주하여 상륙할 기회를 엿보았으나 폭격기는 본선을 본체만체 섬 주변에 연속 폭탄을 투하, 도저히 접근할 수 없음. 극히 염려되었던 것은 본선보다 2시간 전에 독도에 도착한 해녀 21명이 편승한 광영호(4톤)였는데 10시 10분경 폭탄 투하 지점 약 3,000미 근해에서 해선을 발견하고 안심하였다.

2. 본선이 2시간 반에 걸쳐 섬을 일주하는 동안 약 10여 발의 투탄 광경을 볼 수 있었다. 대개는 섬 주변에서 폭발하였고 멍멍한 폭염과 소란한 폭음에 우리들 가슴 깊이 울려오는 것을 느꼈고 섬을 일주한 결과 동도와 서도는 폭격으로 인하여 많이 분모되었으며 동도의 분화구의 일각은 완전히 파괴되었음을 확인하였다.

3. 해공군 각 참모장의 명의로 미 제5공군이나 유엔 함대기 등 모처럼 긴밀 연락과 교

---

97 1952년 9월 25일 『조선일보』에는 당시 4대의 비행기가 나타났다고 한다. 『조선일보』, 1952년 9월 25일, 2면, "독도에 또 폭격 연습! 22일 쌍발기 4대가"
98 『동아일보』, 1952년 9월 28일, 2면, "독도 폭격 상금 계속 학술조사단 제4차 보고"

섭을 다 해주었음에도 불구하고 그 효과를 보지 못하고 돌아가게 된 것은 유감천만이다. 그런데 독도를 우리의 발길 손길이 뻗어나갈 여지없이 버려두어야 할 것인가.
4. 진남호와 광영호는 각각 울릉도에 귀항 귀로에는 파랑이 상당히 높았다.

세 번째 폭격이 있은 9월 24일 독도 근해에는 해녀 21명을 태운 광영호와 조사단을 태운 진남호가 있었다. 비행기가 이 선박들을 본체만체하며 독도에 폭탄을 투하하였다. 조사단의 요청으로 우리 해군과 공군 당국에서 미 제5공군과 UN군에 연락하여 안전한 항로를 보장해 줄 것을 요청했는데도 효과가 없었다.

광영호에 탄 어민들이나 진남호의 조사단 일행은 독도에 입도하지 못하고 울릉도로 귀환해야 했다. 결국 조사단 일행은 독도 조사는 하지 못하고 울릉도만 조사하였다. 그들은 울릉도를 떠나 9월 28일 오후 1시 반 부산에 도착하였다.[99] 당초 26일 부산항으로 돌아올 예정이었으나 폭격사건으로 일정이 지체되었던 것이다.

비록 조사단은 독도 조사를 하지 못했지만, 그해 10월 9일 오후 2시 부산시의회 의사당(부산시청 3층 회의실)에서 학술조사 보고회를 가졌다. 보고회에는 회원을 비롯하여 일반 방청객도 다수가 참여하였는데, 울릉도의 지질, 생물, 고고, 역사, 측지, 지리, 수산, 의학 등에 대해 보고하였고, '45매의 천연색 기록 사진'도 보여주었다.[100]

1952년 10월 16일~18일 자 『경향신문』에는 당시 국립박물관 김원용 연구관이 3회에 걸쳐 쓴 "독도 미답기"라는 제목의 글이 게재되어 있다.[101] 그 글은 김 연구관이 그의 아내에게 보내는 편지 형식으로 되어 있는데, 그가 울릉도 현지를 답사하다가 추락하여 부상을 입고 울릉도 주민들의 도움을 받으며 울릉도 현지 병원에 가서 치료받는 과정 등이 그려져 있다.

---

99 『조선일보』, 1952년 9월 30일, 1면, "목적 굿 이루고, 독도학술조사단 28일 무위 귀환"
100 『동아일보』, 1952년 10월 11일, 2면, "울릉도 조사단 보고회 성황"
101 『경향신문』, 1952년 10월 16일, 2면, "독도 미답기(상) (김원용)"; 『경향신문』, 1952년 10월 17일, 2면, "독도 미답기(중) (김원용)"; 『경향신문』, 1952년 10월 13일, 2면, "독도 미답기(완) (김원용)"

5. 클라크 라인의 설정

UN군 사령부는 1952년 9월 27일 주한미대사관을 통하여 작전 해역과 한국 수역 경비선을 확정하여 발표하였다. 당시 UN군 사령관인 클라크(Mark Wayne Clark) 장군의 이름을 따서 이 경비선을 이른바 '클라크 라인'이라고 한다. 클라크 라인은 한국 연안 봉쇄선 내지 한국 해역 방위선으로 '한국의 연안에 대한 적의 공격을 방지하는 동시에 UN군의 수송선을 확보하고 또한 적의 비밀기관이 한국에 잠입하는 것을 저지하기 위하여 취해진 것'이었다.[102] 이 봉쇄선 발표에 앞서 9월 23일 클라크 장군의 대표가 한국의 이 대통령과 이 지역의 방위 문제에 관해 논의가 있었다고 했다.[103]

클라크 라인은 동해에 있어서 한반도와 울릉도 사이를 남하, 대마도와 부산 사이를 통과하여 제주도 남방에서 황해로 북상하는 형태로 그어졌다. 이 선은 연안 20리 밖에 설정되었고 평화선과는 남쪽과 서쪽은 대체로 유사하나 울릉도와 독도를 제외한 것이 문제라는 지적이 있었다. 그래서 한국 정부에서는 UN군 당국에 클라크 라인의 개정을 요구하였다. 즉 '울릉도와 독도가 한국의 영토인데 클라크 라인 밖에 놓였다는 것은 그 섬들이 외침을 당하여도 UN군 당국에서는 관여하지 않거나, 또 그 방위상 의무를 느끼지 않을 수도 있다'고 생각했기 때문이다.[104]

---

[102] 『동아일보』, 1952년 9월 29일, 1면, "한국전쟁 양상 변모? 연안 전면 봉쇄 단행, 적의 해로 기습 등에 대비"
[103] 『동아일보』, 1952년 9월 29일, 1면, "일선(日船) 침범도 경계, 민간선박에 출입 허가제"; 『동아일보』, 1952년 9월 29일, 1면, "신 경비선서 독도는 제외"
[104] 『동아일보』, 1952년 10월 10일, 1면, "유엔군 봉쇄선 일부를 개정? 정부 요청을 이해"

V. 1953년의 독도: 일본의 침범과 한국의 학술조사

1. 1953년 2월 독도폭격연습지 해제

독도로 조업을 나가던 울릉도 주민들은 1952년 9월 독도폭격사건 이후 언제 다시 독도에서 폭격이 있을지 불안해했다. 1948년 독도폭격사건으로 다수의 사람들이 사망하고 다친 일이 있었던지라 더한 공포를 느꼈을 것이다.

1953년 2월 28일 『동아일보』 등에서는 2월 27일 한국 국방부 당국의 발표를 인용하여, '향후 독도에서 폭격이 없을 것'이라고 보도하였다. 이는 한국 정부와 UN군 당국이 합의한 바이며, 미 극동공군사령관인 웨이랜드(Otto Paul Weyland) 장군도 한국 국방부 장관에게 보낸 서한에서 그 내용을 보장해주었다고 했다.[105] 독도가 폭격연습지에서 제외되었기 때문에 우리 어민들은 독도에서 안심하고 조업을 할 수 있게 되었다는 내용도 덧붙이고 있다. 기사에는 미국 정부가 독도를 한국 영토의 일부임을 인정했다는 내용도 있다.

3월 2일 『경향신문』에는 일본발로 일본 정부의 반박 소식을 전하고 있다. 2월 28일 일본 오카자키 가쓰오(岡崎勝男) 외상이 일본 중의원 외무의원회에서 미국이 독도에 대한 한국의 주권을 인정했다는 한국 국방부의 발표에 대해 반박하며, 대일강화조약에 독도가 일본의 영토로 되어 있다고 주장한 것이다.[106]

1953년 3월 19일 미일합동위원회에서 독도를 폭격연습지에서 제외하였지만, 일본이

---

[105] 『동아일보』, 1953년 2월 28일, 2면, "독도 어민 공포 일소, 공폭 연습 중지를 미군서 보장"; 『경향신문』, 1953년 3월 1일, 1면, "독도는 한국의 것! 미수(美酋) 주권 인정"; 『조선일보』, 1953년 3월 1일, 2면, "보장된 독도 근역의 어로. 미군 당국서 불폭격 통고"

[106] 『경향신문』, 1953년 3월 2일, 1면, "대(對) 독도 야욕 미식(未熄), 일본 또 소유를 주장"; 일본 국회 회의록: 第15回 国会 衆議院 外務委員会 第21号 昭和28年2月28日.

이 사실을 관보에 고시한 것은 그로부터 2개월이 지난 5월 14이었다.[107] 일본이 독도를 폭격연습지로 지정했을 때는 미일합동위원회의 결정이 있은 바로 그날(1952년 7월 26일) 관보에 지정 고시를 하였지만, 지정을 해제할 때는 해제 결정 후 2개월이나 지나서 고시하였다. 일본은 미국의 압력에 의해 어쩔 수 없이 독도를 폭격연습지에서 해제하게 되었지만, 자신들의 영유권 주장의 근거로 활용하기 위해 최대한 뒤늦게 고시했음을 알 수 있다.

2. 일본의 독도 침범과 한국의 대응

1) 일본인들의 독도 상륙과 한국의 대응

1953년 5월 14일 독도가 폭격연습지에서 제외되었다는 사실이 고시된 후 일본인들이 독도 상륙을 시도하는 일이 빈번하게 일어났다. 언론에는 보도되지 않았지만, 1953년 5월 28일 일본 시마네현 수산시험장 소속 선박인 시마네호가 독도에 와서 한국인들의 어로 상황을 확인하고 돌아가는 일이 있었다.[108] 그때 울릉도 북면 죽암 주민인 김준혁 씨 등 우리 어민 30여 명이 동력선 6척과 무동력선 6척으로 해조(海藻)와 패류(貝類)를 채취하는 작업을 하고 있었다.

1953년 6월 29일 『동아일보』에는 주일한국대표부에서 23일 일본의 항의에 대해 26일 답변서를 보내어 반박했다는 내용이 보도되었다.[109]

일본의 항의와 한국의 답변이 오가는 사이, 6월 27일 일본의 경찰, 법무부 직원 등 관리 30명이 경비선 2척(오키호, 구즈류호)에 나누어 타고 와서 독도에 상륙하는 일이 또 벌어졌다. 그들은 독도에 있던 우리 어민 6명에게 퇴거를 명령하고 "도근현(島根縣) 은기도(隱

---

107 홍성근, 2015, 「평화선 선언과 독도 폭격 연습지 지정에 대한 법·정책적 이해」, 『독도연구』 제18호, 182~183쪽 참고.
108 외무부 정무국, 1955, 『외교문제총서 제11호: 독도 문제개론』, 52~53쪽.
109 『동아일보』, 1953년 6월 29일, 1면, "한국 어부 불법 체포, 일(日), 독도 영유 계속 주장". 실제 일본 측에서는 1953년 6월 22일 자 구술서를 보내어 항의를 하였고, 한국에서는 1953년 6월 26일 자 구술서로 반박을 하였다. 『독도 문제, 1952-53』(분류번호 743. 11JA. 등록번호 4565)

岐島) 오개촌(五箇村) 죽도(竹島)"라는 팻말까지 박고 갔다고 한다.[110] 한국산악회와 어민회에서는 일본 측의 독도 도발을 비판하며 행정 당국에서 강력한 조치를 취해 줄 것을 요청하였다.[111]

7월 7일 국회에서도 일본의 독도 침범사건이 본회의 안건으로 상정되어 논의를 벌였다.[112] 외무위원장 황성수(黃聖秀) 의원은 일본인들의 독도 침범을 비판하며, 독도가 역사적으로 한국 땅임을 설파하였다. 즉 '독도는 역사적으로 세종실록, 그리고 일본인 학자 하야시 시헤이(林子平)의 지도에도 한국 소속으로 되어 있다'는 것과, '제2차 대전 종전 후 연합국도 독도를 일본 영토에서 제외하였다는 것' 등을 언급하였다. 그럼에도 일본인들이 독도 어장을 욕심내며 침략의 야심을 드러내고 있다고 비판하였다. 이에 외무위원회에서는 이 사건 처리 방안에 대해 다음과 같은 4개 항이 논의되었다.[113]

1. 일본인의 우리 영토 침범에 대하여 우리는 실력 행사로서 철거시킬 것.
2. 해군을 동원하여 군의 실력으로서 독도 어민을 보호할 것.
3. 주권과 영토 침범의 책임을 추궁할 것.
4. 산악회 등 학술연구단체의 독도 조사연구에 대하여 정부서는 편의를 제공하여 그 조사를 완성시킬 것.

이에 대해 유승준, 이종형 등 일부 의원들은 일본의 독도 침략 의도가 어장이나 영토라기보다 일본의 재무장에 있다며 문구의 수정을 요구하였다. 즉 일본이 정치적으로 자국의 재무장을 촉진시키기 위한 국내 여론 환기를 위하여 한국의 무력 행사를 유인함으로써

---

110 『동아일보』, 1953년 7월 3일 2면, "침략의 상투(常套) 수단 노골, 일(日)의 독도 침범에 국내 여론 비등"; 외무부 정무국, 앞의 책, 59~63쪽. 실제 표목의 글귀는 "도근현(島根縣) 온지군(隱地郡) 오개촌(五箇村) 죽도(竹島)"였다. 외무부 정무국, 위의 책, 62쪽.
111 『동아일보』, 1953년 7월 3일, 2면, "역사적 제 증거 뚜렷, 일본의 영토란 만부당, 산악회 성명"; 『동아일보』, 1953년 7월 3일, 2면, "어민 납치는 불법행위, 행정당국의 강력한 조치 절실, 어민회 성명"
112 제16회 국회 임시회의 속기록 제18호(단기 4286년 7월 7일(화) 상오 10시), 5~13쪽; 『동아일보』, 1953년 7월 8일, 2면, "국회서 처리 방안 논의, 일 정부의 독도 침점(侵占)사건"
113 『동아일보』, 위의 기사.

재무장에 대한 미국의 의욕을 촉발시키려는 술책이라고 했다. 그래서 실력 행사와 해군 동원과 같은 문구는 수정하자고 주장하여 이 사건의 처리 방안은 외무위원회에서 수정하여 다시 회부하기로 결의하였다.[114] 결국 외무위원회 논의를 거쳐서 7월 8일 국회 본회의에서 '독도침해 사건에 관한 건의안'이 의결되었다. 우리 정부에 촉구하는 결의문은 다음 2가지 사항으로 정리되었다.[115]

1. 대한민국의 주권과 해양주권선의 침해를 방지하기 위한 적극적인 조치를 취하여 금후 독도에 대한 한국 어민의 출어를 충분히 보장할 것.
2. 일본 관헌이 건립한 표식을 철거할 뿐 아니라 금후 여사한 불법 침해가 재발되지 않도록 일본 정부에 엄중 항의할 것.

최종 결의문에서는 본 회의에서 논의되었던 '실력 행사'나 '해군 동원'과 같은 문구는 삭제되었다.

7월 7일 내무부 장관은 기자단과의 회견에서 7월 1일 경북 경찰국원을 파견하여 6월 27일 일본이 설치했던 일본령 팻말을 철거하였다고 했다.[116] 국회에서 행정부에 대해 강력한 조치를 요청하였기 때문에 국방부에서도 움직였다. 1953년 7월 11일 『조선일보』 등에 따르면, 국방부에서 7월 8일 해군 군함 1척을 독도로 파견하였다.[117]

2) 독도 총격사건과 한국의 대응

한일간에 독도를 둘러싸고 팽팽한 긴장감이 오가던 7월 12일 독도에서 총격사건이 발생

---

[114] 『동아일보』, 위의 기사.
[115] 『조선일보』, 1953년 7월 10일, 1면, "독도사건에 건의안 8일 국회서 채택"; 제16회 국회 임시회의 속기록 제19호 (단기 4286년 7월 8일(수) 상오 10시), 1~2쪽.
[116] 『경향신문』, 1953년 7월 9일, 2면, "우리 경찰대를 파견, 일인(日人)이 건 현판 철거, 독도사건에 진 장관 언명"
[117] 『조선일보』, 1953년 7월 11일, 2면, "독도에 군함 급파, 일인 침범 사실을 조사"; 『경향신문』, 1953년 7월 11일, 2면, "군함 보내어 조사, 일인의 독도 침범 사건"; 『평화신문』, 1953년 7월 11일, 2면, "드디어 실력 행사 단행 호(乎), 해군 함정 8일 출동, 일인 독도 상륙사건을 조사"

하였다. 7월 12일 독도에 있던 한국 경찰이 독도를 침범한 일본 해상보안청 순시선 헤쿠라호를 향해 총격을 가한 것이다. 그중 2발이 순시선에 명중되었으나 인명 피해는 없었다.

이 사건에 대해서는 사건이 일어난 다음날인 7월 13일 『아사히(朝日) 신문』 등 일본 신문에서 먼저 보도하였다.[118] 일본 측 신문에서는 일본 해상보안청에서 입수한 정보라며 이 사건을 보도하였는데, 그 내용이 7월 15일 자 국내 신문을 통해 국내에도 전해졌다.[119] 그리고 7월 16일 『조선일보』에는 국방부 보도과에서 발표한 내용이 소개되었는데, 울릉도 경찰서에서 경상북도 경찰국에 보고한 내용이었다.[120]

이 사건과 관련하여 한일 양국의 언론보도를 보면, 사실관계에 있어 약간씩 차이를 보이고 있다.[121]

우선 당시 독도에 한국 경찰과 일본 관헌이 얼마나 있었던가 하는 부분이다. 일본 측 보도에서는 한국 경찰관 7, 8명이 자동 소총을 소지하고 한국 어민들을 보호하고 있었는데, 그중 한국 경찰 3명과 통역 1명(또는 한국 경찰 4명)이 일본 순시선에 승선하였다고 한다. 이에 대해 한국 측 보도에서는 울릉도 경찰서 김(金) 사찰주임 외 2명의 직원이 순시선에 대해 검문검색을 하였는데, 일본인들은 2개의 선박(순시선)에 약 30명이 탑승하고 있었고, 그중 7, 8명이 권총을 휴대하고 있었다고 한다.

또 한국 측의 발포 과정과 관련해서는, 일본 측에서는 한국 경찰이 헤쿠라호에서 하선 후 독도를 한번 순회하고 귀환하려고 할 때 갑자기 한국 측에서 수십 발의 총격을 가했다고 했다. 이에 대해 한국 측에서는 독도를 불법 침입한 일본 순시선을 한국으로 인치하고자 하였으나, 순시선이 갑자기 속력을 내어 도주하자 수차 신호를 보내었으나 무시하고 도주하기에 발포하였다는 것이다.

---

[118] 『朝日新聞』, 1953年 7月 13日(東京/夕刊), p. 1, "韓国側から発砲, 竹島で保安庁巡視船撃つ"; 『読売新聞』, 1953年 7月 13日(夕刊), p. 3, "韓国船側が発砲, 領海問題で又縺れ, 竹島で巡視船被弾"
[119] 『경향신문』, 1953년 7월 15일, 2면, "독도 보호에 실력 행사, 일 안보청 순시선 불법상륙 기도"; 『동아일보』, 1953년 7월 15일, 1면, "일(日), 독도 영유 고집, 순시선 피격? 일(日) 대한(對韓) 항의"
[120] 『조선일보』, 1953년 7월 16일, 2면, "일선 2척 독도 침범, 정지 신호하자 도주"
[121] 이하, 『경향신문』, 1953년 7월 15일, 2면, '조일신문의 보도'; 『동아일보』, 1953년 7월 15일, 1면, "일(日), 독도 영유 고집, 순시선 피격? 일(日) 대한(對韓) 항의"; 『조선일보』, 1953년 7월 16일, 2면, "일선(日船) 2척 독도 침범, 정지 신호하자 도주" 참조.

7월 13일 일본 측에서는 한국 정부에 대해 항의서를 보내어, 일본에 대한 주권 침해와, 일본 수역에서의 불법 어로를 비난하는 한편, 총탄 2발을 맞은 순시선에 대한 피해배상, 그리고 사건 책임자 처벌을 요구하였다.[122] 그리고 오카자키(岡崎) 일본 외상은 미국 측에 독도 관련 사항에 대해 조정을 요청할 것이라고도 했다.[123] 한국 측에서도 일본에 대해 항의를 함과 동시에 해군 군함을 파견하여 일본의 독도 침해 활동 실정을 조사토록 하였다.[124] 이 사건 후에도 일본의 도발은 이어졌고, 손원일 국방부 장관도 수차에 걸쳐 일본 측의 독도 침범에 단호히 대응할 것과, 우리 해군은 영토를 방비하는 데 전력을 다할 것이라고 하였다.[125]

독도와 평화선, 그리고 어업문제를 둘러싼 한일 양국간의 대립으로 한일회담도 난항이 예고되었다.[126]

3) 한국산악회의 독도 답사

일본의 독도 도발이 심상치 않은 가운데, 1953년 8월 10일 『서울신문』에 최남선이 쓴 "울릉도와 독도: 한일 교섭사의 일(一) 측면(1)"이라는 제목의 글이 실렸다.[127] 그는 이 글을 시작으로 같은 제목으로 그해 9월 7일까지 25회에 걸쳐 연재하였다. 최남선은 울릉도가 우리 역사에 등장하는 서기 512년 신라 장군 이사부의 우산국 복속에서 시작하여 고려와 조선 시대 문헌에 기록된 울릉도의 역사, 안용복의 활동과 울릉도 쟁계, 러일전쟁과 독도, 독도(독섬)의 명칭, 일본의 독도 편입 조치, 대일강화조약과 평화선 선언에 이르기까지 울릉도와 독도의 역사를 총망라하여 다루었다. 그는 특별히 독도가 1905년 러일전쟁

---

[122] 『조선일보』, 1953년 7월 15일, 2면, "일(日), 적반하장. 독도사건 항의설"
[123] 『동아일보』, 1953년 7월 16일, 1면, "미(美)에 조정 요청? 독도 문제, 일(日) 외상(外相) 해괴 증언"
[124] 『동아일보』, 1953년 7월 19일, 1면, "독도 근해 초계(哨戒) 계속, 아(我) 해군 일선(日船) 침범에 대비"
[125] 『조선일보』, 1953년 7월 16일, 2면, "독도는 단호 방위, 손 국방부 장관 담"; 『조선일보』, 1953년 9월 12일, 2면, "독도에 일(日) 어선 200척, 추방 위해 함정을 파견"; 『조선일보』, 1953년 9월 12일, 2면, "'철저히 추방할 터' 손 장관 강경한 태도 천명"
[126] 『경향신문』, 1953년 9월 17일, 1면, "한일회담 재개도 의문시"
[127] 『서울신문』, 1953년 8월 10일, 1면, "울릉도와 독도: 한일 교섭사의 일(一) 측면(1) (최남선)"

중 일본에 빼앗긴 사실에 주목하고, 한일교섭을 비롯하여 '독섬 문제'[128]에 관한 일본의 동향을 주의, 경계하는 것이 무엇보다 중요함을 강조하였다.[129]

학술적으로 독도를 규명하려는 노력들이 계속되었다. 1953년 10월초 한국산악회에서 전년도(1952년)에 이어 다시 을릉도·독도학술조사단을 파견할 것이라는 보도가 있었다.[130] 이어 1953년 10월 19일 『조선일보』에 한국산악회가 독도 답사에 성공했다는 기사가 나왔다.[131] 그런데 이번에도 독도 입도가 순조롭지 못했다. 학술조사단은 10월 13일 독도에 입도하려고 했으나 날씨가 좋지 않아 입도하지 못했다. 날씨가 좋아지기를 기다렸다가 10월 15일 드디어 독도에 입도할 수 있었다.

조사단은 가제바위에서 노니는 수십 마리의 강치도 보고, 독도의 조류도 살펴보았다. 조사단은 먼저 서도를 측량하였으나 서도의 약 4분의 3만을 측량하였다. 그날은 독도에서 천막을 치고 하룻밤을 보내고 다음날 16일 정오까지 조사를 이어나갔다. 조사단은 독도를 측량하고 독도 관련 각종 사항을 기록하는 외에, 독도의 동도에 영토표석을 세웠다. 원래 1952년에 세우려고 했으나 폭격으로 세우지 못하고 울릉도 경찰서에 1년 동안 보관해 두었다가 세우게 된 것이다. 한국산악회의 영토표석은 동도 해변에 있는 독도조난어민위령비에서 조금 떨어진 곳에 세웠는데, 정면에는 한글로 '독도', 한자로 '獨島', 그리고 불어로 'Liancourt'라고 새겼다. 그리고 뒤에는 '한국산악회 울릉도·독도학술조사단' 등을 새기고 측면에는 세운 날짜를 써넣었다.

독도 조사를 마친 조사단은 오후 1시 905함정을 타고 울릉도로 돌아왔고 그날 밤 바로 울릉도를 떠나 부산으로 향했다. 조사단이 부산에 도착한 시간은 17일 오후 6시였다.

한국산악회 학술조사단이 독도를 다녀가고 1주일 여가 지나고 일본 순시선의 선원들이 독도에 상륙하였다. 1953년 10월 27일 『동아일보』가 일본발 소식을 통해 전한 바에 따르면, 10월 23일 오전 10시경 허상보안청 순시선 나가라호와 하마다(濱田) 해상보

---

[128] 최남선은 독도 대신에 '독섬'이라는 명칭을 주로 사용하였다.
[129] 『서울신문』, 1954년 12월 17일, 1면, "독도 문제와 나 (최남선)"
[130] 『동아일보』, 1953년 10월 3일, 2면, "독도 등 답사, 대한산악회서"
[131] 『조선일보』, 1953년 10월 19일, 2면, "독도 답사에 성공, 산악회 학술조사단 18일 귀경"

안부 순시선 노시로호 등 2척이 독도에 왔다.[132] 그때 독도의 동도에 작업원을 상륙시켜 산꼭대기와 중턱에 다수 설치되어 있던 한국 측 영토표지를 철거하고 '도근현(島根縣) 은지군(隱地郡) 오개촌(五箇村) 죽도(竹島)'라고 기재한 영토 표목을 세웠다고 한다.[133]

그러한 소식을 접하자 1953년 10월말 우리 정부의 내무부 장관은 경상북도 지사에게 일본 측에서 철거한 한국령 표지를 다시 세울 것을 지시하였다.[134] 그리고 11월에는 일본 오카자키 외상이 자유당 총무회에서 한국이 독도를 침범했다고 하며, 독도 관련 사항에 대해 미국 측에 도움을 요청하고 있다고 한 발언도 기사화되었다.[135]

---

[132] 『동아일보』, 1953년 10월 27일, 1면, "한국령 표식 탈거(奪去), 일(日), 23일 독도를 침해"
[133] 일본 측에서 1953년 6월 25일 독도에 세운 표목에는 "도근현(島根縣) 온지군(穩地郡) 오개촌(五箇村) 죽도(竹島)"라고 표기되어 있다. 1953년 10월 23일 세운 표목의 '은지군(隱地郡)'은 '온지군 穩地郡)'의 오기로 보인다.
[134] 『조선일보』, 1953년 10월 31일, 2면, "독도에 다시 우리 표식. 백(白) 내무장관, 경북지사에 명령"
[135] 『동아일보』, 1953년 11월 15일, 1면, "'한국이 독도 침략 운운', 일(日) 정부, 미(美)에 구원 요청"; 『자유신문』, 1953년 11월 16일, 1면, "출어문제 미(美)와 협의, 일 외상, 독도 문제도 언급"

Ⅵ. 1954년의 독도: 독도의 시설 설치와 경비대 상주

1. 한국의 독도 영토표지 설치

1954년 1월 경상북도 당국은 1953년 10월 일본이 제거한 한국령 영토표지를 다시 세우기 위해 관계 직원들을 독도로 파견하였다.[136] 이 일은 중앙 정부 당국의 지시로 추진되었으며, 콘크리트로 견고한 영토표지를 세우고자 했다. 영토표지 설립위원들은 경상북도 직원과 이들을 경호하는 경찰대, 그리고 신문기자로 구성되었다. 이들은 해양경찰대 경비정으로 1월 18일 오후 8시 부산항을 출발하여, 19일 오후 9시 포항에서 다른 일행을 태우고 독도로 향하였다.[137] 20일 오전 6시 울릉도 서쪽 33마일 해상에서 폭풍우로 더 이상 나아가지 못했다. 그들은 배를 돌려 그날 오후 5시 포항으로 돌아왔다.[138] 날씨가 계속 좋지 않아서 독도로 가려면 3, 4일은 포항에서 더 기다려야 할 형편이었다. 1954년 1월 23일 자 일부 신문에는 1월 19일 독도에 영토표지를 세웠다는 보도도 있었으나 실제로는 세우지 못했다.[139]

그후 독도에 다시 영토표지를 세우려고 한다는 기사는 5월 13일 『조선일보』에서 볼 수 있다. 즉 '해양경찰대에서 독도가 우리 영토라는 것을 알리기 위해 독도 영토표지를 암석에다 새기려고 금명간 경비정을 독도에 파견할 것'이라고 했다.[140] 그리고 6월 2일 『조선일보』는 5월 17일과 18일 양일간 해양경찰대에서 대장 이하 50여 명의 대원이 독도에 상

---

[136] 『조선일보』, 1954년 1월 20일, 4면, "우리나라 표식을 다시 건립, 20일, 독도에 경북도 직원을 파견"
[137] 『경향신문』, 1954년 2월 1일, 2면, "독도에 영토 표식차 도(道) 직원 출발 예정"
[138] 『조선일보』, 1954년 1월 25일, 2면, "포항으로 무위귀환, 독도 영토표식 건립대"
[139] 정병준, 2012, 「1953~1954년 독도에서의 한일충돌과 한국의 독도수호정책」, 한국독립운동사연구 41, 436~439쪽.
[140] 『조선일보』, 1954년 5월 13일, "이번엔 암석에 조각, 독도에 영토 표식대를 다시 파견"

륙하여 독도가 한국령임을 새겼다고 기록하고 있다.[141] 이때 독도에 새긴 영토표지는 독도의 바위에 새겨놓은 것으로 1954년 1월 경상북도에서 세우고자 했던 영토표석과는 다른 것으로 보인다.[142]

2. 일본의 자위권 발언

3월 17일 『동아일보』 등에는 일본 정부의 사토 다쓰오(佐藤達夫) 법제국 장관이 3월 15일 중의원 외무위원회에서 한 발언이 기사화되었다. 사토 장관은 일본이 "독도(竹島)에 대한 한국의 침략이나 일본 어선에 대한 공격을 구축하는 자위권을 보유하고 있다"고 발언을 했던 것이다.[143] 이 발언은 사토 장관이 자유당(自由黨) 사사키 모리오(佐佐木盛雄) 의원이 제기한 질문에 답변을 하는 가운데 나왔다. 국내 신문에서는 사토 장관의 발언이 침탈 야욕에서 비롯된 것이라며 비난하였다.[144] 그런데 사토 장관은 개진당(改進黨) 나미키 요시오(並木芳雄) 의원이 '비록 일본 헌법은 국제분쟁을 해결하기 위해서 무기를 사용할 것을 금지하고 있더라도 자위를 위하여 무장 군대를 사용하는 것은 정당하냐'고 한 질문에 대해서는 답변을 하지 않았다고 한다.[145]

3. 울릉도민의 '독도자위대' 결성

1953년 이래 일본 측의 독도 영유권 주장과 독도 침범 행위가 더욱 노골적으로 또 빈번하게 일어났다. 1954년 들어서는 도쿄(東京)에 거주하는 일본인 등 3명이 독도의 인광채굴

---

[141] 『조선일보』, 1954년 6월 2일, 2면, "일함, 독도에 기총소사, 영토표식 말소가 목적?"
[142] 정병준, 앞의 논문(2021), 438~439쪽 참고.
[143] 『동아일보』, 1954년 3월 17일, 1면, "독도 방위에 자위권, 일본 법제국 장관이 언명"; 『조선일보』, 1954년 3월 17일, 1면. "'독도에 자위권' 일본, 무력행사를 호언"; 일본 국회 회의록: 第19回国会 衆議院 外務委員会 第17号 昭和29年3月15日.
[144] 『경향신문』, 1954년 3월 17일, 1면, "여적(餘滴)"
[145] 『동아일보』, 1954년 3월 17일, 1면, "독도 방위에 자위권, 일본 법제국 장관이 언명"; 『조선일보』, 1954년 3월 17일, 1면. "'독도에 자위권' 일본, 무력행사를 호언"

출원을 하고 일본 정부에서 허가했다는 소식이 국내 신문을 통해 전해졌다.[146] 이 시기는 6·25 전쟁으로 한국의 국가적 상황이 피폐해질 대로 피폐해져 있었다.

그러한 가운데 1954년 4월 3일 『경향신문』에는 '울릉도 도민 1만 5,000을 대표하여 독도개발주식회사 사장 이정윤 씨가 자치적으로 독도를 방위하겠으니 협조해 달라는 진정서를 내무부에 제출해왔다'는 기사가 게재되었다.[147] 울릉도 주민들은 일본인들의 독도 침범으로 독도 조업이 어렵게 되어 생활난을 겪고 있고, 더욱이 6월부터는 미역 채취가 시작되기 때문에 독도에 대한 경비를 강화해야 한다며, 다음 3개 사항을 요구하였다.

1. 독도, 울릉도에 등대를 가설하 줄 것.
2. 무선시설 있는 감시초를 설치할 것.
3. 해안경비정을 보급해줄 것.

이에 대해 김장흥(金長興) 치안국장은 "이제까지도 독도를 해안경찰대에서 경비해왔고 국가적인 견지에서 한층 더 경비를 강화하겠다"고 하였다.

그 기사가 나가고 한 달이 지난 5월 2일 『동아일보』에는 5월 1일 외무부에서 발표한 내용이라며, 지난 4월 25일 울릉도 도민 1만 5,000명이 자발적으로 일본의 독도 침범을 방위하기 위해 독도자위대를 결성하기로 결의를 했다는 기사가 실렸다.[148] 이와 관련하여, 5월 3일 『조선일보』에는 좀 더 자세한 내용이 실렸다.[149]

울릉도 1만 5,000 도민은 독도자위대(獨島自衛隊)를 결성해서 한국의 영토인 독도를 결사방위하기로 결의하였다 한다

지난 25일 하오 1시 울릉도 고등학교에서는 1만 5,000명 울릉도 도민을 대표하는 관

---

[146] 『경향신문』, 1954년 4월 2일, 2면, "독도어 새로운 촉수, 일본 권위지도에도 한국 영토라고 명시, 인광 채굴권 허가, 일, 매일 지 그 기만성을 야유"; 『경향신문』, 1954년 4월 3일, 2면, "독도 보호해주오, 울릉도민 당국에 진정"
[147] 『경향신문』, 1954년 4월 3일, 2면, "독도 보호해주오, 울릉도민 당국에 진정"
[148] 『동아일보』, 1954년 5월 2일, 3면, "'독도를 수호하자', 울릉도민회서 자위대 결성 결의"
[149] 『조선일보』, 1954년 5월 3일, 3면, "'우리 영토를 수호, 독도의 자위대를 결성'"

공서 등 각 기관장과 사회단체 대표, 각 면의회 의원, 지방 유지 등 다수가 참집한 가운데 국민회(國民會) 울릉도 지부 주최로 도민궐기대회를 열어 독도방위대책위원회를 결성하는 한편, 울릉도 내의 청장년으로서 독도자위대를 결성하기로 하였다고 한다. 이리하여 먼저 독도에다 등대와 감시초를 설치한 다음 매주일 교대로 50명씩 청장년을 소집해서 그중 20명은 독도에 직접 파견하여 등대와 감시초에 근무케 하고 또 무전사 1명씩을 교대로 근무케 하여 본도와 경비선에 각각 상시 연락하도록 할 것이라고 한다.

울릉도 도민궐기대회는 국민회 울릉도 지부 주최로 열렸으며, 울릉도 관공서의 각 기관장과 사회단체 대표, 각 면의회 의원, 지방 유지 등이 참가하였다. 이 자리에서 독도방위대책위원회를 결성하기로 하고, 구체적인 독도 방위 대책도 제시되었다. 그 대책이란 4월 3일 『경향신문』에 실려 있는 진정서의 내용과 큰 틀에서는 같았다. 즉 독도에 등대와 감시초를 세운 다음, 매주 교대로 울릉도 청장년 50명을 소집하여 그중 20명을 독도에 파견하여 근무토록 하고, 무선사도 1명씩 교대로 근무케 하여 울릉도와 경비선에 각각 상시 연락을 할 수 있도록 하는 것이었다.

울릉도 도민궐기대회의 결의에 따라 울릉도민 대표는 정부에 독도자위대 조직에 협조해 줄 것을 요청하였다.[150] 이에 1954년 5월 6일 『조선일보』에는 5월 3일 백두진(白斗鎭) 국무총리가 울릉도 도민들의 독도자위대 조직이야말로 훌륭하고 뜻깊은 것이라고 하며, 내무부 장관에게 독도자위대 조직에 적극 협조할 것을 지시했다는 기사가 실렸다.[151] 그 지시에 따라, 정부에서 '독도자위대'라는 이름을 가진 조직에 어떠한 협조를 했는지를 알 수 있는 기사는 찾을 수 없다.[152] 다만 독도자위대의 독도 상주에 관계 당국의 협조와 승인이 필요했다는 것은 1954년 5월 2일 『서울신문』 기사를 통해 알 수 있다.[153]

---

[150] 『조선일보』, 1954년 5월 6일, 2면, "훌륭한 조직이다. 백두진(白斗鎭) 총리, 독도자위대에 협조 지시"
[151] 『조선일보』, 위의 기사.
[152] 1954년 9월 1일 『경향신문』에는 8월 31일 국무회의에서 독도 경비 강화를 위해 경비대 파견 및 영토 수호 예산으로 1954년 추가예산으로 3,000만 환을 편성 통과시켰다는 기사가 있다. 이 예산이 독도자위대 활동에 사용되었는지는 알 수 없다. 『경향신문』, 1954년 9월 1일, 2면, "3,000만 환의 예산, 독도에 경비대를 파견"
[153] 『서울신문』, 1954년 5월 2일, 3면, "독도 수호에 궐기, 울릉도민이 자위대 조직"

그리고 '독도자위대'가 독도에서 어떠한 활동을 했는지에 대한 기사도 거의 찾을 수가 없다. 다만 1954년 7월 29일 『조선일보』에는 "울릉도 자위대의 경비막으로 추측되는 판자집이 서편쪽 기슭에 보였다"는 내용이 기록되어 있다.[154] 이 기사는 1954년 7월 24일 민의원 김상돈 의원 등 국회 독도시찰위원단이 독도를 방문했을 때 동행한 조선일보 둔계준 기자가 쓴 것이다. 이 기사를 제외하고 '독도자위대'가 독도에 상주하며 활동하고 있다는 기사는 찾을 수가 없다.

독도자위대가 울릉도 주민들에 의해 자발적으로 결성되고 도내 청장년들로 조직된다는 점에서 독도의용수비대(대장 홍순칠)와 연결된다. 그런데 1954년 국내 신문 기사 중 '독도의용수비대'라는 이름이 언급된 기사도 찾을 수가 없다.[155] 독도의용수비대가 상이군인 등으로 구성되었다는 점에서 1954년 6월 16일 『조선일보』 기사에서 언급한 '상이군인'은 독도의용수비대를 상기시킨다. 이 기사에는 "5월 28일 하오 3시경 일본 사카이(境)시(市) 어로 시험선(145톤급)이 독도에 나타나 독도에서 어로 중인 상이군인 6명과 기타 어부들과 이야기한 사실이 있다"고 적고 있다.[156]

그런데 1950년대 사진 속에서는 '독도의용수비대'라는 이름을 볼 수가 있다. 즉 1954년 8월 독도에 무선시설 등을 세울 때 촬영한 것으로 추정되는 독도의용수비대 대원들의 사진 속에서 한자로 '獨島義勇守備隊'(독도의용수비대)라고 쓴 현판을 볼 수 있다.

독도자위대가 독도의용수비대와 구체적으로 어떻게 연결이 되는지에 대해서는 추가적인 조사와 연구가 필요하다. 그럼에도 울릉도 주민들이 6·25 전쟁 이후 국가적 위기 상황 속에서 일본의 독도 침범에 맞서 독도 방위 대책을 세우고 자발적으로 독도를 경비했다는 것은 한국이 독도를 실질적으로 영유함에 있어 크게 기여한 부분이라 할 것이다.

---

[154] 『조선일보』, 1954년 7월 29일, 2면, "풍파 거센 독도, 민의원 시찰단과 동선하고, 암석에 기록된 시찰 표식, 무심한 갈매기의 외로운 표정".
[155] 1954년 5월 2일 『서울신문』에는 '독도의용자위대'(獨島義勇自衛隊)라는 유사한 이름이 등장한다(『서울신문』, 1954년 5월 2일, 3면, "독도 수호에 궐기, 울릉도민이 자위대 조직). 1954년 12월 20일 『조선일보』에는 '독도수비대'(獨島守備隊)라는 이름이 나온다(『조선일보』, 1954년 12월 20일, 3면, "쌀 없어 기아 상태, 독도수비대서 구호 요청"). 1959년 3월 3일 『경향신문』에는 독도의용수비대 홍순칠 대장을 소개하며 '의용경비대'라는 이름을 쓰고 있다(『경향신문』, 1959년 3월 3일, 3면, "독도는 살아있다, 조국의 전초 수호에 철통, 피눈물 나는 경비대원의 노고").
[156] 『조선일보』, 1954년 6월 16일, 2면, "격랑 만나 귀환, 해양경찰, 다시 독도로"

4. 일본 측의 총격사건

1954년 6월 2일 자 국내신문에 독도에서 총격사건이 일어났다는 기사가 실렸다. 이 사건을 두고 『조선일보』에서는 무장한 일본 경비함에서 독도의 한국령 영토표지를 향해 기관총을 발사했다고 했고,[157] 『경향신문』과 『동아일보』에서는 비행기가 상공에서 기총 사격을 했다고 했다.[158] 총격을 가한 쪽이 일본 경비함인지, 비행기인지를 두고 서로 엇갈렸다.

6월 5일 『조선일보』에는 이 사건의 진상을 조사한 내무부의 조사 결과가 게재되었다.[159]

> 지난 5월 23일 오전 열시 반경 배의 앞과 뒤에 각기 일본기를 높이 게양한 무장 경비함이 약 두 시간 동안 독도 근해를 떠돌아다니다가 일본 방면으로 자취를 감춘 바 있었으며, 그 다음날인 24일 오전 열 한 시경 동도 동북방에서 비래한 듯한 비행기 한 대가 우리나라의 영토임을 조각한 쪽을 향해 약 300발의 총탄을 쏘고 일본 하관(下關) 방면으로 사라졌다는 것인데 비행기의 국적은 알 길이 없었다고 하며 그 후 내무, 국방 및 외무 등 3부에서는 합동으로 정체가 묘연한 비행기의 국적을 조사 중이라고 한다.
> 한편 그의 소속이 일본인 것을 명백히 한 선박이 다녀간 다음날 나타난 비행기가 기총소사를 하였다는 점에 비추어 십중팔구 일본 비행기가 아닌가 당국에서는 보고 있다고 한다.

발표 내용을 보면 일본의 무장 경비선과 비행기가 모두 관련되어 있다. 즉 5월 23일에는 일본기를 게양한 무장 경비선이 독도 근해에 왔었고, 그 다음날 24일에는 비행기가 나타나서 한국령 영토표지를 향해 약 300발의 총탄을 쏘고 일본 시모노세키(下關) 방향으로

---

[157] 『조선일보』, 1954년 6월 2일, 2면, "일함, 독도에 기총소사, 영토표식 말소가 목적?"
[158] 『경향신문』, 1954년 6월 2일, 2면, "독도에 괴(怪)비행기, 기총소사코 하관 쪽으로 뺑소니"; 『동아일보』, 1954년 6월 2일, 2면, "독도에 정체 불명기, 영토표식 향해 기총소사"
[159] 『조선일보』, 1954년 6월 5일, 2면, "일기(日機) 소행이 확실, 독도 총격사건의 진상 판명"

날아갔다는 것이다. 우리 정부 당국에서는 경비선뿐만 아니라 비행기도 일본 소속이라고 강하게 추정하고 있었다. 그 이유는 5월 23일 일본 경비선이 독도를 다녀간 후 다음날 바로 비행기가 나타났기 때문이다.

5. 국회 독도시찰위원단의 독도 시찰

평화선이 선포된 지 약 2년 7개월이 지났지만, 일본의 평화선 침범과 독도 도발은 계속되었다. 이러한 시국에 민의원 소속 국회의원들이 독도 시찰을 하게 되었는데, 그들은 김상돈(金相敦), 염우량(廉友良), 김동욱(金東郁) 의원이었다.[160] 시찰위원단은 국회의원과 촬영반, 보도반으로 구성되었는데, 7월 24일 오후 2시 해양경비정 화성호(火星號)를 타고 부산항을 떠났다. 독도행 뱃길은 폭풍우로 순탄치 못했다. 시찰위원단은 부산항을 떠난 지 22시간 만에 독도에 도착하였다.

독도에는 시찰위원단의 방문을 환영하는 이벤트가 준비되어 있었다. 해양경찰대가 섬 중턱에 흰 페인트로 태극기를 그려놓고, 섬 절벽 위에는 큰 글씨로 "독도 단기(檀紀) 4287년 7월 25일 대한민국 민의원 시찰 김상돈, 염우량, 김동욱, 해경대 화성호"[161]라고도 써놓았다. 독도시찰위원단은 4시간 정도 시찰을 마치고 25일 오후 3시 독도를 떠나 부산으로 향했다.

---

[160] 『조선일보』, 1954년 7월 26일, 3면, "24일 현지로 출발, 독도시찰의원단"; 『조선일보』, 1954년 7월 28일, 2면, "독도시찰의원단, 기념표식 새겨놓고 귀항"; 『동아일보』, 1954년 7월 29일, 2면, "절해의 섬 독도를 찾아서, 어장 보도(寶島)에 등대 설치 긴요, 남대문 연상되는 무수한 수문"; 『조선일보』, 1954년 7월 29일, 2면, "풍파 거센 독도, 민의원 시찰단과 동선하고, 암석에 기록된 시찰 표식, 무심한 갈매기의 외로운 표정". 당시 독도시찰위원단의 독도 시찰 모습을 담은 영상이 2019년 8월 13일 TV뉴스를 통해 공개되었다. JTBC 뉴스(2019년 8월 13일) "6·25 직후 '독도' 담긴 가장 오래된 영상 … 첫 공개"

[161] 원문은 다음과 같다. "獨島 檀紀 四二八七年 七月 二十五日 大韓民國 民議員 視察 金相敦 廉友良 金東郁 海警隊 火星號". 『조선일보』, 1954년 7월 29일, 2면, "풍파 거센 독도, 민의원 시찰단과 동선하고, 암석에 기록된 시찰 표식, 무심한 갈매기의 외로운 표정"

6. 독도의 시설 설치 및 독도 우표 발매

1) 독도 등대 설치

1954년 7월 29일 『동아일보』에는 국회 독도시찰위원단과 함께 독도를 방문한 기자(김준하)가 독도 수역에서 조업하는 선원들의 말을 빌어 쓴 내용이 있다. 선원들은 독도 수역이 미역, 오징어, 새우, 전복 등 수산물도 많고, 물개(강치)로도 유명한 곳이라고 하며 어항(漁港) 부설과 등대를 신속히 설치해 달라고 요청하였다.[162]

독도에 등대를 설치해 달라는 요청은 1954년 4월과 5월에 울릉도 주민들이 요청한 사항이기도 했다.[163] 독도를 다녀온 김상돈 의원도 국회 본회의에서 정부가 독도에 시설이나 등대 설치를 적극 추진할 것을 촉구하였다.[164] 일본의 독도 도발이 계속되는 가운데 등대를 설치하면 국제사회에 독도가 우리 땅이라는 것을 알리는 효과도 있다고 생각했던 것이다. 이러한 요구사항이 제기되는 가운데, 교통부에서는 등대 설치 작업을 준비했다. 8월 10일 독도에 등대가 설치되었고, 같은 날 정오에 점등을 하였다.[165] 언론에 소개된 독도 등대의 현황은 다음과 같다.[166]

- ▲ 위치=독도 북부 동단 북위 37도 14, 55초 동경 131도 52, 15초
- ▲ 등질(燈質)=섬백광(閃白光) 매 5초 1섬광 아세찌링 가스등
- ▲ 등고(燈高)=수면상 50피트
- ▲ 광달거리=10마일

---

[162] 『동아일보』, 1954년 7월 29일, 2면, "절해의 섬 독도를 찾아서, 어장 보도(寶島)에 등대 설치 긴요, 남대문 연상되는 무수한 수문"

[163] 『경향신문』, 1954년 4월 3일, 2면, "독도 보호해주오, 울릉도민 당국에 진정"; 『조선일보』, 1954년 5월 3일, 3면, "우리 영토를 수호, 독도의 자위대를 결성"

[164] 제19회 국회 임시회의 속기록 제26호(단기 4287년 8월 6일(금) 상오 10시), 14쪽.

[165] 『경향신문』, 1954년 8월 13일, 2면, "독도에 등대 완성, 우리 영역표식에 개가"

[166] 『경향신문』, 위의 기사; 『동아일보』, 1954년 8월 14일, 2면, "독도에 등대, 12일부터 점등"; 외무부 정무국, 앞의 책, 190, 191, 195쪽.

등대는 원래 동도의 동북쪽에 설치되었는데, 그 후 동도 정상으로 위치를 옮겼다. 한국 정부는 미국, 영국, 프랑스, 중국과 로마 교황청의 각 외고대표들에게 독도에 등대를 설치했다는 것을 통고하였다.[167]

2) 감시초 및 무선시설 설치

경찰 당국에서는 일본의 독도 침탈 시도를 막기 위해 독도에 감시초와 독도 경비를 전담할 선박 구입 및 인원 배치 등을 통해 독도 경비를 강화하고자 하였다. 8월 26일 『마산일보』에는 8월 24일 익명을 요구한 경찰 고위 당국자의 말이 소개되어 있다. 그는 "독도에 대한 경비 활동이 활발히 전개되기 전에는 독도 경비책을 밝힐 수 없다"고 말하고 "이미 독도에는 감시초가 완성되었고 독도를 수호할 수 있는 선박과 인원이 결정되었다"고 시사하였다.[168] 그런데 경찰 당국자는 독도 경비를 전담케 될 인원과 기관명을 밝히지는 않았다. 독도의 감시초는 1954년 8월 28일 완공되었고 기념식도 가졌다.[169] 이때 독도가 한국령이라는 영토표석도 제막하였다.

1954년 8월 30일 『조선일보』에는 독도와 울릉도 간 무선시설이 완비되어 27일 오후 3시부터 개통하였다는 기사가 실렸다.

일본 정부는 한국이 등대와 영토표지를 설치한 것에 대해 한국 정부에 항의를 제기하였다.[170] 8월 29일 『동아일보』 등에는 8월 23일 일본 순시선(오키호)이 독도로 접근하자 한국군이 발포하였다는 기사가 실렸다.[171] 이에 대해 일본 정부는 한국 측의 사과를 요구하였다. 한국 정부에서는 일본의 항의를 일축하며, 독도 경비 강화를 위해 추가 예산으로 3,000만 환을 편성하였다.[172]

---

[167] 『조선일보』, 1954년 8월 24일, 2면, "독도의 등대 설치, 외교사절단에 통고"
[168] 『경향신문』, 1954년 8월 26일, 2면, "독도에 경비 강화"; 『마산일보』, 1954년 8월 26일, 2면, "선박과 인원 배치, 독도 경비에 만반 태세"
[169] 「독도 경비초사 및 표석 제막 기념(1954년 8월 28일)」 사진 참조.
[170] 『동아일보』, 1954년 9월 3일, 1면, "일(日) 항의를 일축, 김 공사 독도 문제에"
[171] 『동아일보』, 1954년 8월 29일, 1면, "독도서 국군이 발포, 일 가소로운 항의"
[172] 『경향신문』, 1954년 9월 1일, 2면, "3,000만 환의 예산, 독도에 경비대를 파견"

3) 독도 우표 발매

9월 9일 『동아일보』에서는 '체신부가 15일부터 독도의 풍경을 묘사한 우표 3종(10환, 5환, 2환)을 발매할 것이라고 했다.[173] 독도 우표를 발매하게 된 동기는 독도를 자국의 영토라고 주장하는 일본에 경고를 보내고, 동시에 기타 외국에도 독도가 한국의 영토라는 것을 재인식시키자는 데 있다고 했다. 일본 외무성이 이에 대해 항의를 하였고, 또 일본에서는 독도 우표를 붙인 우편물을 반송하는 일까지 벌어졌다.[174]

갈홍기(葛弘基) 공보처장은 22일 '독도 우표' 문제에 관하여 일본의 우편물 반송 조치는 국제협정 위반이라며 한일 우호관계를 저해하는 행위라고 지적하였다.[175]

"일본 정부에서는 지난 19일 한국 정부가 발행한 독도를 표시한 우표를 붙인 우편물은 취급치 않고 한국으로 회송하도록 결정하였다는데 여사한 조치는 국제협정의 위반이며 한일 양국의 우호적인 공존을 바라는 우리로서는 심히 유감된 일이라 아니할 수 없다. 우리도 우리 영토에 대한 여하한 침략도 단호히 이것을 격퇴하여야 할 것이다."

1954년 12월 22일 『서울신문』에는 일본 정부가 독도 표지의 한국 우표를 불법화하는 법률의 개정을 추진하였으나, 외무성의 문제 제기로 좌절되었다는 기사가 실렸다.[176]

7. 국제사법재판소와 유엔에 회부 시도

9월 5일 『경향신문』에는 일본 외무성 소식통의 말을 빌려, '일본이 독도 관련 사항을 국

---

173 『동아일보』, 1954년 9월 9일, 2면, "독도 우표 발매, 내(來) 15일부터"
174 『경향신문』, 1954년 11월 22일, 2면, "해괴한 일 정부의 처사, 독도 우표 붙인 우편물 반송 결정"
175 『마산일보』, 1954년 11월 24일, 2면, "국제우편협정의 위반, 갈(葛) 처장 독도 우표에 일(日) 태도 공박"; 『조선일보』, 1954년 11월 24일, 2면, "국제협정의 위반. 일본의 '독도 우표' 붙인 우편물의 반송설, 갈(葛) 처장 한일우호 저해를 지적"
176 『서울신문』, 1954년 12월 22일, 2면, "'독도 우표'는 정당, 일 정부서의 불법화 계획 좌절"

제사법재판소에 제소할지도 모른다'는 기사가 실렸다.[177] 이 문제와 관련하여, 9월 3일 일본 외무성에서 회의를 열었다고 한다. 9월 24일 일본 정부는 각의 결정을 통해 한일간 독도 관련 사항을 국제사법재판소에 제소하겠다고 하였다.[178]

1954년 9월 27일 『조선일보』에 따르면, "9월 25일 11시 30분 일본 외무차관이 김 주일공사와 외무성에서 만나 독도 문제에 관하여 영토권 분쟁으로 국제사법재판소에 부탁할 것을 제의했다"고 한다.[179] 이에 대해 김용식(金溶植) 공사는 "독도가 역사적으로나 지리적으로 한국 영토와 불가분의 관계에 있고 한국의 영토가 틀림이 없다는 점을 역설했다"고 한다. 한국 정부는 9월 27일 주일한국대표부를 통해 일본의 제안을 거부하고, 28일 외무부에서는 다음과 같은 내용으로 일본의 주장을 논박하였다.[180]

> 일본이 독도를 자기의 소유라고 주장하는 법적 근거로서 1905년 독도를 도근현(島根縣)에 편입하였을 때 한국 정부는 이에 대하여 항의를 제출하지 않았으므로 한국은 일본의 독도 점유를 묵인하였다는 이론을 내세우고 있다. 이러한 이론은 1905년 이전에는 독도가 일본의 영토가 아니었다는 것을 입증하는 것이고 우리는 1905년 우리 외교권이 일본에게 박탈되어 대외적인 항의를 제출할 수가 없었던 것이며 이런 외교적 항의는 당시 일본이 하지 않으면 할 사람이 없었던 것이다. 그런데 일본이 일본 자신에게 항의를 하지 않았던 것이다.
>
> 1945년 한국이 해방됨에 따라 일본 침략의 최초로 희생되었던 독도가 자동적으로 일본으로부터 기타 한국 영토와 함께 해방이 되었음은 물론이려니와 이를 입증하는 사적(史蹟)은 열거키 끝이 없으며 백여 년 전의 일본 지도만 보더라도 독도가 한국 영토란 것을 명백히 하고 있는 것이다. 일본이 한국의 영토를 자기의 영토라고 해서 그 문제를

---

177 『경향신문』, 1954년 9월 5일, 1면, "한일 득도분쟁, 일 국제법정 제소?"
178 『경향신문』, 1954년 9월 26일, 1면, "독도 문제를 국재(國裁)에 제소, 일(日) 내각서 결정"; 『조선일보』, 1954년 9월 27일, 1면, "일(日), 김 공사에 제의, 독도 문제의 국재(國裁) 제소"
179 『조선일보』, 1954년 9월 27일, 1면, "일(日), 김 공사에 제의, 독도 문제의 국재(國裁) 제소"; 1954년 9월 25일 자 일본 측 구술서(『독도 문제, 1954』(분류번호 743.11JA, 등록번호 4566).
180 『동아일보』, 1954년 10월 30일, 1면, "한국 측 정식 거절, 일(日)의 독도 문제 국제재(國際裁) 제소"

국제사법재판소에 제소하려 한다는 소식이 있는데 그의 영토라고 하여 그 문제를 국제사법재판소에 제소하면 일본은 이에 응할 것인가?

수백 년 전부터 독도는 한국의 영토이다. 독도가 한국에 예속되고 있는 점은 역사가 증명하는 바이며, 금일까지 우리 어민이 이를 계속하여 이용하고 있다. 그럼에도 불구하고 일본이 재무장을 시작한 뒤로 작금 한국을 무력으로 위협하는 행동이 있었음은 부인할 수 없는 사실이다. 과거에 있어 일제 침략의 최초로 희생된 독도를 또다시 점유하려 함은 대일강화조약을 파기하고 한국을 재침하려는 의도의 발로로서 주시되지 아니치 못할 것이다.

외무부의 발표 내용에서 주목되는 것은 '독도를 일제 침략의 최초 희생물'이라고 본 것과, '일본의 독도 도발은 한국을 재침하려는 의도의 발로'라고 했다는 점이다. 우리 정부의 이러한 기본적 입장은 지금까지 계속되고 있다.

한편, 일본 부총리 오가타 다케토라(緒方竹虎)는 10월 6일 한국이 "무력의 행사를 통하여 기정 사실을 만들어 놓음으로써" 독도에 대한 주권 주장을 공고화하려고 한다고 비난하였다.[181] 그러면서 그는 일본 정부가 이 문제의 평화적 해결을 도모하려고 노력할 것이라고 하였다. 한국이 독도 관련 사항의 국제사법재판소 회부를 거부하자, 일본의 오카자키(岡崎) 외상은 일본 정부가 이 문제를 UN에 제소하는 방안도 고려하고 있다고 하였다.

8. 경북 경찰국장의 독도 방문과 독도경비대의 구호 요청

1954년 8월 등대 및 감시초 설치 이후에도 일본 순시선의 독도 접근 기도는 계속되었다. 1954년 10월 6일 『경향신문』 등에는 10월 4일 일본 방송을 인용하여, '일본 선박이 독도에 접근하려 할 때 독도에 주둔하고 있던 해양경찰대의 포문이 일본 선박을 향해 돌려져

---

[181] 『동아일보』, 1954년 12월 8일, 1면, "독도 문제 유엔 제소, 강기(岡崎) 일 외상 또 망언"

서 접근조차 하지 못하고 퇴각했다'는 기사가 실렸다.[182] 이와 관련하여 당시 김장흥 치안국장은 독도 경비에 만전을 기하고 있다고 했다.

이러한 상황에서 독도를 시찰하고 경비대를 위문하기 위해 1954년 11월 경상북도 관계자들로 구성된 독도시찰위문단이 독도를 방문하였다. 경상북도 독도시찰위문단은 경상북도의회 정재원(鄭載元) 의장과 의원 7명, 그리고 김종원 경북 경찰국장을 비롯한 43명의 경찰관으로 구성되었다.[183] 11월 16일 『경향신문』은 '시찰위문단이 11월 8일 오전 10시 대구를 출발하여, 5일간의 일정으로 독도에서 분투하는 경비대를 방문할 것'이라고 했다. 이때 독도에 무선사로 가 있던 허학도 순경이 추락하여 사망을 하였으나[184] 그에 관한 기사는 보이지 않는다.

독도시찰위문단이 독도를 다녀간 뒤, 독도에 접근하려던 일본 순시선 2척이 독도에 있던 한국 해안포의 사격을 받았다 한다. 보도에 따르면, '독도의 해안포는 포탄 5개를 발사하였으나 일본 순시선은 하등의 손해를 보지 않았다'고 한다.[185] 일본 순시선은 정기적으로 독도에 접근하였는데 당시 독도에 15명의 한국군 초계병이 서 있는 것을 보았다고 했다.

앞서 말한 1954년 8월 이후 독도경비대의 독도 경비 활동은 독도의용수비대의 활동으로 보인다.[186] 10월 초 일본 선박을 퇴각시킨 '해양경찰대'의 포문은 독도의용수비대가 일본 순시선을 방비하기 위해 가짜로 만든 목대포를 이야기하는 듯하고, 11월 김종원 경찰국장 일행의 독도 방문은 허학도 순경이 순직한 이야기와 연결되고, 11월 독도 접근을 시도하던 일본 순시선이 독도에 있던 한국 해안포의 사격을 받았다는 기사는 독도의용수비대 대원들이 가늠자 없는 박격포로 포탄을 쏘아 일본 순시선을 퇴각시켰다는 이야기와 연결된다.

---

132 『경향신문』, 1954년 10월 6일, 2면, "독도 침범엔 발포, 김 치안국장, 강경책 시사"; 『동아일보』, 1954년 10월 6일, 2면, "일(日) 독도에 상륙 시도, 아(我) 경비진에 놀라 퇴각?; 『조선일보』, 1954년 10월 7일, 2면, "일선(日船) 독도에 접근, 아측 포문에 놀라 도주"
183 『경향신문』, 1954년 11월 16일, 2면, "독도시찰위문단, 대구서 현지로 향발"
184 홍순칠, 1997, 『독도의용수비대 홍순칠 대장 수기, 이 땅이 뉘 땅인데』, 혜안, 216~219쪽 참고.
185 『동아일보』, 1954년 11월 24일, 1면, "한국 해안포 사격, 독도 접근한 일선(日船)에"
186 이하 내용은, 홍순칠, 앞의 책, 35~37, 61~63, 74~77, 216~219쪽 참고.

독도의용수비대 대원들은 당시 외부적으로 신원을 밝힐 수 없는 조직, 한국군, 해양경찰대, 경비대, 울릉도 자위대 등으로 표현되며 신분이 명확히 드러나지는 않았다. 하지만 독도에 상주하며 독도 경비의 실질적 임무를 충실히 감당하였던 것으로 보인다. 그러나 이들의 생활 환경은 매우 열악하였던 것으로 보인다. 12월 20일 『조선일보』에는 독도경비대원들이 식량이 떨어져서 식량 공급을 요청한 내용이 보도되었다.[187] 독도의 경비대원들은 열악한 상황에서 독도를 경비하고 있었던 것이다.

---

[187] 『조선일보』, 1954년 12월 20일, 3면, "쌀 없어 기아 상태, 독도수비대서 구호 요청"

Ⅶ. 맺음말

지금까지 1945년 광복 후 1954년까지 국내 신문에 게재된 독도 관련 사항을 연도별로 정리해보았다.

1947년 남조선과도정부는 일본 측의 독도 도발에 독도에 관한 수색위원회를 조직하며 즉각적으로 대응하였다. 독도가 한국령이라는 자료를 수집, 조사하고 조사단을 울릉도와 독도 현지로 파견하였다. 더불어 조선산악회에서도 대규모 학술조사대를 파견하였다. 독도에 관한 국민적 인식이 높아지는 가운데, 1948년 6월 8일 독도폭격사건이 일어났다. 독도에서 조업하던 우리 어민들이 다수 희생된 터라 독도에 관한 관심이 폭발적으로 일어났다. 그 시기 독도는 수산 및 어업자원 면에서도 주목을 받았다.

1949년 일본은 일본인들의 어업제한선인 맥아더 라인을 확대할 것을 요청하였다. 한국으로서는 맥아더 라인이 한국 쪽으로 확장이 될 경우, 우리의 어업과 경제, 또 국방에서 큰 타격이 있을 것이라 판단하였다. 물론 맥아더 라인 밖에 인접해 있는 독도의 지위도 위태롭게 될 상황이었다. 정부로서는 맥아더 라인 사수에 적극적으로 나섰다. 1949년 9월 19일 맥아더 라인의 범위가 세 번째로 확대되었지만 한국 쪽 특히 독도 주변 수역에서는 어떠한 변동도 없었다.

1950년 6·25 전쟁이 일어났고 언론에는 대일강화조약과 관련된 기사가 틈틈이 게재되었다. 1951년 7월이 되어서야 한국 언론에서는 대일강화조약의 구체적인 내용을 접수하게 되었다. 대일강화조약 초안의 영토규정에는 제주도, 울릉도, 거문도만 규정되어 있었다. 한국은 대마도와 독도, 파랑도(이어도)에 대한 일본의 권리 포기를 명시해 달라고 요청하였다. 또한 대일강화조약이 발효하는 경우, 맥아더 라인의 폐지가 예정되었다. 한국은 맥아더 라인을 존속시키든지, 아니면 대일강화조약에 맥아더 라인을 대체할 만한 어업권역을 설정해 줄 것을 미국 측에 요청하였다. 하지만 영토규정이든 어업경계선 설정이든 모두 받아들여지지 않았다. 한국으로서는 자위책 마련이 필요했다.

그에 대한 대책으로 1952년 1월 한국 정부는 평화선을 선언하였다. 일본은 즉각 반응을 하였다. 평화선이 국제법을 위반한 것이며, 독도를 평화선 안에 포함시켜 한국의 영토로 한 것은 잘못이라고 항의하였다. 그러한 사이 1952년 4월 맥아더 라인이 폐지되었다. 일본인들이 평화선을 무시하고 한국 근해에 출몰할 경우 한국 어민들과의 충돌이 우려되었다. 어민들로서는 정부에 대해 해양경비를 철저하게 해주고 어선단도 확충해 줄 것을 요청하였다. 일본인들의 독도 침범도 우려되었다.

1952년 9월 한국산악회에서는 1947년에 이어 두 번째 울릉도·독도학술조사단을 파견하였다. 그런데 학술조사단이 독도에 입도하려고 할 때마다 불현듯 독도 상공에 비행기가 나타나 폭탄을 투하하는 일이 벌어졌다. 우연이라고 보기에는 너무나 의도적인 독도 폭격 연습은 일본의 개입을 의심하게 되는 부분이기도 했다. 밝혀진 바에 의하면, 1952년 7월 일본이 미국을 유도하여 미일합동위원회에서 독도를 폭격연습지로 지정해놓고 있었던 것이다. 결국 한국 측의 항의를 받고 1953년 3월 독도가 폭격연습지에서 해제되었으나, 1953년 5월에 가서야 독도가 독도연습지에서 해제되었다는 내용이 일본의 관보에 고시되었다. 미일합동위원회에서 독도의 폭격연습지 해제가 결정되고 2개월이 지나서야 일본은 이 사실을 고시하였던 것이다. 일본이 독도 영유권에 대한 논거를 축적하고자 한 의도가 엿보인다.

독도가 폭격연습지에서 제외되자, 일본 측의 물리적인 독도 침범이 본격화되었다. 한국도 경찰을 파견하여 이를 제지하였다. 그러던 중 1953년 7월 12일 독도에서 총격사건이 일어났다. 정부의 적극적인 대처가 요구되었다. 1953년 10월 한국산악회에서는 다시 독도학술조사단을 독도에 파견하여 독도를 측량하고 독도의 현황을 조사하였다. 더불어 독도가 한국령이라는 영토표석도 세웠다. 하지만 일본의 도발은 계속되었다. 일본인들은 독도에 상륙하여 한국령 영토표지를 제거하고 일본령 표목을 세웠다. 일본의 도발과 한국의 대응이 치열하게 이어졌다.

독도를 어장으로 이용하던 울릉도 주민들은 정부의 조치만 바라고 있을 수만 없었다. 울릉도 도민들은 독도에 등대와 감시초, 무선시설을 설치해 줄 것을 정부 당국에 요청하는 한편, 자발적으로 독도자위대를 조직하여 독도를 경비할 것이라고 결의하였다. 정부가 지원을 약속하고 국회에서도 시찰단을 독도에 파견하였다. 독도 경비에 대한 국민적 관심이 높아졌다.

한국의 경비대가 독도에 상주하고 1954년 8월 독도에 등대와 감시초가 건립되고 무선시설이 완비되었다. 일본의 독도 침범에 대해 상시적인 대응이 가능하게 된 것이다. 일본은 물리적으로 독도를 탈환하는 것이 어렵게 되자, 국제사법재판소 제소를 제의하는 등 국제적인 선전전을 추진하였다. 이 시기, 한국 정부는 일본의 독도 도발을 1905년 일본의 일방적인 독도 영토 편입 조치와 관련지어 보았다. 즉 독도는 일제의 한국 침략 최초의 희생물이며, 일본의 독도 도발은 한국을 재침하려는 의도의 발로라고 본 것이다. 이와 같은 한국 정부의 입장은 일본의 독도 도발을 바라보는 기본적 시각으로 자리하게 되었다.

광복 후 1954년까지 한국은 일제 강점에서는 벗어났지만 국내외적 혼란의 소용돌이 속에 있었다. 더욱이 6·25 전쟁으로 국가적 위기상황에 처해 있었다. 하지만 한국 정부는 열악한 환경 속에서도 독도 관련 사항에 적극적으로 대응하였으며, 민간에서도 지속적으로 독도학술조사단을 파견하고 자발적으로 독도 경비에 나섰다. 광복 후 보여준 민관의 상호 협력적 대응은 지금도 계속되고 있는 일본의 독도 도발에 대한 대응에 시사하는 바가 크다.

참고문헌

• 신문 및 잡지, 방송

『강원일보』,『경향신문』,『공업신문』,『남선경제신문』,『대구매일신문』,『대구시보』,『대동신문』,『대공일보』,『독립신보』,『동아일보』,『마산일보』,『민주신보』,『부녀일보』,『부인신보』,『서울신문』,『수산경제신문』,『신천지』,『영남일보』,『자유신문』,『조선일보』,『조선중앙일보』,『평화신문』,『한성일보』,『朝日新聞』,『読売新聞』, JTBC.

• 국회 회의록

- 한국 국회 회의록
  - 제16회 국회 임시회의 속기록 제17호(단기 4286년 7월 6일(월) 상오 10시).
  - 제16회 국회 임시회의 속기록 제18호(단기 4286년 7월 7일(화) 상오 10시).
  - 제16회 국회 임시회의 속기록 제19호(단기 4286년 7월 8일(수) 상오 10시).
  - 제19회 국회 임시회의 속기록 제26호(단기 4287년 8월 6일(금) 상오 10시).

- 일본 국회 회의록
  - 第15回国会 衆議院 外務委員会 第21号 昭和28年(1953) 2月28日.
  - 第19回国会 衆議院 外務委員会 第17号 昭和29年(1954) 3月15日.

• 저서 및 논문

- 신석호, 1948,「독도 소속에 대하여」,『사해』창간호(12월호).
- 정병준, 2010,『독도 1947: 전후 독도 문제와 한·미·일 관계』, 돌베개.
- 정병준, 2012,「1953~1954년 독도에서의 한일충돌과 한국의 독도수호정책」,『한국독립운동사연구』41호.
- 홍성근, 2015,「평화선 선언과 독도 폭격 연습지 지정에 관한 법·정책적 이해」,『독도연구』제18호.
- 홍성근, 2020,「울도군수 심흥택의 치적과 '독도 보고서'의 법·역사적 의미」,『이사부와 동해』제16호.

- 홍성근 편, 2020, 『광복 후 독도와 언론 보도Ⅰ: 1948년 독도폭격사건』, 동북아역사재단.
- 홍순칠, 1997, 『이 땅이 뉘 땅인데: 독도의용수비대 홍순칠 대장 수기』, 혜안.

● 외교부(외교사료관) 자료
- 『독도 문제, 1952-53』(분류기호 743.11JA, 등록번호 4565).
- 『독도 문제, 1954』(분류기호 743.11JA, 등록번호 4566).
- 외무부 정무국, 1955, 『외교문제총서 제11호: 독도 문제개론』.

● 미국 국립문서기록관리청(NARA) 소장 자료(국사편찬위원회 전자사료관: 수집 자료)
- Record Group 59: General Records of the Department of State, 1763-2002(대일강화조약 관련 문서)

2편

⟨자료⟩
1947~1954년 독도 관련 국내 주요 언론보도 기사

1. 1947년의 독도
과도정부, 울릉도 독도 학술조사 실시

(배경 사진) 촬영: 김한용, 제공: 국립아시아문화전당

『대구시보』, 1947년 6월 20일, 2면

왜적 일인(日人)의 얼빠진 수작
울릉도 근해의 소도(小島)를
자기네 섬이라고 어구(漁區)로 소유

해방 후 만 2년이 가까운 오늘에 이르기까지 조국의 강토는 남북으로 분열되고 이 땅의 동족들은 좌우로 분리되어 주권 없는 백성들의 애달픈 비애가 가슴 깊이 사무치는 이즈음, 영원히 잊지 못할 침략귀(侵略鬼) 강도 일본이 나라의 정세가 혼란한 틈을 타서 다시금 조국의 일(一) 도서(島嶼)를 삼키려고 독아(毒牙)를 갈고 있다는 악랄한 소문 하나가 전해져 삼천만 동포의 분노에 불지르고 있다.

즉 간흉한 침략귀 일본이 마수를 뻗친 곳은 경북 울릉도에서 동방(東方) 약 49마일 지점에 있는 독도란 섬으로서 이 섬은 좌도(左島)와 우도(右島) 두 개의 섬으로 나뉘어 있는데, 좌도는 주위(周圍) 1리(哩) 반이며 우도는 주위 반 리에 지나지 않는 무인소도(無人小島)이기는 하나, 해구(海狗), 엽호(獵虎), 포패(鮑貝), 감곽(甘藿) 등의 산지로 유명하다고 하는데 이 우리의 도서를 해적 일본이 저희 본토에서 128리나 떨어져 있으면서도 뻔뻔스럽고도 주제넘게 저희네 섬이라고 하며 최근에는 도근현(島根縣) 경항(境港)의 일인(日人) 모(某)가 제 어구(漁區)로 소유하고 있는 모양으로, 금년 4월 울릉도 어선 한 척이 독도 근해로 출어를 나갔던바, 이 어선을 보고 기총소사를 감행한 일이 있다고 한다.

그러면 여기에 이 두 도서가 조국의 일부분인 유래를 조사해 보면, 한말 당시 국정이 극도로 피폐한 틈을 타서 광무 10년 음력 3월 4일 일인(日人)들은 이 도서를 삼키려고 도근현으로부터 대표단이 울릉도에 교섭 온 일이 있었는데, 당시 동 도사(島司)는 도(道) 당국에 이 전말을 보고하는 동시 선처를 청탁해 온 문서가 아직도 남아 있으므로 본도지사(本道知事) 최희송(崔熙松) 씨는 이 증거 문헌과 실정을 19일 중앙 당국에 송달하여 국토의 촌토(寸土)라도 완전히 방위할 것과 이 독도의 소재를 널리 세계에 선포토록 요청하였다고 한다.

『동아일보』, 1947년 7월 23일. 2면

판도에 야욕의 촉수
못 버리는 일인(日人)의 침략성

울릉도 근해 독도 문제 재연

일인들이 조선으로부터 물러간 뒤 온갖 발악을 하고 있던 중 가증스럽게도 우리의 판도(版圖)에까지 야욕의 마수를 뻗치고 있다. 즉 동해 바다 울릉도 동남 49마일 지점에 있는 두 개의 무인도인 독도(獨島)가 있는데 그 좌도(左島)는 주위(周圍)가 1마일 반이 되고 우도(右島)는 반 마일이 되는 조그마한 섬으로, 이 섬은 오랜 옛날부터 우리의 어업장으로서 또는 국방기지로서 우리의 당당한 판도에 속하였던 것이다. 그런데 요즘에 와서는 일본 도근현(島根縣) 사카이(境) 사는 일인이 동 섬은 자기 개인의 것이라며 조선인의 어업을 금하고 있으며, 또한 일인은 우리의 영해에 침입하고 있어 울릉도 도민들은 경북도를 거쳐 군정 당국에 진정을 해왔다. 그런데 이 섬은 소위 한일합병 전인 광무(光武) 10년에도 일인 관헌이 불법 상륙하여 조사를 하고 간 일이 있어, 그 당시 조선 정부 내외에서는 물의가 분분하였으나 그 뒤 소위 한일합병이 되자 이 문제가 흐지부지되어 일인들은 원래 자기네들 영토라고 만망만어해 왔던 것이다. 그러나 일단 해방이 된 오늘날에는 지리적으로나 역사적으로나 당연히 우리의 판도 내에 속할 것이다. (커트=문제의 독도)

당연 우리 것
신(申) 국사관장 담(談)

"지리적으로 역사적으로 보아 당연히 우리나라 판도로 귀속되어야 할 것이며 독립국가가 된 후라도 군사상 또는 경제상 중대한 지점이 될 수 있다. 당면한 문제로는 어장 개척상 중대한 관심과 이해를 가져오고 있으므로 맥아더 사령부에서 우리 판단도 확정하여 주어야 할 것이다."

「동아일보」, 1947년 8월 3일, 4면

독도 문제 중대화
수색위원회 조직코 협의

침략 근성을 버리지 못한 일인이 으리의 판도인 울릉도 근해에 있는 독도에 또다시 야욕의 마수를 뻗치고 있다는 것은 기보한 바 있었는데 과도정부에서는 동 문제를 중대시하여 민정장관(民政長官)이 위원장이 되어 독도에 관한 수색위원회(搜索委員會)*를 조직하여 4일 상오 10시부터 중앙청 민정장관실에서 그 대책에 관한 첫 협의를 하기로 되었다.

---

* 『상공일보』, 1950년 6월 9일, 2면, "독도의 참사 2주기, 현지서 위령제막식 엄수"; 『동광신문』, 1950년 6월 10일, 2면, "상기하자! 독도의 참사, 위령비 제막식 엄수".

「부인신보」, 1947년 8월 3일, 2면

울릉도 답사대
조선산악회서 파견*

동해의 고도요 우리 국토의 동편 끝 울릉도학술조사대 파견은 조선산악회 금년도 하기 사업으로 오는 16일 서울 출발 18일 포항 경유로 전후 이 주간 동안 우리 학계의 중진을 망라하여 마침내 결행케 되었다.

일즉**부터 절해의 고도로 자연과 풍토 문화에 있어서 육지대와 특이한 점이 많고 겸하여 전쟁 중은 물론 해방 후에도 내륙과의 교섭이 극히 드문 이 섬에 강력한 학술진을 파견하여 그 전모를 밝히고자 함은 뜻깊은 일이어서 각 방면의 성원과 기대가 크다 하는데 각 방면의 편성은 다음과 같다고 한다.

▶ 사회과학반 A(역사, 지리, 경제, 고고, 민속, 언어)
▶ 동 상(同上) B(생활실태조사)
▶ 생물학반 A(식물)
▶ 동 상(同上) B(동물)   ▶ 지질광물반
▶ 농림반   ▶ 의학반
▶ 수산반   ▶ 기상반
▶ 보도 촬영반   ▶ 본부(총무, 장비, 식량, 수송)

---

* 『서울신문』, 1947년 8월 3일, 2면, "울릉도학술조사대, 조선산악회서 파견"; 『한성일보』, 1947년 8월 3일, 2면, "울릉도답사대, 조선산악회서 파견"
** '일찍'의 옛말이다.

『동아일보』, 1947년 8월 5일, 2면

독도는 우리 판도(版圖)
역사적 증거 문헌을 발견
수색회서 맥 사령에 보고*

중앙청에서는 독도 문제를 중대시하고 수색위원회(搜索委員會)를 조직하였다는 것은 기보한 바이거니와, 4일 민정장관실에서 동 위원회에서는 관계 방면 권위자들이 다수 참석한 아래 첫 회의를 열어 독도가 우리의 판도라는 유력한 증거물을 얻었다. 즉 역사적 증거 문헌과 독도가 강원도 행정구역에 편입된다는 일인의 지리학 논문이 발견되었다. 이리하여 동 위원회에서는 주도 치밀한 조사를 거듭하여 맥 사령부에 보고하기로 되었다.

---

* 『동광신문』, 1947년 8월 7일, 2면, "독도는 우리 땅, 역사적 증거 문헌 발견"

「대구시보」, 1947년 8월 12일, 2면

독도에 조사단, 경찰청서 파견[*]

방금(方今) '문젯거리가 되어 있는' 독도에 제5관구경찰청(第五管區警察廳)에서는 경무부장(警務部長) 통첩(通牒)에 의하여 금일(今日)[**] 하순경 경위 1명, 경사 1명, 순경 1명, 사진사 1명, 4명으로 구성된 조사단을 파견하여 행정적 조치 또는 시설 기타 사적 등의 존재를 조사하기로 되었다고 한다.

---

[*] 『영남일보』, 1947년 8월 12일, 2면, "무인도 독도, 경찰청에서 조사에 착수"
[**] '금월(今月)'의 오기이다.

「한성일보」, 1947년 8월 13일, 2면

근해 침구(侵寇)의 일(日) 어선
맥아더선(線) 수정도 건의

일제가 8·15에 무조건 항복을 한 후 우리 조선으로부터 일제히 물러가게 되자 그들은 삼천리강산 보고(寶庫)에 대한 옛날의 단꿈을 잊지 못하고 흉악 음산한 야욕은 해방 후 처음으로 남조선 특히 제주도 또는 흑산제도 근방의 어장을 노리어 성군 작당하여 침해함으로 재일본 연합군 최고사령부에서는 공시(公示) 제1033호(손칭 맥아더선=북위 40도 동경 135도, 북위 33도 30분 동경 127도 30분, 북위 32도 30분 동경 125도, 북위 24도 동경 123도)로써 일본인에게 어업구역을 인가하였던 것이다.

그러나 왜인들은 맥아더선을 넘어 울릉도에서 48마일 떨어지고 일본에서 128마일 떨어져 있는 우리 국토 독도(獨島)까지 경관(警官), 의사 등까지 섞인 왜인 7·8명 이상을 점거하며 또는 제주도 부근에 나타나 조선의 어장을 교란 침해하는 등 갖은 흉계와 불법행위를 감행하고 있으므로 농무부 수산국에서는 군정장관을 통하여 다시는 우리 어업지구를 침범치 못하도록 맥아더 사령부에 요청할 어업구역 축소안(북위 40도 동경 135도, 북위 26도 동경 123도, 북위 24도 동경 123도, 북위 26도 동경 123도)을 제출하였다는바 그 귀추가 자못 주목되며 더구나 일본인이 상륙 점거한 독도도 지리적 역사적으로 보아 당연히 우리 국토의 일부임에 틀림없으므로 우리 민족의 그에 대한 관심은 절대 확고한 동시에 맥아더 사령부의 선처가 절실히 요망되고 있다(지도는 맥아더선과 수정 건의안).

「영남일보」, 1947년 8월 17일, 3면

독도시찰대, 오늘 출발*

조선의 땅덩어리 독도가 어떠한 섬인지 상세히 실지(實地)를 답사하기 위하여 안(安) 민정장관도 시달(示達)한 바 있어 중앙에서 4명의 답사원(踏査員)이 내도(來道)하게 되어 본도에서는 권(權) 지방과장이 동행하여** 17일, 즉 오늘 울릉도를 거처 독도로 출발하게 되었으며 조선산악회(朝鮮山岳會)에서도 독도를 실지 답사하게 되어 이 두 답사대의 거행은 전례가 없는 것으로 그 성과가 매우 기대된다.

---

* 『대구시보』, 1947년 8월 17일, 2면, "독도조사단, 16일 등정"
** 경상북도에서는 권 지방과장과 직원 1명이 동행하였다. 『대구시보』, 1947년 8월 17일, 2면, "독도조사단, 16일 등정"

「영남일보」, 1947년 8월 19일, 2면

울릉도학술단 조사 수행기(1)
동백꽃 피는 바닷가에서 도민의 해양 비약을 기원

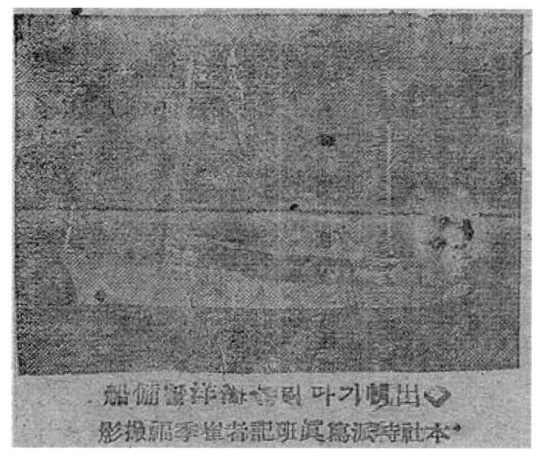

◇ 출범 기다리는 해양경비선,
　본사 특파 사진반 기자 최계복(崔季福) 촬영

【포항에서 본사 김득룡(金得龍) 특파기(特派記)】 무릇 역사의 흐름은 윤회의 원리를 어길 수 없으니 이제 일제에 짓눌려 우리의 강토가 우리의 손으로 개척되지 못하고 우리가 눈으로 보고 들으면서도 일제의 압제에 우리는 왜곡된 사실을 시인 않을 수 없었던 것을 상기할 때 새삼스럽게 외적의 침략을 가슴 깊이 느끼는 동시 일제 패망을 당연하게 생각하는 바이다. 각오도 새로운 해방 2주년 기념일이 지난 지 며칠이 안 되는 오늘 뜻있는 각계 권위자로 조직된 울릉도학술조사단의 파견은 조국재건과 병행하○ 또한 의의 깊은 거사라 아니할 수 없다. 태백산맥의 줄기찬 봉오리를 바라보며 동해의 거센 풍파 속에 두 작은 섬과 짝지어 솟은 화산 성분지대인 울릉도는 일찍 신라시대엔 독립하여 우산국이란 국호로 도민은 몰려오는 이적(夷狄)을 물리쳐 사상(史上)에 이름을 남겼으나 그 뒤는 귀양 가는 의로운 선비의 족적을 간혹 더듬어볼 수 있을 뿐이더니 약 250년 전 전 이조 숙종시에 드디어 조선과 일본 사이에 본도를 중심으로 소속문제로 국제문제가 야기되어 안용복(安龍福)이란 이의 투쟁이 우리의 사기(史記)에 남아 있으며 앞으로 이 섬이 가진 중요성을 인식 않을 수 없다. 그리고 일제는 최

후 발악으로 우리 국토의 동단인 이 섬에 눈을 멈춰 요새지화에 광분해 성사도 못 하고 물러갔으니 어찌 우리는 이 섬을 무관심하게 간과할 수 있으랴. 더구나 내륙과 격절(隔絶)되어 있는 만큼 특수한 풍토와 자유 환경은 학술상으로도 우리의 연구 대상이 광범한 것이 있을 것이므로 문화, 생물, 지질, 수산, 농림, 기상 등 학술의 예리한 메스는 신비에 쌓인 이 섬을 해부하고자 첫말을 내어 디디게 되었다. 서울 조선산악회의 주동으로 각 학계 권위자와 대구산악회를 비롯한 대구에서의 단원 합 70여 명은 이곳 포항에 17일 밤도 늦게 도착한 것이다. 내일은 군정청 주선으로 해안경비선에 실려 외롭게 장구한 세월을 모든 악조건과 싸우며 꿋꿋이 살아나온 섬사람의 생활을 볼 것이며 친히 위로할 불비한 위문품을 가지고 신비의 보고 울릉도로 향할 것이다. 도민의 해양에의 대비약의 꿈과 동백꽃 피는 바닷가 조라* 속에서 속삭이는 섬 색시의 달큼한 이야기도 현지에서 알리기로 하겠다.

---

*   '소라'의 오식으로 보인다.

「자유신문」, 1947년 8월 21일, 2면

문제 많은 독도도 탐험
울릉도학술조사대 안착 활동 중

【울릉도에서 산악회 학술조사대 제공 19일발 합동】 조선산악회 주최 울릉도학술조사대 일행 67명은 18일 포항을 떠나 당일 하오 6시 40분 무사히 울릉도 항구에 도착하였다. 이에 앞서 동 일행은 17일 대구에서 강연회를 마치고 포항에서 1박 18일 포항 부두에 나서니 구름은 낮으나 바람은 잔잔하여 항해에는 절호한 날씨이었다. 해안경비대에서는 기지 사령관 이하 일행들을 위하여 친절을 다하였다. 18일 상오 7시 10분 250톤의 대전호(大田號)로 영일만(迎日灣)을 떠나 일로 울릉도로 향하니 하오 2시 50분경 수평선상에 울릉도의 윤곽이 나타났다. 산세는 웅장하고 층암절벽에 기암괴석이 변화 자재하여 과연 동해의 절승지임에 놀래었다. 섬에서는 도사(島司) 이하 각계 대표와 소학, 중학생 등 다수가 출동하여 정성껏 환영해 주었다. 도민들의 본토에 대한 그리운 정이 어떻다는 것을 깨닫게 했다. 밤이 드니 앞바다는 의의에도 도시의 밤을 보는 듯 불야성의 광경을 보여준다. 이는 이곳의 산물인 오징어잡이인 것이다. 19일 하오는 서울, 대구의 여러 곳에서 보내준 도서 등의 위문품을 전달하고 이어서 강연회를 열었다. 한편 학술반 역시 작업을 개시했다. 20일에는 새벽 출범, 우리들의 처음 보는 문제의 무인도, 우리 국토의 최동단 독도 탐험을 할 터이다.

「대구시보」, 1947년 8월 22일, 2면

독도를 탐사

【울릉도 2전보】 18일 울릉도에 도착한 울릉도 학술시찰단 일행은 19일 당지(當地)에서 위문품 전달과 강연회를 개최하고 중앙청 각 국장과 제5관구경찰청 홍(洪) 경위 등 일행과 본도(本島)에서 응원으로 참가한 도사(島司), 서장(署長), 치안관(治安官) 등 72명이 20일 새벽 4시 반을 기하여 출발하여 문제의 독도를 탐사하고 해구(海狗) 3두(頭)를 잡는 등 오후 8시 반 울릉도에 귀환하였는데 21일에는 본도 주봉(主峯)인 성인봉(聖人峯)을 답파(踏破)코자 오전 7시 출(出).

「서울신문」, 1947년 8월 22일, 2면

울릉도학술조사대
현지 착(現地着), 활동에 착수

【울릉도 21일발 조선】 일행 67명은 대장 송석하(宋錫夏) 씨 인솔하에 18일 오전 7시 해안경비대선으로 포항을 떠나 평온 두사한 항해 끝에 오후 6시에 관민 학생의 성대한 환영을 받으면서 울릉도에 일보를 들여 놓았다. 전원 원기 왕성하며 19일부터는 각반 활동은 개시하고 위문품 전달식 강연회 등이 있었다.

「부녀일보」, 1947년 8월 23일, 2면

독도는 해산물의 보고
그러나 사람 살 수 없는 곳

5관구경찰청 공보실 발표에 의하면 지난 20일 오전 3시 울릉도를 출발하여 동일(同日) 오전 9시 독도에 도착한 후 도내(島內) 탐사를 마치고 동일 오후 8시경 무사히 울릉도에 귀착한 독도 탐사대의 도내(島內) 개황(概況)에 대한 전문(傳文) 보고가 지난 21일 제5관구청에 전달됐다고 하는데. 그 내용을 보면 무인도로서 인축생존(人畜生存)은 전연 불능하나 해산물은 풍부하다 하며 해구(海狗) 등 해수(海獸)가 번식하고 있다 하는데 그리고 문제의 왜인의 내왕(來往)은 전연 없다고 한다.

울릉도학술단 조사 수행기(2)
너울 안개 도동 항구에 다정하게 맞아 준 도민들

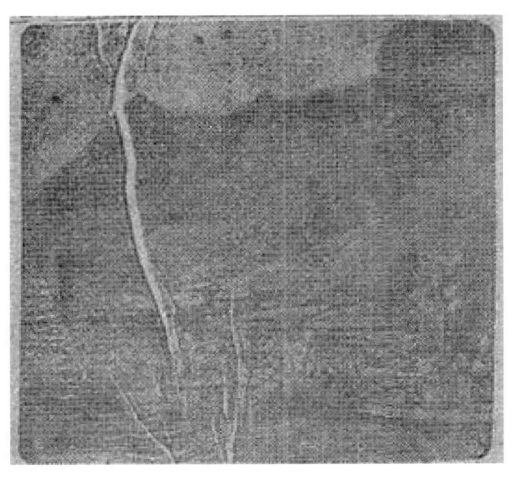

【울릉도에서 본사 특파원 김득룡(金得龍)발】 승전(承前), 18일 미명 학술조사단 일행 70여 명은 해안경비선 대전호(150톤 12노트)에 편승하여 물새 우는 포항항(浦項港)을 떠나 한류창파(寒流蒼波)를 일로(一路) 동(東)으로 향하였다. 바다는 오늘 우리의 장도(壯途)를 축복하여 준 듯이 고요하였으며 동백꽃 피는 우리나라의 강토인 울릉도라면 '가고야 말' 굳은 심정에 종일 취항의 괴로움도 무소(霧消)되는 것이었다. 동일(同日) 오후 6시 10분 울릉도 도동항(道洞港)에 도착하였다. 조그마한 나룻배가 무수히 걸려있는 항구엔 이미 모색(暮色)에 잠겨 드는 물과 바람 소리와 나직한 촌가(村家)가 아아한 청석산(靑石山)을 등지었고 부두로 달려오는 주민들은 대전호와 학술단행의 모습에 때아닌 환호를 거듭하는 것이었다.

그리하여 일행은 서(徐) 도사(島司) 이하 관민 다수의 출영(出迎)하에 인상 깊은 상륙을 하였다. 도동항! 적막한 마을이다. 생존함에 있어 대자연과 싸워 온 고도(孤島)의 동포들이 지녀온 고난의 전통이 눈에 보이는 듯 어쩐지 우리의 가슴에 말 못 한 비애를 느끼게는 하나 멀리 여기에 와서 동족의 얼굴이 씩씩하여 보임은 무엇보다 기꺼운 일이라 아니할 수 없었다. 이날 밤은 안내받던 간이숙(簡易宿)에서 일행은 여장을 풀고 일찍이 잠든다. 바다에는 밤새 오족어* 잡는 어선이 산재하여 그 등불이 돌연 꽃바다를 이루었다. 19일 미명에 일어나 풍어의 동라(銅鑼) 소리 높이 돌아오는 어선들과 출영(出迎)하는 부녀군(婦女群) 등 장대한 광경을 목격하였다. 항구의 아침은 이리하여 겨우 일맥(一脈)의 생기를 품고 섬과 바다 사이에 원시에 가까운 인류 생활의 흔적을 보이는 것이다.

오족어 연(年) 수확수(收穫數) 천만 원, 이것이 도민 생계의 유일한 기동이다. 오전 중 학술대는 도내 사정을 개관하고 오후 3시에는 학술단 일행이 가지고 간 위문품 전달식 겸 학술강연회는 도(島) 관민 다수인에게 커다란 감명을 주었다. 동일(同日) 야(夜) 도민 유지와 일행과의 사이에 울릉도 사정을 주로 한 좌담회를 개최하고 식량난에 헤매고 있는 섬사람들의 애소(哀訴)를 들었다. 이날 밤도 해상엔 어화(漁火)의 꽃바다! 우리들은 '이그조틱**'한 이향감(異鄕感)을 느끼며 취침 내일(20일) 새벽엔 독도답사대가 출발하는 것이다. 일행은 이 학술조사에 자신만만 학술조사는 약 10일간을 요(要)할 것이며 그의 귀환 보고는 조선 학계에 커다란 파문을 일으킬 것이다. (사진: 무사히 도착한 도동항)

---

*   '오징어'의 옛말이다.
** 원문은 '에끼조찍'인데, '이국적인'이라는 뜻의 영어 '이그조틱(exotic)'의 일본식 발음이다.

「조선일보」, 1947년 8월 23일, 2면

울릉도 학술답사대, 독도 답사
의외! 해구(海狗) 발견

방금 울릉도에 과학의 탐구를 하고 있는 조선산악회 학술조사 일행은 20일 독도답사대를 조직하여 새벽 5시 10분 해안경비대의 대전(大田)호로 울릉도 도동 항구를 떠나 항행 약 4시간 반 만에 삼봉도(三峰島)를 거쳐 오전 9시 50분경 독도에 도착하여 생물과 지리에 관한 귀중한 수확을 얻었다. 특히 동도는 조선에서 보기 드문 해구(海狗)를 많이 발견하였다고 한다. 동도를 여지없이 조사한 일행은 동일 오후 3시 반 경 섬을 떠나 울릉도로 무사히 귀환하였다고 한다.

「영남일보」, 1947년 8월 24일, 2면

독도서 해구(海狗) 3두를 포획

【울릉도에서 본사 특파원 김득룡(金得龍)발】 20일 조(朝) 학술조사단 일행은 독도에 도착 진지한 조사에 착수한 후 해안에서 '옷또세이' 세 마리를 포획하여 석각(夕刻)에 숙박지인 울릉도 도동항(道洞港)에 귀환하였다. 초목이 없고 해조(海鳥)와 해수(海獸)만이 서식하고 있는 무인도 독도에의 답사는 앞으로 울릉도의 세분(細分) 조사와 아울러 흥미있게 전개된다. 그리고 조사단 일행의 의기는 만만(滿滿)!

> 『자유신문』, 1947년 8월 24일, 2면

동해 신비경인 독도의 생태에 황홀
산악회 조사대

【울릉도에서 조선산악회(朝鮮山岳會) 학술조사대 제공 22일 합동】 울릉도에서 다시 동남 해상으로 18마일 우리 국토의 고도로 조선산악회 학술조사대 독도답사대 7명*은 20일 새벽 5시 10분 동해의 먼 동이 터오를 무렵에 해안경비대의 대전호로 도동 항구를 떠났다. 수평선상에 오른 아침 해의 위관을 마음껏 즐기며 항해 두 시간여에 우리 앞에 검은 점을 발견할 수 있었으니 이것이 독도이다. 440여 년 전 선조 때 삼봉도(三峯島)라고 이 섬을 찾기에 애썼을 실록의 기록을 가진 곳이다. 과연 기관이다. 섬에 접근하니 동과 서의 두 섬은 어깨를 겨누고 조조하게 서 있다. 어느 편으로 보나 기암괴석이요 층암단해이다. 높이가 200미터 내외로 화산의 분출로 된 것이다. 그중에도 서편 섬은 산 위로 사람이 용이히 접근치 못할 형편이다. 섬에 배를 대려 할 때 우리는 모두 환호를 불렀다. 해구(옷도세이)가 여기저기 바위 사이로 뚜노는 것이다. 동해의 벗이요. 이 국토의 보고가 또 여기 있는 것이다. 특히 이 섬에 흥미를 끌 때 생물반(生物班)도 환성을 올린다. 이 절해고도에 백합꽃과 나비를 발견할 수 있었다. 각 반의 짧은 간시 중 눈부신 활동의 결과 이익물은 약 50여 종 그 계통은 역시 울릉도와 완전히 연결되는 것임을 알 수 있다는 것이고 특히 경이적인 것은 동편 섬에는 직경 70미터가량의 분화구가 있고 밑으로는 동굴이 뚫어져서 바닷물이 넘나드는 것이다. 암질로 보아 이 역시 백두산으로부터 울릉도로 다시 동해로 뻗은 화산맥 줄기인 것이다. 산 밑으로 집을 지었던 자리가 있는 것은 6, 7년 피난선의 피난을 위하여 장만되었던 것이라고 하며 산정에 남은 사람의 자취는 왕년 전쟁 중 왜병들이 감시초로 만들었던 것이 틀림없었다. 이와 같이 하여 울릉도에서 항해 4시간 반 오

---

* '72명'의 오식으로 보인다.

전 9시 50분에 도착하여 오후 3시 반 출범까지 6시간여 서울의 각 대학 각 기관의 각 부문 학자 권위를 망라하여 오래 우리 국민의 기억에 희미했던 이 고도의 역사적 탐구를 유감없이 수행한 것이다. 오후 3시 반 섬을 한 바퀴 돌아 다시 울릉도로 돌아오는 우리들은 멀리 저녁 너울 내리는 수평선 위에 감실거리는 독도의 자태가 사라질 때까지 새삼스럽게 국토에 대한 그윽한 애착을 느끼며 잠시도 우리들의 시선이 독도를 떠날 줄 몰랐다.

「남선경제신문」, 1947년 8월 27일, 2면

독도는 이런 곳
절경의 풍광 가지고, 수산 자원이 풍부

본사에서는 일즉*부터 중대한 관심을 모으고 있는 독도의 전모를 소개코자 조사부를 동원하여 울릉도 본사 위재 통위품 보고와 과반 현지 실정 조사의 책임을 마치고 귀임한 제5관구 경찰청 독도 실정 조사 제(隊)의 일품(一品)인 B씨의 후의와 기타 □□자의 친절한 재료를 얻어 동방의 보고 독도를 소개한다. 거친 풍랑을 자장가 삼아 본토와 115리 떨어진 동해안에 영자(影子)처럼 가로놓인 무인고도라기보다 오히려 풍부한 수산 자원과 머지않은 장래 동방으로 뻗어나갈 기지로도 용의(用意)하며 풍□의 절경을 겸비한 섬으로 최근 갑자기 문제와 관심을 고으게 된 독도란 과연 어떠한 곳인가?

사기(史記)를 보면 독도는 고려 태조 3년(일본 기원 1590년)에 울릉도가 비로소 발견되었음을 보아 문제의 독도는 울릉도와는 불가분의 관계를 맺고 있었으며 현재 독섬으로 호칭되고 있는 동도(同島)가 조선 영토가 된 것도 이를 전후하지 않은가 추측된다.

그러나 당연히 우리의 영토를 주장할 수 있는 동도가 무슨 연유로 침략의 원흉인 일본과 새삼스러운 시비가 논의되고 있는 것인가? 앞으로 이는 본문으로서 점차 명확히 소개되거니와 첫째 우리 영토와는 원거리인데 비추어 수산업에 발전된 일본 은기열도(도근현[島根縣] 부속)와는 근거리 위치에 있는 관계상 그들의 으레 번잡한 것과 명치로부터 조선의 국권을 장악한 36년간 우리들의 어업권을 빼앗고 이곳에 어류 해구 등 포획지요 동도와는 불가분의 관계를 가진 울릉도 주민의 손이 미급(未及)된 것과 풍토상 지장 거위가 불능한 관계로 이를 무인고도로 무관심하게도 파선구명기지로 방치한 데 원인된 것이 아닌가 한다.

---

* '일찍'의 옛말이다.

우리 국토를 자기네의 개인 소유라고 □칭함에 일소(一笑)에 부(附)해도 좋으려니와 앞으로도 허울 좋은 구실이 백출(百出)된다 치더라도 해방 이강(以降) 맥 사령부에서 그어놓은 맥아더 라인에서 12미(米) 안으로 동도는 조선 지역이 되어 있을뿐더러 이는 오로지 간직한 우리의 사기와 역사가 충분히 증명한다. (未完)

「대구시보」, 1947년 8월 27일, 2면

동해의 고도(孤島) 울릉도행(1)
선경(仙境)에 들어온 감(感)

【울릉도에서 본사 특파원 권상규(權相奎)발】 동해의 한 고도 우리 경북의 일부이면서 교통 불편으로 말미암아 본토와의 왕래가 빈번치 못하여 일반에게 그 실정이 알려지지 못한 울릉도! 이 울릉도를 알려고 기자는 지난 7월 15일 대구를 출발하여 18일 오후 3시 반에 겨우 포항을 떠나 도중 학산(鶴山)서 하물(荷物) 검사를 마친 후 죽변(竹邊)을 경유치 않고 일로 울릉도를 직항하여 익조(翌朝) 9시경 울릉도 유일의 정박지 도동(道洞)에 입항하였다. 동구(洞口) 좌우는 수십 척의 석봉(石峰)이 용립(聳立)하여 본도 입구 문주(門柱)가 되고 양편 준급(峻急)히 내려 잘린 곡간(谷間)에 일본식의 건물들이 즐비한데 경사진 양 조로(條路)가 남면사무소 앞에서 합치되어 있다. 울울창창한 수림이 덮인 산록의 가가호호는 가까이 발아래 계간수(溪澗水)가 흐르고 멀리 곡간으로 창파를 바라볼 수 있으나 도시에 살던 자로서는 위선(爲先) 경치의 아름다움이 흉금을 상쾌하게 하여 선경(仙境)에 들어온 감이 든다. 이제 여기서 위선 본도의 역사를 들어본다. 경남청(慶南廳)에 의하면 본도는 신라 때 우산국(于山國)으로서 일명 우릉(羽陵) 혹은 무릉(武陵), 울릉(蔚陵) 등으로 지칭되어 인민이 표한(慓悍)하고 항상 연해에 침해가 유(有)함으로 지증왕 32년*(서기 512년) 아슬라주 군주 이사부(異斯夫)가 목사자군(木獅子軍)으로 토벌하여 수항(受降)하였고 고려 태조 □□(952년)에 도인(島人)이 방물을 헌납하였고 현종(顯宗) 13년 도민이 여진(女眞)의 구략(寇掠)을 맞아 도래(逃來)하였으므로 예주(禮州)에 편호(編戶)하였고 덕종(德宗) 원년에 도주(島主)가 기자(其子) 부어잉다랑(夫於仍多郞)을 보내어 내공(來貢)한 일이 있었고 인종(仁宗) 17년 진주(眞州) 도감창(道監倉) 이양현(李陽賢)이 입도하여 과핵(果核)과 목엽(木葉)의 이

---

* '지증왕 13년'의 오기이다.

상한 것을 취하여 헌납하였다 한다. 의종(毅宗) 11년에 도감창을 보내어 거민(居民)의 적부(適否)를 조사시켰던바, 부적(不適)함을 회보했으므로 중지하였다가 후에 다시 울진민(蔚珍民)을 옮기려 했으나 풍도(風濤)가 초(楚)하여 회환(回還)한 일이 있었고 이조시(李朝時) 세종(世宗) 20년에 주민 70여 명을 체포, 귀환 후 무인도를 만들었다가 고종(高宗) 20년에 개척령(開拓令)을 내려 강원, 경상 양 도의 연해민(沿海民) 다수를 이주시키고 광무(光武) 4년에 군(郡)을 만들어 강원도 관하에 두었다가 융희(隆熙) 원년에 경남에 이속시키고 전도(全島)를 3면(남, 서, 북) 현재 역(亦) 동일(同一)에 놓아서 도(島)라 칭하여 도사(島司)를 두어 다스리다가 해방이 된 후 도사와 경찰서장이 분직(分職)되어 현금(現今)에 이른다고 한다.

본도에서 동향(東向)으로 약 40리(浬) 떨어진 해상에 본도 소속 독도가 유(有)한바, 차(此)에 대하여는 추후 상기(詳記)코자 한다. 본도의 위치는 동경 131도 북위 37도로 포항서 124해리(海里) 동북 해상에 있으며 항로는 포항서 강원도 죽변을 경유함이 보통이다.

관공서는 도청을 위시하여 23구 경찰서, 대구지방심리원 등기소, 치안관 심판소, 우편국, 무선전신국, 측후소, 포항세무서 지서(支署), 전매서(專賣署) 등이 있으며 기타 협동조합, 어업조합 외에 이 섬 단독의 발전소가 있다. 교육기관으로는 우산중학교와 국민학교가 우산(于山), 남양(南陽), 천부(天府), 장흥(長興), 현포(玄圃), 태하(台霞), 석포(石圃) 외 7곳이 있고 기타 각 면에는 1, 2개소의 성인 교육기관인 한글 강의소(講義所)가 있다. (계속)

「서울신문」, 1947년 8월 27일, 2면

조사대 일행
울릉도 출발 귀로(歸路)에

조사대원 전원은 24일까지의 도내 답사를 끝내고 다시 도동으로 집결하여 26일의 출발을 앞두고 그간 수집된 자료를 정리하는 한편, 이곳 우산중학교(于山中學校)의 요청으로 강연회를 개최하는 등 다망한 가운데 울릉도에서의 나머지 하루를 보내고 있다. 지난 24일에는 날씨가 흐리고 비도 약간 뿌리어 바람이 일기 시작하여 연일 잔잔하던 바다는 다소 파도까지 일기 시작하였으나 25일에 이르러 다시 청명한 날씨로 개이어 26일 포항까지의 행해는 그다지 힘들지 않을듯하다.

『남선경제신문』, 1947년 8월 28일, 2면

독도는 이런 곳

1. 위치

동경 131도 12분 25, 북위 37도 14분 18□(□한국수산지 111페이지) 조선편 □남방 115리 지점(울릉도와의 거리 39리) 일본 도근현(島根縣) 서북방 1□2□(은기열도와는 80리 거리 떨어졌다).

2. 면적

남녀 양도로 형성 기외(其外) 십수의 대소 기암을 합하여 독도라고 부른다. 주위는 1리 반, 높이로는 해발 150미(米) 근접지의 수심은 3미 내지 10미다. 동도(同島) 50미 거리를 둔 해상의 수심은 동해 제일이라고 하며, 대구리 어선의 망인(網引)이 전연 불능하게 되고 있다 한다.

3. 지질

점성은 중성층이며 화성(火性) 급 수성암(水性岩)으로 소금강을 보는 듯한 느낌이다. 도세(島勢)로 보아 울릉도보다는 젊은 편이다. 사면 주위를 화강, 편마, 점병(粘柄), □암으로 둘렀는데 신선이 □□다는 □□ 같은 동굴이 많기로 유명하다. 절정은 소천지(小天地)를 이루고 있고 수심은 아직까지 수수께끼를 주고 있다. 이에 한가지 주목할 만한 것은 정상의 7, 80□로 된 양도는 고암인 관계로 붕괴될 우려가 농후하다. 해풍과 파도는 가장 거세며 심한 계절에는 선박 항해가 불가능하다고 한다.

식수가 전연 없는 관계상 거주가 불능하고 어부 설(說)에 의하면 식수를 준비해 가져가거나 우수(雨水)를 받아 마시지 않으면 안 된다는 것이다. (현재 주가(住家) 적이 1개소 발견되었다.) 전체가 골산(骨山)이므로 수목은 해송(海松)이 15, 16주(柱)가 있을 뿐이다. 전도의 경사는 약 70도이며 과거의 분화구의 형적임을 넉넉히 상상할 수 있다.

4. 기상과 해류

3월 평균 화씨 40도 7월 동(同) 73도 12월 동(同) 35도 중국 천진(天津) 기후와 동일시되는데 해류는 화태와 함경 북해 연안을 □□ 나오는 한류가 왕래하며 일본해를 건너오는 난류는 거의 없다 해도 좋은 만큼 되고 있다.

5. 생물

수산물로 생복, 소라, 고동, 미역, 전복 등이 주로 암초에 □□이 저□ 부탁되고 있으며 그 □이 무진장이다. 해수(海獸)도는 해구(옷도세이)가 대군으로 □□ 되고 있다. 해구는 □□ 울릉도민이 가지(可之)라고 부르고 있는데 참고되는 다음 일문(一文) "海中有大獸 牛形, 赤眸無角, 海産群臥之獨行的害之, 遇人之多走人水."* (증보문헌비고 3권 제31의 104항 울릉도 기사 중)

6. 식물

전도가 화석 골산(化石骨山)이므로 불모지대다. 다음 수종의 식물이 표착자들을 위로했으리라고 보인다. 흑송(黑松)(海松) 15, 16주(柱) 중 10주만은 인위적시(人爲的視)되고 산초 또는 석죽, 왕해국, 기린초, 각시풀, 해방풍 등 약초도 끼여 있다.

7. 역사

독도□견은 고려 태조 3년 □ 울릉도 발견과 전후하다고 볼 수 있다. 그후 광무 10년(명치 39년 2월) 한국 통감부가 설치되자 그와 역(逆)하여 2개월 후 은기도사, 세무감독국장, 경관, 의사 등 10여 인을 태운 일본 관원이 울릉도에 상륙, 도사(島司)를 방문하고 전기(前記) 독도를 자기네 것임을 주장하였으므로 도사는 그 익일(翌日) 정부에 보고한 통첩문이

---

* 증보문헌비고 원문의 내용은 다음과 같다. "海中有大獸, 牛形, 赤眸, 無角, 羣臥海岸, 見人獨行害之, 遇人多走入水, 名可之島." (바닷속에는 큰 짐승이 있는데, 소 모양에다 붉은 눈동자를 가졌으되, 뿔은 없다. 해안에 떼지어 누웠다가 혼자 가는 사람을 보면 해치지만, 많은 사람을 만나면 달아나 물로 들어가는데, 이름을 가지(可之, 물개)라고 한다.) (한국의 지식콘텐츠(세종대왕기념사업회)〉 국역 증보문헌비고 제31권 여지도 19〉 관방7〉 강원도〉 울진)

상금 울릉도에 귀중히 보관되고 있다. 일본 지도에 전기 독도가 죽도(竹島)로 기록되기는 그 후에 된 일이라고 한다.

통감부 설치 2년 후 당시 조□견□이 『한국수산지』를 저작하였는데 그 원문 중에는 문제 된 독도는 조선 어업권 지대이었다고 명백하게 기록되고 있다. 해방 이강(以降)엔 맥 사령부가 그은 맥아더 라인이 동도(同島)에서 12미돌(米突) 지점 밖으로 표시된 것이라고 한다. (了)

『영남일보』, 1947년 8월 28일, 2면

울릉도 학술조사를 마치고 돌아와서(3)
본사 특파기자 김득룡(金得龍) 기(記)

◇ 해상에서 조망한 독도

발을 높으면 물 흐르듯 으스러지는 화산암뿐인 암석도(岩石島)인 울릉도는 가운데 성인봉(984미[米])을 둘러싸고 관음도 죽도 공암 등 기암괴석으로 장식된 도여(島여)가 있고 골짝골짝에 5호, 10호 산재한 마을을 볼 수 있는 본도에 대한 학술조사대의 본격적인 조사는 대장 송석하(宋錫夏) 씨를 중심으로 A반 부대장 홍종인(洪鍾仁) 씨를 중심으로 B반 각각 55명 내외의 인원으로 구성되어 21일 조조(早朝) 출발 먼저 성인봉을 향하였는데 조사는 5일간 계속되었으며 일행 중 생물반 석부명(石富明)* 씨 외 2씨(氏)는 도중 길을 잃어 일시는 조난의 우려까지 있었으나 다행히 귀환한 사건까지 발생하는 등 원시림을 헤매이는 듯 일행의 고난은 극심하였는데 각반 활동의 수확은 대략 아래와 같으며 의료반은 별동대로 소(小)어선을 이용하여 각 동리를 순회하였다.

---

* '석주명'의 오식으로 보인다.

△ 사회과학반

역사적으로 문헌이 전무라 하여도 과언이 아닌 만큼 본반(本班)의 탐사는 처녀 탐사라 하겠다. 언어에 있어서는 특수한 예가 비교적 희소하다. 동국여지승람, 삼국사기 등으로 본 도의 인지는 신라 지증왕 12년(거금[距今] 435년 전) 당시의 강릉군 군주 이사부(異斯夫)가 목조 사자로 우산국(본도)을 토평(討平)한 것이 첫 사적(史蹟)이며 그 후 고려, 이조(李朝)에 이르러 그후 폐도(廢島) 또는 여진 왜인 등이 침략한 사적이 있으며 이조 고종 19년에 비로소 울릉도 개척령이 발포되어 김옥균(金玉均) 씨 등이 활약하였으나 갑신정변으로 좌절 그후 본도의 소속문제로 조일(朝日)간에 알력이 계속되었으나 고종 22년 4월에 이르러 문제는 원만 해결되었다. 그후 이주된 도민(島民)은 천조(天鳥, 곽새), 명초(命草)로 원시생활을 계속, 일시는 강원, 경남에 소속되었다가 그 뒤 경북에 소속된 것이다. 고적(古蹟) 토기(土器)로는 누석총(累石塚)은 각처에서 발굴되었으며 석기시대의 유물 토기 등이 발굴되었다. 고찰로는 대원사(大願寺, 남면 도동)가 있으며 이 절에는 금불(金佛) 일좌(一座)가 봉안되어 있으며 여승이 있다. 그 외 로일(露日) 전적(戰蹟)과 2차 대전의 전적이 있다. 경주 고적의 것과 같은 '고래장'의 유적이 있다. 이 섬이 무인도시(無人島時) 전라인(全羅人)이 해초(海草) 따러 온 것이 많으며 지명은 그들이 작명한 것 같이 전해지고 있다. 이곳은 아직 봉건주의가 횡일(橫溢)해 있으며 식량난 등 경제적 조건은 극히 불리하다.

배암*은 전연 없고 개고리**는 대륙에서 일(一) 중학생의 이입(移入)이 지금은 상당한 수를 헤아리게 되었다. 기타 동물로는 이번 조사에 별다른 것이 없었다. 식물은 본도에 기왕 발표된 것이 449종이 있었는데, 이번 조사로 확인된 것이 있어 약 450종이 추가될 것이 확실하였다.

△ 의료반

약품 부족 관계로 전 도민의 요구에 응하지 못한 것은 만분 유감이라 하겠다. 그러나 본반이 닿는 곳마다 도민은 몰려들어 적은 반원(班員)으로는 눈코 뜰 사이가 없는 정도이다. 현

---

* '뱀'의 비표준어이다.
** '개구리'의 방언이다.

지서 치료는 약 300명가량이며 가정에 출장 치료 검진도 하였는데, 결과로 나타난 기현상은 의외로 환자의 다수가 결핵 혼자이며 그다음이 도라홈 위장병의 순으로 되어 있는데 일반적으로 매우 살결이 희고 건강했다. (계속)

『부녀일보』, 1947년 8월 29일, 2면

독도 소개 영화를 목하(目下) 제작 중

본도(本道) 동해안에서 뚝 떨어진 문제의 섬 우리 영토 독도를 답사한 사진 권위자 최계복(崔季福) 씨는 본도 후원 아래 울릉도와 독도를 스케치한 것을 중심으로 영화를 제작하기로 되어 오는 9월 중순경에는 실시될 것이라 하는데 일반의 기대하는 바 크다고 한다.

「영남일보」, 1947년 8월 29일, 2면

울릉도 학술조사를 마치고 돌아와서(4)
본사 특파기자 김득룡(金得龍) 기(記)

원시적 영농의 개량과 흉년 제가가 초급(焦急) 과제

◇ 경사면의 경작지

△ 농림학반

거금(距今) 64년 전 개척령이 내린 이후 약 20년간 도민은 원시생활을 하였고, 그후 점차 인구가 증가함에 극히 초보의 농경이 시작되어 오늘에 있어 전도에 답 57정전(町田) 1151정(丁)을 보게 되었으나 본도 인구 1만 5,000이 호구(糊口)하기에는 너무나 협소한 지대이며 이상의 농경지가 대륙에서는 상상도 못 할 5도 내지 45도까지의 실로 오르내리기에도 곤란한 경사지를 유일의 생명선으로 그들은 지키고 있다. 이 땅의 대부분은 전작(田作)이나 이민(移民)의 대부분은 전작(田作)의 기술이 없어 앞으로의 개량이 필요하며 3년에 한 번씩은 닥치는 흉년(주로 풍해)에는 대비할 아무런 농작물이 없으니 이에 대한 품종 개량도 급무일 것이다. 또한 토지는 피폐해서 앞으로 가린 산△회(酸石灰) 등 비료를 쓰지 않으면 아니될 것이다. 이것은 큰 문제이다. 하나 특기할 것은 해방 이후 소작료는 37제(制)로 되어 있건만 본도에서는 아직도 춘추곡(春秋穀)을 다 반분제(半分制)로 하고 있으니 이것은 당국의 큰 실책이라 아니할 수 없다. 다음 신탄(薪炭) 문제도 큰 두통거리여서 용재(用材) 부족은 조림(造林)의 필요가 급하다. 흑송(黑松) 등의 인공조림이 더러 있으나 이것은 문제도 아니다.

△ 사진보도반

본 조사단의 동향을 하나 빠짐없이 촬영 기록 보도 통신하는 본반은 험로를 무거운 기계를 걸머지고 모든 악조건과 싸워 영화 촬영만도 수천 척 개개의 기록 촬영도 그 수를 헤기조차 어려운 정도로 많다. 이것은 앞으로 보고전람회를 개최할 예정이다. 그 성과는 기대되는 바 크다.

△ 기타

이번 조사단에 특히 본도의 발전을 기해 앞으로의 수산 기타의 비약의 원동력이 될 전력 발전의 기초를 조사하고자 온 중앙청 최(崔) 기사는 도(島) 수원지를 세밀히 조사한 결과 현재 수력으로 약 500K의 발전은 가능한 것이 증명되었으며 현재 있는 발전소도 다소 확장할 가능성이 있는 것이 발견되었다. 이것이 실현되면 본도(本道)의 수산업은 실로 대비약을 꿈꿀 수 있는 것이다.

지질광물학반은 여러 가지 자료를 수집해서 분석 시험하기 위해서 서울로 가져갔으므로 시험결과 그 전모가 발표될 것이다. 그리고 기상 등에 대한 관측은 특이한 것이 있을 것이나 기상반의 참가 없음이 유감이다.

「대구시보」, 1947년 8월 30일, 2면

독도 사진 공개
본사 최 촉탁 촬영

조선산악회에서 파견된 울릉도와 독도에 대한 학술조사단과 동행한 본사 사진부 촉탁 최계복(崔季福) 씨는 금반(今般) 양도(兩島)에서 촬영한 귀중한 사진 약 50매를 도(道) 공보과(公報課) 급(及) 지방과(地方課)의 후원을 얻어 오는 9월 15일경 양도 사정 소개의 전람회를 개최키로 되었다.

「대구시보」, 1947년 8월 31일, 2면

◇ 사진
본사 최 촉탁 촬영

절해의 무인고도로 전인미답의 처녀섬 독도에 과학사의 날카로운 메쓰는 찔러진다. 전도(全島)가 용암으로 흙이라고는 별로 없고 따라서 나무도 전연 없는 이 섬은 해구(海狗)의 무리들의 평화로운 안식처가 되어 있으며 앞으로 국토방위의 최첨단(最尖端)이 될 것으로 보이고 있다. 그리고 이 용암의 소군도는 천인(天人)의 창□(創□)에 의한 절최(絶最)의 집단으로 마치 선경(仙境)과 같은 황홀감을 주는데 이 독도는 앞으로 우리의 판도 속에도 나타나 그 존재를 알리게 될 것이다. (사진은 독도의 전경과 그 옆에 있는 관음도 급(及) 답사 시에 잡힌 해구(海狗).)

「공업신문」, 1947년 9월 4일, 2면

생명선은 수산과 임산업(林産業)
울릉도, 식량 교통난도 해결*

울릉도학술조사대가 각 대학과 국립조사연구소 등 각 기관의 쟁쟁한 학사, 기술자를 중심으로 전원 63명의 대부대로써 왕복 전후 12일간 울릉도 내와 독도(獨島) 답사의 행정을 유감없이 예정대로 마치고 다대한 수확을 거두어 가지고 지난 30일 귀경하였다.

산악회 학술조사대의 일행이 사회, 과학 각 부문과 동물, 식물, 농림, 지질, 광물, 의학 등 각반의 조사결과로 얻은바 수확에 전원의 공통된 결론으로 본토 삼천만 동포에게 주의를 일으키고 싶은 것이다.

울릉도의 국토상의 위치가 얼마나 중요하다는 것이다. 즉 울릉도는 결코 어떠한 도(道)의 행정구역의 한 부분으로만 간주될 것이 아니고, 실로 우리 국토의 그 해면상의 삼각형(三角形)의 정점(頂點)으로 또 금후 국력 발전을 위한 행동반경(行動半徑)을 확대시킬 유일무이한 최대의 거점(據點)이 되고 있다는 점에 국가적 인식을 새롭게 하여야 할 것이다.

그럼에도 불구하고 왜정하에 특히 전쟁 말기에는 왜군의 군사요지로 십수 년 내 육지와 일반적 거래가 두절되다시피 되어 있었고 또 별반의 시설도 산업적 지도도 없어서 오늘의 현상은 당연히 개발, 육성되어야 할 무진장의 동해 보고를 눈앞에 두고도 유치한 옛 방법으로 울릉도가 가진 본래의 자본을 그대로 파먹으며 날로 헐벗고 여위어가는 생활을 하고 있으니 국가의 백년대계를 위하여 이에 각별한 주의를 가지지 않으면 안 될 것이다.

당연한 문제로 교통, 통신기관을 강화하여 본토와의 지도상의 거리를 문화적으로 하루바삐 접근시키고 이에 따라서 산업적 발전을 급속히 추진시키기에 힘써야 할 것이다. 무선

---

* 「독립신보」, 1947년 9월 3일, 2면, "국토상 위치의 인식 중요(上), 교통 체신 장애로 산업발전 조해(阻害), 울릉도학술조사대 보고"

전신국의 설비는 있으나 이것도 좀 더 확충의 여지가 있을 것이고 교통은 선편이 있으나 불과 70톤급의 적은 배이면서 봄, 가을에 절풍이 심할 때는 말할 것도 없고 그 외에도 풍랑이 다소 심할 때는 결항하게 되어서 일주일간에 1항 혹은 한 달 동안의 절항을 보는 일도 예사이거니와 바다가 평온하다 해도 불과 250, 260마일의 바다를 20여 시간이나 걸려야 하니 이러한 결과는 울릉도를 문화적으로 생활적으로 글자 그대로 완전히 절해의 고도를 만들 뿐이고 따라서 산업적으로 발전의 길이 없게 되니 날로 황폐하여가는 현재의 상태대로는 울릉도의 갱생 발전의 길은 없는 것이다.

울릉도가 가진 생명선은 소산업과 임산업(林産業)이라 할 것이다. 해류(海流)의 관계로 정어리 떼가 물러가고는 고등어(鯖) 떼가 물러가 현재는 오징어잡이의 한길만이 남아 있다. 이것은 여름 한 철 4개월 동안의 도내 유일한 주산업인데 이것만도 □산 금 일억 원에 달하는 것이다. 어로(漁撈)의 방법은 극히 유치한 원시적인 것이다. 저녁이 어두면서부터 새벽까지 일엽편주로 대해의 거세인 파도와 싸우는 결사적인 상업이다.

그것도 날짜가 좋지 못하면 쉬게 되고 많이 잡혔다 해도 비가 계속되어 말리지 못하면 그대로 썩게 된다. 금년 지난 장마에 적어도 4,000만 원의 오징어를 말리다가 썩혀 버렸다는 것이다. 여기에 당면한 식료공업(食料工業)을 위한 발전소의 확충이 필요할 것인데 이번 주 원지의 조사로 현재 50킬로와트에서 10배의 발여력은 있으리라는 근지를 얻었다. 그뿐 아니고 오징어의 이용은 얼마든지 이용방도가 있을 것이 확인되어, 이것도 이번 조사대의 약화학(藥化學) 부문의 큰 역할이 될 것이다. 이객은 어업이 선의 근해 어업임은 더 설명의 여지가 없다. 앞으로 좀 더 원양(遠洋) 어업에 착수한다면 어뢰기술의 지도와 어선의 개량이 필요하고 이에 앞서 어항(魚港)의 완비는 절대 필요한 것이다. 현재는 도동(道洞) 1개소가 자연조건을 약간 이용했을 뿐 그 외에는 자연이 생긴 그대로이고 하등 항구의 시설이 없는 상태이다.

평지라고는 하나도 없고 섬이 한 덩어리의 산이고 주위가 해금강 이상의 절승인 절벽으로 되어 있는 이 섬에서 식량의 자급을 바라는 것은 무모한 일이다. 논(畓)이 겨우 50여 정보 있고 그 위에는 보리와 강냉이, 감자가 주식물이 되어 있는데 강냉이밭은 40보 이상의 산비탈에까지 심고 있는 형편이면서 이것이 섬의 최대의 자원이요. 명물인 산림을 황폐하게 만드는 원인이 되는 것이다. 울릉도는 노래에 서동백(冬栢)을 예찬하고 있으나 그보다도 원산지가 되어 있는 오동(梧桐)을 위하여 규목(槻木), 향나무 느티나무 단풍나무 등이 섬의 특유한 임산물이다.

그동안 왜인들의 남벌이 되어 도민들의 화목으로 심하면 향나무를 베서 밥을 짓고 소금을 부어대는 형편이어서 이미 목재 재원은 운반이 곤란한 상상에만 다소 남아 있을 뿐인데 아직도 육지에서는 볼 수 없는 직경 1미터급의 거목이 적지 않다.

그 외에도 기름을 위한 동백나무며 약용과 콜크재로도 옛날부터 이름 높은 곳이다. 특히 목재 자원은 일로전쟁 전 러시아에서도 넘보고 있었고 그 전후하여 왜인들은 청일전쟁 전부터도 벌이 심하여 한일국교상 문제가 되었던 것으로 보아 그 중요성을 짐작할 것이다.

「서울신문」, 1947년 9월 9일, 3면

울릉도조사대의 귀환 보고 강연회

조선산악회에서 파견한 울릉도학술조사대는 지난번 많은 성과를 거두고 일행 62명이 무사 귀경하였는데 금번 그 귀환 보고 강연회를 오는 10일 오후 2시부터 시내 왜성대 국립과학박물관 강당에서 연다고 한다. 연제와 강사는 다음과 같다.

사회경제(洪鐘仁), 언어(方鐘鉉), 지리(鄭洪憲), 고고(金元龍), 동물(石宙明), 농림(金用壽), 지리(玉昇植), 의학(趙重參)

「한성일보」, 1947년 9월 21일, 2면

울릉도학술조사대 보고기(1)

홍종인(洪鍾仁)

조사대의 임무

국토에 대한 과학적인 새로운 인식과 그 보급은 국사(國史)에 대한 비판적인 계몽□□과 아울러 당면한 교육, 문화 운동의 기초적인 과제의 하나가 될 것이다.

원래 한 국가의 생성, 발전은 그 국토와 민족의 성립을 기저로 하고 있거니와, 오늘 조국 재건의 역사적 단계에 서 있는 우리로서 이 □□ 조국애 정신을 고무하며 이를 실천하는 한 가지 방도를 갖는다면, 민족생활의 원천이요 환경인 국토에 대한 인식을 깊이 하는 데서 민족 생활의 발전 요인을 과학적으로 구명하는 것이 커다란 요건이 될 것이다.

조선산악회(朝鮮山岳會)가 스포츠로서 산악 등반 운동을 전개함에 있어서 규율 있는 편대(編隊)의 조직력과 등반의 과학적인 기술 연마 내지 그 정신력의 연마를 목표로 하고, 우선 우리 강역 내에서 교통이 불편하고 인적이 드문 고산 협지를 택하여, 하절기와 동절기로 연중 정례적인 등반사업을 실천하면서 인문자연과학의 각 부문(部門) 학문학술대(學問學術隊)를 편성하여 조사연구의 협동작업을 시험하고 있음은 실로 우리 국토의 과학적 해명하여 국토애의 정신을 고취하며 더 나아가서 실용적 효과를 거두고자 하는 데 뜻을 두고 있는 것이다.

1947년의 하기(夏期) 사업으로 소백산맥 학술조사 행사의 뒤를 이어 획기적인 규모로 울릉도학술조사대를 파견하게 된 것은 울릉도가 동해의 고도(孤島)로 그 실정(實情)이 소개된 바가 전부터 거의 없었을 뿐만 아니라 왜적(倭敵)과의 전쟁 중 십 수년간은 군사 요충지로서 본토와의 일반적 왕래가 매우 어려운 관계에 있었기 때문에 더욱 그 실정을 알 수 없었다. 지도상으로뿐만 아니라 국민적 관심에서도 언제까지나 절해의 고도(孤島)로 버려둘 수 없다는 점에 착안하였던 것이 그 주된 이유였다. 그리하여 작년 가을부터 의도한 것이 이제 실현을 보았던 것이다.

그리고 울릉도에서 동남향으로 해상 48해리에 있는 무인도로 그 귀속이 문제 되리라고 전해지는 독도행은 실행 전까지는 외부 발표를 시종 보류하고 있었으나, 이는 우리가 당초부터 계획해온 기습의 여정이었던 것이다.

조사대의 편성

학술조사대의 편성은 대(隊)의 행동 전반을 통할하는 본부(대장, 지휘, 총무, 식량 장비, 운송 등 15명, 일부는 학술반을 겸무)가 있고 학술반에는 ▲사회과학 A반(역사, 지리, 경제, 사회, 고고, 민속, 언어) 10명 ▲사회과학 B반(생활실태조사 본부원이 겸무) 11명 ▲동물학반 6명 ▲식물학반 9명 ▲농림반 4명 ▲지질광물반 2명 ▲의학반 8명 ▲보도반(사진, 무전) 8명의 8반으로 총원(總員) 63명이라는 대부대이었다. 여기에 남조선과도정부에서 파견한 독도 조사원 4명, 경북도청 직원, 제5관구 경찰청 직원 기타 등 합하면 실로 80여 명에 달하는 대가족이었다. 학술반의 대원은 대부분 각 대학, 각 국립기관의 학자, 전문기술자들로 학술조사대로서는 금후에 있어서도 대내, 대외적으로 유감없을 정도의 유능한 권위자를 망라할 수 있던 것은 이런 조사대의 자랑이 아닐 수 없었다. 총동원된 각 대학과 기관을 소개하면 ▲서울문리과대학 2 ▲서울상대 1 ▲수원농대 2 ▲대구사대 1 ▲약대 2 ▲서울의대 6 ▲여자의대 1 ▲중등교원 11 ▲수원의학시험소 1 ▲국립과학박물관 3 ▲국립박물관 1 ▲국립지질조사소 2 ▲국립방역연구소 1 ▲경기도세균연구소 1 ▲체신부 무전 1 ▲상무부 전기기사 1 ▲국(립)민족박물관 1 등으로 각 반은 반장을 중심으로 서로 협조 편달케 되며 전대(全隊)로서는 전원일치의 협동 정신 하에 각 반의 종합적 성과를 목표로 항상 유기적으로 행동을 전개할 것을 전제로 했다. 이는 편성에 있어서 한 개의 이상(理想)뿐이 아니고 전 행정(行程)에 있어 우리 조사대는 이 정신을 유감없이 실천해 온 것이다.

울릉도학술조사대 보고기(2)

홍종인(洪鍾仁)

행정(行程)에 들어가서 우리는 여상 이상으로 만사가 순조로웠던 것을 먼저 무상(無上)의 수확으로 생각한다. 첫째, 천후(天候)가 극히 평온, 쾌청하였던 것은 전 대원의 정열에 넘치는 학구적 태도에 대한 하늘이 베풀어준 고마운 은총이었다고 할 것이다. 선편은 통위부(統衛部) 해안경비대의 적극적인 지원으로 경비선 대전호(大田號)를 제공하여 전 대원과 대(隊)의 방대한 중량의 화물을 쉽사리 수송할 수 있었던 것을 우리는 진심으로 감사하는 것이다.

원래가 이런 사업은 어느 정도로 국가나 공공기관의 협조가 없이는 어려운 바이지만 이번은 특히 해안경비대의 전적 협력이 있어 대(隊)의 전 행동상 절대의 힘이 되었던 것이다. 그리고 울릉도의 관민이 거의 총동원되다시피 친절을 다하여 환영해 주어 도내(島內) 숙소 등 각급에 □하여 심대한 협력이 있었던 것이 우리의 행정(行程)을 끝까지 원만케 했던 것이다. 도내의 순박한 인정과 도사(島司) 이하 각계 지도층의 성심 환대에 우리는 언제나 감격을 잊지 못할 것이다. 행정의 □□은 다음과 같다.

▲8월 16일 오전 강연반 선발, 오후 본대(本隊) 출발 ▲17일 대구 경유, 경북교육협회 주최로 사범대학에서 강연회 개최, 으후 포항에 전원 집합 ▲18일 오전 7시 포항 출범(出帆), 오후 6시 울릉도 도동(道洞) 착(着) ▲19일 휴양, 오후 위문품 전달, 강연회 개최, 야간 환담회 임석 ▲20일 오전 5시 10분발 독도행, 오전 9시 40분 착, 오후 8시경 도동 귀착(歸着) ▲21일 의학반을 제외한 전원을 양대(兩隊)로 편성, 도내 최고봉(最高峰)인 성인봉(聖人峯)(983.6미터)에서 A반은 동남(東南)으로 하산, 남양동(南陽洞)에서, B반은 동북(東北)으로

하산, 나리동(羅里洞)에서 숙박 ▲22일 A반 남양동발(發), 대하* 숙박. B반 나리동발, 천부동(天府洞) 경유, 현포(玄圃) 숙박 ▲23일 A반 태하발, 현포 경유, 천부동 숙박. B반 현포발, 태하 경유, 남양동 숙박 ▲24일 오후 전원 도동에 집합 ▲의학반은 기간(其間) 도동에서 2일간, 천부동에서 2일간, 나리동에서 1일간 시료(施療) 조사를 마치고 성인봉 등정, 도동으로 귀착 ▲25일 휴양, 정리. 오전부터 우산중학(于山中學)에서 특별강연 ▲26일 오전 9시 반 도동 출범, 오후 10시 반 포항 귀착, 숙박 ▲27일 오전 오후로 포항발, 대구 경유 ▲28일 오전 본대 서울 귀착

도내 체재 중에는 숙소 제공(응분의 물료(物料)와 사례를 조건으로)을 받는 것 외에는 일절 대(隊)의 자변(自辯)으로 할 것을 원칙으로 했다. 식량이 원래 부족한 곳이요. 또 본토와의 교통상 일반 물자가 극히 궁핍한 곳이므로, 식량은 물론 제반 소요품은 도내 생산품으로 본토에 산출하는 것 외에는 일절 구매행위를 금하기로 했다.

---

* '태하'의 오식으로 보인다.

울릉도학술조사대 보고기(3)

홍종인(洪鍾仁)

본 조사대의 사업 수확은 가장 구체적인 것으로 학술조사보고□의 발간으로 끝막음할 터이나 그 전에 보고강연과 보고전람회 현지 보고의 일반적인 소개출판 등이 우리에게 부과된 사업 절차인 것이다. 보고 강연회는 9월 10일 서울과학박물관 강연실에서 □ㅎ 성황리에 개최되었고, 다음의 전람회는 11월 상순 중 서울에서 개최하고 사정이 허락하면 대구에서도 개최할 예정이다. 전람회는 보도반원들의 막대한 □□과 노력으로 된 사진을 위시한 각반의 □□ 자료의 전시가 있을 터이고 학술보고회는 전혀 학술적인 입장에서 울릉도의 전선(全線)을 소개하여 우리 학계에 한 개의 문헌으로서 제공하여 대방(大方)의 비판을 □하고자 하는 바이다.

그런데 그 전에 울릉도 학술조사의 결론은 무엇이냐 하는 일반적인 질문을 받으며 우리는 될 수 있는 대로 바삐 간명하나마 전체적인 골자를 들어 대답하여야 할 책무를 느끼고 있다. 보고 강연회에서도 나타난 바 있었거니와 우리는 울릉도 답사의 결과 전원이 공통된 결론을 얻을 수 있었다. 즉,

1. 울릉도는 우리 국토에 있어서 동해면상의 국력 발전의 유일무이한 거점이다.
2. 그러나 황폐일로에 있다. 국가적 견지에서 행정상 특별조치와 아울러 국가적 보호시책이 없이 방치한다면 불과 십수 년 내에 울릉도는 자멸하리라 하는 것이 있다.

이 점을 구체적으로 설명한다면 또 관계당국에 헌책(獻策)한다면,

1. 교통문제를 해결할 것. 본토와 포항과의 정기항로에 우수한 선박을 취항케 하여 도민으로 하여금 생활, 생업, 문화 일반으로 고도(孤島)의 불안감을 제거케 할 것. 그리고 도나 교통에도 적어도 도청(島廳)이나 도내 경찰이 도내 구호치안에 사용할 경비 구호선을 가지게 할 것.

1. 산업상으로 본도의 유일한 것인 수산업을 적극지도할 것. 현재는 근해어업으로 원시적이라고 할 "오징어잡이"에 국한되어 있고, 그나마 가공처리의 설비 전무로 막대한 어획과 노력을 □□하고 있으니 당면한 도민의 생활을 위해서라도 어업상 공공시설을 고려하며 앞으로 원양어업의 기지로 발전토록 어선, 어구의 개선을 도모할 것이다. 현재의 700톤 소형어선에 의한 모험과 불안을 제거하며 이에 따른 극히 제한된 어로활동을 증진케 하여야 한다. 그리하여 어업에 의한 수입을 고도로 증대케 하여야 할 것이다.

1. 농업은 40도 이상의 경사 산지를 경작하고 있는 현상으로 보아 경지는 대량 제한하고 산림지를 보호할 것. 천연의 임산보고가 개척 이래 왜인의 도벌, 도민의 화전 개간 등으로 많이 황폐하여 금후 십수 년을 현상대로 방치하면 산림의 황폐는 도 전반의 자멸을 초래할 것이다. 조림을 장려하여 선재(船材) 건축가구재(建築家具材)의 도내 자급 내지는 일부 본토 이출(移出)을 기할 수 있게 되어야 할 것이다. 농가반농가의 부업으로 양잠, 견직도 더 지도의 여지가 있을 것이며 임야의 조식과 병행하여 본도의 명산으로 목우를 장려함이 필요할 것이다.

1. 축항과 발전소 확충, 자연조건이 불리하나 방파제 등 가능한 지점에 축항의 시설을 요한다. 자연 용출수원지가 있어 수력발전은 약 500킬로시의 증대가 가능할 모양이어서 수산식료공업에 자족할 것이 예견되고 있다.

『한성일보』, 1947년 9월 26일, 2면

울릉도학술조사대 보고기(終)

홍종인(洪鍾仁)

1. 보건관리 도민의 신체 발육 상황은 일견 건장하다. 그러나 이번 의학반의 조사 결과로 의외에도 결핵의 침입 정도가 심해 우려되는 상태에 있고, 그 외, 안질로 도라홈, 위장병이 많은 점 등으로 보아 금반 보건관리와 위생사상의 보급이 긴절(緊切)히 요구되고 있으나 도내에는 의사 단 1명 외 수 명의 한방 의생(醫生)이 있을 뿐 비록 1만 5,000의 인구 비례로 본토의 의사 배치 비례에 큰 차 없다 하더라도 도내 교통관계로 보아 부족할 뿐더러 현재 도민의 보건관리가 긴절한 상황으로 보아 더욱 (의료관계)의 부족을 느끼는 것이다.

6.* 보호시책의 긴절성 대략 이러한 결론을 토지로 자황폐(自荒廢), 자멸(自滅)의 일로에 있는 울릉도를 살리자고 외친다면 혹은 웃으리라. 또 불가능이라고 일원(一願)치도 않을는지 모른다. 막대한 경비도 생각할 것이며 울릉만이 조선이냐고 하여 조선팔도의 모든 (난상)을 들어 울릉을 위한 국가적 보호시책의 의□를 불원할는지 모른다. 그러나 □□는 동해의 고도 울릉도는 국토상 위치의 중요, 과거의 역사에서도 제정 로서아(露西亞)가 또 침략 일본이 군사적으로 산업적으로 항상 넘보고 동해호(東海湖)상의 어떤 기지화하려는 사실로 보든가 금□ 우리 재건국가가 전혀 평화적인 산업, 문화로써 크게 비약하여야 할 것을 생각할 때 특히 해양으로의 발전, 원양어업의 개척을 생각할 때 동해의 고도 울릉의 존재는 실로 동해면상의 국력발전기지로 하늘이 내려준 고마운 땅임을 알 것이다. 문제는 그 중요성의 인식 여부의 일점(一點)에 있다.

국가적 시책은 반드시 국□만을 필요로 하는 것이 아니다. 국가적 시책의 방향을 명시하

---

*   순서상 '2'에 해당하나, 원문에는 '6'으로 되어 있다.

여 국력으로서의 산업상 자본과 기술을 능히 유도할 수 있는 데서 효과는 더 클 수도 있다. 그리고 더욱이 보호시책의 긴급이 요청되고 있는 사유는 역시 절해고도인 때문이다. 육지와의 접근지(接近地)와 판이하여 자연 □□적 현상이 □히 현□□ 급속한 때문이다. 부족한 생산과 저위(低位)의 기술과 문화로는 그 주민이 가진 자연조건(환경) 내에서 어느 정도의 발전이 가능할 뿐, 그 한계에 도달하면 퇴보, 자멸이 있을 뿐인 것이다. 외부적으로 자본, 기술의 보급 없이는 발전을 기대할 수 없는 것이다. 울릉도는 지금 그런 현상에 있다는 것이 눈에 뚜렷이 보이고 있다. 그렇다고 그 주민과 그 사회는 완전히 □□□□의 약자들이냐 하면 결코 그렇지 않다.

해양에서 선천적으로 훈련된 (강인한) 생활력이며 □박한 인심과 그 융화력은 과연 울릉□□만이 가지고 있는 자력(資力) 이외의 자본(資本)이라 할 것이며 또 도내의 자연과 무진장의 동해의 수산 보고(寶庫)는 그들이 가진 자질을 토대로 개발될 것임을 생각할 때 도민으로 하여금 하루바삐 외부적 자본과 기술을 수입 소화케 하여 동해상의 거룩한 국토 수호의 용자(勇者)로 또 국력 발전의 유능한 선도자로 용감한 그 본□를 다하게 하여야 할 것을 절실히 느끼는 것이다.

관계 지방청이며 중앙 당국의 심심한 고려가 있을 것을 기대하며 또 일반의 국민적 관심이 커질 것은 □□하여 소루(疏漏)하나마 조사 보고의 개괄적인 일문(一文)을 초(草)하는 바이다.

「독립신보」, 1947년 10월 15일, 2면

독도는 우리 것!

악랄한 왜적의 촉수
증빙자료가 엄연히 증명

왜적 일본은 또다시 조선을 엿보고 저 악랄한 촉수(觸手)를 뻗치고 과반 울릉도 동방 39리(哩) 해상에 있는 독섬(獨島)을 엄연한 조선의 영토임에도 불구하고 이것을 자기 영토라 하여 다시 한번 조선 사람을 놀라게 한 사실은 보도한 바이거니와, 그 후 이에 대한 우리로서는 각 방면을 통하여 우리의 영토임을 입증할 만반의 준비를 갖추고 있는 이때 이에 대한 중대한 문헌과 동물학상 견지로서도 이것을 입증할 것이 최근 동도를 답사한 조선여행사(朝鮮旅行社) 부산사무소 주임 이문엽(李紋燁) 씨의 조사로써 판명되어 상당한 주목을 끌게 되었다.

동 조사에 의하면 즉 해상의 무인도인 이 독도는 주위 반 리(哩)가량에 불과한 고로 원래 지도에 표현되지 않았으나 독도―일본 도근(島根)현 은기(隱岐)보다는 울릉도에 많이 접근되어 있다. 이조 말에도 이것을 우리 영토로써 확인하고 일본의 침략을 우려하여 당시 울릉도 군수로부터 상부(上府)에 대하여 보고한 증빙자료도 있다. 이 문헌은 방금 우리 손에 보관되어 있으며 만일 이 독도를 왜적 일본이 끝끝내 자기 영토로 주장한다면 그 오인을 다음과 같이 지적할 수 있다.

1. 이조 말엽에 국중이 피폐된 관계로 영토 여부가 분명치 못하게 된 것.

---

* 『공업신문』, 1947년 10월 15일, 2면, "독도의 국적은 조선, 입증할 엄연한 증빙자료 보관"; 『대동신문』, 1947년 10월 15일, 2면, "독도는 조선 땅 증빙자료 다수 보관"; 『부녀일보』, 1947년 10월 15일, 1면, "교활하게도 조선 엿보는 일본, 그러나 독도 국적은 조선, 엄연한 증거자료도 보관"; 『한성일보』, 1947년 10월 15일, 2면, "독도의 국적은 조선, 엄연한 증빙 자료도 보관"; 『수산경제신문』, 1947년 10월 16일, 2면, "독도의 국적은 조선, 엄연한 증빙자료도 보관"

2. 일본 정치 이래 조선인들 삼천리 강토가 모두 일본에 귀속된 사실에 낙심하여 독도의 소속문제를 별로 분쟁치 아니한 것.

또 이 독도는 무인 소도이나 옷도세이(해구: 海狗) 기타 해수(海獸) 등의 산지이며 패포(貝鮑) 등이 상당히 많아 동해의 보도이다. 또 한 가지 중대한 발견은 조선과 대륙, 대만에만 분포되어 있고 일본에는 절대로 없는 '대만 흰 나비'가 이 섬에 있는 것은 동물학상으로도 조선의 섬인 것을 확실히 증명해 준다. 그리고 독도에 대한 문헌은 후일 이것을 발표할 예정이며 여하간 독도는 조선의 영토임을 모든 점으로 보아 의심할 여지가 없는 바이다.

「수산경제신문」, 1947년 10월 18일, 1면

독도 근방에 일(日) 밀선(密船) 출몰

동해의 고도인 울릉도 동쪽 39리 해상에 있는 독도(일명 독섬)는 역사상으로나 지리상으로 엄연한 우리나라 영토임에도 불구하고 일인들이 이를 자기네 영토와 같이 취급하고서 조선과 일본 사이에 제정된 해수면의 한계, 즉 소위 맥아더 라인까지 일본 측으로 확대시키려는 야욕의 일단으로서 일(日) 어선이 동도 근해를 출몰, 배회하는 사태가 빈번하였으며 조선 수산계로 하여금 적지 않은 혈위(脅威)를 받아왔던바 이 즈음 문헌상뿐만 아니라 동물학상으로도 독도는 우리나라 영토라는 것이 역연(歷然) 판명되었으므로 따라서 우리 수산인은 해안경비대와 더불어 종래의 미온적인 태도를 일소하고 앞으로 동도 근해를 침범하는 일(日) 어선은 무조건 나포 혹은 축출함으로써 우리 조선 수산자원 보호와 해양을 견수(堅守)하는 굳은 결의가 요청되고 있다.

「동아일보」, 1947년 10월 22일, 2면

일본의 침략적 야욕
이번엔 황해 파랑서에
자기네 영토라고 맥 사령에 보고

침략 근성을 못 버리는 왜구는 동해 바다에서 우리 판도인 독도(獨島)를 침범하려는 마수를 멈추지 않고 있는 것은 누차 기보한 바이거니와 이번에는 또 다시 남쪽 황해 바다에까지도 야욕의 마수를 뻗치어 또한 우리의 감정을 격분케 하고 있다. 문제의 섬은 황해 바다에 있는 북위 32도 30분 동경 125도에 있는 파랑서(坡浪嶼)라는 한 무리의 섬인데 이 섬은 제주도에서 150킬로(粁) 목포에서 290킬로 일본 나카사키(長崎)에서 450킬로 상해(上海)에서 320킬로의 지점에 있어 지리학상으로만 보드라도 당연히 우리의 판도에 속하는 것은 두말할 필요조차 없는 것인데 얼마 전 일본 정부에서는 황해 바다를 구역별로 나누어 자기들에게 유리한 조건을 부치어 '맥아더' 사령부에 보고하고 이 파랑도서를 소위 '맥아더 라인' 선(線) 내에 너희 자기네들의 소속 영토라고 자칭하고 있는 것이다. 그런데 이 섬은 남해에 유일한 해산들 생식지인 동시에 큰 어장이기도 하다.

「부산신문」, 1947년 11월 5일, 2면

울릉도 보고전(報告展) 서울서 개최*

조선산악회(朝鮮山岳會)의 울릉도 학술조사 보고 전람회가 오는 10일부터 18일까지 시내 동화(東和)백화점(고라리: 古羅里**)에서 열기로 되었는데 동 전람회에는 산악회 사진을 비롯하여 동물, 식물, 광물, 농림 곤계 표본 등을 진열하리라 하며 석기시대 이래 고고학, 민속학 자료 조사 결과 등 각 반의 수확을 종합 진열하여 울릉도와 독도의 전모(全貌)를 보여주리라 하며 각 방면의 기대가 크다 한다. (서울발 합동)

---

* 『경향신문』, 1947년 11월 5일, 2면, "울릉도 보고전, 10일부터 동화(東和)서"; 1947.11.05. 『독립신보』, "울릉도 보고전"; 『서울신문』, 1947년 11월 5일, 2권, "울릉도 보고전"
** '갤러리'의 한자식 표현이다.

「서울신문」, 1947년 11월 15일, 4면

울릉도 보고전을 열면서

홍종인(洪鍾仁)

10일부터 열리는 울릉도 보고 전람회는 조선산악회가 지난 여름 하기(夏期) 사업으로 개최했던 학술조사대의 수확의 일부이다. 앞으로 각 반(班)의 순(純) 전문적 학술 보고자도 계획 중에 있거니와 그보다 앞서서 대중적인 과학 교양서로서『울릉도』라는 소책자도 연말 혹은 연초에는 간행될 예정에 있다. 원래 우리 산악회의 학술조사사업은 크게는 교통 통신이 극도 □한 산악지대의 자연적 국토의 실태를 과학적으로 선명(鮮明)할 것과 그런 지방 동포들의 생활 일반을 소개할 것을 목표로 하고 산악 □□의 기술적 연마를 뜻하는 것이다.

그런데 울릉도 학술조사가 가지는 임무는 그중에서도 특출한 조건을 가지는 것이다. 원래 울릉도는 동서해(東西海)의 고도로 교통 통신은 지급(至急)히 불편한 곳이어서 산업, 교육, 일반문화는 극히 보급되지 못한 곳이다. 식량이 부족하다는 기본적인 불리한 조건과 싸우면서 본토 동포의 관심도 물론 국가적 행정 시설로서도 이렇다 할 혜택을 못 입고 있는 가운데 자연과 싸우면서 도민 전체가 생활 그것만을 위하여 싸우는 곳이다. 그러면서도 강렬한 민족의식은 고도(孤島)를 수호하는 용자(勇者)의 모든 고초를 능히 감내하고 있는 것이다. 여기에 울릉도민의 성스러운 생활이 있었던 것이다.

그러나 울릉도의 역사가 증명하는 바와 같이 그 국토적 위치는 대단히 불안한 동해의 파도 가운데 부침(浮沈)하고 있었다. 이번 조사에서 석기시대 이후로 본토와 깊은 관계를 가진 생활 유적을 살필 수 있었다. 그러나 중간에는 왜인(倭人)의 침범도 있었고, 로인(露人)이 넘본 일도 있었다. 그 때문에 무인도로 소속조차 미상(未詳)할 만큼 버림을 받던 때도 있었다.

이제 우리는 새 국가를 건설하면서 국토의 안전과 그 발전을 위하여 모든 기초조건을 밝혀야 할 때가 온 것이다. 특히 국토는 영해의 동시 보유를 전제로 하면 국토의 발전은 영해와 영해권의 확대 해상 행동 반경의 확대 확보가 절대 조건이 되는 것이다. 동해 어업이 우리 산업계에 무진장적 보고(寶庫)라고 한다면 울릉도는 유일무이의 동해 어업의 거점이 되는 것이다. 그러면 이 지대는 어떤 곳이냐 거기의 동포는 어떻게 살아가고 있느냐 발전 못 하고 있다면 그 원인은 어디 있느냐 행정당국의 국가적 조사나 연구시설을 필요로 한다면 거기에 앞설 것은 이에 대한 일반의 국민적 관심을 크게 환기할 것이 필요한 것이다. 이에 우리 학술조사대는 인문과학에 있어서 지리, 역사, 고고, 민속, 방언, 농가, 어업경제 등, 또 자연과학에 있어서는 동물, 식물, 삼림, 지질, 광물, 의학 기타 산업관계 자료 등을 보도반의 사진을 위시한 각 반 수집 자료와 도서 등에 의하여 일반에 전시 소개하려고 하는 것이 본 전람회를 구성하는 내용이 되는 것이다. 그중에서도 무인고도로 귀속이 문제화하리라는 독도의 전모도 드러나게 된다. 그리하여 화산 분출 이래의 자연, 인문의 역사가 모든 각도에서 표현될 것이다. 우리는 반드시 이 사업에 큰 기대와 자신을 가지려는 것은 아니다. 미숙 부족이 많을 것이다. 그러나 우리 학계의 중진이 각 부분에서 대거 동원되어 진지하게 탐구되어 온 자체만은 나타날 것을 확신한다. 모르기는 하거니와 각 부문의 전문기술가, 학자들이 과학의 메스를 들고 공동작업을 한 업적을 보여주는 이러한 기회가 드문 것을 생각할 때 본 브고전의 의의는 또 새로운 것이 있을 것을 믿는다.

2. 1948년의 독도
독도폭격사건과 독도 어업

『조선일보』, 1948년 7월 8일, 1면

헌법안 제2독회 완결
"대한민국 헌법"

제3독회는 12일부터 개시
국회 27차 회의

7일의 국회 제27차 상오(午會)회의는 김동원(金東元) 부의장 사회하에 개회되어 먼저 윤치영(尹致暎) 의원으로부터 독도사건에 대한 당국으로부터의 호답을 비공개로 보고한 후 전일(前日)에 이어 헌법 초안 제2독회(讀會)를 계속하였다. 제26차 회의에서 일단 제2독회를 마쳤으나 토의의 과급(過急)은 역시 미비한 점을 남긴 모양으로 제7조, 제18조, 제41조 급(及) 전문 등에 긍(亘)하여 축조(逐條) 토의가 번복(飜復)되었다.

(이하 생략)

「대공일보」, 1948년 7월 17일, 1면

울릉도와 독도(1)

유하준(兪夏濬)

울릉도는 우리나라의 제7위의 거도(巨島)이며(주 1) 동해 중에서는 수위(首位)를 점하고 있다. 동해 제일의 거도라 하여도 그 실은 동서 10천(粁)*, 남북 9.5천(粁)**의 불규칙한 오각형의 소도(小島)로 그 면적은 72.5방천(方粁)***에 불과하다. 즉 본토의 일면의 면적밖에 안 되나 우리 강토의 동단(東端)에 있고(주 2), 부근 해면 일대는 풍부한 어장인지라 군사상, 경제상 중요한 것은 물론이오, 지질 기후 생물 기타 학술상으로 관찰하여 특이하고 흥미있는 점이 많아서 여러 가지 각도로 보아 귀중한 존재가 되어 있다. 울릉도는 현재에 있어서는 그 속도(屬島)와 더불어 경상북도에 속하며 1946년에 제주도가 '도(道)'로 승격한 이래 우리나라의 유일한 행정단위상의 '도(島)'가 되어 있으며 남, 북, 서 3면으로 구성되어 있다.

(주 1) 우리나라의 속도를 면적 순위대로 기열하면 다음과 같다. ① 제주도(제주도: 濟州道) 18,400(121,178方里), ② 거제도(경남) 389(2,342), ③ 진도(전남) 334(2,165), ④ 남해도(전남) 300(1,932), ⑤ 강화도(경기) 291(1,883), ⑥ 안면도(충남) 87(561), ⑦ 울릉도(경북) 72(470)

(주 2) 울릉도 이원(以遠)의 동해상에 독도가 있는 것은 후술하는 바와 같거니와 그것은 울릉도의 속도로 볼 수 있으며 무인도인지라 울릉도를 오국(吾國) 최동단으로 간주하여도 가(可)하다고 사료함.

---

* 10천(粁)=10킬로미터(km)
** 9.5천(粁)=9.5킬로미터(km)
*** 72방천(方粁)=72제곱킬로미터(km²)

울릉도는 강원도 울진군 해상에 멀리 떨어져 있어 죽변항(竹邊港)과 상거(相距)하니 76해리요, 동경 130도 56분 북위 37도 37분에 걸쳐 있다. 만약 우리가 서울에서 비행기를 타고 대략 정동(正東)으로 침로(針路)를 잡고 약 1시간쯤 날아가면 울릉도를 안하(眼下)에 부전(俯揃)할 수 있을 것이다. 환언하면 울릉도는 대략 서울과 동위도상에 있고 그 직선 거리에 근사(近似)하다. 본도를 해상에서 원망(遠望)하면 그 형상은 한 정각(頂角)을 가진 이등변 삼각형에 흡사하고 가까이 가면 해안은 암청색 암석의 단애절벽(斷崖絶壁)이 있으며 전도(全島)가 아아(峨峨)한 산악의 누적인 것을 알 것이다. 이러한 조그마한 섬에 주봉(主峰) 성인봉(聖人峰)(해발 983.6미터)을 비롯하여 500미터급의 산악이 십여 좌나 있다는 것은 놀라운 일이다. 즉 다시 말하면 이 섬은 전체가 일대 산괴(山塊)도 형성되어서 섬 안에 산악이 있다는 것보다도 산악이 즉 섬이라는 감이 있다. (필자는 상대 교수)

「대공일보」, 1948년 7월 18일, 1면

울릉도와 독도(2)*

유하준(兪夏濬)

본도(本島)는 해안의 굴곡이 적고 해안선의 연장은 45천(粁)**밖에 안 되며 항만이라고 할 만한 곳이 없다고 하여도 과언이 아니다. 수 개 처(處)에 있는 소하천(小河川)의 하구(河口) 지대가 주요 취락이 되어 있으며 박지(泊地)가 되고 동시에 본도 제1위의 중요 산업인 어업 근거지가 되어 있다. 해안선에서 조금 나가면 벌써 수심 100미(米)*** 이상이 되어 이 섬이 왕석(往昔) 화산 작용에 의하여 해중(海中)으로부터 우뚝 솟아 나온 것이 명료하다.(주)

  (주) 제3기 이전에는 일본열도가 아세아 대륙에 연접하여 있었으리라는 것이 통설이다. 업자는 대륙과 일본열도와의 분리 후 백두산에서 시작한 화산맥이 칠보산(七寶山)을 거처서 울릉도 독도(獨島)(後遠) - 은기도(隱岐島) - 백기대산(伯耆大山)으로 뻗쳐서 연락(連絡)되어 있으며 이상의 화산열도는 대략 동일한 시기에 동일한 경로로 출현하였다고 생각한다.

×

본도의 기후는 소위 해안성 기후로 동난하동(冬暖夏凍)하여 1월 평균 기온은 섭씨 1.7도이며 성하(盛夏) 시의 8월 평균은 25.1도이며 연평균 기온은 11.1도로 본토의 대륙적 기후와는 판이한 것이 요연(瞭然)하다.

---

* 원문에는 '울릉도와 독도(3)'으로 되어 있으나, '울릉도와 독도(2)'로 수정하였다. 『대공신문』, 1948년 7월 20일 "울릉도와 독도(3)"의 기사에서 2회의 오식이라고 정정하였다.
** 45천(㎞)=45킬로미터(㎞)
*** 100미(米)=100미터(m)

또 강수량을 보면 1월 150밀리,* 6월 116.5밀리, 7월 150.3밀리, 8월 134.2밀리, 9월 180.2밀리이며 12월은 188.8밀리며 연평균 강수량은 1,524.7밀리나 된다. 이것은 본토의 최다 우(雨) 지방인 부산의 연평균 1434밀리보다도 많고 최과우지대(雨地帶)의 하나인 성진(城津)의 연평균 725.8밀리에 비하면 2배 이상이나 된다. 그리고 소위 우기인 6, 7, 8, 9월에 강우량이 비교적 적고 동기(冬期) 강설(降雪)이 많아서 우리나라의 다설(多雪) 지방의 하나에 들어가는 것도 특이한 점이다. 그러므로 하기(夏季)에 한재(旱災)를 몽(蒙)하는 일이 종종 있으며 동기에는 적설 3미(米) 이상에 달하여 우리나라에서는 우수한 '스키 겔렌데'**로 그 장래가 기대되고 있다.

×

울릉도의 역사는 오래고도 새롭다. 신라, 고려 시대에는 우산국이라는 토유국(土酉國)이 있었다. 근세에 이르러 일본과의 마찰을 피하기 위하여 여러 가지 우여곡절이 있었으나 폐도(廢島)되어 있던 것을 고종 19년 임오(壬午)(서기 1882년)에 울릉도 개척령을 발포하고 다시 적극적으로 이민 개척시키기로 국소(國笑)를 전환하였다.

개척령이 발포된 동기는 왜국인이 동도에 잠입, 벌목하는 것을 정부에서 탐지, 발견하고 이제는 1일이라도 동도를 공광(空壙)하여 둘 수 없다는 데 있었다. 그 후 한말 내외 다단(多端)하여 국운이 퇴세 일로로 광두 2년(서기 1887년, 명치 30년)에는 왜국인이 동도 벌목권을 강요, 특허 받아서 천고의 미림양재(美林良材)를 아낌없이 베어간 일도 있었다.

×

이것만 보더라도 개척령 발포(發布) 당시까지도 동도에 수목이 울창하여 일·러 양국이 향목(香木), 천연 상괴목(相槐木) 등 양재진수(良材珍樹)의 연수갈장(涎垂葛丈)이었던 것이 역력하다. '울릉도'라는 도명 자체가 지세가 아아(峨峨)하고도 미림(美林)이 전(全) 도를 덮었던 데서 유래한 것이 스스로 연관된다. 그러면 현재는 그 임상(林相)이 어떠한 상태에 있는가 하면 본토에 비하면 아직도 훨씬 낫다고 할 수 있다. 그러나 불과 60, 70년간에 그 울

---

* 원문에는 '미리'로 되어 있는데, 밀리미터(㎜)의 약어이다.
** '스키 겔렌데(Gelände)'는 스키 연습장을 의미한다.

창하고 유명하던 산림이 여하한 이유로 황폐되었느냐 하면 그것은 전술한 바와 같이 일찍이 왜국인의 착목(着目)한 바 되어 남벌하여서 해외로 반출한 것, 그 후 개척령 발포(發布)로 말미암아 건림신탄(建林신炭)으로 소비된 것이 산술급수적으로 증가하여 갔을 뿐만 아니라, 화전(火田)으로 인하여 막대한 희생을 당할 것 최후에 8.15 해방 후의 혼란에 뜸하여서 남벌한 것 등등일 것이다.

그러나 앞으로 이 이상 남벌을 한다면 본토와 달라서 도내(島內) 지세가 일반적으로 급경사인지라 가속도적으로 쇠퇴하여 버리고 재흥(再興)의 길이 없이 될 염려가 있으므로 모름지기 관민 일치 협력하여 산림 애호에 만전을 기하여야 할 것이다. 작년 9월 중순에 일본 관동평야(關東平野)에 습래(襲來)한 대홍수의 원인은 금차(今次) 전쟁에 이근천(利根川)의 수원지인 질부산(秩父山)의 미림(美林)을 남벌한 데 있다고 한다. 산업적으로 보더라도 본도 총 면적 7,351정보(町步) 중 전답은 각기 1,151정보인데 평야 면적은 실로 4,813정보에 달하고 있으니 임업을 경시할 수 없을 것이다. 또 울창한 산림이 있는 곳에 연해 어업이 발달하는 것을 보면 산림과 어업에는 밀접한 관계가 있는 것이다. 어업에는 어선이 가장 중요하고 어선의 중요한 재료는 목재인 것은 누구나 다 잘 아는 사실이다. 반어(反語)가 아니라 문자 그대로 해석하여 연목구어(緣木求魚)할 것이 요연(瞭然)하니 어업이 대종(大宗)인 본도에서는 특히 산림을 애호 함양(愛護涵養)치 아니치 못할 것이다.

「대공일보」, 1948년 7월 20일, 1면

울릉도와 독도(3)

유하준(兪夏濬)

본도(本島)는 현재 1만 4,500의 인구를 옹(擁)하고 있으나 전기한 바와 같이 경지가 적어서 식량 생산량은 소비량의 6할 정도밖에 되지 않으며 매년 8,000석(石) 정도의 식량, 특히 미곡을 본토로부터 보급받아야만 된다. 이것은 평년의 임이요 만일 풍재(風災)가 있어서 옥촉서(玉蜀黍)*의 수확이 감소된다면 이 이상의 수량을 이입하지 않으면 안 된다. 본도는 매 2, 3년에 1차(次)씩 소위 '210일' 우(又)는 '220일'경 대풍으로 말미암아 본도 중요 곡물의 하나인 옥촉서(玉蜀黍)는 이 고비를 넘지 않으면 그 수확량은 예상할 수가 없다. 옥촉서의 경재(耕栽) 면적은 921정보(町步)이며 수확량은 2,334석(1946년)에 달한다. 장래는 예년의 풍재를 받지 않도록 조생종(早生種) 옥촉서를 재식하거나 혹은 감저(甘藷), 대두, 소두자(小豆子), 낙화생(落花生) 등을 재배하면 어떤가 일고의 여지가 있을 것이다. 마령서(馬鈴薯)**는 옥촉서와 더불어 최중요 농산물의 하나로 경작면적이 303정보이며 수확량이 20만 7,406관이나 되어서 도민의 주식물의 하나이다.

감저(甘藷)***는 경작 면적이 겨우 17.5정보요. 수확량 7,350관으로 마령서에 비하여 현재는 심히 부진 상태에 있으며 연년 감반(減反)하는 경향조차 있다. 그러나 옥촉서와 같이 풍곡(風哭)을 입지 않으므로 적종(適種) 수입에 의하여 증산할 필요가 있다고 환고(患苦)한다. 대두(大豆)는 20, 30년 전까지 본도 농산물의 왕좌에 있어서 일본에도 많이 수출하였던 것인데 현재에는 재배 면적의 255정보 수확량이 514석(1946년)쯤밖에 안 된다. 이것은 옥촉서보다 채산(採算)상 불리하므로 대체된 듯하나 이것 역시 재고할 필요가 있지 않을까?

---

* '옥수수'를 뜻한다.
** '감자'를 뜻한다.
*** '고구마'를 뜻한다.

맥류의 재배 면적 급(及) 수확고는 대맥(大麥) 2,650정보 247석, 소맥(小麥) 620정보 72석으로 대단히 빈약하다. 전(田)의 면적 1,151정보에 대하여 답(畓)은 겨우 57정보밖에 없다. 따라서 미곡 생산량은 겨우 1,176석이다. 이상의 식량 자원을 종합해서 본도 현재 인구를 6, 7개월밖에 부양할 수밖에 없다. 본도 지세상 답(畓)의 개간은 사리점(飼利點)에 도달하였고 전작(田作) 역시 보통 가경 한계(可耕限界)인 경사도 20도를 훨씬 넘은 거의 4, 5도*나 되는 급경사지까지 이용하여 경작함에도 불구하고 여사한 상태에 있다. 이 식량난을 수정하는 바와 같이 역시 통난(通難)의 2대 문제의 해결이 본도 도민의 생존상 절대 필요하다.

×

본도 섬유 자원으로는 대마, 면화와 생사(生絲)를 들 수가 있다. 대마의 재배 면적은 27.7정보로 2만 4,980근을 산출하며 면화는 13정보 5,900근이다. 면화는 1941년에 비로소 재배한 것이다. 본도의 풍토가 호적(好適)하므로 그 성적이 현저하여 그 재배 면적은 연년 증가하는 추세에 있다. 잠업의 현황을 별견(瞥見)하면 양잠 호수는 8을 50호, 소매(掃枚)수 900매, 수견량(收繭量) 181관, 상전(桑田) 면적 105정보로 상당한 성결(成結)이라고 할 수 있다. 그러나 거금(距今) 30년 전까지 본도 산야에는 천연 상(桑)이 풍부하여 양잠 호수가 전 호수의 3분의 2에 해당하는 1,356호, 소립(掃立) 매수 4,107매, 1호당 평균 3매(枚) 강(强)으로 전국 제1위의 왕좌를 점하였던 역사를 가지고 있다. 그러던 것이 천연상(桑)에만 의존하는 약탈경제의 결과로, 또 잠(蠶)□가격의 저락(低落)으로 인하여 수 년 전까지는 쇠약일로에 있었다. 이상과 같이 도내에서 상당 수량의 섬유자원이 산출되므로 가가호호에서 부녀가 방직하고 있으나 생산량은 도내 소비도 부족하다. 그러나 장차 면포만 충분히 이입할 수 있다면 마포 등은 상당 수량을 이수출할 수 있으리라 생각한다.

×

본도의 축산은 축우(畜牛)가 제1위로 현재 약 1,100두가량 사육되고 있으나 10여 년 전까지도 도내에 2,000여 두의 우(牛)가 사육되어서 육우(肉牛)로서 본상(本上)으로, 일본으로

---

* '4, 5도'는 내용으로 보아 '4, 50도'의 오기로 보인다.

연년 수백 두씩 이수출하였던 것이다. 그것이 이번 대전(大戰) 중과 해방 후 이수출 과다 혹은 밀살행정(密殺盛行)으로 인해 격감되었다. 본도의 경지는 대부분이 급경사라 농우를 이용할 수가 없고 도로 역시 양장(羊腸)의 판로가 대부분이라 우(牛)도 이용할 수 없으므로 본도의 소는 부득이 무위도식을 하고 있다. 본도는 목초 관계로 보아서도 축우에 적합함으로 어차피 유폐우(遊閉牛)로 사육하려면 장차는 유우(乳牛)로 교체하여 우유의 낙농품을 생산하게 하면 본 도민의 보건 급(及) 경제 발전상 큰 도움이 될 것이다.

이외에 산양(山羊), 돈(豚), 계(鷄) 등도 상당히 많이 사육되고 있다. (정오: 전회분은 제2회이나 3회로 오식되었기 정정함.)

『수산경제신문』, 1948년 7월 20일, 2면

독도의 물개 ①

수시(水試) 포항지장(浦項支場) 박재동(朴재東)

6월 8일 화포(和布) 채취를 목적으로 □어 조업(操業)의 어선이 미국 비행기의 오인으로 폭격과 기총소사(掃射)로 귀중한 인명과 선박을 희생당한 사건의 발생으로 세인(世人)의 기억에 새로운 독도는 중요 자원인 울릉도 동남단 간령말(間嶺末)에서 동남동으로 약 50리 북위 37도 15분 30초, 동경 131도 52분 30초의 지점 해상에 암석만으로 구성된 조그마한 섬이다. 이 섬의 특산인 해구수(海狗獸, 방언: 해다리, 해구)의 형태, 습성 등은 여좌(如左)하다.

형태 식육목 기각류 해려과에 속하여 체형은 방□상(紡□狀)이며 전후 지(肢)가 다기□이어서 유영(遊泳), 잠수(潛水)에 적합함. 두부(頭部)는 둥글고 낮은 짧으며 상층(上層)에는 경발(硬髮)이 유(有)하고 피부는 견사양(絹絲樣)의 유연(柔軟), 탄력성 있는 구모(구毛)와 이것을 보호하는 자모(刺毛)(剛毛)가 밀생(密生)하여 기(其) 색조(色調)는 자웅(雌雄) 급(及) 연령에 따라 다르다. 성장한 모수(牡獸)는 칠흑색을 정(呈)하고 목의 구모(毬毛)가 □장(長)함. 성□수(成□獸)는 광택 있는 □흑회색(□黑灰色)을 정함. 2세 이상의 것은 1회 하계(夏季)에 □모(□毛)함. 모피(毛皮)의 가치는 차(此) 모(毬毛)의 장단(長短), 소밀(疏密)에 의하여 평가되며 모색은 자모(刺毛)를 발(拔)하고 구모(毬毛)를 염색하여 사용하는 고로 평가의 기준이 됨이 적고 빈(牝)* 급(及) 3세 모(牡)의 모피가 가장 양질이니, 모피의 왕자인 흑□□□타(□虎)가 모피에 □□□다.

출생 시는 빈(牝)모(牡) □□ 흑색으로 체격도 양자(兩者) 흡사하나, 성장함에 따라 전기(前記)와 여(如)히 모색(毛色)에 차(差)가 생(生)하면 체격도 현저히 달라 성수(成獸)가 되면 빈

---

* 이하 내용 중 빈(牝)과 성빈(成牝)은 암컷과 성체 암컷을, 모(牡)와 성모(成牡)는 수컷과 성체 수컷을 말한다.

(牝)의 체질은 모(牡)의 5분의 1이 됨.

성별	체장	체중
성모(成牡)	2.5미(米)	190천(瓩)
성빈(成牝)	1.5미(米)	40천(瓩)

모(牡)는 보통 7세, 빈(牝)은 3세에 성숙함. 모빈(牡牝) 동수(同數)로 생(生)하나 일모다빈(一牡多牝)이니 번식상 과잉(過剩)의 모(牡)가 생김. 차(此) 과잉을 3세 때 미리 도태(淘汰), 엽획(獵獲)함이 계획적 □□ 엽획(獵獲)임. 그리고 성모(成牡)라도 열세한 것은 번식에 참가 못함.

수명은 분명치 못하나, 보통 14~15년. 베링해의 프리빌르프 군도(群島) 번식장에서 본수(本獸)의 습성을 조사하기 위하여 낙인한 빈(牝)이 24세 때에도 분만한 기록이 유(有)하니 더욱 장수하는 것으로 보인다.

번식장에 있어서의 생활(베링해 번식장에서의 조사) 북양(北洋)에 봄이 돌아옴은 늦어 5월에 이르러도 번식장에서는 백설에 감겨 연안은 유빙(流氷)의 왕래가 빈번하나 성모(수컷)의 선두는 유빙의 간□을 타서 번식장에 도착하여 단 암컷을 옹(擁)함에 유리한 장소를 점령하고, 후속 도착한 성단(成단)은 선착자와 이 장소를 뺏으려고 투쟁을 개시하니 그 □ 울 각소에서 주야의 구별 없이 끊임없이 계속된다. 성단에 뒤따라 성단은 6월 중순에 착도(着島), 상륙을 시작하니 이때 소위 '하렘' (성단 1두에 다수의 성단이 종□하는 일단(一團)을 칭함)의 형성이 개시되는 것이다. (계속)

『대공일보』, 1948년 7월 21일, 1면

울릉도와 독도(4)

유하준(兪夏濬)

본도(本島) 경제의 지주(支柱)요, 산업의 대종(大宗)은 수산업이다. 본도 연안에는 북방으로부터 남하하여 본도 부근에서 사라지는 리만 한류와 남방으로부터 흘러와서 본도 연안을 씻고 고형(孤形)을 그리면서 과 일본 연안으로 향하는 대마난류(對馬暖流)가 상합(相合)하므로 자연 어족(魚族)이 풍부하여 양호한 어(漁)*이 되어 있다. 그 중 중요한 수산물의 종별 어획법과 어획기를 표시하면 다음과 같다.

▲오중어**(柔魚) 1본조(本釣) 자(自) 7월 중순 지(至) 12월 하순 ▲공치***(秋刀魚) 유리망(流利網) 자(自) 4월 하순 지(至) 6월 중순 ▲메역****(甘性) 겸획(鎌刈) 자(自) 5월 중순 지(至) 6월 중순 ▲천초(天草)□ 기타 각 어법(漁法) 자(自) 1월 지(至) 12월. 본도 개척령 발포 직후에 이주한 이민(移民)들은 대개 경남북도 급(及) 강원도의 농민으로 어업에 대해서는 문외한으로 겨우 연안에서 어개(魚介), 해초를 채획(採獲)하고 있었다. 그런데 거금 약 40년 전에 일본 조취(烏取), 도근(島根) 양 현으로부터 일본인 이주민과 통어선이 다수 왕래하게 되고 그들은 또한 전라남도의 어민들을 유치하여 어장의 개척, 어법(漁法)의 개량 등을 실시하여 본도 수산업의 금일의 성행을 보게 되었다. 특히 '오중어'(皮賦柔魚)는 국내 어획량의 8할이 본도 연안에서 산출되며 그 품질이 양호하여 일찍부터 주로 일본, 중국, 남양 등으로 수출되었다. 해방 후 외국과의 무역이 재개되자 이것은 홍삼(紅蔘), 석중(重石) 한천(寒天)과 더불어 아연 우리나라의 최중요 수출품의 하나가 되어서 시대의 총아가 되었

---

* '어장(漁場)'의 탈자로 보인다.
** '오징어'의 방언이다.
*** '꽁치'를 말한다.
**** '미역'의 방언이다.

다. 최근 수년간의 본도 어업 생산을 살펴보면 다음과 같다.

연도	어획량(톤)	가격(원)	제조 가격(원)	제품(톤)	후료(厚料)(톤)
1941	5,798,000	1,002,400	971,502	1,244,536	3,624,100
1942	6,576,185	1,833,048	1,501,325	1,408,645	5,448,610
1943	5,719,350	1,157,880	1,527,691	1,327,681	6,798,853
1944	4,600,435	1,204,275	1,139,744	933,094	4,291,892
1945	6,517,380	1,633,684	1,699,473	1,800,907	4,376,190
1946	5,828,301	17,441,894	1,696,059	268,890	2,762,305
1947	-	150,000,000	-	-	-

(울릉도 어업조합 조사)

이 통계에 의하면 1946년은 사실상 흉어(凶漁)이었음에도 불구하고 3,000만 원의 어획고(漁獲高)가 있으며 1947년도에는 1억 5,000만 원이라는 거액에 달하리라고 추측된다. 장래 관민(官民) 협력하여 제반 시설의 개선과 어민의 분투 노력 여하에 의하여는 현재의 2배 내지 3배의 증산은 난사(難事)가 있는 것이다. 본도어 가장 긴급히 시설해야 할 것은 항만 시설이다. 특히 어항(漁港)이 필요하다. 완전한 어항을 시설하여 최신식 대형 어선을 안전히 수용할 수 있게 되면 여기를 근거지로 하여 본도 부근을 유익(遊弋)하는 경군(鯨郡)을 무난하게 포획할 수 있을 것이다. 현재는 포항을 근거지로 삼고 있는 포경선이 출어하고 있으므로 국가 경제상으로 보면 손실이 많이 있다. 여하간 본도의 장래는 오로지 수산업에 있는 만치 더욱 적절하고 적극적인 지도 장려가 요망되고 있다.

×

본도에는 기록상 광산물(鑛産物)에 관한 것이 전무하고 금일까지의 조사결과에 의하여도 지하자원의 부존(賦存)으로 볼만한 것이 전연 없다.

×

공업은 전술한 가정부인에 의한 직포(織布) 이외에 간단한 낫, 호미, 광이* 등의 농구(農具)

---

* '괭이'의 방언이다.

제조, 농구의 형상이 본토의 그것과 틀려서 특이하다. 도내산(島內産) 동(桐), 괴목(槐木) 등을 이용하는 가구, 집기, 문방구 등을 제조하는 수공업이 있고 간단한 어선 수리 공장과 어업조합 소속의 통조림 공장이 각각 1개소씩 있다. 그러나 본도는 다행히 수력 자원이 풍부하여 발전소를 시설하여 남면(南面)에서 공영(公營)하고 있다. 기후(其後) 자재, 자금 관계로 이 이상 개발 이용을 못 하고 있는 상태이므로 그것을 100% 개발하면 500KW의 전력을 얻어서 전도(全島) 전화(電化)할 수 있을 것이다. 전도 전화가 실현되면 본도의 산업, 경제, 문화 상태가 전반적으로 변모할 것은 명약관화이며 특히 전열(電熱), 전력(電力)을 이용하여 난방, 추반(炊飯)까지 하게 되면 산림의 복구도 불원(不遠)한 일일 것이다.

×

이설(異說)한 바와 같이 본도는 동해상의 고도인지라 본토와의 연락에 안전, 편리한 박지(泊地)가 필요하며 또 수산업이 본도 산업의 수위(首位)를 점하고 금후 더욱 발전된 것이므로 설비 안전한 어항이 필요하다. 현재 다소 항만 시설을 한 본도 수읍(首邑) 도동(道洞)은 협애(狹隘)하고 수심이 과심(過深)하며 방파제 기타 수축 시설 내지 확장이 불가능시된다. 그러므로 필자는 우선 저동(苧洞)을 축항 후보지로 선정하여 본토와의 연락선 발착지(發着地) 겸 어항으로 시설하는 것이 좋다고 생각한다. 즉 저동과 행남(杏南) 골짜기 사이에 있는 암산(岩山)을 무너뜨려서 본도와 위암(胃岩)* 사이를 메워서 방파제를 축조한다. 행남과 도동 간의 200여의 산을 관통하여 격도(隔道)를 만들면 본도 해륙(海陸) 교통상 일대 혁명일 것이다. 우선 이 정도로만 해놓으면 제2기, 제3기의 확충 개량 공사는 손쉽게 할 수 있으리라고 본다.

---

* '위암(胃岩)'은 현재 저동 앞바다에 있는 '북저바위'를 가리킨다.

「대공일보」, 1948년 7월 22일, 1면

울릉도와 독도(5)

유하준(兪夏濬)

본도의 육운(陸運)을 살펴보면 본도를 일주하는 소위 3등 도로는 그 대부분이 자전거 1대도 통하지 못할 만한 급준(急峻)한 대소 산령의 연속으로 우마(牛馬)조차 통하기 어려운 '하이킹' 도로가 아니면 지게꾼 길에 지나지 않는다. '이 섬에는 차라고는 면화 짜는 사차(糸車)밖에 없다'는 어느 일본인 학자의 유머가 상기된다. 그 밖에 수차(물방아)가 있는 것은 사실이다. 그러나 이 섬에는 수하차(手荷車) 1대, 자전거 1대조차 없고 육운(陸運)의 가장 중요한 기관은 비력(비力)에 의하는 '지게'다. 그러나 막대한 노력과 경비와 시간을 요할 근대적 도로의 축조 개량은 장래에 보류하고 도동항(道洞港) 수축 후에도 도내 소박지(小泊地)의 응급적 시설 개량으로 당분간 만족할 수밖에 없을 것이다.

현재 통신 관계로는 도동(道洞)에 무선전신국이 설치되어서 본도(本島)와 본토(本土) 간의 유대가 되어 있다. '라디오'는 기류 관계로 부산, 일본 방면 것이 수신되고 서울 것은 청취 곤란하다.

×

본도는 이상 개설한 바와 같이 자연과 인문 어느 편으로 보아도 일대 관광자원이오, 본토인의 안목에는 경이의 대상 아닌 곳이 없다. 또 기후가 좋고 맹수는 물론 충류(蟲類)도 전무함으로 장래 해상공원으로, 국립공원으로 선정될 가능성을 내포하고 있다. 여기에도 제일 선결 요건이 본토와의 교통 문제의 해결일 것이다. 이것만 원활, 안전, 신속하게 되면 다른 문제와 더불어 이 관광사업도 부수적으로 일대 비약적 발전을 하리라고 생각한다. 일층 더 이상론(理想論)을 말하자면 동해(東海) 종관철도(縱貫鐵道)가 완성되어 주문진, 죽변, 포항 각 역항(驛港)과 본도(本島) 간에 쾌속 연락선이 정기적으로 운항되면 '독도(獨島)'와 더불어 동해에 유원지화(遊園池化)할 것이다.

×

울릉도에서 동남 약 50해리, 일본 도근현(島根縣) 은기도(隱岐島)(도전: 島前)에서 약 86해리의 지점에 있는 독도는 우리 강역(疆域)의 극동단이라고 할 수 있다. 독도의 동단은 북위 37도 14분 18초, 동경 131도 52분 3초에 위치하여 이 섬 역시 울릉도와 같은 성인(成因)으로 대략 동시에 출현된 것이 그 지질, 분화구 등으로 추측할 수 있다.

독도는 폭 100m가량 협수도를 끼고 동서(東西)에 상대(相對)하는 2도가 기국(其國)간에 기포하고 있는 여러 소서(小嶼)로 구성되어 있다. 그 서방도(西方島)는 해발 157m로 우리 국기(國旗)의 봉과 같은 형태를 하고 있으며 등반하기가 곤란하다. 동방도(東方島)는 이보다 조금 낮다. 동방도에 등반하여 보면 구(舊) 분화구가 홀연 나타나서 양연(諒然) 전진(前進)을 저지한다. 양 도(兩島)에는 초목, 식물 약 40종이 있을 뿐이요. 수목이라고는 연(然)이 없고 대체로 암괴(岩塊)뿐으로 되어 있다. 이 섬의 주위에는 해초, 패류, □운담 등이 풍부하며 해(海)로 '가제-해구의 종속'의 군지(群地)가 되어 있으며 근해는 호적(好適)한 포경장(捕鯨場)이 될 것이다.

「수산경제신문」, 1948년 7월 22일, 2면

독도의 물개 ②

수시(水試) 포항지장(浦項支場) 박재동

수렵법에는 박살법(撲殺法), 섬살법(섬殺法) 급(及) 총살법(銃殺法)의 3법이 있으니 번식장에 상륙하여 있을 때(주로 자수[仔獸]) 곤봉으로 두정(頭頂) 우(又)는 념령부에 일격을 가하니 잔혹한 것 같으나 자수(仔獸)를 목적하여서는 가장 능률적이며 섬살(殺)에 있어서는 한번 명중하면 해저에 침하(沈下) 등으르 □즐□□가 없고 또 음향을 발(發)하지 않으므로 군집한 수군(獸群)을 놀라게 하지 않는 이점(利點)이 있어서 '아이누', '인디안', '아류-드' 등의 토인(土人)이 행하는 방법이다.

총살법은 섬살법과 같이 연안 급(及) 원양을 불문하고 행하는 외(外)에 육상 번식장에서도 행하여, 가장 성(盛)하되 겹획 시각은 미시(未時)부터 8시경 내(乃) 하오 4시부터 7시경의 석양이다. 즉 미명에 총수(銃手)는 암석지물(岩石地物)을 이용하여 은신하였다가 밝아짐을 기다려 후두부 혹은 두개골저(頭蓋骨底)의 중앙을 쏘나 이 치명부 외에는 심장 혹은 경동맥에 명중치 않는 한 □밭을 맞더라도 혈액이 분수같이 스 미(米)나 분출하면서도 해중(海中)으로 말려 죽더라도 순식간에 칩하하여 대개는 잡아 올릴 수 없으므로 사수(射手)는 가성적(可成的) 사정(射程)을 단축하여 1발로 치사케 한다. 수 발의 총성으로 번식장은 일시에 수라장(修羅場)으로 변하며 대부분은 해중(海中)에 회피하나 발사를 중지하고 숨어 있으면 또다시 상륙하여 온다. 기외(其外) 근년(近年) 폭약을 사용하는 법이 발명되어 함석(양철) 관(罐)에 '다이너마이트'를 넣어 군서지(群棲地) 부근 해□에 적당한 간격을 두어 포설(布設), 여도선(여導線)으로 상호 연락하여 말단(末端)을 육상 공지(空地)에 연결해 두고 수군(獸群)의 상륙함을 기다려 적당 스가 모였을 때 위혁(威嚇)하여 폭약 상(上)을 통과할 때 전류를 통하여 폭발시켜 그 압력으로 폐사(弊死)케 하는데 차(此) 방법은 사용법이 익숙하여지면 일시에 다수를 엽획(獵獲)함에는 효과적이나 빈모노유(牝牡老幼)를 구별치 못하므로 자원 보호상 합리적 엽획법으로서 부적당함과 해부 처리에 일시에 다수의 인수(人手)

가 필요하니 무인고도를 엽장(獵場)으로 하는 만큼 적당치 않다.

물개 등의 엽획은 주로 모피(毛皮)의 이용에 있으니 해구신(海狗腎)은 온보자양(溫補慈養)의 약효가 있다고 하나 벗긴 모피는 염장(鹽藏) 혹은 건조(乾燥)하여 두었다. 유제(유製)(를) 사용한다.

유제법은 대략 준비 유제 급(及) 염색으로 나눌 수 있다.

준비 작업 역(亦) 3과정으로 나눌 수 있어, 염피(鹽皮) 혹은 건피(乾皮)를 침수하여 흡수(吸水), 연화(軟化)시킨 다음 원피육(原皮肉) 측면의 지방(脂肪), 육괴(肉塊), 기타 결체(結締) 조직 등의 불요부분을 제거하여 다음 과정인 탈지(脫脂)를 용이케 하는 것인데 즉 진직(眞直)한 권목(圈木)을 종(縱)으로 반절(半切)한 목대(木臺) 상에서 궁형(弓形)의 칼(刀)로 하는 기계적 작업임.

탈지(脫脂)는 탈오(脫奧) 급(及) 유제의 완전을 기할 준비 작업으로 세탁비누 급(及) 탄산 조달(炭酸曹達) 등의 가성제(苛性劑) 탈지법이 일반(一般)으로 이용되나 모피는 가성제(苛性劑)로 인하여 변질하기 쉬우니 가성제의 양과 온도 급(及) 시간에 세밀한 조심이 필요하다.

(계속)

「대공일보」, 1948년 7월 23일, 1면

울릉도와 독도(6)

유하준(兪夏濬)

독도(獨島)는 이러한 훌륭한 어장일 뿐 아니라 항해령(航海令)상 항공상의 중요 목표가 되고 일단 유사시에는 군사적으로 이용할 수 있으므로 음료수도 없고 촌척(寸尺)의 광지도 없고 암괴(岩塊)의 소군집(小群集)에 불과함에도 불구하고 아일(俄日)전쟁 최중(最中) 한말 우리나라가 내외 다사다단(多事多端)한 때에 일본은 이 섬을 도근현(島根縣) 은기도사(隱岐島司)의 소관하에 편입하여 버렸다. (1906년 2월) 기후(其後)는 아국(我國)의 내외 정세가 일익(日益) 복잡다단하여 사직 전체의 존립이 위급상태에 빠져서 이러한 소(小)를 대(大)의 무인도가 탈취당하는 것쯤이야, 을릉도사(鬱陵島司)의 읍소가 있어도 묘당(廟堂)에서는 문제를 아니 삼고 사실 당시 피점령국으로 감히 일본에 대하여 항의할 수도 없는 처지에 있었다.

과연 수년 후에는 우리 강토 전체가 일본의 완전 지배를 받게 되어서 그 소속에 대하여 새로운 관심을 쏟지 아니하고 40여 년의 성상(星霜)이 흘러갔다. 별로 상식(相植)되는 일도 없고 감히 개구항의(開口抗議)할 수도 없는 형편이었다. 독도는 무엇보다도 이상의 연혁상과 거리상으로 보아 울릉도의 속도(屬島)임에도 불구하고 해방 후에도 일인(日人)들은 저들의 영토처럼 이 섬 부근에 출어함으로 3,000만의 우리 겨레의 분격이 충천하여 이 섬의 주권 회복 확인 운동이 호료원(好燎原)의 불과 같이 일어났다. 소위 '맥아더'선으로 보더라도 독도는 우리 세력권에 완전히 포함되므로 그 귀속에 관해서는 결코 비관할 필요 없다고 생각한다. [필자는 상대(商大) 교수]

「수산경제신문」, 1948년 7월 23일, 2면

독도의 물개 ④*

수시(水試) 포항지장(浦項支場) 박재동

전기(前記) 가성제(苛性劑) 탈지법(脫脂法)은 생피(生皮)에 대하여 여러 가지 손상을 주어 위험성이 많은 방법이나 경유(輕油) 탈지법은 극히 안전하고 이상적인 탈지법이라 할 수 있음. 즉 적량(適量)의 휘발유로서 탈지하는 법이니 다소 경비가 많이 드나 공업적으로 행함에는 경유의 회수(回收) 장치를 설비할 필요가 있다.

유제작업(鞣製作業) 유제법에는 수법(數法)이 있으니

1. 유산조달(硫酸曹達)과 전분(澱粉)을 주제(主劑)로 하여 전분의 발효에 의하여 발생하는 유기□(有機□)으로 유제하는 법은 옛적부터 중국 각지에서 행하였음.

2. 우유(牛乳)에서 '크림'(乳皮)을 제거한 탈지유(脫脂乳)를 주제로 하여 유산균의 발효작용에 의하여 발생하는 유산(乳酸)으로 유제하는 법은 몽고(蒙古) 각 지방에서 행하였음.

3. 무기산(無機酸) 즉 염산, 유산 등을 사용. 전기 1급(及) 2와 같이 산(酸)과 식염 우(又)는 유산조달 등의 무기염(無機鹽)류와의 방부(防腐) 작용을 이용하는 법이 있으니 일종의 생피(生皮) 저장법이라 할 수 있다. 연유경쾌(軟柔輕快) 급(及) 순백 등의 장점은 있으나 내열(耐熱), 내수성(耐水性)이 없음과 특이한 취기(臭氣)를 장시일(長時日)간 발하는 등 단점이 많음.

4. 명반유제법(明礬鞣製法)은 일본 등지에서 오래전부터 널리 행한 법이나 전술(前述) 3법과 큰 차이 없는 단점이 유(有)함.

5. 염기성 유산 '알루미늄'으로 행하는 법은 명반유제모피(明礬鞣製毛皮)의 1결점인 가역

---

* 순서상 '독도의 물개③'의 오식으로 보인다.

성(可逆性)을 어느 정도 불가역성(不可逆性)으로 함에 장점이 있음.

6. '쿠름' 유제법은 근근 반세기 정도의 역사를 가졌을 뿐이나 작업이 비교적 간단할뿐더러 종래의 제(諸) 유제법으로는 도저히 기급(企及)치 못 하는 내열(耐熱) 내수성(耐水性)을 겸비하여 용이케 유행되어 염색, 가공할 수 있는 등의 장점을 가짐.

7. 기타에도 복합 유제법 탈지 유제법 등이 있음.

염색작업 방한(防寒) 의류로서 발달한 모피는 현대 문화인의 조도품(調度品)이 됨에 이르러 2차적 사명이라고 할 수 있는 장식적 가치 내하(奈何)가 문제시되어 모조급 품질의 향상을 목적하는 염색작업이야말로 모피공업의 근간인 특수 기술이라 할 것이라

그러나 모피의 염색가공이 타견(他絹) 면모직물(綿毛織物) 등에 비하여 기술적으로 어렵고 발달이 늦은 이유는 '케라틴' 단백질과 '멜라닌' 색소를 주성분으로 하는 생모(生毛)는 산과 열(熱)에 대하여 비교적 안정하나 '콜라겐' 단백질을 주성분으로 하는 혁질부(革質部)는 산과 열에 대하여 용이하게 경화(硬化), 변질, 취약화하는 특성이 있는 데 기인한다. 이 곤란을 제거함에는 유제법의 개량으로 혁질부의 산, 염기 급(及) 열에 대한 안정도를 증가시킴과 특수 염료의 발견에 의한 중성저온염색법(中性低溫染色法)의 고안(考案)임. 전기 염기성 '쿠름'염(塩)에 의한 유제로서 내수내열의 피(皮)는 유제되나 내산염기유혁은 발견되지 못하고 중성저온염료는 산화 염료의 발견으로 장정의 진보를 보았으나 특수 염료임에 고가(高價)임과 비교적 다량(多量)사용의 산화제로 말미암아 생모(生毛)와 혁질부의 손상이 적지 않다는 결점이 있다. (계속)

「수산경제신문」, 1948년 7월 25일, 2면

독도의 물개 ⑤*

수시(水試) 포항지장(浦項支場) 박재동

이 두 이유로서 모피의 염색은 일반 모직물에 비해 취지를 달리하는 특수염색법에 의하여야 하니 세미한 관종은 다소 전문적임으로 할수(割受)하고 관종만을 덜면 매염(媒染)(쿠름, 철(鐵), 동(銅), 알루미늄, 탄닌) 염욕(染浴) 건조임. 염색을 완료한 모피는 취장화(脆張化)의 결함을 보충하고 적당한 연유(軟柔), 연신성(延伸性)을 부여하기 위한 가지(加脂)와 조모(粗毛) 등의 전수(剪搜)와 기계적 방법에 의하여 피(皮)를 연유케 하며 광택을 도와 가공 관종을 끝마침.

끝으로 해수(海獸)의 구별(區別)(조선명: 朝鮮名)은 문세(文世) 저자 조선어사전(1940년 12월 10일 발행)에서 찾아보니 수달 식육류에 속하는 동물 모양은 족제비와 비슷하고 머리가 둥글며 몸빛은 회흑색(灰黑色), 발가락 사이가 오리발같이 생긴 물에 사는 짐승. 수구(水狗), 해구(海狗) 기각류에 속하는 해수(海獸), 몸은 조(爪)와 같고 사기는 지느러미(어류의 기) 모양으로 된 짐승. □명해달 식육류에 속하는 해수(海獸), 모양은 고양이와 비슷하고 다리는 지느러미 모양으로 생기고 발가락 사이에는 막이 있으며 부드럽고 고운 털이 온몸에 난 짐승. 해려(海려), 해표류(海豹類)에 속하는 해수(海獸), 모양이 해표(海豹)와 같고 빛은 다갈색(茶褐色), 체장(體長)이 두 길이나 되는 짐승. 해려 기□류에 □은 포유동물 꼬리는 넓적하고 뒷발은 오리발 같고 이가 날카로운 해수. 해마(海馬) 수생류(水生類)에 부□ 해수. 머리는 짧고 입술은 두껍고 앞다리는 지느러미 모양으로 되고 뒷다리는 없고 암은 젖이 있으니 앞다리로 새끼를 안는다.

해표(海豹) 해표류에 속하는 해수. 사지는 짧고 □어 있고 창흑색(蒼黑色)의 아름다운 털이 난 북해(北海)에서 사는 짐승 모피를 상용함. 수표(水豹)라 하였으니 7종 중 2의 해구 급(及) 3의 해달은 동종이명(同種異名)으로 본도 물개를 이름인가 한다.(끝)

---

* 순서상 '독도의 물개④'의 오식으로 보인다.

「수산경제신문」, 1948년 9월 4일, 1면

수산업계의 회고와 전망(6)
이재 어민의 구휼책 막연

인명과 선박 손실은 일대 치명상

과거 해방 3년간 수산업계의 걸어온 족적을 돌이켜 본다면 그야말로 혼돈 침체 상태에서 허덕일 뿐, 별다른 혁신 진전이란 없이 그저 구각(舊殼)을 선탈(蟬脫)치 못한 기형적인 일제 답습에 지나지 못하였다. 어장은 어민에게로? 획기적인 시책과 개혁 운운은 구두선에 지나지 못하였을 뿐 ….

그 틈을 타서 악질 모리배만이 □계(契)되어 씩씩한 수산 재건의 토태(土台)를 오히려 좀 먹고 있던 안타까운 모순현상만이 발호되었다.

내 살림을 내가 못 하고 남의 손에 오랫동안 쥐었으니 만치 우리의 뜻하는 바와 어긋나는 여러 가지 모순 당착이 많을 것은 불가피의 고민일 것이다. 이에 종착 다단한 우리의 고정(苦情)과 참상 기타 여러 가지 비극적인 장면을 일일이 매거(枚擧)하기 어려우나 국부적인 작은 문제는 그만두고라도 잊혀지지 않는 지난 6월 8일 동해의 외로운 섬 독도 근해에서 발생된 어민 조난사건은 민족적인 일대 통한사요, 어업사상 그 유례가 없는 일대 불상사였다.

심각한 경제 혼란과 극도의 생활위협을 느끼면서 겨우겨우 호구 연명, 날이 새면 바다에 나아가 고기 낚고 김 따기, 해가 지면 과두소옥에 돌아와 조의조식(粗衣粗食)으로서 그야말로 인간 이하의 비참한 생활을 하는 불쌍한 어민들이 도한 전시 아닌 폭격으로 무고히 협박전(脅迫戰), 비참하게도 귀여운 생명과 아까운 선박, 물자를 턱없이 희생당한 것은 참으로 원통한 노릇이다.

강국은 이에 대하여 이렇다 할 만한 따뜻한 시책도 없이, 심지어는 사건의 전후 진상발표 조차 흐지부지, 일방적인 약간의 버상금으로서 우물쭈물, 벌써 사건이 있은 지 2개월이 지나도록 우리의 가슴이 진정치 못하고 울분과 □□를 느끼는 바니, 이는 오직 나라 없는 약소민족의 비애뿐이다. 또한, 엎친 데 덮치기로 악마의 작희(作戲)인지 6·8 독도사건이 있은 지 불과 1개월이 못 된 7월 6일 남서해안 일대를 엄습한 폭풍우 참화는 마침내 누 백 명의 귀여운 인명을 희생하고 수천 척의 아까운 선박과 많은 어구를 손실하는 등 참혹한 비보가 접종(接踵)되어 그야말로 설상가상 격으로 수산업 재건상 일대 치명상을 주었다. 이는 수십 년 이래 희유(稀有)의 천재적인 참화로서 불가항력적이라고도 할 수 있으나 또한 인위적인 방비에 결함이 있었다는 것도 과중 피해의 최대 원인일 것이다. 즉 발달된 현대 과학의 힘으로써 정확한 해황(海況) 기상을 예측하고 이를 피하거나 만반의 준비태세를 갖추었더라면 이런 과도(過度)의 한 처참한 재화는 최소한 도로 지양 또는 능히 모면하였을 것이다. 인적, 물적 자원의 빈곤 기타 과도적 혼란으로 기상통보가 정확 철저히 못한데다가 또한 전기 부족, 시설불비로써 해상 어민에게 태풍 내습에 대한 연락전달이 못 되었던 까닭에 부지중 과중의 피해를 입게 된 것은 참으로 통탄할 바이다. 또한 이런 참혹한 재화에 대하여 아직까지 복구 구휼대책이 막연하며 수천만 이재어민은 갈 곳이 없고 살 길이 없어 그야말로 기아선상에서 방황하고 있으니 이 얼마나 한심한 노릇인가. 모든 것이 과학문명의 후낙성(後落性)과 힘없는 약자의 걸음이요, 통틀어서 나라 없는 백성의 비애일 것이다. (계속)

제4표 호구(戶口) 선박(1946년 12월 말 현재)

도별(道別)	인구(人口)	호수(戶數)	선박(船舶)
경기	80,515	29,370	5,0□5
충남	50,828	14,823	2,321
충북	87	242	8
전남	136,806	57,308	18,325
전북	12,761	4,514	1,□01
경남	64,692	13,302	15,632
경북	35,149	27,470	2,999
강원	21,719	8,412	3,124
제주	15,575	12,986	-
합계	418,121	168,427	47,748

제7표 어업건수(1946년 12월 말 현자)*

건 구별(件區別)	허가수(許可數)	유효수(有效數)
허가어업	5,081	5,914
면허어업	2,106	2,204
계출어업	2,823	2,823
합계	10,010	10,941

* 제5표와 제6표는 생략한다.

「수산경제신문」, 1948년 9월 5일, 1면

수산업계의 회고와 전망(7)
근해에 왜(倭) 밀어선 빈번, 교활한 수단으로서 재침 기도

과거 우리의 슬픔과 쓰라림, 괴로움과 안타까움은 우리 민족의 뼈에 사무치고 있다. 이런 비참한 현실 속에서도 우리는 새로운 각오와 굳센 □□이 없이 문자 그대로 혼돈 침체 상태에 빠져 헤어나오지 못하고 그저 어리둥절, 어리석은 동족 분열과 골육상쟁의 추태와 비극만을 되풀이하고 있으니 참으로 가슴이 아픈 노릇이다. 과거 해방 3년간 우리는 무엇을 하였나. 일언이폐지(一言而蔽之)하면 물론 객관적인 불우한 환경의 영향도 있으려니와 아마 집안싸움으로 밤을 새우고 해를 새울 것 같다. 이 얼마나 어리석은 일이었는가. xx파, xx벌, xx당, 그야말로 사분오열. 서로서로 반목질시와 모략 중상. 이익이나 지위 다툼 사리사욕에 눈이 어두워 같은 동족 간에 서로 으르렁거리며 골육상쟁 □□들의 우거(愚擧)와 추태를 □□하지 않았던가. 38선 철폐와 남북통일을 주장하면서 왜! 마음속의 38장벽을 쌓고 서로 흘끔거릴 뿐 진실로 뭉치지 못하였던가. 합치면 살고 분열되면 죽는다는 진리는 잘 알고서도 왜 이를 행(行)치 못하였나.

약자의 비애를 면하자면 강자가 되어야 하고 나라 없는 백성의 비애를 면하자면 강력한 주권국의 백성이 되지 않고는 안 될 것이다. 작은 힘을 크게 집합하지 못하고야 어찌 강자가 될 수 있으며 3,000만이 한데 뭉치지 못하고서야 어찌 훌륭한 주권국의 백성이 될 수 있을까? 우리는 작게는 한 나라, 한 민족의 일원이오. 크게는 전 인류사회의 한 구성원이다. 민족국가나 인류사회의 건전한 발전이 없이 한 개인의 영달이란 도무지 있을 수 없으며 따라서 우리의 협동 전진이 없이 건전 발전이란 있을 수 없을 게다.

또 한 사람 한 민족을 사랑할 줄 모르는 자 인류 전체를 사랑할 수 없을 것이오. 사랑 없는 세상은 북방의 사막과 같이 차고 쓸쓸할 뿐이다. 우리는 사랑의 마음으로 공존공영이란 인류 최고 이념 하에 3,000만이 먼저 한 덩어리로 뭉쳐야만 우리에게 부하된 성스러운 민주 과업을 완수할 수 있을 것이다. 이를 알면서도 소위 지이불행(至而不行) 격으로 모순당착의 괴현상을 나타내어 혼란만을 거듭하고 있는 것은 참으로 기막힌 노릇이다. 수산업

계도 이런 과도적 모순된 환경 속에서 파벌 싸움과 이권 쟁탈전으로서 해방 3년을 도위허송(徒爲虛送)하였다는 것은 참으로 통탄할 바이다. 군정 3년의 총결산과 더불어 우리의 총 참회도 반드시 있어야 할 것이오. 따라서 새로운 각오와 굳은 결의로서 씩씩한 민주 수산을 재건함과 더불어 우리 3,000만이 다 같이 총 단결, 총 돌진으로서 남북통일, 완전 자주독립을 전취(戰取)하여야 할 것이다.

보라! 숙적 일본의 근황을? 패전 후 온갖 교활한 수단으로서 재기, 재침의 독아(毒牙)를 갈고 있지 않은가. 제주도 근해의 빈번한 무장 밀어란 이의 단적 표현이 아니고 무엇인가? 과거 36년간 우리 백성의 고혈을 짜고 국토와 영해의 자원을 약탈해온 왜적은 그저도 제국주의의 못된 버릇을 고치지 못하고 오히려 우리 국토와 영해에 미련이 남아 우리 근해의 □ □□ 맥아더 라인 선의 확대 운동, 얼토당토않은 독도를 제 나라 영토라느니, 또 잘 터집잡느라 토지를 잘 관리해 달라는 등, 그저도 악랄한 침략의 야몽을 깨지 못하고 있는 것은 참으로 언어도단이다. 또한 소위 수산 입국이니 수산 증강이니를 부르짖으며 전후 평화산업정책을 수산업에 집중하여 수산청을 신설하고 30여 억 원이란 막대한 예산으로 원양어업, 기타 수산업을 국가적으로 적극 장려하여 그의 비중은 자못 증가되며 남양(南洋)의 포경은 물론이오, 심지어는 중국 근해에까지 밀어의 기세를 보이며 호시탐탐하고 있지 않은가!

이런 판국에 우리 수산은 어찌하고 있는가? 참 한심한 노릇이다. 국가 수산의 천년대계를 투철히 내다보지 못하고 가장 근시간적으로 목전(目前) 탐리에 급급, 집안싸움으로 스일 시시한 내분은 오직 외격(外擊)을 가져올 뿐이다. 상호 발전과 공동 복리를 위한 공전(公戰)이라면 있을 법하거니와, 그렇지도 못한 사전(私戰)이라면 남의 조소(嘲笑)를 사고 전체를 망칠 뿐이다. 과거 해방 3년간 우리 수산인은 무엇을 하였나. 또한, 앞으로 무엇을 할 것인가? 이에 회고와 전망의 의의를 느끼는 바이다. (계속)

제8표 폭풍우 피해

인명 사망	77명
행방불명	59명
부상	68명
선박 전손(全損)	396척
동(同) 반손(半損)	436척
어망, 기타 어구	2,292건

1949년의 독도

3. 맥아더 라인 변경

『조선중앙일보』, 1949년 6월 3일, 2면

맥아더 라인 사수
손 해군 총참모장 담(談)

해군 총참모장 손원일(孫元一) 소장은 작 2일 기자단과 회견한 석상에서 '맥아더 라인'을 우리는 거족적으로 사수하여 어업(漁業) 부흥에 힘쓰지 않으면 안 된다고 다음과 같이 말하였다.

미군이 진주 당초 맥아더 라인(독도부터 대마도 중간을 경유하여 제주도 남단에 이르는 선)을 설치하여 그 라인을 넘어오는 일본 밀수선은 취체하도록 되어 있었던 것이다. 그러나 그 후 종종 이것을 무시하고 우리 해안까지 일본어선이 침입하여 그네들의 야욕을 채우는 일이 있어 이것을 단호 체포하였다. 그런데 이것을 계기로 미인 공무원은 우리 한국은 법적으로 체포할 권한은 부여되지 않았다고 항의를 제출함으로 즉시 맥아더 사령부에 '맥아더 라인' 자체가 이미 불법 침입하는 경우에는 체포하여도 좋다는 조치가 아니냐고 물어보았다.

얼마 안 되어 이제부터는 체포하지 말고 선명(船名)만 통지하라는 통고를 접하였는데 이것이 현재까지도 계속 중에 있다. 그러나 선명만 통지한다는 것은 실질적으로 어려운 일일 뿐 아니라, 이 틈을 타서 일본 밀수선이 마음 놓고 넘어와서 어족(魚族)을 잡아간다. 이것이 더 계속되면 삼면 바다를 가지고 있는 우리나라의 어업 부흥에 상당한 지장이 있을 뿐 아니라 얼마 안 가서 어족이 멸당될 것이다. 벌써 그동안 30, 40척을 체포하여 일본에 돌려보냈고 현재 4, 5척 보관하고 있다.

과반 목포(木浦)에서 취체한 일본 밀수선에는 한 척에 400만 원의 해산물을 가지고 있었으니 도대체 우리나라 어업자들은 무엇을 하는지 모르겠다. 우리는 무엇보다 경제적 진지에서 우리나라 어업에 큰 관심을 가지고 거족적으로 '맥아더 라인'을 사수하여 밀수선 방지에 힘쓰지 않으면 안 될 것이다.

`강원일보』, 1949년 6월 15일, 1면

맥아더 라인 확대 문제
주일대사에 재교섭 지시

【서울 14일발 합동】 패전의 상처를 고쳐 다시 그 전의 판권(版權)에 연연한 일본은 다시금 맥아더 라인의 확대로써 어장 확대를 꿈꾸고 있는데 이는 특히 한국의 어업권을 극히 침해받는 터로 한국 정부에서는 앞서 정부의 방침으로써 주일 정(鄭) 대사를 통하여 맥 총사령부와 적극적 교섭을 하여 왔었다. 주일 정 대사는 총사령부에서는 종전 방침대로 별 변동이 없으리라는 회전(回電)을 보내어왔으나 거의 때를 같이하여 도달된 미 국무성과 내무성, 육군성에서의 맥아더 라인 확대를 지지한다는 외전(外電)에 놀래어 정부는 재차 격별(格別)한 교섭을 하도록 주일대사를 통하여 훈전(訓電)을 보내었다고 한다. 이에 대하여 임(林) 외무장관은 14일 다음과 같은 말로써 정부의 소신을 밝혔다.
우리가 맥아더 라인 확대를 반대하는 이유는 ㈎ 어업권을 침해받고 아울러 어족 박멸의 우려가 있다. ㈏ 국방상 적지 않은 우려가 있다. ㈐ 교만한 일본의 제국주의 야망을 세계는 알아야 한다. ㈑* 그들이 이 선을 넘고자 하는 데는 까닭이 있다. ㈒ 이 선을 넘게 하려면 대한민국과 협의할 필요가 있다. ㈓ 이 선을 함부로 넘게 한다면 대한민국으로서는 사활문제인 것이다. ㈔ 일본이 이 선을 넘게 되면 다른 나라도 관계가 큰 것임으로 제 외국도 적절한 고려를 하여야 할 것이다. 이런 몇 가지 이유로써 우리는 끝까지 일본의 야망을 물리치기에 힘쓸 것입니다.

---

*   원문에는 ㈑가 빠져 있다.

『경향신문』, 1949년 9월 23일 1면

정부 당면 시책, 33의원에 답변
맥아더 라인 변경할 시에는 한국 안전을 불침해

국회 강기문(姜己文) 의원 외 32인은 거반 정부에 대하여 맥 라인 대책, 한일통상, 판란지(判亂地) 대책 대응에 관한 정부 시책을 질문한 바 있었는데, 22일 정부로부터 다음과 같은 답변서가 있었다.

맥아더선 대책
[문] 단기 4282년 6월 14일 국회는 맥선 확장을 반대하고 정부로부터 맥아더 사령부에 대하여 강경한 항의를 하라는 결의를 하였는데 정부는 여하한 항의를 하였는가 기(其) 경과를 질문함.

[답] 맥아더선 어업구역은 1945년 9월 SCAP에서 결정한 바 있었으나 1946년 6월에는 맥아더선이 일부 축소되었으며 1948년 7월 28일 자 미군정 장관 지령으로 맥아더선을 침범한 어선에 대하여 차(此)를 나포할 수 없고 단지 침범 사실만을 보고하도록 되었으므로 일본 어선의 아국(我國) 어구(漁區) 침범이 빈번하여 아국 어업에 지장이 막대함에 비추어 정부에서는 축소된 맥아더선을 원상으로 복구할 뿐 아니라 일본 어선이 아국 어구에 침입할 시에는 나포할 수 있는 권한이 부여되도록 SCAP에 교섭하기로 5월 16일에 주일한국 대표단 국장 정(鄭) 대사에게 훈령한 바이어서 일본 정부가 맥아더선 확장을 SCAP에 진정하였다고 전해지자 6월 8일 자로 정부는 주일 정 대사에 □□ 훈령하여 일본 정부는 정당한 아국의 어업권을 침범하고자 하며 아국에 경제적 손해를 줄 뿐 아니라 맥선의 확장은 아국 국방을 위태롭게 하는 것이며 일본의 여사한 행위는 아국 경제에 치명적 타격을 줄뿐더러 아세아에서의 민주체제를 약화시킬 우려가 있으므로 한국 정부의 의사를 무시하고 맥선을 변경함은 허용되지 못할 것이니 적극 반대할 것을 지시하였다.

주일 정 대사는 SCAP에 교섭한 결과 SCAP는 현 맥아더선을 한국에 불리하게 변경할 의사가 없다는 답변을 6월 12일 확인하였다.

(이하 생략)

1950년의 독도

4. 맥아더 라인 사수

「경향신문」, 1950년 2월 28일, 2면

일(日) 어구(漁區)의 확장 언명한 일 없다
맥 라인 침범선은 엄단
내한한 '헤' 씨 기자단에 언명

당지 이·씨·에이(ECA)의 요청에 의하여 한국의 수산문제와 한일 양국간 개재하는 제반 수산문제를 토의하기 위하여 내한 중에 있는 맥 사령부 천연자원국 수산부장 헤링턴 씨는 27일 기자단과 회견하고 맥 라인 문제에 관하여 다음과 같은 일문일답을 교환하였다.

[문] 귀하가 작년 귀국하였을 때 어떤 좌담회 석상에서 일본의 어업구역 확장에 대하여 말한 바 있는데,
[답] 그런 말을 한 일은 없지만 일본 정부에서 스캪에 대하여 그러한 것을 요청한 바 있었는데, 이에 대하여서는 일본 정부에서 적당한 조처가 있기 전에는 고려도 하지 않겠다고 말하였다.
[문] 맥 라인을 침범하는 어선을 어떻게 하고 있는가?
[답] 일본 정부에서 감시 취체하고 있다. 그에 대한 책임은 이미 맥 사령부로부터 일본 정부에 이양되어 있다. 그러나 맥 사령부로서도 휘하에 있는 해군 부대와 공군 부대에게 맥 라인을 침범하는 선박에 대한 감시와 보고가 있도록 위촉하고 있다.

「동아일보」, 1950년 11월 27일, 1면

대일강화(對日講和) 미(美) 7원칙을 제시
소(蘇)는 미측 설명을 요구*

【워싱턴 25일발(USIS)】 미 국무성에서는 25일 대일강화조약에 관하여 미국 대표 '존 포스터 덜레스' 씨와 소련 대표 '야곱 말릭' 씨 간에 교환된 미국의 각서와 그에 대한 소련의 답서를 발표하였다.

대변인 담(談)에 의하면 소련에서 동 각서와 답서를 25일 아침 발표하였으므로 미 국무성도 이것을 발표하기로 결정하였다 하는데 그 요지는 각각 여좌(如左)하다.

▲ 미국 각서의 요지

일본과의 전쟁상태를 종식시키고 일본의 주권을 회복하고 또 일본을 자유 세계의 평등한 일원으로 하기 위하여 미국은 일본과의 구화조약(媾和條約)을 제안함과 동시에 특수문제에 관해서는 좌기(左記) 원칙이 반영되기를 희망함.

단 이것은 시험적인 제안에 불과하며 장래의 결정에 있어서는 본 제안에 기록된 바 상세한 내용과 어포(語包)에 미국은 구애하지 않을 것을 명기함.

1. 참가국 일본과 교전한 모든 국가로서 제안되고 합의된 원칙에 의하여 구화조약을 체결하려는 국가
2. UN 일본의 UN 가입을 고려할 것.
3. 영토 일본은 ① 한국의 독립을 승인하고 ② 유구(琉球)와 소립원제도(小笠原諸島)의 미국 통치에 의한 UN 신탁 관리에 합의하고 ③ 대만, 팽호열도(澎湖列島), 남화태(南樺太), 천도열도(千島列島)에 관해서는 미, 영, 중, 소의 장래 결정에 순종할 것. 단 조약이 발효

---

* 『조선일보』, 1950년 11월 27일, 1면, "대일구화(對日媾和) 7원칙, 미(美) 제안에 소(蘇) 설명 요구"

한 후 1년 이내에 결정이 없을 경우에는 UN 총회에서 이를 결정함. 중국 내의 특권과 이권은 이를 폐기함.

(중략)

▲ 미국 각서에 대한 소련의 답서는 어떤 최종결정을 제시하지 않고 미국 제안에 관한 설명을 요구하고 있는 바 의문문으로 되어 있다.
1. 4대 강국과 기타 일본 항복문서에 서명한 국가의 전원 참석 없이 단독 강화를 고려할 수 있는 가능성이 있는가?
2. 대만과 팽호도는 중국에, 남화태와 천도열도는 소련에 반환키로 되어 있는데, 상기 4개 지역에 대한 처리문제를 재개함은 이유 여하?
3. 카이로 선언에도 포츠담 협정에도 없는 유구(琉球) 급(及) 소립원제도(小笠原諸島)와 신탁통치를 제안함은 이유 여하?

(이하 생략)

5. 샌프란시스코강화조약 체결

1951년의 독도

「조선일보」, 1951년 7월 23일, 1면

대일강화(對日講和) 조인국서 한국 제외는 부당

양(梁) 주미 대사 정식 항의

【워싱턴 20일발 RP=합동】 대한민국 정부는 한국이 대일강화조약 조인국에서 제외되고 있음에 대하여 정식으로 항의를 제출하였다. 한국주미대사 양유찬(梁裕燦) 박사는 덜레스 특사와 회견하고 항의를 제출하는 동시에 금년 9월말 상항(桑港)에서 개최될 대일강화조약은 다음 3개 조항에 관하여 수정(修正)되어야 한다고 요청한 바 있다.

1. 일본은 한국과 명확한 배상문제 해결을 지어야 한다는 보증을 할 것.
2. 한일 양국간의 어구(漁區)의 선(線)을 확정할 것.
3. 일본은 대마도(對馬島) 등에 대한 권리를 포기할 것.

「동아일보」, 1951년 7월 24일, 1면

[사설]
외교사절단 파견을 요망

지난 19일 국회에서는 대일구화조약(對日媾和條約) 제4조□ 수정과 맥아더 라인 확보의 중대성에 감(鑑)하여 외교사절단의 급속히 미국 파견을 정부에 건의하는 것을 83대 1로 가결한 바 있었다. 문제의 중대성과 국회의 건의에도 불구하고 정부에서 주미 양(梁) 대사로 하여금 5항목에 걸친 요구를 덜레스 씨에 제출하였을 뿐 사절단을 파견하려는 기색은 아직까지 보이지 않는다. 사절단을 파견하지 않더라도 충분히 고려해 줄는지는 모르나 정부로서 성의를 다했다고는 볼 수 없다. 더욱이 한국 흥망에 관한 문제의 중대성에 감하여 만전을 기하는 의미에서 국회의 건의 결의까지 보았음에도 불구하고 모른 체하고 있음은 유감스러운 일이다.

우리와 가장 이해관계가 심각한 대일구화조약 초안 발표에 있어서와 같이 이 나라 외교의 빈약성을 내외에 폭로한 일은 없다. 지난 11일 AP통신이 전하는 바 양 대사의 10개의 요구 조건은 우리가 잘 이해할 수 없었고 금반(今般) 제출하였다는 5항목에 있어서는 한국에 있어서의 일본의 재산 요구권 포기를 주장한 제2항과 어획 수역의 명백화를 주장한 제4항에 있어서 국민의 의사가 반영된 것을 다행히 생각한다. 우리가 심외(心外)로 생각한 것은 제5항목에서 독도와 파랑도에 대한 일본의 요구권 포기를 주장한 것인데 제주도 부근에 있는 파랑도(波浪島)는 말할 것도 없고 미군 당시에 독도사건으로 유명해진 독도가 어찌하여 일본 소유가 될 수 있을까 의아하는 바이다. 독도는 울릉도 부근에 있는 무인도다.

이 독도 전체에 매년 퇴적되는 까마귀똥은 연(燃)초 재배에 가장 유리한 비료인 것이다. □비료□ 탐이 난 일본 조취현(鳥取縣)에서는 스캡에도 알리지 않고 일본 정부의 묵인 하에 마음대로 조취현 소속으로 만들어버린 것이다. 말하자면 조취현에서 해방 후에 한국 영토를 절취한 것이다. 독도는 맥아더 라인 이편에 있는 것이니 만일 이 섬을 조취현 소속으로 한다면 맥아더 라인은 실질적으로 유명무실이 되고 말 것이다. 그러기에 우리는 독도가 비록 무인도라 할지라도 □섬□ 조취현에 절취당하는 것을 용인할 수 없는 것이다. 요컨대 한국에 있는 전(前) 일본 소유□ 문제와 어획 수역 문제가 한국의 사활에 관한 중대한 문제인 것이다.

이러한 중대한 문제에 관하여서는 정부로서도 기간(其間) 얼마든지 의견을 진술할 기회가 있었을 터인데 막상 구화(購和) 초안이 발표되고 보니 가장 중요한 점이 애매하게 되고 말았다. 우리는 일본 국민 생존권을 인정하는 구화조약의 기본 정신에 입각하여 그 조약에 한국 국민의 생존권을 위태하게 하는 결과가 되리라고는 생각할 수 없으나 그러한 위험성을 덜래스 씨는 미처 생각 못 하였을지도 모르는 것이니 지금이라도 즉시 외교사절단을 파견하여 □충분히 설□ 납득시킴으로써 후고(後顧)의 우려가 없도록 정부로서도 성의있는 노력을 아끼지 않기를 간망(懇望)하는 바이다.

`동아일보』, 1951년 7월 25일, 1면

대일구화조약안의 검토(상)*

유진오(兪鎭午)

지난 7월 12일로써 공표된 대일구화조약(對日媾和條約) 초안(미영공동초안)은 지금 우리나라에서도 훤훤(喧喧)한 물의를 자아내고 있다. 대일강화조약의 내용 여하에 사활적 이해관계를 가지고 있는 우리나라로서는 당연한 일이다. 그러함에 불구하고 여태까지 이에 관한 변변한 해설서 하나 나오지 않았음은 유감된 일이라 아니할 수 없다. 민주정치는 인민에 의한 정치인 이상 대일구화(對日媾和)와 같은 중대 문제에 관하여 민중이 일정한 견해를 갖는다는 것은 절대적으로 필요한 일이기 때문이다.

그러나 본고는 대일구화조약 초안을 전면적으로 해설하기 위하여 집필되는 것은 아니다. 대일구화조약 초안 중 우리에게 직접 이해관계가 있는 몇 가지만을 조문 순서를 따라 간단히 검토해보려 함에 지나지 않는다. 그리고 특히 미리 말해 둘 것은 본고는 순연히 일개 학구(學究)의 입장에서 집필되는 것이라는 점이다. 필자는 정부 외교위원회의 일원이지만 본고는 외교위원회의 공□ 견해도 아니며 더군다나 외무부의 의견은 물론 아니다.

또 한 가지 미리 말해 둘 것은 본고는 대일강화조약 초안을 위선(爲先) 냉정한 객관적 입장에서 고찰하고 그리한 다음 그에 대하여 우리는 어떠한 태도를 가질 것인가를 고찰하는 순서로써 구성된다는 점이다. 우리들의 욕심으로는 아무것이나 덮어놓고 아전인수격으로 해석하면 그만일 것 같을는지도 모르지만 그러한 태도로 피차의 이해가 첨예하게 대립되는 국제회의에 있어서 우리의 입장을 유리하게 만드는 것이라고는 할 수 없다.

아전인수가 나쁜 것이 아니라 아전인수를 하기 위해서는 위선 법문(法文)의 정확한 의미는 무엇이고 적은 어떤 해석과 주장을 들고 나오고 하는 것을 정확하게 알아야 하기 때문이다.

---

* 유진오 씨가 쓴 "대일구화조약안의 검토"는 7월 31일까지 6회가 게재되었다.

▲ 제2조에 대하여

제2조 중 우리에게 관계되는 것은 A항이다. 제2조 A항의 본문은 다음과 같다. "일본은 한국의 독립을 승인하며 제주도, 거문도 및 울릉도를 포함하는 한국에 대한 모든 권리, 권원(TITLE) 및 청구권(CLAIM)을 포기한다.

본항에서 문제되는 것은 두 가지라 할 것인데, 첫째는 한국의 영토를 표시하는 방법으로써 "제주도, 거문도 및 울릉도를 포함하는" 이러한 것이 적당한가 아니한가 점이다. 우리나라는 수백 수천에 달하는 부속 도서를 가지고 있기 때문에 그러한 섬을 어떻게 표현할까 하는 것이 문제일 것이다.

덜레스 초안 때에는 부속 도서에 관한 표시가 전연 없었다. 전연 없으면 역사적으로 한국에 소속되어 왔고 지금도 누구나 다 한국 영토로 알고 있는 부속 도서는 당연히 한국의 영토가 되는 것이므로 차라리 아무 문제가 없으나 이번 초안에 있어서와 같이 세 도명(島名)을 박아 놓고 보니 도리어 이상한 감이 드는 것이다.

만일 순(純)형식적으로 이 조문을 허석한다면 그러면 그 섬만이 한국에 반환되고 나머지 섬들은 의연히 일본 영토로 남아 있는 것이다라는 유(類)의 억설(臆說)을 들고나올 자가 있을지도 모르기 때문이다. 그러므로 이 조문은 그런 억설의 여지를 전연 봉(封)하도록 개정되어야 할 것이며 만일 본토에서 떨어진 도명을 예기(例記)할 필요가 있다면 차라리 덕도(德島)**(울릉도 동남에 있는, 같은 섬을 YIANCOURT ROCKS) 같은 것을 넣는 것이 좋을 것이다. 덕도(德島)는 우리 영토임이 명벽하지만 이것을 명기해두지 않으면 장래 말썽이 일어날 여지가 없지 않기 때문이다.

** '독도(獨島)'를 '덕도(德島)'로 잘못 표기했다.

「조선일보」, 1951년 8월 21일, 2면

한국 요구 대부분을 용인
대일강화조약 최종안 수정

【부산발 합동】 오는 9월 4일 샌프란시스코에서 개최될 대일강화조약 조인식에 앞서 과반 정부에서는 이미 공포된 동 조약 □일 □안은 한국의 입장을 미분명 또는 불리케 한 것이라고 그 부당성을 널리 세간에 공표하던 동시에 (1) 한국 내에 있는 모든 일본국 또는 일본인의 재산은 이를 포기한다. (2) 일본에 있는 한국 또는 한국인의 재산은 연합국과 동등한 앞장에서 취급된다. (3) 새로운 어업협정이 있을 때까지 "맥아더선은 존속한다" 등 3개 요구 조건을 8월 13일 최종 초안이 채택될 때까지 □□ 삽입되도록 기초 관계당국에 요청한 바 있는데 동 17일 정부 모 관계 고관이 전하는 바에 의하면 이상의 한국 정부의 요청에 대하여 수일 전 기초 관계국으로부터 만족할 만한 회답이 왔다 한다.

즉 이에 대한 □□답 요지에 의하면 제1항목은 한국의 요구를 전적으로 수락하여 이를 최종 초안에서 명문화할 것을 약속하였고, 동 초안 제2항목은 동 초안 제4조 (A)항 "제2조 및 제3조에 언급된 한국, 대만, 팽호도, 유구열도 등에 있어 일본국 및 일본국민의 이 지역을 현재 관리하는 당국 및 주민(법인을 포함)을 상대로 하는 일본 및 일본인의 부채를 포함한 재산 및 청구권 또는 동 당국 및 주민의 일본과 일본국민에 대한 재산 및 청구권의 처리는 일본과 이 당국간의 특별한 협정에 의하여 행해진다"에 의하여 금후 특별한 협정이 있을 것이다라고 하였다 한다.

그런데 제3항목 '맥'선 문제는 기대한 바와는 달리 조인식이 끝난 후 일본과의 □□적 조약에 의거할 것을 통보하여 왔다 한다. 이로써 현안의 대일강화조약에 있어서의 한국의 입장 및 요구는 '맥'선 문제를 제외하고 대체적으로 □□한 바와 같이 수정될 것이라 한다.

`「조선일보」, 1951년 8월 28일, 1면`

맥선(線) 존속시키라
이(李) 공보처장 성명 발표

【부산 17일발=합동】 이 공보처장은 대일강화조약 조인에 한국도 당연히 참가할 권리가 있다고 성명한 바 있거니와 24일 맥아더 라인 문제에 관하여 우리의 주장을 관철해야 한다고 다음과 같이 강조하는 담화를 발표하였다.

대일강화조약 최종 초안 제9조에 의하면 "일본은 공해에 있어 어로의 규정 혹은 제한 또는 보호 및 발전을 조건으로 쌍무 혹은 다수 협정 체결을 희망하면 조속히 연합국과 교섭할 수 있다"고 했을□ 우리의 주장은 조문에 명시되어 있지 않다. 영해권 문제는 말썽이 많은 만큼 확정적인 정식 해결이 있을 때까지는 맥아더 라인을 그대로 존속시킬 필요가 있는 것이다. 강화조약에 맥아더 라인 존속이 명문으로 되어 있지 않더래도 일본을 점령하고 있던 스캡에서 정한 선(線)이니 명문이 없다 해서 그 효력을 상실할 우려는 없는 것이나 매사는 불여(不如) 튼튼이라 명문으로 □□이 규정되어야 할 일이다.

`「민주신보」, 1951년 8월 30일, 2면`

잊어버렸던 독도
대일강화 문제로 재등장

한일 어획 경쟁 석일(昔日)부터 계속
귀속 여부 상항 회의 관건
엄연히 한국 영토인데 일본인들이 모략

3년 전인 4281년 6월 8일에 무인도인 줄만 알고 미국 비행기 14대가 연습 폭격을 하여 때마침 어로 중이던 어부 14명을 사명케 하고 중상 6□□ 어□□□□ 침몰시켜 동해의 거센 파도에 감돌려 호□□ 동해의 한복판에 서 있는 천애의 고도인 도(島)를 잠시 아비규환의 괴세계로 화(化)해버리게 했던 지난날의 고□□□사건은 아직 국민의 기억에서 사라지지 않고 있거니와 그 3년을 지난 오늘날 동해의 고아 □인이 숙□인 이 고도는 새로운 주인을 찾게 하여야 될 □□의 운명을 오는 9월 상순 상항(桑港)에서 체결될 대일강화조약에서 선택하도록 강요당하게 됨과 함께 국제무대의 각광을 받으면서 새로이 클로즈업되었다.

독도는 과거 한국이 일본 치하에 있을 때 죽도(竹島) 또는 량코도라고 일본인에 의하여 일컬어져 왔으며 독도란 명칭은 한국 사람이 옛적부터 불러왔고 또한 우리나라 문헌에도 남아 있는 이름으로써 이름 그대로 동해의 복판에 외로이 서 있는 고독한 무인도이다. 북위 37도 14분 18초, 동경 131도 52분 22초, 울릉도에서 동남동으로 47리 떨어진 거리에 위치하고 있는 독도는 지도에서 가리키고 있는 것과 같이 상대되는 동서로 동도(東島), 서도(西島)의 큰 두 섬과 이 밖에 다□ 소수의 조그만한 섬으로 되어 있으며 그 면적은 전도 합하여 약 7만 3,000평으로 서도는 주위 1리 반, 동도는 주위 반 리, 높이는 약 410피드라 한다. 섬의 전부는 척□의 대□□□의 바위뿐 일주(一株)의 수목 없고 동도에 조금 야초(野草)가 피어 있는 정도의 단애절벽이라고 그곳까지 출어나간 어부들과 2, 3차 답사한 관계 당국인들이 가르쳐 왔으나 그 섬의 숨은 신비와 함께 세상에 알리지 않는 속의 실태는 아직껏 어둠 속에 잠겨 있다 한다.

독도가 가진 자신의 지하자원은 그 어느 누구도 모른다고 하며 이 섬에서 생산되는 디역(花布), 전복, 굴 등과 많은 해구를 필두로 꺽저구, □어 등 어획물은 연년(年年) 막대한 금액에 달하며 이러한 섬과 그 부근 바다의 생산물은 동해에서의 굴지(屈指)한 □으로써 때문에 과거부터 한국과 일본의 어로 경쟁장으로 이 섬이 등장하게 된 것이라는데 이 독도까지 출어나가는 한국 사람들은 대다수가 울릉도 주민과 동해안 일대 주민의 어부들이며 그 어획물은 근간 수억 원대를 넘게 되어 울릉도 주민의 생활 재산의 반 이상을 옛적부터 이 섬에 혜택을 입고 왔다 한다.

춘하(春夏)절이면 소형어선 수십 척이 이곳 섬까지 와서 어부들은 천막을 섬 위 바위에 치고 어로기 동안 흥□대며 고기 잡기 대성황을 이루곤 바다의 보배를 듬뿍 싣고 가져간다. 그런데 오랜 세월로 두고 한일 양국간이 어부들이 어획 경쟁으로 이 섬을 둘러싸고 □출의 각축은 3년 전의 미국기 폭격사건도 지나간 한때의 꿈이 되어버렸고 이제 독도는 자신이 거닐고 오던 □기한 운명의 종지부를 주인을 정해□리는 대일강화조약에 맡기고 있다.

독도의 주인이 한국이냐 일본이냐는 대일강화 최종 초안에 명백히 명문화되어 있지 않다. 그러나 독도는 한국의 영토인 울릉도에서 직선거리 47리 동남동 지점에 있고 일본령 은기도로부터는 북서 86리 직□ 거리에 있으므로 독도가 한국을 주인으로 해야 한다는 것은 무엇보다도 지역적으로 보아 일본보다 한국에서 가깝다는데 유력한 이유가 선다.

또한 수로지 같은 옛적 한국의 문헌에 확실히 독도가 한국의 영토로 기입되어 있는 사실도 있다 한다. 한국 정부 당국에서는 이러한 증거품을 양(梁) 주미대사에 보내어 강화조약 협정 시에 한국 것임을 주장하도록 훈전(訓電)하였다고 말하고 있다. 그런데 □□일본은 독도가 국방상 중요한 위치라든가 어획물 생산이 많다는 사실을 알게 되자 소위 일본 련□ 명치(明治) 38년 2월 22일에 독도를 일본 영토라고 정식 공포하고 도근현(島根縣) 소관으로 하여 일본 영토로 편입시켰다. 그러므로 강화회의에 일본은 위의 사실을 들어 독도가 일본 영토라고 하는 법적 □□을 내리기는 의심할 바 없다고 □□□ 보고 있다.

해방□□ 중앙수산시험장으 해양조사□장이었던 □정□이랑(□井□二郎)란 일본인이 일본으로 돌아갈 때에 장차 한일간의 영트문제가 나올 때 반드시 독도 □□ 때문에 양국 사이에 시끄러운 일이 생길 것이라고 말하였다는데 이 말은 오늘날 독도 운명을 결정지우는 마당에서 독도를 차지하는 싶은 일본의 야욕을 벌써부터 암시한 것으로 독도의 □기한 과거의 운명에 □울□있는 한갓 에피소드로 돌리기에는 너무나 심각한 오늘의 현실을 볼 수 있다.

「민주신보」, 1951년 9월 1일, 2면

명백히 된 독도 귀속, 15세기 말엽 한인이 발견
성종 2년 군역 피한 사람 수색으로 발견
아(我) 정부 문헌을 양 대사에게 송부

대일강화회의를 계기로 하여 한일 양국간의 영토획정에 있어서 논의의 초점이 될 줄도 모르는 독도 귀속문제는 국민의 지대한 관심을 모두고 있거니와 각 방면에 의뢰하여 독도가 한국의 영토임을 증명하는 물적 증거와 자료를 수집하고 있는 외무부 당국에서는 독도의 최초 발견자가 한국인이라는 확실한 문헌을 해군을 통해서 입수하게 되었다.

이 문헌인즉 성종실록에 의하면 독도는 벌써 15세기 말엽 즉 지금부터 약 480년 전에 한국 영흥인 김자주(金自周)란 사람이 발견한 □□이 명백히 기록되어 있다 한다. 그런데 독도를 발견하게 되었던 경위를 위의 성종실록에서 보면 성종 2년(서기 1471년)부터 12년(서기 1483년) 동안 영안도(함경도) □□□로 있던 이극균(李克均)이란 사람이 동해 바다의 한 독판에 있는 삼봉도(三峰島)란 섬에 군역을 피하여 □체 중에 있었던 사람들을 수색하기 위하여 영흥인 김자주 등 12명의 사람을 이 섬까지 □□하였는데 이 삼봉도가 현재의 독도인 것을 알게 되었다 한다.

그 후 여러 수지(水誌) 관계전문가들이 조사한 결과 삼봉도라고 김자주 씨가 일컫게 된 것은 독도 중에 가장 큰 섬인 사도(四島)*의 서북방에 높이 솟아 있는 세 바위가 있으므로 그러한 명칭을 □치게 된 것이 명백히 되었다. 그러므로 외무부에서는 9월 1일 사실을 주미 양 대사에게 내기로 하였다.

---

* '서도(西島)'의 오식으로 보인다.

『민주신보』, 1951년 9월 5일, 2면

가증, 일 독도 자기 영토라고 주장
노골화한 영토 야심

포츠담선언, 맥 지령에도 엄연히 불포함
경계하자! 독도 아닌 타 영토 수호에도

(생략)*

어디까지나 우리 영토
외무부 당국서 단호 반박

일본이 방□을 □하여 독도를 일본에 귀속시켜야 한다고 주장한 데 향하여 □일 외무부 당국자는 이를 반박하며 다음과 같이 말하였다.

독도는 한국 영토에 속한다는 것은 한국이 가진 문헌과 일본, 중국 등 다른 고사에도 또한 최근 수로지에도 명백히 기록되어 있으며 또한 거리상으로 한국에 가깝다는 사실이 이것과 무엇보다 유력하게 웅변하는 것이다. 일본이 이제 와서 이러한 물적 증거에 나타난 사실을 왜곡하여 일본 영역에 귀속시키려는 것은 영토적 야심에서 우러난 온당하지 않은 행위이다.

일본이 독도를 일본 영토에도 귀속시켰다는 역사□ 고사를 살펴보면 그때가 소위 일본 연기 명치(明治) 38년 3월** 22일이었으므로 당시는 노일(露日) 전쟁이 가장 극열하게 벌

---

*   읽을 수 없는 글자가 많아 생략한다.
** '2월'의 오기로 보인다.

어져 있으리니 만큼 한국 내의 행정 경제, 사회 질서는 문란이었던 것이니 이 기회를 틈타서 일본이 일방적으로 그러한 처사□ 나온 것이며 또 일본이 그렇게 할 수 있는 절호의 기회였던 것이다. 그간 36년 일본이 한국을 통치하고 왔으니 만큼 일본이 마음대로 한도 영토를 자기네들 형편에 알맞게 요리할 수 있었던 것이다.

이번 대일강화로 민주국가로 소생하여 한국과 우의를 토대로 한 선린을 기대하려던 한국으로서는 일본의 이런 간계에서 나온 처사는 매우 유감스러운 일이며 일본이 이러한 영토적 야심을 마땅히 포기하여 줄 것을 믿는 바이다.

『조선일보』, 1951년 9월 5일, 2면

경계할 일본의 재기
민주 관용은 침략을 조장
이 대통령 상항(桑港)회의 등에 언급

【부산발 합동】 제2차 대전 종료 직전까지 40유여 성상을 일본 치하에 신음한 이(李) 대통령은 샌프란시스코에서 대일강화조약이 체결된 이후 일본이 제기되는 데 있어서 대위험이 있다고 3일 기자와의 회견 석상에서 다음과 같이 말하였다.

(1) 우리는 일본이 연합국 측의 원조로써 또다시 아세아의 지배국으로서 재건되어서는 안 된다고 생각한다.

(2) 나는 일본을 재무장시키고 재군국화하는 것이 심각한 과오라고 생각한다. 여하튼 우리는 일본으로 하여금 1905년 로서아를 □□복하고 한국을 병합하여 만주 중국을 침략하며 심지어는 '펄 하버'를 공격할 수 있도록 강력케 한 것이 서방 열강의 원조에 의하였었다는 사실을 잊어서는 안 된다

또 소련을 독일의 공격으로부터 보호한 것도 미국의 원조이었다. 이 양국의 결례를 보더라도 민주주의의 관용성은 은인을 공격하는 괴물들을 창조해 놓은 것이 증명된다.

이어 이 대통령은 기자와 다음과 같은 문답을 하였다.

[문(問)] 대일강화조약 서명국으로부터 한국이 제외되었는데, 이에 대한 의견 여하?

[답(答)] 우리는 여기에 참가하려고 최선을 다하였다.

한국인보다도 더 오랜 세월을 일제와 투쟁한 민족은 없음도 불구하고 우리는 민주주의 무기로부터 무기(武器)의 대여도 받지 못하였다. 더군다나 우리의 지리적 위치는 불가피적으로 일본과의 관계가 중요하며 우리에게는 물론이고 동양의 안녕과 평화를 위하여서도 극히 중대할 것이다. 나는 아무도 이에 대하여서는 이론(異論)을 세우지 못할 것으로 믿는 바이다. 그럼에도 불구하고 우리가 대일강화조약 서명국으로부터 제외되었다는 것은 도대체 이해할 수 없는 일이다.

[문] 각하가 대일강화조약의 최종적 초안에 대하여 불만한 점을 가졌다면 무엇을 가장 큰 불만으로 생각하는가?

[답] 동 초안은 장래의 일본 재무장에 대하여 제한을 가하지 못하였다.

[문] 각하는 일본과 단독적으로 강화조약을 체결할 의사가 있는가?

[답] 만약 일본이 한국과의 영구적 평화를 획득하는 데 관심을 가졌다면 일본은 물론 한일 양국간에 개재(介在)하는 제반 문제에 관하여 우리와 만족할 만한 결론에 도달하는데 흔연(欣然) 응할 것이다

[문] 샌프란시스코에서 대일강화조약이 체결된 후 각하는 일본 외교사절단의 한국 입극을 허가할 의사인가?

[답] 우리는 동 강화조약으로부터 제외되었으나 그 조약은 하등 우리를 구속하지는 못할 것이다. 일본과의 외교관계 수립은 적당한 시기가 도래하는 때 곧 우리 양국 정부가 단독으로 협의해야 할 문제이다

[문] 양국간에서 해결될 영토문제 및 어로구역 문제에 관한 의견 여하(如何)?

[답] 우리는 맥아더 라인(합의된 해양경계)이 어로문제를 해결할 것으로 믿는다. 태평양에서의 평화를 위하여서는 유엔이 문제를 더 논의할 것 없이 정식으로 이것을 인준해야 할 것으로 믿는다.

영토문제에 관하여서는 우리가 이미 우리의 견해를 발표한 바와 같이 대마도(對馬島), 독도(獨島)를 포함하는 모든 옛날의 한국 영토가 회복되어야 할 것이다

[문] 일본에 대한 한국의 정치적, 군사적, 경제적 태도 여하?

[답] 우리는 일본인에 의하여 노예의 천대를 받았음에도 불구하고 그들을 용사(容赦)하고 이것을 이겨버리려고 노력하고 있다.

우리는 장래에 있어서 일본과의 관계가 상호 수혜적이고 우호적일 것을 바라마지 않는다. 그러나 우리는 앞으로 극복되지 않으면 안 될 다음의 2개 위험이 있을 것을 생각하고 있다.

(1) 우리는 일본이 연합국의 원조로서 또다시 아세아를 지배적 경제 국가로서 재건되어서는 안 될 것으로 믿는다. 만약 일본이 극동에서의 공업 국가로 발전하고 기여(其餘) 국가들이 그의 고객으로서 남게 된다면 우리는 또 한번 그들의 마음대로 휘둘릴 것이다. 나는 한

국인 및 일본 군국주의 타도를 조력한 기타 국민들보다 일본을 위한 건전한 경제적 장래를 보장하려는 결의가 왜 이다지도 확고한지 그 이유를 도저히 이해할 수 없다.

(2) 일본을 재무장하고 재군국화(再軍國化)한다는 것은 일대 과오(過誤)이다. 나는 과거(過去)의 쓰라림이라든가 단순한 과거의 지식을 가지고 말하는 것은 아니다. 우리는 아직도 일본인들이 과거 6개년간의 민주화 계획의 영향을 어느 정도로 받았는지를 알 수 없다. 따라서 연합국의 대일정책은 신생 일본이 어느 방면으로 움직이고 있는다는 것이 판명할 때까지 완만한 태도를 취해야 할 것이다.

여하튼 현재의 이와 같은 과오가 장래에 있어서 우리의 젊은 세대를 희생시키지 않기 위하여서는 세심한 주의를 기울이지 않으면 안 된다고 생각한다.

「조선일보」, 1951년 9월 9일, 1면

한국은 요구권 보유
상항(桑港)회의에서 덜레스 씨 연설

【샌프란시스코 6일발 USIS】 대일강화조약 초안 기초자인 덜레스 씨는 상항회의(桑港會議)에서 한국의 지위에 관하여 다음과 같이 말하였다.

대한민국은 대일강화조약에 서명하지 아니할 것인데 그것은 오직 한국이 일본과 전쟁 상태에 있는 일이 없기 때문이다. 한국은 전쟁이 시작되기 오래전에 비극적으로 그 독립을 상실하였으며 일본이 항복한 후에 일본으로부터 다시 독립하였다. 많은 한국인들이 수결(堅決)하게 일본과 싸워 왔으나 그들은 개인이었고 승인된 정부는 아니었다.

그럼에도 불구하고 한국은 연합국 측의 고려에 특수한 요구권을 갖고 있다. 그것은 연합국 측이 자유롭고 독립된 한국을 건설한다는 그들의 목적을 성취하지 못했다는 의미에서 더욱 그렇다. 불행하게도 한국은 그 절반만이 자유와 독립을 누리고 있다. 그리고 이 부분적인 자유와 독립조차 북쪽으로부터의 무력침략으로 말미암아서 비참하게 깨어지고 또 위협을 받아온 것이다.

대부분의 연합국들은 자유와 독립에 대한 저들의 약속을 지키려고 무척 애써 왔으며 또 UN 회원국으로서 한국이 희생되고 있는 이 침략을 물리치려고 힘써 왔다. 이번 조약으로 인하여 연합국은 한국의 독립에 대한 일본의 정식 인정과 한국 내에 있는 매우 많은 일본 자산의 포기에 대한 일본의 승낙을 받을 것이다. 한국은 또한 전후의 무역 해운 어업 및 다른 상업 협정에 있어서 연합국과 등등한 지위를 차지하게 될 것이다. 이리하여 이 조약은 여러모로 보아 한국을 한 연합국처럼 다루고 있다.

『조선일보』, 1951년 9월 22일, 2면

파랑서조사단(波浪嶼調査團) 현지에

대일강화조약을 계기로 하여 울릉도 동방에 있는 독도(獨島)와 더불어 당연히 우리 영토로 귀속되어야 할 제주도와 서남에 있는 파랑서(波浪嶼)에 대하여 이 섬 부근에 맥아더 라인이 있다는 이유 하에 □지음 일본에서는 이 섬을 자기의 영토로 주장하려는 기세가 농후한데 역사적으로나 지리적 조건으로 보아 이 섬은 틀림없는 우리 국토인만큼 이에 대한 우리의 뚜렷한 영토권을 입증하고자 지난 18일 오후 4시 학계의 전문가를 망라한 파랑서조사단 일행 30명이 해군 함정으로 부산을 출발 파랑서로 향하였다.

조사단 일행은 단장 홍종인(洪鍾仁) 씨 인솔하에 지리 역사 언어 해양 기상 수산의 각 반으로 편성되어 금후 십여 일간 이 문제의 섬을 여러 각도로 조사하여 과학적으로 우리의 영토임을 밝히리라는 것이다.

『동아일보』, 1951년 11월 26일, 2면

독도를 죽도(竹島)로 자칭, 일 영유 주장
조일신문 보도에 교포 분격

【동경에서 노 특파원 24일발=합동】 당지(當地) 조일(朝日) 신문이 24일부 제3면에 보도한 바에 의하면 엄연한 우리 대한민국의 영토 독도를 '죽도(竹島)'라고 칭하고 일본 영토임을 주장한 바 있었는데, 이러한 보도는 재일 70만 교포 간에 □□□ 분격심을 일으키고 있다. 그런데 독도의 사진과 함께 특파원기(特派員記)를 게재한 조일신문은 현지에 특파원을 파견함에 있어 고등학교 수산과 학생연습선에 사진반원과 특파원 7명을 싣고 지난 12일 일본을 출발하여 13일에 독도를 답사한 것으로 되어 있는데, 그들은 총사령부의 정식 여행 수속도 밟지 않고 특파원을 파견하였다는 점에서 당국으로부터도 조사를 받는 중이라 하며, 그들의 이러한 보도 태도는 한일회담 우리 쪽 대표들은 물론 재일교포 간에 적지 않는 파문을 던지고 있다.

『자유신문』, 1951년 11월 29일, 2면

독도는 우리 영토
이 공보처장 일본에 경고

지난 26일 이철원(李哲源) 공보처장은 일본(日本)이 우리의 영토 독도가 자기의 것이라고 끝끝내 주장하는 그들의 야욕을 분토하자고 다음과 같이 언명하였다. 독도가 한국 영토인 것은 모든 점에서 연한 사실인데 불구하고 일본이 최근에 와서 독도를 죽도(竹島)라고 하면서 일본 영토인 것 같이 일본의 조일신문(朝日新聞)이 보도하고 있는 것은 일본이 제 버릇을 고치지 못 하는 야망의 발로라 아니할 수 없다.

목하 한일회담(韓日會談)이 일본 측의 무성의도 지지부진한 것과 아울러 생각할 때 일본의 여사한 태도는 단호 배격해야 할 일이다. 독도는 1946년 1월 29일부 '스캡' 각서 제677호에 일본 행정권 내에 속하지 아니한 것이 명기되어 있을 뿐 아니라 3년 전 6월 8일 우리 어부(漁夫)들이 불의의 참변을 당하여 그 위령비를 당시 경북지사 조재천(曺在千) 씨 명의로 세운 일도 있다. 이 사실은 조일신문도 인정 부기하고 있는데 앞으로 여사한 일본인의 망설과 야욕은 철저히 분쇄해야 할 일이다.

1952년의 독도

6. 평화선 선언과 제2차 울릉도 독도 학술조사

『경향신문』, 1952년 1월 16일, 1면

재일동포의 사활문제
한일회담에 부치는 좌담회

상호간 감정 완화
한일회담에 현지 대표 참석이 필요

상항 대일강화조약이 정식으로 발효하게 될 때 전면강화는 아니나 일본은 자주독립을 하게 된다. 60만 재일교포의 처과는 앞으로 어떻게 될 것인가? '스캡'의 주선으로 객년(客年) 11월 개막된 한일회담은 일인의 두성의로 지지부진 오늘에 이르렀다. 풍전등화 같은 교포의 물심의 권익을 위해 거류민단에선 권일, 이원만 양 대표를 급거 귀국시켜 정부 요로에 호소하고 있다. 본사를 찾은 양 씨의 기탄없는 현지 사정을 들어보면 다음과 같다.

(중략)

본사 측=독도 귀속 문제 등 사설에서 한국을 적대하고 있지 않은가?
권일=이것이 인테리들의 대한(對韓) 감정일 것이다. 그러나 시사신문 사설에서는 한국 관민의 대일관념이라는 제목하에 일본의 군국주의 발생은 한국이 약하기 때문에 생긴 것 운운하여 한일 양국 간의 감정적 부조화를 제거하자는 취지의 논조로서 과거 지사는 다 망각하고 대한 감정을 시정하라는 것을 강조한 것도 있다.

(이하 생략)

「자유신문」, 1952년 1월 26일, 2면

한국 해역 주권행사 선언의 파문
공해 관습의 위반
일본 정부 강경히 비난 개시

일본 정부 외무성은 20일 성명서를 발표하고 이(李承晩) 대통령을 비난하여 한국 정부가 한국 및 일본 간의 공해(公海) 50 내지 60마일 범위를 영유하려고 주장하고 있다고 말하였다. 또 일본 외무성 대변인은 1945년 이래 처음 가는 강력한 성병에서 한국 측의 이 주장은 공해의 관습을 위반하는 것이라고 다음과 같이 선언하였다.

우리는 한국 정부의 1월 19일부 발표와 같은 일방적 조치는 이것을 무시한 입장에 있다. 한국 측이 주장하는 선은 동해 및 황해의 한국 해안선으로부터 60마일 정도까지 뻗쳐나가고 있는데 이렇게 된다면 강화조약에서 우리에게 귀속된 우리의 독도(獨島)까지도 한국에 속하게 될 것이다. 한국 정부는 또한 그 지배하에 있지 않은 북한의 해역에까지 그 주권을 확장하고 있다. 여하튼 한국 정부의 여사한 발표는 국제 관습상 전례가 없는 일이다. 그런데 영해라 함은 보통 해안으로부터 3마일까지를 말하는 것이다. 소련 같은 국가에서는 이것을 12마일이라고 주장하는 데도 있다.

『동아일보』, 1952년 1월 30일, 2면

인해권(隣海權) 선언에 일 정식 항의
가증! 독도의 일본 영토를 주장*

【동경 19일발 공동=대한】 일본 외무성에서는 거(去) 1월 19일** 이 대통령의 인접해양선언에 대하여 28일 하오 정식 항의서를 주한국대표부에 전달. 즉 이 대통령은 거(去) 19일 일본에 대해서 한국 근해의 어업을 제한한다는 뜻의 선언을 □한 바 있는데 이에 대하여 일본 외무성에서는 "이 한국 선언은 항해 자유의 원칙, 공해에 있어서의 수자원 개발, 보호에 관해 국제협정 원칙에 반(反)하는 것이므로 일본 정부로서는 납득할 수 없다"고 그 견해를 발표한 바 있었으며 28일 오후 이를 문서화하여 주일한국대표부에 전달하였다. 또한 이 대통령 선언에 의하면 독도는 한국이 주장하는 어업제한구역 내 포함되어 있는데, 28일 주일대표부 전달 항의에서는 이 점도 들어 독도는 확실히 일본의 영토로서 일본 정부로서는 한국 정부의 주장을 인정할 수 없다고 강조하고 있다.

---

* 『대구매일신문』, 1952년 1월 31.일, 2면, "우리 인접 해양 선언에 일(日) 정부 아(我) 대표부에 항의 전달, 괴(怪)! 독도 영토권도 주장"
** 평화선 선언의 관보 고시일은 1952년 1월 13일이다.

`경향신문』, 1952년 2월 1일, 1면

국회와 협조로
허(許) 서리 기자 회견 담

허정 국무총리 서리는 30일 중앙청 기자단과 회견하고 개헌안 부결 및 유엔 총회와 정전 문제 기타 문제에 언급하여 다음과 같이 말하였다.

(중략)

1. 공해(公海) 선언 문제=일본에서 반박하고 있으나 이것은 우리 한국이 국제법을 무시한 것도 아니며 불합리 및 전례 없는 일이 아니다. 그리고 이 선언은 외국의 이권과 주권을 침범한 것이 아니다.

맥 라인은 점령군사령관의 잠정적 획정선이니 우리 공해선언과 접촉될 문제가 아니며 독도를 일본 영토라고 주장함은 일본의 일방적 주장이다. 독도는 역사적 사실로 보아 문헌에 한국 영토로 되어 있다.

『경향신문』, 1952년 2월 1일, 2면

독도는 엄연한 아(我) 영토!
해양주권선언 당연

일본 이의에 산악회서 반박*

지난 19일 한국 정부에서 발표한 한국 인접해양 주권선언에 대하여 일본 정부는 28일 우리 주일대표 측에 문면으로써 이의(異議)를 제출하는 동시에, 우리 경북(慶北) 관할인 울릉도의 부속 도서로 울릉도 어민의 중요한 어업기지가 되어 있는 독도(일본 명칭 竹島[죽도])를 일본의 영토라고 재강조한데 대하여, 벌써부터 동도(同島)를 탐사한 바 있었던 한국산악회(韓國山岳會)에서는 다음과 같은 견해를 표명하여 일본 외무당국의 주장이 근거 없음을 다음과 같이 논박하였다.

1. 역사적 관계로 보면 400여 년 전 우리 성종(成宗) 때부터 삼봉도(三峰島)라고 하여 정부로부터 현지답사를 하게 한 바 있었다. 임진란(壬辰亂) 후 광해군(光海君) 6년(서기 1614년 = 일본 경장(慶長) 19년)에 한국과 일본 사이에 대마주(對馬州)(현 대마도) 태수(太守)를 통하여 울릉도의 소속에 대하여 논의된 바 있었다. 일본은 당시 울릉도를 죽도라고 하여 일본 소

---

* 『마산일보』, 1952년 1월 31일, 2면, "침략주의 일본을 상기하라, 외함(畏轞)! 독도를 일본령으로 주장, 한국산악회(韓國山岳會)에서 반박 성명"; 『자유신문』, 1952년 2월 1일, 2면, "해역 선언과 '죽도', 독도는 엄연한 우리 땅, 해괴한 일측 이의를 산악회서 반박"

속인 것 같이 주장도 해보았으나 실제로 우리 한인(韓人)이 다수 거주하고 어로에 종사하고 있어서 일본인 측도 어쩔 수 없어서 죽도(竹島)는 한국에 돌릴 수밖에는 없다고 하였다. 그 내용은 일본 측의 통항일람(通航一覽)이라는 책 중 『이본조선물어(異本朝鮮物語)』편에 기록되어 있다.

1. 또 지금까지 일본이 죽도라고 한 것은 과연 어느 섬을 말하고 있는지는 전혀 불분명하다. 울릉도도 '죽도', 독도도 '죽도'라고 부르고 있다.

1. 지점은 울릉도에서 39마일이고, 일본 측에 가장 가깝다는 은기도(隱岐島)로부터는 86마일이다. 따라서 어로는 울릉도민이 주된 자임은 더 말할 것 없다.

1. 최근에 이르러서는 1948년 6월에 울릉도 어민이 다수 출어 중 미(美) 항공군의 폭격으로 30여 명의 사상자가 있었고 지금도 고도(孤島)에는 당시의 희생자 위령비가 뚜렷이 서 있음은 지난 가을 일본의 아시히 신문이 보도한 바로도 일본 정부는 동도가 우리 한국과의 어떠한 관계에 있다는 것을 짐작할 수 있을 것이다.

1. 그리고 인접 해양의 주권선언은 실로 제2차 대전 이후의 새로운 국제관례에 속한다. 영토권의 인접해양에 대한 연장으로 국제 분쟁을 미연에 방지토록 하면서 영토에 인접된 한계의 해역 내의 자원의 보호와 채취에 대한 권리와 책임을 명백히 함은 필요하다. 미국의 예가 인접해안 200마일의 원거리까지 주권을 선언하고 있음에 비하여 우리는 최소한의 것임을 알아야 하고 또 소위 해양의 자유란 공해상의 항해의 자유를 말하는 것이고 인접해양의 자원 관계에 관한 관념은 대단한 변천을 보고 있는 것이다. 우리의 선언에는 항해의 자유는 불문에 속하는 것이다.

1. 독도가 우리의 영토인 만큼 주권선언의 해역 규정이 독도 외해에 있을 것은 물론이다.

(사진은 독도)

『경향신문』, 1952년 2월 2일, 1면

인접해양 주권선언과 일본

지난 19일 자로 이 대통령이 선언한 인접해양 주권에 대하여 일본에서 우리 대표부에 항의하여 왔다고 한다.

그들의 말하는 바를 들어보면 이렇다. "일본에 대해서 한국 근해의 어업을 제한한다고 하는 선언은 공해 자유의 원칙 및 공해에 있어서의 수산자원개발 및 옹호에 관한 국제법에 위반되는 것이며 또 일본해 가운데 있는 죽도(독도)는 한국이 주장하는 어업제한구역 내에 들어가 있지만, 이 도서는 일본 영토임으로 한국의 선언을 인정할 수 없다 운운"하여 정면으로부터 우리 대통령의 선언에 드전하여 왔다.

놈들이 동해를 일본해라고 부르고 독도를 죽도라 일컫는 것과 마찬가지로 억지의 항의나 반박에 대하여 귀를 기울일 필요는 없으되, 금차 인접해양선언의 정당성과 법적 근거 그리고 선진 각국의 실례 등을 일별치 않을 수 없다. 원래 국제법에서 말하는 바 공해란 해안에서 5리(哩)이었던 것이 1차 대전 후 다시 축소되어 3리로 쓰여왔던 것이나 이것도 항공기의 발달과 만국 교역의 빈도 자유무역의 활발화 등등으로 일국독존(一國獨存)의 쇠국(鎖國)의 꿈이 완전히 깨진 2차 대전 후에 있어서는 3리 이내의 영해, 3리 이원의 공허란 관념이 점차 사라지게 되었고 그 대신 인접해양의 주권문제가 클로즈업되어 온 것이다. 이미 우방 미국을 비롯해서 멕시코, 아르헨티나, 칠레 등 중남미 각국에서도 인접해양에 대한 선언을 하면서 각기 해면에서 해저에 이르기까지의 주권을 보전하고 있는 것은 크게 주목되는 바라고 아니할 수 없다. 이제 공해 자유, 출어 무제한이란 낡은 원칙에 구애함으로써 일본이 가소롭게 항의를 하여 올 단계가 아니라고 본다. 황해에서의 그것보다도 동해, 남해 특히 일본과 해류가 직접 통하는 부분에서는 기어코 우리는 이 선언을 끝까지 수호치 않을 수 없다. 즉 북위 42도 15분 동경 130도 45분의 점에 이르는 선과 북위 42도 15분 동경 130도 45분의 점으로부터 북위 38도 동경 132도 50분의 점에 이르는 선과 북위 38도 동경 132도 50분의 점으로부터 북위 35도 동경 130도의 점에 이르는 선 그리고 북위 35도 동경 130도의 점으로부터 북위 34도 40분 동경 129도 10분 점에 이르는 선, 다시 말하면 제주도, 파랑도(波浪島)의 남방에서 대마도의 서북방을 거쳐 독도 동남방을 통과하여 함경북도 서수라 동방을 그은 선이 그것이다. 늦어도 4월부터는 소위 일본이 공산 각국과의 전쟁상태를 지속하는 가운데 민주 우방들과의 강화조약이 발효하게 된다. 따라서 코가 세어진 궐자들이 맥아더 라인을 무슨 방법으로든지 해서 폐지하려 할 것이요, 그러한 움직임을 보이고 있음으로써 영해 침범을 항차반지사(恒茶飯之事)로 여기는 일본의 밀어선(密漁船)이 앞으로 훨씬 증가하여 우리의 관헌을 괴롭히는 동시에 우리의 영해 보고를 약탈 교란시킬 것임으로써 이에 대치할 수도 있는 것은 실로 해양주권선언인 것을 겨레는 명심하여야 한다. 독도를 죽도 혹은 왜도(倭島)라고 부르는 그들의 어리석은 욕심은 시일이 경과함으로써 자연 해소될 일이므로 염려할 필요는 없다고 본다. 해양주권선언을 오직 어업권익만에 결부시키는 일인(日人)들의 천외를 연민하는 동시에 금후 가장 이해충돌이 빈번할 시끄러운 이웃 일본 자체를 위하여도 공정한 우리의 해양 주권선언은 만국이 수긍할 수 있는 바 중용의 판도임을 알려두는 바이다.

「동아일보」, 1952년 2월 17일, 1면

한일 본회담, 일본 주장

한일 양국간에 개재(介在)하는 재산처리를 위시한 어업협정 등의 체결을 기도하는 한일 정식회담은 재작(再昨) 15일부터 동경에서 양 국민 주시리(注視裡)에 일련의 교섭이 진행되어 가고 있다.

금반 회담은 논할 바도 없이 과거 삼십 유여년간(有餘年間) 침해받은 막대한 상처와 그 흔적을 보상받고 청산시킴으로써 앞으로의 양국간의 정상적 외교관계를 명문화하는 동시에 유무상통하여 양 국민의 복지에 이바지하는 데 그 중점이 있는 것이다. 이러한 현안의 중대회담에 앞서 양국은 이미 예비회담을 거듭하고 의제의 절충과 이에 따르는 세목적(細目的) 절차를 조정하는 데 힘써 왔음을 계기로 양국간의 주장하는 바가 서로서로 명백히 된 바 있는데 이제 정식회담에 임함에 일본 정부가 주장하는 바를 새로이 인식 파악하는 한편 아방(我方) 주장의 정당성을 재확인하여야 하겠다.

일본 정부는 15일 회담에 앞서 26일 정부의 방침을 재천명하여 한일우호조약 체결, 재산처리, 어업문제 등 해결에 임하는 자기의 태도를 발표한 바 있는데 골자만을 약기(略記)하면 다음과 같다.

1. 한일우호조약=국교(國交) 개시의 기본조약으로서 한국의 완전독립을 승인하고 상호대사를 교환하여 정상적 외교관계를 수립하는 한편, 통상무역항해 조례(條例) 등에 관하여 협정(協定)한다. 목하 예비회담에서 진행 중인 한일 국적회담에서 이미 요해된바 유일(留日) 한국인의 한국 국적 회복에 궤하여 최종결정을 짓는다. 영토문제에 있어서는 한국령으로 주장하는 독도(죽도?)의 영유를 재확인하는 데 노력한다.

(중략)

1. 어업협정=한일어업위원회를 설치하고 과반의 미(美)·가(加)·일(日) 3국 어업협정에 준

거하여 과학적 조사 연구에 의한 어속(魚屬) 보존 조치와 실적에 따르는 어업규칙 제정 등에 주력한다. 특히 주목할 바는 앞서 이 대통령이 선포한 인접해양주권 선포를 전면적으로 반대할 것과 맥아더 철폐 희구(希求)를 시사하고 있는 점인데 해양선언에 대한 일정(日政)의 항의를 한국이 일축한 바 있음을 상기하여 두자.

이상 제 조항에 있어서 총체적으로 양국간의 의견 차이가 현저한 바에 비추어 회담 전도(前途)는 다난할 것으로 보여진다.(임[林]운)

『동아일보』, 1952년 3월 8일, 2면

독도의 한국 영토 입증
귀중한 문헌 외무당국 입수*

일본 정부에서 금번의 한일회담 진행을 계기로 하여 동해(東海)의 어장 중심지인 독도를 자기나라의 영토라고 신문지상 또는 기타 선전기관을 통하여 아전인수격인 허무맹랑한 주장을 반복하고 있는 이때, 독도가 엄연히 대한민국의 영토라는 것을 충분히 입증할 수 있는 귀중한 문헌이 또 하나 외무당국에 입수되었다. 즉 일본 해양학회에서 '쇼와 18년 6월 1일부'로 발행한 『해양의 과학**』 제3권 제6호의 4, 5권에 수록된 삼국도람 및 그 도설 '덴메이 5년***'에 '하야시 시헤이' 그림에 의하면 독도는 한국의 영토라는 것이 명확하게 기록되어 있다. 이로써 독도는 우리나라 사기(史記)를 보거나 또는 수년 전의 어민조난사건 및 전기 일본의 해양학자 '하야시 시헤이'가 만든 지도 등으로 보아 우리 영토인 것이 틀림이 없으므로 정부 및 한일회담 한국 측 대표단은 독도가 우리의 영토임을 다시 세계에 천명하여 독도 어장을 강탈하려는 일본의 야욕은 일축될 것이라고 관측하고 있다.

---

* 『마산일보』, 1952년 3월 8일, 1면, "한국회담의 일대 쾌보 독도는 한국 영토 일본 해양학회 문헌에 명시"; 『경향신문』, 1952년 3월 9일, 2면, "한일회의 호조리(好調裡) 진행 독도는 우리 영토로"; 『자유신문』, 1952년 3월 9일, 2면, "한·일회담에 일대 낭보! 독도는 한국 영토 일본 해양학자 임자평(林子平)이 반증"
** 원문에는 '화학'으로 되어 있으나, '과학'의 오식으로 보인다.
*** 천명(天命) 5년은 1785년이다.

『경향신문』, 1952년 4월 15일, 2면

중등 입학
국가고시문제

금년도 국가고시 문제 중 중요한 것 몇 문제를 추려보면 다음과 같은 것이 있다.

(중략)

▲ 문제 4

(중략)

5. 큰 섬부터 쓰라.
가. 울릉도 나. 제주도 다. 독도 라. 거제도

(이하 생략)

「동아일보」, 1952년 5월 2일, 1면

독도 문제 귀추 주목
맥선(線) 철폐로 복잡화

【동경 1일발 RP시사】 28일 맥아더 라인이 철폐되어 일본 어선은 속속 맥아더 라인을 넘어 출어하고 있는데 여기에 새로이 복잡한 문제가 생기고 있다. 즉 독도 문제가 그 하나인데 한국에서는 독도는 한국령이라고 주장하고 있으며 작년 4, 5월에는 다수의 한국인이 독도에서 해초 채취와 해구 포획을 하였던 것이다. 한편 일본 측에서는 독도를 죽도라고 하며 일본령임을 주장하고 있는데, '맥아더 라인' 철폐 전에는 어선은 맥아더 라인 밖에 있는 독도까지 가지 못하고 오직 일본 해안보안대의 순시선만이 독도까지 갈 수 있었다. 그런데 금번 맥아더 라인의 철폐로 일반 어선도 독도까지 갈 수 있게는 되었으나, 이미 작년에 한국 어민이 독도에서 해초 채취, 해구 포획을 하였고 금년에도 출어하고 있으므로 한국 측과의 마찰을 염려하여 현재어 있어서는 일본 보안대의 순시선조차 독도에 가지 못하고 있는 형편이다.

`「동아일보」, 1952년 5월 6일, 1면`

[사설]
한일어업문제

"이해관계국들 사이에 어떠한 새로운 이해나 협정이 성립되어 종전(從前) 의지에 대치(代置)되기까지는 어떤 형식적 일방적 철폐가 그 효력의 존속에 대단한 영향을 줄 수 없다"는 것은 한국 정부의 맥아더선 철폐에 대한 견해이다. 일본 점령 맥아더 총사령부가 '맥선(線)' 설정으로 일본의 어업구역을 제한함에 이르는 근본 출발점이 일제의 강점 40년을 통하여 압살(壓殺)될 대로 압살된 한국 어업을 조장 육성시키는 한편 피탈될 대로 피탈받은 연안 일대의 수중자원(水中資源) 회복을 기도함에 있었던 것만은 사실이다.

일본 점령 7년에 총사령부가 군국 '파쇼 일본'을 민주화하기에 현저한 성과를 거둠에 이르러 연합국은 그들에게 강화조약으로서 그들 자신의 운명을 개척해나갈 수 있는 자유를 허(許)함에 이르러 맥선의 제약도 해제 받게 된 것이다. 그러나 맥선의 제약이 상술한바 근본 출발점에서 명백히 된 바와도 같이 총사령부가 단지 일본의 어업을 제한하려는 일방적 의도보다도 한국 어업육성이라는 더 커다란 관심에서 행한 바로서 간주할 수 있음에 금반의 점령하 대일제약의 총체적 해제의 일환으로 해제 받음에는 법적으로는 성립할 수 있으나 이 제약이 가진바 본질에 상도(想到)할 때 유감됨이 없지 않다 할 것이다.

이에 한국 정부가 맥선은 명칭은 무엇이든 간에 평화선이었고 지금도 평화선임에 부득이하면 무슨 대가를 치르더라도 이것을 지킬 작정이라고 성명하였음은 일본의 독립이 세계 평화에 기여하는 일익에서 전 자유 세계의 승인을 받게 이른 것이라는 점에서도 맥선의 일방적 철폐가 한국 해협을 일의대수 격한 한일간의 협조로서만 이루어질 극동의 평화에 한 개의 장해물 하여 질 것을 우려한 나머지 행하여졌다고 할 것이다. 더욱이 한국은 앞서 선포한 인접해양주권선언에 대하여 일본 정부가 이를 반대하고 존중할 의사 없음을 표명하여 무시의 태도로 나오고 있음에서 양국간의 마찰이 원천됨을 제거하려는 데에 금차(今次) 성명의 기본은 있다 할 것이다.

맥선이 철폐되자마자 일본 어선이 대거 한국령 독도까지 출어하고 있는 사실은 맥선 철폐라는 점을 차치하고라도 한국의 권익 즉 인접해양선언으로 침범 무시한 것으로 단정 안 할 수 없으며 자위권 발동도 피치 못할 경우가 있으리라는 점을 오인(吾人)은 우려하는 바이다.

이러한 일본의 행동은 미가일(美加日) 공해어업협정에 있어 미국이 일방적 관리수역 선언을 존중하여 북태평양의 반부(半部)에 걸치는 광막한 수역에 일본이 자국민의 출어를 금지할 것을 약정한 사실에서 볼 때 한국에 대하여 우호 협조적으로 나오고 있지 않음은 물론 과거의 제국주의적 우월성을 아직 버리지 못하고 있음을 누가 부정할 수 있겠는가? 일본 수산청이 입안한 강화 발효 후의 어업계획에서 그들은 미가일 어업협정선 내의 조업에서도 되도록 한계를 줄이어 자숙의 태세로 나오고 있고 또한 우호할 수도 없는 소련과 중공과의 마찰을 피하기 위하여서도 수역에 제한을 가하고 있음에도 불구하고 인방이며 지극 우호하여야 할 대(對) 한국에 있어서만은 그들이 자숙할 의도조차 보이고 있지 않으니 그 심사를 가히 짐작할 수 있다. 이제 우리는 독립국가로 출발한 일본이 아주(亞洲) 특히 극동 인방과의 협조와 신의를 유지함에 있어 고립되지 않기를 이에 강조하여 마지않는 바이다.

『민주신보』, 1952년 5월 23일, 2면

어선단 대규모 확충 화급
일본 어선 아(我) 해역에 불법 침범

21일 어업 관계자가 전하는 바에 의하면 최근 다대수의 일본 어선이 우리나라 해역을 침범하고 있다 한다. 일본 어선의 이러한 침범은 지난 4월 28일 그들이 연합군 점령 하로부터 독립되자 때를 놓치지 않고 바로 그날 새벽 3시를 기하여 동해에 있는 독도 지구를 비롯한 각 해역에 침범하기 시작한 것이며 그들은 우수한 자재와 기술과 선박으로써 대거 침범해오기 때문에 우리나라 수산업에 미치는 영향은 자못 주목할 바 크다고 한다.

그런데 우리나라에서는 지난번 선언한 바 해양선언이 엄존하고 있는 만큼 당국서는 일본 어선의 이러한 침범을 하루바삐 봉쇄하는 동시 해양경비의 철저와 아울러 한국 어선단의 조속한 시일 내의 대규모 확충이 있어야 할 것이 요청되고 있다.

『조선일보』, 1952년 7월 12일, 2면

독도 근해서 조개 등 대량 어획*

동해안의 고도 독도는 그 귀속문제로 우리 국민의 지대한 관심을 집중시키고 있거니와, 지난 6월 12일 울릉도로부터 어로(漁撈) 경비원이 정부에 보내온 보고에 의하면 독도에서 미역, 조개 등이 무진장으로 번식하고 있어, 금년 들어 2억 원 이상의 액수에 달하는 어획을 하였다고 하는데 앞으로 3개월 동안 동해안 고기잡이의 중심이 될 것으로 일반의 기대는 자못 큰 바 있다. 그런데 지난번의 폭격사건 후 설립된 위령비(慰靈碑)와 우리나라 영토임을 표시하는 남면 도동(南面 道洞)이라는 표주(標柱)도 그대로 서 있다 한다.

---

* 『동아일보』, 1952년 7월 10일, 2면, "일대 수산 장화(場化)한 독도, 벌써 미역, 조개 등 억대 어획"; 『경향신문』, 1952년 7월 11일, 2면, "억 원 이상 어획 독도의 최근 소식"

`『경향신문』, 1952년 8월 2일, 2면`

독도 등에 조사단
11반 구성 출발

독도 및 울릉도의 자연과학 및 인문과학 탐사단이 2주일 기간 예정으로 출발하리라 한다. 동 탐사단은 홍(洪鍾仁) 씨를 단장으로 이(李崇寧), 신(愼業재) 양 부단장 인솔하에 60여 명의 대거 단원으로 구성되어 있으며 8월 9일에 출발하여 동 23일경에 귀부하리라 한다.

「동아일보」, 1952년 9월 12일, 2편

울릉도 독도 탐사
산악회서 금일 출발

한국산악회(韓國山岳會)에서는 울릉도 및 독도에 학술조사단을 파견키로 결정하고 저간 준비 중이던바, 제반 수속이 완료되어 금 12일 출발키로 되었다 한다.

『동아일보』, 1952년 9월 13일, 2면

독도학술조사단, 수일간 출발 연기

울릉도 및 독도 학술조사단은 12일 부산항을 출발할 예정이었으나 천후 관계로 수일간 출발을 연기하기로 되었다 한다.

「경향신문」, 1952년 9월 18일, 2면

울릉도·독도학술조사단, 17일 출발

태풍 관계로 출발을 연기케 되었던 한국산악회단 울릉도 독도 학술조사의 일행 45명은 폭풍우 경보 해제와 동시에 곧 발정 준비에 착수하여 17일 오전 10시 교통부 소속선 진남호(305톤)로서 부산 출발, 목적지로 향하였다는데 일행의 일정은 다음과 같다.
제1일 9월 17일 부산항 출항(항행)
제2일 18일 울릉도 착항(着港)
제3일 19일 울릉 도동항 착항
제4일 20일 울릉도 급 독도 조사
제5일 21일 울릉도 간 왕복
제6일 23일 울릉도 체재 조사
제7일 23일 동(同)
제8일 24일 울릉도 체재 휴양 강연회
제9일 25일 울릉 도동항 출항(항행)
제10일 26일 부산항 귀항

『조선일보』, 1952년 9월 18일, 2면

17일 출발, 울릉도 독도 학술조사반*

태풍 관계로 출발을 유예 중에 있던 한국산악회(韓國山岳會) 주최 울릉도·독도학술조사단(鬱陵島獨島學術調査團) 일행은 폭풍우 경보가 해제되면서 곧 출발 준비에 착수하여, 일행 사십오 명은 17일 오전 10시 부산항(제5육군병원 뒤 어시장부두)에서 교통부 소속선 진남호(鎭南號 305톤)로 출범케 되었다. 조사단의 전 행정은 전후 10일간으로 그중 일부 특수반은 2일 내지 3일간은 독도로 왕복하면서 조사 기록에 주력하고, 나머지 일행은 울릉도에 체류케 될 것이다. 부산 귀항 예정은 26일 오후이다.

---

* 『동아일보』, 1952년 9월 18일, 2면, "독도조사단 작일 오후에 출발"

『경향신문』, 1952년 9월 21일, 2면

독도학술조사단, 현지에 무사 귀착

한국산악회의 울릉도·독도학술조사단 일행 36명은 18일 상오 7시 울릉도에 무사히 도착하였다 한다.

「동아일보」, 1952년 9월 21일, 2면

독도에 또 폭격소동
불안과 공포에 싸인 도민들

동해 벽해에 멀리 외떨어진 섬 독도에 또다시 피비린내 나는 불안과 공포가 전 도민을 휘덮고 있다. 1948년 6월 30여 명의 어민들이 미군기에 의한 이유가 없는 사격으로 말미암아 억울한 죽음을 당한 비참한 울릉도 독도 사격사건이 아직도 세인의 기억에서 사라지지도 않은 오늘, 또다시 독도에서 사격사건이 발생하였다 한다. 즉 지난 9월 15일 오전 11시경 울릉도 통조림 공장 소속선 광영호(光永號)를 탄 해녀(海女) 14명 외 선원(船員) 등 합 23명이 출어(出漁) 중에 있던바, 틀림없이 미군 비행기라고 추측되는 비행기 1대가 나타나서 독도 주변을 선회하면서 4개의 폭탄을 던졌다 한다. 이에 따라 울릉도의 어민들은 불안과 공포에 사로잡혀 마음 놓고 출어를 못 하는 상태에 있으며 지난 17일 부산을 출발한 울릉도·독도학술조사단 일행도 행동을 제지당하고 있다 한다. 그러므로 울릉도 도민과 동도 조사단 일행은 동 폭격사건의 진상 조사를 정부 당국과 군 당국에 의뢰하는 한편 앞으로 이와 같은 경고 없는 폭격사건이 일어나지 않도록 간절히 요망하고 있다.

미군 비행기로 추정
독도학술조사단이 보고*

그런데 울릉도·독도학술조사단장 홍종인(洪鍾仁) 씨는 20일 상오 11시 20분 동 폭격사건에 관한 상세한 전문을 지급 전신으로 상공장관에게 다음과 같이 보고하여 왔다.

---

* 「평화신문」, 1952년 9월 23일, 2면, "독도에 또 폭격사건, 국적 불명기가 폭탄 4개 투하"

미군 비행기가 틀림없으리라고 추정되는 비행기 1대가 폭탄을 던져서 출어 중의 어민이 화급히 퇴피치 않을 수 없었다는 사실을 알게 되어 본 조사단에서 곧 해군본부 총참모장에게 이 사실을 통지하는 동시에 본 조사단은 안전한 항해를 보장하기 위하여 공군 관계 당국에 연락기를 청탁하고 19일에 행동을 유예하고 있음.

(1) 독도의 폭격사건인즉 지난 9월 15일 오전 11시경 울릉통조림공장 소속선 광영호가 해녀 14명과 선원 등 합 23명이 소라, 전복 등을 따고 있던 중 1대의 단발 비행기가 나타나서 독도의 주변을 돌면서 4개의 폭탄을 던졌는데 이 때문에 어민들이 곧 퇴피에 착수하자 비행기는 일본 방면으로 날아갔다는 것이다.

(2) 독도를 이에 대해서는 울릉도 어민들이 간절히 원하는 바이어서 지난봄 4월 25일 무렵 한국 공군 고문관을 통하여 미 제5공군에 조회했던바 5월 4일부로 독도와 그 근방에 출어가 금지되었다는 사실이 없고, 또 극동공군의 연습폭격 목표로 사용돼 있지 않다는 회답이 있어서 한국 공군총참도장으로부터 경북도를 통하여 울릉도에도 기별되었던 것임에도 불구하고 금번에 하등의 경고 없이 폭탄을 투하하였기 때문에 울릉도 도민은 1948년 6월 30명의 사망자를 내인 미 공군 폭격자가 참여한 기억을 다시 명기하고 불안공포를 느끼며 미군 당국이나 우리 정부기관에 조회나 통보를 믿기 어렵다는 생각을 가지고 있다.

`경향신문』, 1952년 9월 22일, 2면

독도 주변 어선을 폭격
현지 학술조사단 보고

한국산악회서는 울릉도와 독도의 실정을 조사코자 홍종인(洪鍾仁) 부회장을 단장으로 일행 36명으로 조직된 학술조사단은 지난 16일 교통부 소속선 진남호로 현지에 향하였는데 그들의 제일신이 20일 상공부 장관에게 왔는데 그 내용을 보면 "9월 19일 오전 11시경 울릉통조림회사 소속선 광영호가 해녀 14명과 선원 23명을 싣고 소라 전복 등을 따고 있는 중 1대의 단발 비행기가 나타나서 독도 주변을 돌면서 4개의 폭탄을 던지기 때문에 어민들이 곧 퇴피에 착수하자 비행기는 남쪽 일본 방면으로 날아갔다는 것이다" 인데 이로 말미암아 어업에 막대한 지장이 있을 뿐 아니다. 또 사단 행동에도 큰 지장이 있으니 관계 당국과 연락하여 항행을 마음대로 하도록 하여 달라는 요청과 동 방면의 어업 상황이 기록되어 있었다.

「동아일보」, 1952년 9월 22일, 2면

폭격연습지 아님은 5공군도 확인하고 있다
독도 무경고폭격에 상공장관 담

지난 15일 발생한 독도폭격사건에 대하여 이(李) 상공부 장관은 21일 다음과 같은 담화를 발표하였다. 1948년 독도폭격사건으로 무고한 어민 다수가 희생되어 국민의 우울한 감정이 아직 사라지기도 전에 9월 15일 또다시 폭격사건이 발생하였다는 울릉도·독도학술조사단의 보고에 접하여 경악하여 마지않는다. 독도가 폭격연습지가 되어 있지 않은 것은 제5공군에 의하여 확인되고 있으며 정착성(定着性) 수산물의 풍산지로서 울릉도는 중요한 어장이다. 다행히 인적피해는 없었으나 여사한 사건이 금후 계속한다면 어민의 활동에 영향이 미치는 바 지대할 것이며 성업 유지상 중대한 결과를 초래할 것이므로 지금 관계당국과 절충하여 그 신상을 규명하는 동시에 여차한 사건이 재기치 않도록 조치를 취하고자 하는 바이다.

「조선일보」, 1952년 9월 23일, 2면

독도를 또 폭격
단발기 폭탄 4개를 투하

【부산】지금으로부터 4년 전 독도에서 발생한 미국 비행기의 폭격사건은 아직도 우리의 기억에서 사라지지 않고 있는데 지난 15일 상오경 역시 미군기가 틀림없다고 인정되는 단발 비행기 1대가 독도 해안에서 소라, 전복 등을 따고 있는 해녀들의 근처에 폭탄 4개를 떨어뜨리고 일본 쪽으로 종적을 감추었다 한다. 그런데 피해는 아직 미상이라 한다.

「조선일보」, 1952년 9월 24일, 2면

침범시엔 발포!
일(日), 해양선언 무시에 단호 태도

지금까지도 때때로 일본 어선은 우리 해양 인접선을 돌파하여 어로를 하였고 경비선에 대하여는 도전적 태도를 감행해왔거니와 한일회담이 난항 중에 있는 이때 일본 정부는 수일 전 정식으로 해양 인접선을 한국의 주권으로 인정치 않는다는 의사표시를 명확히 하는 동시에 20일부터는 일본 어선을 경호하기 위해서 무장 함정을 우리가 선고한 해양 인접선 내에 투입할 것을 또한 명백히 하였는데 동해안으로는 독도와 울릉도 사이를 서남쪽으로는 제주도와 본토 사이를 횡단 순라하리라는 것이다.

「조선일보」, 1952년 9월 25일, 2면

독도에 또 폭격 연습!
22일 쌍발기 4대가

【부산분실 전화】 방금 울릉도에 머무르고 있는 산악회(山岳會) 학술조사단(學術調査團)은 지난 15일 소속 불명의 비행기가 해상을 폭격하기 때문에 독도 상륙을 중지하고 22일 제2차로 독도로 향해서 출발하여 상오 11시경 독도 2킬로 해상에 접근하였으나, 돌연 4대의 비행기가 나타나 해상에 폭탄을 투하하는 폭격연습을 하기 때문에 이날도 독도에 상륙을 못하고 0시 45분경 울릉도에 귀환하였다고 한다. 동 조사단장 홍종인(洪鍾仁) 씨가 정부에 타전한 보고에 의하면 당일 확인된 비행기의 정체는 연녹색의 쌍발기로서 우익에 두 개의 흰 줄이 그어져 있었으며, 날개 끝에는 백색의 표식이 붙어 있는데 처음에는 약 천 야드 고도에서 폭탄을 투하하였으나 점점 고도를 높이고 나중에는 두 대가 울릉도 방향으로 자취를 감추어 버렸다고 한다. 따라서 산악회 학술조사단은 독도 상륙을 연기하여 24일 상륙키로 하였다 한다.

`동아일보』, 1952년 9월 26일, 2면

울릉도 우복(又復) 폭격
학술조사단이 보고*

독도 및 울릉도 학술조사단을 태운 '진남호'는 지난 22일 독도 조사를 결행코 임지로 향하였으나 22일 역시 항공대의 폭격연습으로 말미암아 목적을 이루지 못하고 울릉도로 일단 돌아가게 되었다고 하며 작 25일 흗지 조사단으로부터 다음과 같은 내용의 제3신이 정부에 보내졌다고 한다.

1. 22일 드디어 독도행을 결행했던 본 조사단은 오전 11시경 독도까지 약 2킬로 접근하였으나 1시간 이상 계속되는 폭격연습으로 상륙치 못하고 부득이 일단 울릉도로 돌아오지 않을 수 없었음.

2. 이날 천기는 극히 청명하여 비행기의 폭격 광경은 자세히 관찰할 수 있었고 수종의 촬영기에도 완전히 수록할 수 있었음. 본 진남호 선상에서 비행기의 폭격을 확인하기는 10시 15분부터인데 비행기는 암록색의 쌍발기로 우편 날개에 수개의 백색선과 날개 끝에 역시 백색의 표식을 그렸으나 확인키 어려웠음. 처음 발견했을 때는 3기 내지 4기로 약 1,000미의 고도에서 독도에 향하여 연속 폭격을 하면서 점차로 고도를 높여 내종에는 300미** 이상의 고도에서 폭격하고 있었는데 그때 본 진남호는 독도까지 약 2킬로 접근하였으나 이때의 폭격이 본선과는 군 방향으로 독도에서 약 2킬로 되는 해상에 폭탄을 투하하는 것을 보고 더욱 위험을 느끼고 12시 40분 귀항하였는데 비행기는 계속 폭격하다가 미구에 본선과 같은 방향인 울릉도로 최종의 2대가 자체를 감추었음.

---

* 평화신문에는 다음과 같이 3번째 항목이 적혀 있다. "3. 본 단은 24일에 다시 독도로 출발하여 소기의 목적을 거둘 결심임." 『평화신문』, 1952년 9월 23일, 2면, "독도에 또 폭격사건, 국적 불명기가 폭탄 4개 투하"

** '3,000미'의 오기로 보인다.

『동아일보』, 1952년 9월 28일, 2면

독도폭격 상금(尙今) 계속
학술조사단 제4차 보고*

독도학술조사단이 동도(同島) 주변에 대해 폭격으로 동도에 상륙하지 못하고 해군 당국의 노력으로 재차 동도로 향하였으나, 역시 폭격이 계속되고 있는 관계로 24일 오전 9시 30분 독도 1키로 지점까지 접근하였으나** 상륙하지 못하고 다시 울릉도에 돌아왔다고 다음과 같은 학술조사단 제4신이 도착하였다.

1. 24일 재차의 독도행을 결행한 본 단이 24일 상오 9시 30분경 독도 동방 약 4킬로 지점에 접근하자 2대 내지 4대의 쌍발기가 약 3,000미 고도에서 여전히 폭격 연습을 하고 있음을 발견하였다. 본선은 독도 1킬로까지 접근하여 섬을 일주하여 상륙할 기회를 엿보았으나 폭격기는 본선을 본체만체 섬 주변에 연속폭탄을 투하, 도저히 접근할 수 없음. 극히 염려되였던 것은 본선보다 2시간 전에 독도에 도착한 해녀 21명이 편승한 광영호(4톤)였는데 10시 10분경 폭탄 투하 지점 약 3,000미 근해에서 해선을 발견하고 안심하였다.

2. 본선이 2시간 반에 걸쳐 섬을 일주하는 동안 약 10여 발의 투탄 광경을 볼 수 있었다. 대개는 섬 주변에서 폭발하였고 멍멍한 폭염과 소란한 폭음에 우리들 가슴 깊이 울려오는 것을 느끼었고 섬을 일주한 결과 동도와 서도는 폭격으로 인하여 많이 분모되었으며 동도의 분화구의 일각은 완전히 파괴되었음을 확인하였다.

3. 해공군 각 참모장의 명의로 미 제5공군이나 유엔 함대기 등 모처럼 긴밀 연락과 교섭을 다 해주었음에도 불구하고 그 효과를 보지 못하고 돌아가게 된 것은 유감천만이다. 그런데 독도를 우리의 발길 손길이 뻗어 나갈 여지없이 버려두어야 할 것인가.

4. 진남호와 광영호는 각각 울릉도에 귀항 귀로에는 파랑이 상당히 높았다.

---

* 『경향신문』, 1952년 9월 29일, 2면, "독도 주변에 폭탄 연속 투하 진남호 등 울릉도에 귀항"
** 『조선일보』, 1952년 9월 26일, 2면, "24일 상륙, 독도학술조사단"

「동아일보」, 1952년 9월 29일, 1면

한국전쟁 양상 변모?
연안 전면 봉쇄 단행
적의 해로 기습 등에 대비

【동경 28일 UP=동양】 유엔 최고사령관 클라크 장군은 27일 미국 해군은 한국 수역 전체에 긍(亘)하여 연안 봉쇄를 행하고 있다고 발표하였다. 이 발표에 의하면 금반 연안 봉쇄는 연안에 대한 적의 공격을 방지하는 동시에 유엔군의 수송선을 확보하고 또한 적의 비밀기관이 한국에 잠입하는 것을 저지하기 위하여 취해진 것이다. 또한 이 발표에 의하면 이 연안 봉쇄를 엄중히 한 원인으로서 다음과 같은 점을 들고 있다. 즉 거제도에 억류되어 있는 공산포로의 폭동사건을 조사한 결과 이들 포로는 북한의 공산당 본부로부터 지령을 가지고 이들 도서에 비밀리에 상륙한 공산군에 의하여 선동되었던 것이 명백히 된 것이다.

【경(京) 28일발 PANA=대한】 26일 UN군 총사령관 클라크 장군은 한국 해안의 UN군 통신선의 안전과 공산 측 비밀기관의 통신선 침투에 대한 한국 수역의 해상 방위를 위하여 경고를 발하였다. UN군 사령관 수뇌자들은 9월 23일 한국의 이 대통령과 이 지역의 방위 문제에 관하여 상세한 토의가 있었다고 한다. 해상 방위 지역 제한의 강화는 극동군 사령관에게 지시하였다. 이 신방어 지역의 주요 목적은 공산비밀기관에 의하여 공산포로들과의 불법 통신을 저지함에 있는 것이라 한다.

일선침범도 경계
민간선박에 출입허가제

주한미대사관을 통하여 발표된 유엔군 사령부의 한국 해역 방위선은 동시에 최근의 일본 어선 침입문제를 해결하는 기본적 전제를 명확히 하게 되었다. 미 대사관의 한 관리는 동 방위선 설정에 의하여 금후 지정 해역 내에 들어오는 민간선에는 허가제가 실시될 것이라고 시사하였다. 따라서 이와 같이 되면 일본 어선의 한국 해역에 잠입 문제는 동 어선들에 대하여 이 해역 내에서의 어업을 유엔 해군과 한국 해군이 개별적으로 인가하는가 않는가의 문제만이 잔존하게 될 것이며, 이에 대하여 동 성명은 확실한 시사를 하지 않고 있으나, 동 방위선 설정에 있어 "한국 국민이 충분히 이해하도록 하기 위하여 세부에 긍하여 클라크 장군의 대표가 이 대통령과 토의하였음"을 밝히고 있다.

신(新) 경비선서 독도는 제외

클라크 사령부에서는 작전 해역과 한국 수역 경비선을 획정하여 27일 발표한 바 있거니와, 동 경비선에 대해서는 지난 21일 미 극동함대 사령관, 한국 수역 봉(封)□ 사령관 깅취 소장을 통하여 한국 정부에 전달하였다 한다. 탐지한 바에 의하면 새로 결정된 한국 수역 경비선은 동해에 있어서는 울릉도와 독도 사이를 남하, 대마도와 부산 사이를 통과하여 제주도 남방에서 황해로 북상하는 선이라는바, 독도 해역이 빠진 것을 제외하고는 대체로 한국 정부가 선언한 해양주권선과 차이 없는 것으로, 연안 20리 밖으로 되어 있다 한다.

「경향신문」, 1952년 9월 30일, 2면

천연자원이 사장(死藏)
독도의 어로 보호 긴요

울릉도 및 독도로 행한 학술조사단 일행은 2회에 걸친 공습으로 인하여 독도에 상륙하지 못했다고 하며 울릉도 및 독도 일대의 천연자원(미역, 전복, 소라)은 11억에 달하고 있으나 이 지구에 있어서의 어민의 자유로운 어업활동은 저해되고 있다고 하며 당국의 철저한 보호를 요망하고 있다고 한다.

「조선일보」, 1952년 9월 30일, 1면

목적 못 이루고
독도학술조사단 28일 무위 귀환

【부산분실발】 울릉도 및 독도 학술조사단 일행은 기보한 바와 같이 독도에 대한 연습 폭격으로 인하여 목적을 이루지 못하고 28일 하오 1시 반 부산에 도착하였다.

「동아일보」, 1952년 10월 8일, 2면

독도조사단, 9일 보고회 개최*

한국산악회에서는 과반 울릉도·독도학술조사단을 편성하고 양도에 대한 과학적 '메스'를 가한 바 있는데 오는 9일 하오 2시부터 부산시의회 의사당(부산시청 3층 회의실)에서 동 조사보고회를 개최하게 되었다.

---

* 「조선일보」, 1952년 10월 9일, 1면, "9일 보고회, 울릉도학술조사단"

「동아일보」, 1952년 10월 10일, 1면

유엔군 봉쇄선 일부를 개정?
정부 요청을 이해*

유엔군의 한국 연안 봉쇄선은 남쪽과 서쪽에서는 한국 해양인접선과 거의 동일하나 동해안에서는 울릉도와 독도를 도외시하고 있어 한국 정부에서는 유엔군 당국에 그 봉쇄선 설정의 개정을 요청하였다. 즉 울릉도나 독도가 엄히 한국의 영토임에도 불구하고 연안 봉쇄선 안에 들지 않고 있음은 외침을 당하여도 유엔군 당국에서는 관여하지 않을 것이며 또 그의 방위상 의무를 느끼지 않는 것인지 의심되어오던 터인데 전반 누차에 긍하여 감행한 독도폭격사건 등에 비추어보면 더욱이 유엔군의 연안 봉쇄선 설정에 있어서 부분적인 모순성을 지적치 않을 수 없다는 것이다.

---

* 『조선일보』, 1952년 10월 11일, 2면, "봉쇄선 개정을 요청, 유엔 당국, 실정(實情)을 수긍"

『동아일보』, 1952년 10월 11일, 2면

울릉도 조사단 보고회 성황

산악회 주최의 '울릉도·독도학술즈사단' 일행은 외군기의 뜻하지 않은 폭격으로 독도의 답사를 수행치 못하고 동해의 유일한 해상 기지인 울릉도만을 답사한 후 다대한 성과를 거두고 수일 전 귀환하였는데 지난 9일 하오 2시 부산시의회 의사당에서 회원을 비롯하여 일반 방청객이 다수 모인 가운더 지질, 생물, 고고, 역사, 측지, 지리, 수산, 의학 등 전반적인 학술적 관점을 중심으로 한 연제의 성대한 조사단 보고 강연회와 45매의 천연색 기록사진 영사가 있은 다음 뜻깊은 보고회를 마치었다 한다.

`경향신문』, 1952년 10월 16일, 2면

독도 미답기(未踏記)(상)

김원용(金元龍)

성숙에게

나리동(羅里洞)의 아침은 구름 끼고 험준하였으나 성인봉에서 불어오는 가을 아침 바람은 폐(肺) 세포의 속속까지 스며드는 것 같이 시원하였습니다.

오늘은 우리 역사지리반은 추산, 현포를 거쳐 태하까지의 30리 길을 걸어야 하였습니다. 중학 시대의 낯설은 친구들이 10여 명이나 돌연 우리 집을 '습격'해서 술상 차리느라고 야단법석하던 어젯밤의 꿈을 막연히 생각하면서 나는 추산으로 산길을 내려오고 있었습니다. 1947년도의 제1차 울릉도·독도학술조사단에 참가하였던 나는 추산서부터 태하까지의 행정은 이번이 두 번째이지만 나리동, 추산 길은 이번이 처음이었습니다.

화산암 밑에서 분출하는 용천(湧泉)이 추산 부락 뒤의 델타 고대에 깊숙한 계곡을 만들고 바다고 흘러들어가는 것을 멀리 바른 편에 바라보며 우리들은 길가에서 소휴게(小休憩)를 하였습니다. 왼편에는 추산이 이름 그대로 송곳같이 솟아 있었습니다.

다른 분들이 담배를 피우고 있는 동안 담배를 피우지 않는 나는 그 틈을 타서 계곡을 건너 저편 산기슭을 조사하려고 하였습니다. 나는 될 수 있는 한 걸음을 아끼지 말고 조사 면적을 넓혀야 하는 고고학도로서의 의무를 이행하는 것 이외에는 아무 생각도 없었습니다. 내가 부상한 뒤에 다른 분들은 "귀신이 불렀다"고 이야기하였다고 합니다. 순식간에 큰 부상을 입고 나니까 아닌 게 아니라 나 자신도 '귀신이 불렀구나'라고 생각됩니다.

나는 휴게지를 혼자 떠나서 계곡을 타고 하류를 내려가 거기서 저편으로 건너는 조그만 나무다리를 발견하였습니다. 그리고는 무심코 왼편을 내딛었습니다. 그러자 우두둑하더니 다리가 부러지며 나는 붙잡을 것 없이 륙색을 맨 채 3미터나 되는 계곡으로 떨어져 갔습니다. 떨어지는 시간이 오래기도 하더니 쾅 하는 충격과 함께 나는 잠깐 의식을 잃고 말

앉는데, 물소리만이 먼 하늘에서 들려오고 있었습니다. 나는 머리를 흔들고 의식을 회복하려고 노력하였습니다. 나의 몸은 가슴까지 물구덩이에 빠지고 바위에 강타되어 파열된 이마에서 선혈이 내 상의를 빨갛게 물들이고 있었습니다. 올려다보니 부러지고 남은 다리가 높은 허공에 걸려있고 이 모든 환경이 마치 무슨 지옥이나 죽음의 세계와 같았습니다. 나는 동통 후회보다 한없는 적막과 공포에 갑자기 사로잡혔습니다. 나는 정신없이 허덕이면서 기어올라갈 수 있는 곳을 찾아 계곡 바닥을 비틀거리며 걸어갔습니다.

이빨은 부러지지 않았으나 깨어진 입술이 퉁퉁 붓고 이마에서 흐르는 피가 땅 위로 뚝뚝 떨어지고 있었습니다. 본대(本隊)는 보이지 않으나 길 위에 올라서니까 "왜 다리를 건너려고 했나"하는 후회감과 함께 이 불의의 부상으로 인하여 앞으로의 조사가 불가능하지 된 애석감, 치료기간을 통한 막연한 불안감이 복받쳐 올랐습니다.

『경향신문』, 1952년 10월 17일, 2면

독도 미답기(중)

김원용(金元龍)

제일 먼저 나를 발견한 것은 유홍열(柳洪烈) 씨였습니다. 내가 가까이 걸어가자 유 선생은 깜짝 놀라며 저 뒤의 휴게 부대를 보고 "부상! 부상"이라고 소리쳤습니다. 그러자 전원이 뛰어와서 나를 둘러싸고 보도반의 임석제(林錫濟) 씨가 머큐롬으로 소독하고 붕대를 감아 주었습니다. 나는 내 상처가 얼마나 큰지는 몰랐으나 보는 사람마다 "아이구, 크게 다쳤는데"라고 하□ 하였습니다. 나는 최초의 긴장감이 풀린 데다가 이런 말을 들으니 큰 불안을 느끼게 되었으나 될 수 있는 한 냉정을 잃지 않으려고 애썼으며 명료한 의식을 유지하였습니다. 그러나 한 가지 큰 불안은 의료반이 없은데 인한 응급치료의 불가능이었습니다. 김영택(金榮澤) 박사를 반장으로 하는 의료반은 그날 아침 도동을 떠나 천부동에서 지방민에게 시료할 예정으로 되어 있었습니다. 천부동은 추산에서 약 5리가량의 거리에 있으며 험한 해변 길이 한줄기 있을 뿐입니다.

머리에 붕대를 감자 나는 이제 자타가 공인하는 부상자가 되어 급조의 □가에 실리어 추산 부락의 주막에 위선(爲先) 운반되었습니다. 주막집 마루 위에서 푹 젖은 옷을 갈아입는 동안 피는 다량으로 흐르고 있었습니다. 담배가 지혈에 좋다는 어떤 분의 교시로 분대를 풀고 상처에 담배를 담뿍 덮은 다음 다시 붕대를 감았습니다.

천부동까지 나를 운반해줄 동리 청년을 모집하는 동안 나는 앞으로의 고분 실측을 홍이섭(洪以燮) 씨에게 부탁하고 필요한 기구를 맡겼습니다. 이번 조사를 통하여 홍 선생의 후정(厚情)은 잊어버릴 수가 없습니다.

얼마 있다가 네 명의 청년들이 고맙게도 나와 주어서 나는 담가로 실려 본부 직원 두 명과 함께 천부동으로 향하였습니다. 다른 조사대원들은 예정대로 천부동과는 반대쪽인 태하를 향하여 출발하였습니다. 험한 해변 길에 내 몸은 출렁거렸습니다. 구름 낀 하늘에서는 빗방울이 하나둘 떨어지고 귀밑에서는 파도 소리가 처창하게 들리고 있었습니다.

이마가 화끈거리면서 감았다 떴다 하는(데) 눈에 하늘이 빨개지고 뜨거운 액체가 쉴 사이 없이 얼굴을 흐르고 있을 때 나는 이 5리 길이 죽음의 길이라고 몇 번이나 생각하였습니다. 조그만 심장은 출혈 때문에 고등을 멈추고 말 것 같았습니다. 출렁출렁하면서 하늘을 보고 처량한 물결 소리를 듣고 있으면 아무 생각없이 이대로 고요히 죽어버리는 것이 행복한 것도 같았습니다. □집□이란 죽기 전의 찰라까지 일단 죽고 나면 후회나 애석이나 더 있을 수 없는 것이 아닙니까? 고고학도가 박물관 귀신 되는 것도 좋은 일이 아닌가? 이렇게도 생각하였습니다. 만일 나를 메다 주는 청년들이 잠자고 있었으면 나는 그대로 의식을 잃고 동해 바다 한복판 울릉도 해변에서 고요히 잠자고 말았는지 모르겠습니다. "아이구, 이 피 보아 상당히도 흐르네도" 이러한 소리가 나의 생에 대한 집착을 돋우고 또 돋우었습니다.

나와 같은 빈약한 일개의 생물을 믿고서 일생을 탁(託)하는 당신과 종민이 그리고 민어의 불쌍한 얼굴이 흩어진 나의 마음을, 아니 삼매경에 들어간 나의 발걸음을 현세로 현서로 끌었습니다.

"어서 갑시다. 빨리 갑시다." 나는 청년을 재촉하고 5분간의 휴식을 2분, 1분으로 단축하였습니다. 천부동까지만 가면 산다. 나는 굳은 상념을 가지고 피에 절벅절벅하는 붕대를 두 손으로 꽉 누르고 있었습니다.

『경향신문』, 1952년 10월 18일, 2면

독도 미답기(완)

김원용(金元龍)

'다 왔습니다'(라)고 청년들이 말할 때 나는 의료반이 타고 올 경찰서의 경비선이 항구에 들어와 있는가 아닌가를 물었습니다. 그러나 이날 따라 바다가 물결이 세서 배는 못 들어오고 의료반은 전혀 반대쪽인 남양동으로 예정을 변경하였다고 하지 않습니까?

그러나 나는 다행히 천부동의 조그마한 의생(醫生) 집에 운반되어 거기서 지혈제와 강심제를 맞았습니다. 의사는 젊은 분이었으나 착실하고 차근차근한 분이었습니다.

나는 그날로 본부가 있는 도동으로 갔으면 하였으나 바다가 나빠 배가 나가지 않아 부득이 하룻밤을 천부동에서 지냈습니다. 본부직원 두 명은 만사를 면장에게 부탁하고 내일은 독도로 간다 하여 도동으로 육로 40리 길을 출발하였습니다.

홀로 누워 있는 천부동의 하루는 적적하고 구슬픈 밤이었습니다.

이마에서 피는 안 나오지만 머리를 조금만 움직여도 이마는 깨어지는 것 같고 넓은 온돌방 한복판에 놓인 죽 한 사발을 먹지도 못하고 하룻밤을 신음 속에 지냈습니다. 이튿날 아침 도동 가는 배가 있으니 가는 것이 좋지 않겠냐는 면장과 여관집 여주인 말에 죽을힘을 다하여 걸어서 부두까지 나갔습니다. 퉁퉁 부은 내 얼굴을 보고 뱃간 손님들은 자리를 비켜주었습니다. 어제의 여파가 아직도 출렁대는 배 안에서 나는 오징어 짐 위에 기대고 눈을 감았습니다. 통통하는 기관 소리가 연기와 함께 가을 하늘에 사라지며 그날의 바다는 유난히도 새파랬습니다. 천부동서 도동까지 이 조그만 배로 한 시간 20분이나 걸린다고 합니다. 떠난 지 10분 만에 이마가 가려우면서 피가 나오기 시작합디다. 나는 배를 돌려 달라고 하였습니다. 이 이상 한 시간이나 출혈하면 도동이고 무엇이고 갈 필요도 없는 것이 아닙니까? 배 사공과 손님들이 괜찮다고 하며 그대로 배를 모는데 죽을 때까지 마음 약한 나는 반대도 못 하고 그대로 눈을 감았습니다.

'죽어도 좋다' 하는 자포자기한 마음이 도리어 나의 마음은 쇄정(鍱靜)케 하였습니다. 다행히 피는 도중에서 멎었고 배가 도동에 다다랐을 때 중학생들이 나의 짐을 갈러 들고 나를 병원까지 안내하여 주었습니다.

병원 문 앞에서 나는 이제 살았구나 하는 행복감을 느꼈습니다. 수많은 약병과 이 섬에서 처음 보는 간호부의 모습이 나의 마음을 안심케 하였습니다.

봉합수술은 대단히 아팠으나 생각한 것보다 쉽게 끝마쳤습니다.

동맥이 끊어지고 구막(口膜)이 터졌다고 합니다. 그만큼 피를 쏟고 살아난 것도 다행이지만 뇌진탕을 일으키지 않은 것은 참으로 천행이었습니다. 수술한 흠이 일생 이마에 남아 있을 것이지만, 그런 것은 생명에 비하면 아무것도 아니지 않습니까? 부처님은 믿지 않아도 삼불(三佛)이라는 별호(別號)를 가진 여덕(餘德)인가 생각하고 혼자 고소(苦笑)하였습니다.

7. 1953년의 독도
독도 경비와 제3차 울릉도 독도 학술조사

「동아일보」, 1953년 2월 28일, 2면

독도 어민 공포 일소(一掃)
공폭(空爆) 연습 중지를 미군서 보장*

한동안 독도 주민을 공포 속에 떨게 하던 독도 주변 공폭 연습은 한국 및 UN군 당국과의 합의로 이곳 주민들의 불안을 일소케 하였다고 한다. 작 27일 군 당국이 발표한 바에 의하면 거년 9월 15일 국적 불명의 비행기의 폭격사건 이래 문제 중이던 독도는 그간 우리 정부와 UN군 당국 간에 완전 합의를 보았으며 미국 정부로서도 독도는 한국의 영토의 일부임을 인정하고 금후 독도 부근에는 폭격이 없을 것이 미 극동총사령관에 의하여 보장되었다 하며, 폭격으로 인하여 대타격을 받아오던 어민들도 차후로는 안심하고 어로에 종사할 수 있게 되었다 한다.

---

* 『경향신문』, 1953년 3월 1일, 1면, "독도는 한국의 것! 미(美) 수(遂) 주권 인정, 극동사령관, 공폭(空爆) 중지를 언명"; 『조선일보』, 1953년 3월 1일, 2면, "보장된 독도 근역의 어로, 미 군당국서 불폭격 통고"

『경향신문』, 1953년 3월 2일, 1면

대(對) 독도 야욕 미식(未熄)
일본 또 소유를 주장

【동경, 일발(日發) PANA=대한】강기(岡崎) 외상은 28일 일본이 도근현(島根縣) 치해상(治海上)의 죽도(한국명 독도)에 대한 주권을 보유하고 있다고 선언하였다.

강기 외상은 이날 중의원 외교위원회에서 미국이 죽도에 대한 한국 주권을 시인하였다고 27일 한국 국방부 측이 발표한 외국 통신보도를 논평하여 대일강화조약에 동도의 일본 귀속권이 명확히 기입되어 있다고 지적하였다.

이어 동 외상은 한국 국방부 발표와 일 외무성은 무관하다고 부언하였다.

「마산일보」, 1953년 3월 2일, 2편

독도의 한국 귀속에 일(日), 금명 견해 표명 시
한일회담에서 토의 의향

【동경 28일 전화 동양(東洋)】 8.15 해방 이래 일본 정부가 소위 죽도(竹島)라고 칭하여 자국 영토라고 주장해 온 동해의 고도 독도가 완전히 한국 소속이라는 것을 미국이 확인하였는바, 한국 국방부 성명에 대하여 당지 외교관변 측과 일본 신문들은 동 사실을 중대시하고 있다.

즉 일본 신문들은 동 성명에 관한 의견을 크게 취급하고 있으며 또 외교관변 측의 견해가 전해지고 있는 바에 의하면 일본 외무성은 새삼스레 독도의 소속 문제를 금후 한일회담이 재개되는 경우 동 회담의 의제로서 채택할 방침이라고 한다.

이러한 일본 측의 견해는 한국 어장에 대한 야망을 표시하는 행동이라 볼 수 있는데 당지 소식통 측에 의하면 일본 정부는 금명간 이에 대한 공식적인 견해를 표명할 것이라 한다.

그런데 강기(岡崎) 일본 외상은 27일 참의원 본회의에서 한일회담이 지체되어 외교상의 조약을 체결하지 못한 원인이 무엇인가라는 우파(右派) 사회당 출신(社會黨) 송포(松浦) 일본해원조합 위원장의 질문에 대하여 다음과 같이 답변하였다.

"앞서 이 대통령이 방일시 공산주의의 위협에 직면하여 한일 양국이 국교를 원활시키는 것이 긴급하다는 점에 의견이 일치되고 나서 한일회담 재개 기운이 점차로 조성되고 있었다. 차제에 대방환(大邦丸) 사건이 발생한 것은 유감이다. 일본 정부로서는 이 사건의 조치와는 별도로 한 한일회담 재개에 노력할 생각이다. 그리고 어선의 보호 취체 문제로 한일 양국 간에 불상사가 일어난 것은 공산주의 국가들을 기쁘게 할 뿐이므로 대방환 사건은 인내하여 외교 교섭에 의하여 해결할 생각이다."

`「동아일보」, 1953년 6월 29일, 1면`

한국 어부 불법 체포
일, 독도 영유 계속 주장

【동경 28일발 RP=시사】 주일한국대표부는 독도 문제에 대한 23일의 일본 측 항의에 대하여 26일 회답하였다. 즉 독도는 엄연한 한국 영토임에도 불구하고 일본 정부는 동도를 죽도(竹島)라고 하며 동도는 일본 영토라는 부당한 주장을 계속해 왔는데, 지난 23일에는 일본 외무성을 통하여 가소롭게도 독도에서 한국 어선이 어로하는 것은 일본 영토의 침범이라는 항의를 주일대표부를 통하여 한국에 제출하였다. 이에 대하여 한국 측은 26일 회답을 보내고 독도는 일본 영토 중 미군이 직접 관리하고 있었다는 것, 독도의 식물 분포가 한국 본토의 그것과 동일하다는 것 등의 사실을 지적하고 독도가 한국 영토라는 것을 주장하였다. 한편 일본 정부는 가증스럽게도 일본 해안보안대를 동원하여 27일 아침 독도에서 한국 어부 6명과 어선 1척을 납치하여 취조 중이라고 한다.

「동아일보」, 1953년 7월 3일, 2면

침략의 상투 수단 노골*
일의 독도 침범에 국내 여론 비등

우리 동해에 있는 울릉도의 부속 도서인 독도에 대하여 일본 측은 하등의 근거 없이 자기 영토라고 주창해 오던 중 지난 6월 27일에는 일본 도근현(島根縣)의 국립경찰과 그곳 관헌 30여 명이 해상보안대의 경비선 두 척을 대동하고 27일에 독도에 상륙하여 '도근현(島根縣) 도(島) 오개촌(五箇村) 죽도(竹島)'라고 쓰인 팻말도 꽂고, 그때 마침 이 섬에서 천막을 치고 작업 중이던 울릉도 어민 6명에 대해서 퇴거를 요구했다는 보도가 전해지자, 일반 국민은 이는 곧 일본 정부가 동해상의 평화로운 우리나라 섬을 실력으로써 점령을 감행한 것이라 하여 격분을 자아내고 있거니와, 때가 바로 한국은 3년간의 전쟁을 계속해 왔고 방금 휴전 문제로 해서 더욱 곤란한 처지에 있는 때를 골라서 이런 불법 행동을 감행한 것은 우리 한국에 대한 인방(隣邦)답지 못한 행동일 뿐만 아니라, 세계의 눈을 속여가면서 영토를 확장하려는 엉큼한 행동이며 이로써 문제를 일으킨다면 방금 진행 중의 한일회담의 어업(漁業)문제 회담에서 1952년 1월 우리나라가 선포한 해양선언(海洋宣言)에 의한 '이승만 라인'을 침범코자 하는 계략을 품은 국제적 분규의 조작의 하나로 볼 수밖에 없다는 여론은 점차 비등하고 있다는데 한국산악회 및 어민회에서는 각각 성명을 발표하여 일찍부터 만주나 중국 등지에서 오랫동안 옛날 일본이 흑작질을 해 온 상투 수단의 하나와 모습이 방불하다고 지적하였다.

---

* 『평화신문』, 1953년 6월 30일, 3면, "일 관헌 30명, 독도에 불법 상륙, 현판 세우고 한인에 철거를 강조"

역사적 제(諸) 증거 뚜렷
일본의 영토란 만부당

산악회 성명

일본이 독도를 자기 땅이라고 주장하기 시작한 것은 1952년 연합국의 대일강화조약이 성립케 되면서 그들이 독립국이 된다는 그때부터였다. 그리고 독도를 '도근현 은기도'의 일부라고 한 것은 일본이 한국을 보호국으로 하고 한국의 외교(外交)와 군사권(軍事權)을 빼앗은 그 이후의 일이다. 독도의 명칭은 따로 떨어져 있는 섬이라는 말로도 해석되고 있으나 실은 돌로 된 '도러섬' 이후에 '독도'로 쓰고 있다. 옛날의 기록으로는 약 400년 전 삼봉도(三峰島)로도 나타나 있다. 두 섬 위에는 큰 바위가 우뚝 서 있는 때문이라고 할 것이다.

1. 역사적으로 수백 년 전부터 우리 정부에서 조사해 온 기록이 있고 근세에 와서는 울릉도를 위시한 경상도 강원도 등지의 어민이 여름마다 이곳에 출어(出漁)해 왔다. 그리고 1948년 6월 8일에는 울릉도 강원도 경상도 어민들이 30여 척의 배를 가지고 독도에 출어 중, 미국 비행기의 연습 폭격을 받아 30여 명의 사상자를 냈다. 그다음 해 경상북도청에서는 당시의 조난 어민의 위령비(慰靈碑)를 세워 지금도 뚜렷이 우리 국토의 존엄과 당시의 비참한 광경을 말하고 있다. 이러한 절해고도(絶海孤島)의 다수한 인명의 피의 기록은 결코 하루아침에 생긴 일이 아니고 오랜 세월을 두고 독도와 우리나라 사람과의 생활관계가 굳게 맺어 있는 증거인 것이다.

어민 납치는 불법행위
행정 당국의 강력한 조치 절실

어민회 성명

한일회담이 진행 중에 있는 차제에 독도 어민을 불법 납치하여 간 사건을 심히 불행한 사실이다. 금번 일본국은 불법하게도 한국 주권선을 침범하였을 뿐만 아니라 이미 역사적으로나 지리적으로 한국 영토임을 자타 공인하는 독도를 자영토로 간주하고 동도 한국 어민을 불법하게 납치하였다 함은 천인공노할 사실이며 전 민족의 고도의 분개를 일으키고 있다. 백만 어민을 비롯한 본회는 전체 국민의 이름으로 침략행위의 공공연한 발로인 일본국의 만행을 강력히 항의 규탄하는 동시에 한국의 절실한 이익을 위하여 행정 당국에게 이에 대한 강력하고 타당한 조치를 조속히 취할 것을 강경히 요청하는 바이다.

「경향신문」, 1953년 7월 7일, 2면

일본의 괴이한 처사

일본이 소위 강화조약에 의해 명칭뿐만 아니라 독립국이 된 후의 오만불손하고도 괘씸한 몇 가지 행동을 보고 "제 버릇 개 못 준다"는 속담의 진실성을 새삼스레 느끼어 왔었는데, 제반 문헌사실(文獻史實)에 의해도 우리 영토임에 틀림없는 독도를 죽도(竹島)라는 명칭으로 자기 나라 섬이라고 떳떳이 주장하는 철면피에는 아연과 공분을 금치 못하고 있던 차 전번 독도에 출어 중인 우리나라 어부를 체포한 언어도단의 조처에 이르러선 일(一)미의 적개심마저 떠오른다. 더욱 해괴한 처사는 한일회담에서 눈을 부릅뜨고 구각에 거품을 토하면서까지 자기 영토라고 끝내 주장하고 심지어 최근에 와서는 출어 중인 우리 한인을 영토침범이라는 터무니없는 구실로 체포 구속까지 하는 만행을 자행한 일도 있으면서 갑자기 요즘에는 일화(日貨)로 5만 원(圓)에 팔 것을 일본 대장성에서 현안(懸案)하고 도근현(島根縣)과 절충 중이라는 사실이다. 물론 왜구로부터 이어받은 군국주의 침략 사상이 패전의 참배를 맛보았다고 송두리째 근절될 리 없다는 것은 십분 잘 알고 있지만, 그렇다고 해서 5만 원 가치밖에 안 되는 사소한 문제를 가지고 더욱이 부당한 요구를 하고 트집을 잡아 한일 간에 암영(暗影)을 던진 그따위 괘씸한 도국(島國) 근성은 결코 그들 일본의 장래를 위해 이롭지 못하다는 것을 일러두는 바이다. (남원[南原] 격분생[激憤生])

『동아일보』, 1953년 7월 8일, 2면

국회서 처리방안 논의
일 정부의 독도 침점(侵占) 사건

침략의 근성을 아직도 버리지 못하고 한국의 혼란한 틈을 타서 우리의 국토를 공공연하게 침범한 독도 침범사건은 7일 국회 본회의에 상정되어 각 의원으로부터 신랄한 논란이 벌어졌다. 먼저 외무 위원장 황성수(黃聖秀) 의원은 동 사건 보고에서 일본 정부(외무성)는 6월 22일부로 일본에 있는 한국의 대표부에 대하여 자기들의 영토인 독도에 한국인 어민(漁民)이 출어하고 있다고 항의를 하여 왔으므로 6월 26일 주일대표부는 우리나라 영토에서 우리 어민이 고기 잡고 있는데 무슨 해괴한 소리를 하느냐고 강경한 항의를 한 일이 있은 이튿날인 6월 27일 상오 3시경 일본 관리 30여 명이 경비선 두 척을 가지고 독도에 나타나서 우리의 어민에게 퇴거를 명령하고 그 섬이 자기의 경토라는 팻말을 박아 놓고 간 것이라고 지적하고 나서, 독도는 역사적으로 보아도 세종실록 또는 유명한 일본인 학자 임자평(林子平)의 지도에도 한국 소속으로 되어 있을 뿐 아니라 총독부 당시 그들이 만든 조선지지자료(朝鮮地誌資料)라는 문헌에도 조선반도 극단 경위도(極端經緯度)의 극동 경계를 경상남도 울릉도 독도라고 규정하고 있으며 또한 2차전 종전 이후 연합국에서도 독도는 일본 영토에서 제외되었다는 사실 등 우리의 영토라는 것은 국제적으로도 분명하게 되어 있음에 불구하고 일본인들은 득도 부근의 어장(漁場)에 욕심을 내어 침략의 야심을 또다시 발로한 것이라고 갈파하였다. 이어 외무위원회서는 동 사건의 처리방안으로서,
1. 일본인의 우리 영토 침범에 대하여 우리는 실력행사로 철거시킬 것
2. 해군을 동원하여 군의 실력으로서 독도 어민을 보호할 것
3. 주권과 영토 침범의 책임을 추궁할 것
4. 산악회 등 학술연구단체의 독도 조사연구에 대하여 정부서는 편의를 제공하여 그 조사를 완성시킬 것 등
4개 조항의 안을 제안한 바 있으나 이에 대하여는 유승준(兪昇濬), 이종형(李鐘형) 등 의원

으로부터 일본의 독도 침략 의도가 어장이나 영토 등과 같은 작은 데 있지 않고 정치적으로 그들의 재무장을 촉진시키기 위한 자기 국내의 여론 환기를 위하여 한국의 무력적인 행사를 유인함으로써 재무장에 대한 미국*의 의욕을 촉발시키려는 간사한 전술이라고 생각되니, 실력 행사니 해군 동원이니 하는 문구는 수정하자고 주장하여 결국 동 안은 외무위원회에 재회부하기로 결의되었다.

---

* 원문에는 '국미'로 되어 있다.

`경향신문』, 1953년 7월 9일, 1면

외무위원 독도에 관심 집중

(중략)

◇ 산악회장인 홍종인(洪鍾仁) 씨만이 찾는 독도인줄 알았더니 국회에서도 이 독도를 찾게 되었다.

외무위원장 황성수(黃聖秀) 씨는 문헌의 동식물 분포로 보아 분명히 우리의 것이라고 주장한 후 직시(直時)로 독도를 침해한 일본 관헌에 무력행사를 하도록 외무위(外務委)에서 결의하였다고 한다. 유승준(兪昇濬) 씨는 "국회가 그렇게 홀가분하게 무력행사를 한다는 것은 삼가야 하오. 얼마든지 항의를 제출할 수가 있지 않소. 그래도 안 들으면 그때는 …" 하고 반박하였다. 어떤 선량(善良)의 말은 영국군 보고 철퇴하고 처칠 씨를 저승으로 가라고 폭탄선언을 하는 작금 일본에 대해 무력행사쯤 하라 해도 보통이 아니냐고 하는가 하면 김정실(金正實) 씨는 일선(日船)이 독도를 침입한 6월 27일 상오 3시는 일본이 한국을 북진한 날이라고 하니 문서로서 항의하라는 유 의원의 말은 그야말로 무색(無色)할 지경 ….

◇ 독도사건으로 정부는 도대체 무엇을 하고 있느냐고 따지는 판에 교통장관이며 국회의원인 윤성순(尹성淳) 씨가 출석하여 오수에 바쁘니 의사당에서 국무위원의 얼굴을 보는 것도 한 20여 일 만이다. 그러나 모두가 다 오불관(吾不關)이라는 듯 자유당 소속의 조정훈(趙定勳) 씨는 일본 독매신문(讀賣新聞) 한복판에 먹으로 시커멓게 칠한 부분을 이리 들여다보고 저리 들여다보고 있다. 독도에 관한 기사는 아닐 듯한데 ….

---

* 『민주신보』, 1953년 7월 7일, 1년, "민국당 격격 사건 판명, 독도의 일인 내침(來侵)에 대책 논의?"

`경향신문』, 1953년 7월 9일, 2면

우리 경찰대를 파견
일인이 건 현판 철거

독도사건에 진 장관 언명

지난달 26일 일본 경찰과 동 입국 관리국 사무원들이 불법 상륙하고 일본 영토라는 현판까지 세웠다는 독도를 위요한 영유권 침해 사건은 내무 당국이 경북 경찰국원을 파견하여 현판을 철거해옴으로써 일본 측 침략행위를 분쇄하였다.

이에 관하여 진(陳) 내무부 장관은 7일 기자단과 회견 석상에서 다음과 같이 언명하였다.

일본 경찰이 지난 26일 우리 영토 독도에 불법 상륙하고 일본 영토라는 현판을 걸어 놓았다는 정보를 접하고 지난 1일 경북 경찰대를 파견하여 진상을 살폈던바 시마네현 다케시마(島根縣竹島)라는 현판이 걸려있으므로 이를 철거하여 왔다.

그리고 그들이 한국인 주민에 대하여 철거를 명령하였다는 보도는 독도가 사람이 상주할 수 없는 무인도라는 데 비추어 사실무근인 것 같다.

「동아일보」, 1953년 7월 9일, 2면

독도의 일(日) 표식 제거
조병옥(趙炳玉) 씨 피살설 무근

진 내무장관 담

【서울분실】 진(陳) 장관은 7일 독도에 대한 일본의 불법행위를 통렬히 비난하면서 앞서 일본 측에서 독도에 건립한 '시마네현 다케시마'(島根縣竹島) 및 외국 선박의 출입을 금하는 2개의 표식을 지난 1일 경북 경찰국에 의하여 제거되었다고 발표하였다. (이하 생략)

「조선일보」, 1953년 7월 9일, 2면

국회의 태도 강경
일본 경찰의 독도 침범문제

가증한 일본의 군국주의는 다시금 대두하여 침략의 야욕은 패전 후 불과 10년도 채 못 되는 오늘날 점차 노골화하고 있어 민주주의 재건에 일대 암영을 던지고 있다. 최근 그 일례로 우리의 분노를 사고 있는 엄연한 사실로는 동해 바다에 있는 울릉도의 한 소속 섬인 독도는 역사적으로 또 현실적으로 엄연히 한국의 영토임은 한국뿐만 아니라 세계 각국이 인정하고 있는 사실임에도 불구하고 최근 일본 정부에서는 경찰과 외무성 관리를 파견하여 동도에 자기 나라영토라는 표식을 세우는 한편 고기잡이를 하고 있는 우리 동포들을 강제 철거시키고 있다는 놀라운 침략적 사실로서 이에 관한 보고가 국회에서 논의되고 있는 바, 그 보고 내용은 다음과 같다.

7일 황성수(黃聖秀) 외무위원장이 그 진상을 보고하였는데 동 보에 의하면 지난달 27일 새벽 3시에 일본 국립경찰과 외무성 관리로 편성된 30명의 임검대(臨檢隊)는 독도에 상륙하고 일본 영토라는 표식 2개를 꽂아 놓았다고 한다. 그리고 때마침 출어한 한국인에게 물러가기를 요구하였다고 한다. 동 의원은 "이 독도는 역사적으로 현시적으로 울릉도의 일개 부속 도서이다. 이 사건은 일본의 군국주의 침략 야망이 노정된 것으로 도저히 용서할 수 없다. 그러므로 국회는 우리 정부에 다음 네 가지 조건을 건의하기를 제안하는 바이다"라고 다음과 같은 대정부 건의사항을 말하였다.

1. 일본이 우리나라 영토를 침략하여 그들의 영토라고 주장한 표식을 단호히 실력을 행사하여 철거할 것.
2. 우리나라 해군과 경찰이 실력을 행사하여 출어를 보호할 것.
3. 우리 주권을 침략한 일본 정부에 그 책임을 추궁하고 엄중히 경고할 것.
4. 산악회 기타 연구단체에 적극적으로 후원하여 학술 연구에 편의를 제공할 것.

이상과 같은 보고와 결의에 대하여 각 의원은 일본의 침략주의를 규탄하는 발언이 있었으며 건의안의 문안은 외무분과위원회에 회부, 심사케 하고 본회의에 제출하기로 가결하였다.

`조선일보』, 1953년 7월 10일, 1면

독도사건에 건의안 8일 국회서 채택

【부산분실발】 8일의 국회는 금반 독도사건에 관하여 정부에 대한 건의안을 만장일치로 채택, 가결하였다.

二. 대한민국의 주권과 해양주권선의 침해를 방지하기 위하여 적극적인 조치를 취하여 금후 독도에 대한 한국 어민의 출어를 충분히 보장할 것.

1. 일본 관헌이 건립한 표식을 제거할 뿐만 아니라 금후 여사한 불법침해가 재발되지 않도록 일본 정부에 엄중히 항의할 것.

[참고자료] | 국회 회의록*

가. 제2대 국회 제16회 제17차 국회 본회의(1953년 7월 6일)**

2. 독도 불법점거의 건 중간보고

● **외무위원장 황성수** 독도 사건에 대한 중간보고를 말씀드립니다.

독도에 대한 역사적인 보고를 발표하라든지 혹은 그동안 외무위원회에서 연구한 결과를 발표하라든지 하면 이것은 작년에 벌서 외무위원회에서 독도라든지 파랑도라든지 이런 데 대해서 약간 연구를 했든 일이 있읍니다. 그러나 이번 일어난 사건에 대해서 진상을 규명하고 우리 국회로서 어떤 결의를 한다든지 건의를 할려고 할 것 같으면 먼저 진상을 알어야 하겠기 때문에 외무부에 그 진상을 밝혀 달라고 요청을 했습니다.

그러다가 지난 금요일에 더 기다릴 수가 없어서 외무위원회를 바로 모였읍니다. 모였드니 외무부에서는 하로만 더 기다려 주면 토요일 날까지는 보고를 해 주겠다고 그래서 토요일에 기다렸는데 또 일방으로는 토요일에 국회가 유회가 되고 미국 독립 기념일이 되었기 때문에 외무부에서도 미국 대사관저에 초청을 받어서 가고 또 일방으로는 토요일에 주일 대표부에서 오는 외교 파오체가 오니까, 이 파오체를 보면 능히 최근의 진상을 잘 알 수 있으니 이것을 참고해서 말씀드리는 것이 좋겠씁니다.

그러니 월요일에 외무위원회를 모여 주시면 월요일에는 만일 조사가 완성 안 되면 완성 안 된 그대로라도 보고를 하고 그 보고에 의해서 외무위원회에서 결정을 해 가지고 화요일 본회에는 국회에 이것을 보고하도록 그렇게 하는 것이 좋겠습니다. 해서 그동안 이제 말씀드린 대로 외무부와 누차 교섭도 하고 외무위원회도 모였읍니다.

---

* 이하 국회 속기록 내용은 지금의 맞춤법대로 교정하지 않고 '국회 회의록'에 있는 내용 그대로 옮겼다(국회 회의록 사이트: http://likms.assembly.go.kr/record/index.jsp).
** 제16회 국회 임시회의 속기록 제17호(단기 4286년 7월 6일(월) 상오 10시), 4~5쪽

따라서 오늘 산회 즉후에 외무위원회를 모여서 외무부의 보고를 받은 뒤에 외무위원회로서의 건의하고 싶은 것을 초안을 만들어 가지고 내일 본회의에 보고하도록 하겠읍니다. 그러니까 하로만 더 참으실 수 있다면 내일 아침에 외무위원회에서 보고해 드리겠읍니다. 그리고 오늘 만일 다른 안건이 없어서 독도에 대한 역사적인 상황이 다 듣고 싶다고 하시면 우리 국회의원 중에도 서이환 같은 이는 독도에 대해서 상당히 많이 연구하신 분이기 때문에 참고로 들어주시였으면 좋고, 그렇지 않으면 내일 한꺼번에 전부 들어주시였으면 좋겠습니다.

● **의장대리 조봉암** 그러면 내일 보고를 듣게 되는데 그러면 이것은 고만두고 내일 보고를 들을까요?

(「좋소」 하는 이 있음)

그러면 그대로 진행합니다. 내일 보고하도록 해요.

나. 제2대 국회 제16회 제18차 국회 본회의(1953년 7월 7일)***

2. 독도사건에 관한 진상 보고

● **외무위원장 황성수** 독도 사건에 대해서 보고 하겠읍니다.

어제 산회 직후에 외무위원실에서 외무위원회가 모여 가지고 외무부 차관의 보고를 듣고, 또 일찌기 울릉도의 도사로 가서 계시고 그 방면에 조예가 많은 서이환 의원의 설명도 듣고, 외무위원회에서 상의해서 위원회에 건의할 만한 건의안 초안도 결정을 해 가지고 오늘 보고 하기로 했읍니다.

참고로 말씀드릴 것은 어제 한두 분, 그 좌석에 있는 분이 제가 말씀한 뜻을 잘 이해하지 못한 분이 있는 것 같애서 설명해 둡니다. 어제 제가 보고말씀 안 드린 것은 보고말씀 드릴 재료가 없다고 해서 보고말씀 안 드린 것이 아니라 첫째로는 이 문제가 우리나라 주권에 관한 중대한 문제이기 때문에 행정부의 책임 있는 보고를 들은 후에 보고말씀을 드리는 것이 어떻겠느냐 해서 말씀 안 드린 것이고, 또 하나는 외무위원회로서 결의가 있은 뒤에 보고하는 것이 마땅하다고 생각해서 하로 시간 여유를 달라고 하였든 것입니다. 각 외무위원회로서는 수일 전부터 외무위원회를 모으고 또 행정부 당국에는 그 조사를 의뢰하였든 것입니다.

어제 외무부에서 보고한 바에 의하면 7월 4일 지나간 토요일 우리 국회가 유회되었을 때입니다마는 … 7월 4일에 도착된 주일대표부의 보고는 7월 1일로 보고되었읍니다마는 보고에 의해서 그 전에 신문에 보도되는 정보를 확인하게 되었읍니다.

그 내용은 대강 말씀드리면 이미 신문에 보도된 것과 같기 때문에 자세히 말씀드릴 필요는 없으나 6월 22일 자로 오히려 일본 외무성에서 주일대표부에 소위 항의를 하였든 것입니다. 그래서 자기들 섬인 독도에 한인이 출어하고 있으니 물러가게 해 주시요 이러한 항의가 왔기 때문에 6월 26일 자로 주일대표부에서도 강경하게 일본 외무성에 다시 반박·항의하

*** 제16회 국회 임시회의 속기록 제18호(단기 4286년 7월 7일(화) 상오 10시), 5~13쪽

기를 이것은 당연히 우리나라의 국토이기 때문에 우리 민족이 가서 출어할 당연한 권리가 있는 지역인데 이러한 지역에 대해서 귀국에서 아모러한 말할 권리가 없을 뿐만 아니라 우리나라 영토에서 우리나라 어민이 출어하는 것은 당연한 자유라 이렇게 답변을 한 일이 있었다고 그럽니다.

여기에 대한 양 외교문서에 대한 사론도 와 있읍니다. 그런데 27일 새벽 오전 3시에 일본 도근현청 국립경찰 도근현 본부 법두성 입국관리국 송강사무소 계원 계 30명의 임검대를 조직하여 6월 26일 밤부터 시작해서 제8관구 해상 보안본부 순시선 오끼와 구스류라는 두 배를 타고 27일 미명 오전 3시경에 이 섬에 왔다는 것입니다.

와보니까 한국인이 전마선 1척, 약 3메터 가량 되는 전마선 1척을 타고 와서 천막을 치고 어획을 하고 있기 때문에 이 일인들은 이 어민들에게 퇴거할 것을 권고하고 도근현 은기군 5개촌 죽도라는 표식과 한국인의 출어는 불법 어업이라는 2개의 표식을 찔러놓고 한인들에게 퇴거를 말할 때에 한인은 발동선 1척으로서는 풍파가 심하여 귀선이 불능하기 때문에 한국 측에서 육지에서 선박을 가지고 오면 귀국하겠다고 말해서 일본 관헌은 승인하고 퇴거했다는 것입니다.

여기에 한 가지 어민을 체포했거나 발동선을 나포했다는 것은 사실이 아니고 또 현재 우리나라의 섬인 독도를 일인이 점거하고 있다는 것은 사실이 아니라고 주일대표부에서 온 공문에 기록되어 있읍니다. 이것이 최근에 일어난 일인이 우리나라의 독도를 침해한 사실의 경위입니다.

물론 과거의 역사를 다 들어 말씀할 필요는 없지만 두어 가지를 말씀드리면 독도는 울릉도로부터 48리, 일본의 은기도에서부터 85리에 되어 있읍니다. 위치로 보아도 우리나라 영토에 가깝습니다. 역사적으로 몇 대의 문헌이 있는데 우선 세종실록에 보면 독도를 삼봉도라고 기록하였으며 또 이것이 어원으로는 돌섬이라, 이것이 돌이라는 말을 와전해서 독(獨)이라 멀리 흘러 떨어저 있다. 이러한 독도, 혹은 일본 사람은 돌섬이니까 죽도라 이렇게 와전해서 쓴 일이 있으나 이것은 한국에서 돌섬이라는 섬이고, 세종실록에는 삼봉도라고 되어서 나왔다고 합니다.

또 130년 전에 일본의 유명한 학자 임자평이가 그린 일본의 지도를 볼 것 같으면 일본의 영토에 들지 않어 있고, 이 울릉도 밖에 있는 이 독도 바위섬을 일본 말대로 할 것 같으면

'죠쎈노 모씨모노'라 한국 사람이 가진 것이라 이렇게 기록하여 있읍니다. 임자평은 당시의 정부대변인은 아니나 일본의 유력한 학자였기 때문에 당시의 일본인의 일반적 통념을 대표한 것으로 인정할 수 있읍니다. 종전 후에는 연합군이 일본을 점령하였을 때에 이 독도를 일본의 행정구역으로부터 제외한 것을 연합군사령부의 기록으로 보아서 알 수 있읍니다. 또 대일구화조약으로서 일본의 영토는 본주·구주·북해도와 그 부속 도서로서 되어 있는데 사회의 통념상 독도를 일본의 부속 도서로 간주하기는 곤란한 것입니다.

최근에 일어난 … 금년 5월에 독도 상공에서, 실상은 정체불명이라고 했읍니다마는 미군의 폭격으로 인정되었든 폭격이 있어서 독도에 출어하는 도민이 상한 일이 있었읍니다. 그래서 우리나라 정부에서는 미군 당국과 주한미대사관을 통해서 항의하였든바 미군 당국과 미국 대사관에서 대답이 오기를 그러한 폭격이 있었다는 것을 인정하고 차후로는 유어 테이트리, 귀국의 영토에서 이러한 연습을 하지 않겠다는 각서가 왔든 것입니다. 즉 귀국이란 이 독도에서 연습한 것을 당신 나라의 영토라 이렇게 인정해서 편지가 온 것입니다.

또 오래전에 이에 앞써서 군정 당시에는 미군의 폭격 연습으로 또 한국 어민 30여 명이 사상한 일이 있어서 경상북도지사가 독도에 위령비를 세운 사실까지 있읍니다.

또 여기에 서이환 의원의 보고에 의할 것 같으면 그때 도사로 있을 때 기록인데 심능익 군수 시절에 이 독도에 대해서 경상북도지사, 또 우리나라 정부의, 당시 정부의 이 독도에 대한 우리나라의 조사를 완성시키라고 하는 요청을 한 때도 있었고, 또 실지 도사로 계시는 당시에 서이환 의원과 군정청 일본과장 추인봉 씨와 경북 지방과장 권대일 씨와 기타 정부의 몇 분과 같이 이 독도 조사를 나갔든 일도 있었다고 합니다.

여기에 배부해 드린 변진갑 의원의 제공한 자료 조선지지, 즉 총독부의 기록 자료로써도 경상북도 울릉도 죽도라고 이렇게 우리나라 영토로 명백히 기록이 있읍니다. 그밖에 한국 수산지에도 수산업에 있어서 이 독도가 한국의 지역이라는 것을 조사한 것이 있읍니다.

또 하나 우리 산악회에서는 산악대를 조직하고 자발적으로 조사한 결과 독도는 그 지질학상으로 보아서, 생물학상으로 보아서, 거기에 있는 어족으로 보아서 이것은 당연히 우리 한국에 속하는 것이라고 조사한 것이 있다고 합니다. 산업 상으로 보아서 미역·전복·오징어 등은 물론이요 고래·상어 등 원양어 등의 좋은 어장이 되어 있고, 또 웃또세이라고 하는 어족이 많이 모이는 좋은 어장으로 되어 있는 것입니다.

이러한 우리나라의 영토요, 좋은 어장인데 일본 사람들은 여기에 대한 어장에 욕심을 낼 뿐만 아니라 과거 그들의 군국주의적인, 제국주의적인 영토 확장의 야심을 나타나 가지고 이제 와서 먼저 이러한 경제적 침략, 정치적 침략의 전조로써 이 섬을 침해한다는 것은 우리나라 정부로서는 도저히 용서할 수 없는 것이다, 이런 점에 있어서 이미 언론기관에서도 일제의 부당성을 지적해서 반박하고 국민의 여론이 불등하고 있습니다.

그렇기 때문에 외무위원회로써도 정부에 책임 있는 조사를 의뢰했을 뿐 아니라 이 조사를 받은 후에 이제 네 가지를 국회 본회의에 제의해 가지고 국회에서 결의되면 이 결의된 안을 정부에 건의하기로 이렇게 외무위원회에서 결의가 되었습니다. 제일 첫째로는 일인이 우리나라 영토에 대해서 부당한 침해를 한 데 대해서는 우리는 당연히 단호히 실력을 행사해 가지고 이것을 철저히 철거시키라는 것입니다.

그다음에 불법적인 명비라든지 외람된 경고 표식이라든지 이런 것을 철거시킬 뿐만 아니라 기타 부당한 행위에 대해서 단호 실력 행사를 해 가지고 이것을 철거시키는 것은 우리 자주독립 국가로써 마땅하다는 것입니다.

그다음에 둘째로는 우리의 해군을 위시한 혹은 경찰이라든지, 우리의 정부의 혹은 군의 실력을 행사해 가지고 우리의 선량한 어민들의 출어를 보호해 주라는 것입니다. 세째로는 일인이 이러한 야심을 가지고 과거에 세계의 눈을 속여 가면서 만주·중국·동양을 침략하는 그 버릇을 다시 시작하려고 이제 우리나라 영토인 독도를 침해한 사건은 우리가 이것을 엄연히 경고하는 것이 옳고 항의하는 것이 옳기 때문에 우리나라의 주권과 영토를 침해한 일인의 경찰 행동에 대해서는 우리 정부로서 마땅히 책임을 추궁해서 항의하여야 할 것이라는 이것을 세째로 건의하기로 하고, 네째로는 자발적으로 희생적으로 이 독도에 대해서 많은 연구와 조사를 하고 있는 산악회 기타 어민회라든지 기타 혹은 학술적인, 사회적인 연구단체에 대해서는 정부는 편의를 제공해 가지고 이 독도를 조사하도록, 또 그 조사하는 것을 완성하도록 하게 하자는 것입니다.

이미 독도에 조사를 갔든 언론계 중진 홍종인 씨도 만나 보았습니다만 산악회와 같은 데에서는 이 언론인과 함께 독도를 조사할려고 몇 번 노력을 했든 것입니다. 이런 노력에 대해서 정부로써는 마땅히 적극적인 후원을 해 가지고 학자 연구가 또는 언론기관을 동원해서 연구를 완성시키도록 하라 이 네 가지를 우리 국회로써 정부에 제안하는 것이 옳겠다,

이렇게 외무위원회에서 결의한 것입니다.

네 가지 것을 우선 조목만 다시 반복하겠읍니다. 첫째로는 아국 영토인 독도를 침해한 일인에 대해서는 정부는 단호히 실력을 행사해서 이것을 철저히 철거시킬 것, 둘째로는 우리 해군 기타 아군을 동원시켜서 한국의 어민의 출어를 보호할 것, 세째로는 한국 영토를 침해한 일본인의 책임을 엄중히 추궁할 것, 네째로 산악회 기타 조사단체의 독도 조사를 정부는 적극 원조해서 조사를 완성하도록 하게 하라. 이상 네 가지 건의하자는 것입니다.

(조봉암 부의장과 윤치영 부의장이 사회를 교체)

● **부의장 윤치영** 여기에 대해서 유승준 의원의 발언 통지가 있읍니다. 유승준 의원을 소개합니다.

● **유승준 의원** 방금 우리나라로써 이 휴전회담을 앞두고 한미회담이 진행 중에 있으며 세계의 이목이, 초점이 우리 한국 문제에 집중되여 있는 것을 우리가 다 아는 바이올시다. 이런 때를 이용했다고 할는지 포착해서 이웃나라라고 할 수 있는 일본의 그 사람들의 문자를 빌려서 이야기할 것 같으면 화재 도적, 불난 데 도적질한다고 하는 언사를 잘 쓰는데 우리 지금 이 내우외환이 중첩하고 있는 우리를 괴롭게 하기 위해서 우리나라의 영토의 일부를 침해했다고 하는 이 사실은 이것은 우리 국민으로써 대단히 분격할 뿐만 아니라 이해할 수 없는, 이런 해괴한 일이라고 생각할 수밖에 없읍니다.

그러면 일본 사람으로써 이러한 그 상식에 버서나는 해괴한 일을 한다는 거부터 반드시 무슨 숨은 깊은 이유가 있다고 할 것을 우리가 여기에서 생각하지 않을 수 없읍니다. 패전 일본이 영토의 3분지1을 잃었읍니다. 그런 나라가 이 독도라고 하는 이 조그만한 섬에 대해서 영토의 야욕이 발동되었다고 생각하는 것은 우리 상식 밖의 일이에요.

또한 패전 일본이 이전에 있어서 해양 국가로 자원을 어느 정도 회수하고 방출하고 하는 그런 큰 역할을 하든 일본이 독도에서 나는 수산자원을 국제적 중대 문제를 일으켜 가며 이것을 취득하겠다고 하는 이것 역시 또한 우리가 상상할 수 없는 일이올시다.

그런 만큼 본 의원은 이 문제를 당해서 생각할 때 이것은 일본 정부로써 반드시 모다 숨은 이유가 무슨 중대한 정치적인 의도가 포함되었다고 하는 사실을 우리가 의심하지 않을 수 없어요. 그것은 다른 것이 아니라 패전 일본으로써 일본의 지금 그 정황을 여기에서 말할 필요가 없읍니다만 먼저 일본이 정치적으로 중대한 난관에 빠져 있고 해서 국민으로 하여금 그 결정을 찾지 못하고 있는 문제가 있다고 하는 것은 무엇이냐 하면 일본의 재무장이라는 문제가 큰 문제가 일본에 대두되고 있는 것을 우리가 잘 알 수 있는 것입니다. 현 길전 내각이라고 하는 이 내각은 우리가 보기를 재무장을 촉구하는 내용이라고 볼 수 있는 것이에요. 패전 쓰라림을 겪은 국민이 이것을 납득하지 않는다 말이에요. 재무장할 게 무엇이냐 말이에요. 현재 내각이 무슨 필요인지 자꾸 재무장을 할려고 한다 말이에요. 여기에 있어서 일본이 국내 여론을 환기하기 위해서 우리나라의 독도를 건드린다 말이에요. 현 단계의 우리나라 해군이 당연히 우세합니다. 일각에 일본을 분쇄할 수 있다는 것이에요. 일본 사람도 잘 알고 있읍니다. 걷어맞고 싶어서 하는 것이에요. 때리면 그 사람들 술책에 넘는 것이에요. 이것을 달래야 된다 말이에요. 달래야 되요. 그따위 도적질을 말라 너의 나라 연극에 우리나 한국 사람 낄 필요가 없다 말이에요. 뭘 실력 행사를 하느냐 말이에요. 이 실력 행사를 할려고 하면 일본을 갖다가 치자, 독도에 가서 칠 것입니까? 이것을 우리가 알아야 됩니다. 그러니까 지난번에도 우리 이승만 대통령 라인이라고 하는 자원 보호 라인 안에 침범한 일본인 어선을 합법적으로 나포하고 또 방축했으면 되는 것을 갖다가 잘못 오발을 해 가지고 인명 하나를 살상하였다는 것은, 이것이 대단히 우리나라로써는 대단히 거북한 입장이었고 일본 사람이 자극되었다 이것이 결국 불행한 일이 됐읍니다.

마찬가지로 이 독도 문제가 저 사람들이 재무장을 촉구하기 위한 야심적인 술책에 넘어가지 말고 적당하게 타일러야 한다, 외교적으로 … 이것은 본 의원의 여기에 대한 견해올시다.

외무위원회에서 한 말씀은 정부에 건의하기를, 영토 침해를 실력 행사를 가지고 할 것, 둘째 해군을 위시해서 보호 출어를 할 것, 제삼으로 항의라, 이것 도대체 알 수 없는 것입니다. 항의부터 하는 것이 좋은 것으로 생각합니다. 항의부터 보내야 하고 너희 잘못한 것을 아느냐, 누차 경고를 해서 그래도 안 들어야 그러면 한 번 두둘길 필요가 있읍니다. 먼저 두둘기고 나중에 항의하고 이것은 도대체 이해할 수 없읍니다. 더군다나 국회에서는 그 실력 행사라고 한 말을 그렇게 가볍게 할 수 없는 것이에요. 이 점을 외무위원회에서 참작해서 지금 나온 이 안을 다시 꾸려서 낼 용의가 있는가, 없는가 그것을 좀 말씀해 주시기 바랍니다.

(「의장」 하는 이 있음)

● **부의장 윤치영** 황성수 의원 답변해 주세요.
● **외무위원장 황성수** 외무위원회의 건의를 여러분이 가결하지 않는 것은 여러분의 자유입니다. 반대와 찬성 여러분 의견이 있어 가지고 가결될 것입니다만 그 본의에 대해서 이해되지 않는 점은 좀 설명드리는 것이 좋을 것 같습니다.

제일 먼저 영토 욕심이 없다, 또 많은 어장이 있는데 이 어장에 욕심을 낼 필요가 없다, 이런 점은 유 의원의 의견이 그렇게 생각하지 않는다 하시면 그럴 수도 있고, 또 그렇게 생각하고 있는 분도 많을 것입니다. 아무리 적은 섬이라도 역사상으로 보아서 영국이 지부랄탈을 점령할 때 100년 후의 해군 전략 기지로 쓰기 위해서 미리 바위 돌을 점령한 사실이 있는 것을 우리가 역사적으로 알지만, 그런 섬은 일본이 얼마 후에 일어날 전략적으로 중요 지점으로써 넉넉히 지정될 수 있는 것입니다.

우리 어장의 입장으로도 거기에 계신 서 의원의 증언을 들어 보아도 알겠지만 상당히 좋은 어장인데 그 부근에는 독도의 주위에 별로 육지가 없는 것입니다. 또 그뿐만 아니라 바위들이 돌아가지고 있는 암초가 싸여 가지고 있는 사이에 물이 약간 얕어 가지고 발전시키면 축항(築港)할 수 있는 것이라고 합니다. 축항할 것 같으면 좋은 어장의 근거가 되고 이것이 좋은 어선의 피난지가 될 수 있는 것입니다. 그래서 이에 일본으로써는 욕심을 낼 수 있는 것입니다.

그런데 '영토의 야심도 없고 어장의 야심도 없다. 그것은 정치적인 야심이다' 그것은 인정할 수 있는 것입니다. 유 의원 말씀이 옳습니다. 정치적인 야심이 있읍니다. 그러나 그런 때에 우리는 어떻게 하느냐 이러한 의미인데 아까 처음 외무위원회에서 제안하신 것을 좀 잘못 생각하시는 것이 아닌가 생각합니다.

다음 실력 행사를 하라는 것은 일본에 가서 선전포고를 해서 일본 나라를 두둘겨라 그런 것이 아닙니다. 우선 점령당한 지역을 회복하라는 것입니다. 도적놈이 집에 들어왔을 것 같으면 도적을 처벌하는 것은 나중 할 것이고 우선 가지고 갈 물건부터 빼서라 말이에요. 그러나 우리나라 땅에 들어와서 다른 나라에서 섬에 표식을 박는 것을 못 하게 하는 것은 당연히 자발적으로 하여야 될 것이다 그렇게 철저히 의사표시를 하여야 될 것이다.

또 항의를 한 것은 아까 6월 26일 자로 주일대표부로써 항의했다는 것을 말씀드렸읍니다. 그다음에 나온 세째 번 항의는 이제 남의 나라 영토에 침해하는 사실에 대해서 앞으로 그런 일을 없게 하기 위해서 책임을 추궁하라는 것입니다. 혹은 더구나 어민에 대해서 피해를 입힌 일이 있으면 그것은 나중에 청구할 수 있는 것입니다. 그렇기 때문에 처음 먼저 한 것은 당장 가서 두둘겨라 하는 것이 아닙니다. 빼낀 물건을 빼끼지 않도록 우리 영토는 우리가 실력으로 보호하라고 하는 것입니다. 그런 의미가 제일 처음이고 세째 번의 항의라고 하는 것은 이런 일이 있을 때 외교상으로 왜 그런 일이 있느냐 하는 책임을 추궁하는 것은 뒤에 있을 수 있는 것입니다.

그만한 정도로써 유 의원의 질문에 대해서는 대답이 되었다고 생각하는데 달리 또 물어 주시면 또 답변 드리겠읍니다.

그리고 또 한 가지 말씀드릴 것은 이 섬의 현상에 대해서 아까 일반에 보고된 바와 같이 일인이 점령을 하고 있거나 또 어민을 납치한 것이 아니라그 이렇게 주일대표부에서 보고가 왔읍니다만 외무부로써는 해군고 내무부에 현지 조사를 의뢰해서 지금 조사를 나가 있다는 것입니다.

- **부의장 윤치영** 김정실 의원 소가합니다.
- **김정실 의원** 본 의원이 한 말씀드릴려는 것이 혹 상식에 어긋날는지 모릅니다만 우연한 일치일는지 모릅니다만 6·25사변 3주년 6월 25일이올시다. 그 이튿날 6월 26일입니다. 또 새벽 3시라고 이제 보고 들었읍니다. 6·25가 괴뢰정권이 군대를 몰아 가지고 남침한 날이라고 하면 제가 보건대는 이 날은 일본이 북친 날이라고 생각합니다. 이런 것을 제가 묻는 것이 아닌 것입니다. 외무위원장에게 묻는 것은 미안한 일입니다만 이 사태가 나고 나서 정부가 취한 태도를, 아무런 의사표시도 우리가 듣지 못했읍니다. 정부가 어떠한 태도를 취했고 동시에 어떠한 행위를 했는가 하는 것을 답변해 주시고, 하나는 현재 우리나라 영토에다가 일본 사람이 강권을 이용해 가지고, 무장을 해 가지고 표를 박았다고 그럽니다. 이것 좀 생각하면 어린애가 되면 우수운 일이고 어른이 되면 노할 것입니다. 있을 수 없는 일입니다. 남의 땅에다가 자기 문패를 박고 옛날의 우리 문자로 총독부 말뚝이라

면 모르지만 있을 수 없는 일입니다. 나는 이 사실이 현재 어떻게 되어 있는가 이 사실을 그대로 이야기 해 주시기를 바랍니다.

동시에 제가 말씀드리는 것은 이번에 일본이 우리 독도 섬에 대한 행폐, 그 사실은 두 가지로 우리의 주권을 침해한 것입니다. 하나는 우리 해안의 주권선을 선언하고 전 세계가 인정한 해안주권선을 침해한 것입니다.

둘째는 독도 섬에 대한 대한민국의 주권을 침해한 것입니다. 이 양대 주권침해야말로 일본이 아직까지도 가지고 있는 근성을 버리지 못했다는 확실한 증거를 전 세계 앞에 내놓은 것입니다. 그런 관계로 해서 본 의원은 이제 네 가지로 정부에 건의하겠다는 말씀 찬성하겠읍니다.

그러나 이것은 부대해서 말씀하는 것은 안 되었지만 조사단이 갔다 하니까 그 조사단이 가서 현재에 있는 대로 사진을 박을 것입니다. 또 그 식을 여기에 의사당까지 가지고 와야 할 것입니다. 그 표주를 갖다가 표본으로 장식해야 될 것입니다. 일제가 한국을 침해하고 만주를 침해한 것과 마찬가지로 1개의 표본이 이것이라는 것을 자손에게 전해 주어야 할 것입니다.

이것을 아울러서 말씀드리고, 아까 유 의원께서 말씀했지만 본 의원의 의견으로서는 제1항으로 건의한다는 것은 제가 알기로서는 실력으로서 이 영토를 확보하고 이 주권을 수호해라 하는 말씀을 인정합니다. 그러니까 그것을 정당하다고 생각합니다. 그러나 한 거름 더 나가서 생각한다면 이것을 앞으로 이러한 손해가 있고 자주 이런 일이 있을 때에는 그때그때마다 정치 문제를 일으킬 필요가 없다고 생각합니다. 이 문제는 행정적으로서 넉넉히 조치할 수가 있는 것입니다. 울릉도 도사로 하여금 경찰을 배치한다든지 어떤 방법으로든지 적을 견제할 수 있는 행정력을 강화시켜야 된다고 생각합니다.

이러한 조치를 아울러서 부대조건으로 말씀드려서 정부로 하여금 실행할 것을 제가 아울러서 말씀드리고 정부는 아까 유 의원과 마찬가지로 강력하게 일본에다가 통고하는 동시에 항의 정도가 아닙니다. 이 사실을 사진을 박아 가지고서 전 세계에 알려주어야 된다고 생각하기 때문에 아울러서 말씀드리겠읍니다.

● **부의장 윤치영** 황병규 의원 소개합니다.
● **황병규 의원** 일인이 으리 영토인 독도를 침해한 데 대해서는 우리 3,000만 동포가 누구나 흥분과 격분을 금치 못하리라고 믿고 있는 바입니다. 외무위원장에게 말씀드리고저 하는 것은 제1항에 영토를 침해한 것을 자위권을 발동해 가지고 실력 행위를 해 달라 하는 것을 제1 항목으로 되어 있는데, 여기에 대해서 제가 생각하는 바는 조곰 한 거름 나가 가지고 해안 주권상 우리가 영토에 극한한 문제가 아니라 앞으로 삼면 바다를 쥐고 있는 우리나라로서는 이 대통령께서 주권선을 자원 보호 아울러서 우리나라의 주권선을 확실하게 세계만방에 선포한 것입니다.

여기에 따라서 이 주권선 내에 침입한 어떠한 외국의 침해라도 이것을 실력을 발동해 가지고 우리는 제거하지 않으면 안 될 것으로 보고 있는 것이올시다. 그렇기 때문에 제1항목에 영토에 국한한 것이 아니라 영토 밑에다가 해안주권선 내라는 것을 삽입해 줄 의도가 있는가, 없는가 하는 것을 묻습니다.

그다음에 아까 외무위원장께서 말씀한 미국 비행기가 과거 4개년 전에 독도 근해에 폭발 연습을 하다가 우리 어민이 다수 살상당한 사실이 있습니다. 그때에 이 사람도 경북 방면에 직접 나가서 현장 조사를 한 사람의 한 사람이올시다. 그런데 이 현장을, 제가 실태를 여러분에게 참고 겸해서 말씀드리고, 또 제주에서 떨어진 곳에 파랑도라는 섬이 있는데 이 섬도 독도와 거이 유사한 성격을 가지고 왜인들이 항시 침해를 하고 있는 것입니다.

이 독도라는 섬은 울릉도에서 46리 떨어진 동남방으로 향해서 갈 것 같으면 약 46리 떨어진 고도입니다. 조곰한 섬이지만 그 주변에는 미역 전복 혹은 교어 등등의 수산물이 아주 풍부히 자라고 있는 것입니다. 그뿐만 아니라 그 주변에 그 섬을 중심으로 해서 수십 리 주변에는 동해안의 한류가 흘러내려 한류의 어족이 많은 것이고 대부분이 함경남북도로부터 강원도 일대의 한류가 흘러내리는 독도 근처에는 대만으로부터 흘러내려오는 난류가 대마도를 거쳐 가지고 독도를 거쳐서 일본해 중심 지대에 흐르는 것입니다. 이 독도는 한류 어족과 난류 어족인 고등어·교어 등 아주 풍부한 어장인 것입니다.

만일에 일인이 과거 역사적으로 보든지 모든 점을 종합해 볼 때에 우리나라의 영토라는 것도 오로지 일인들이 확인하고 있는 것입니다. 그럼에도 불구하고 이런 침략적 과거의 군국적 침략성을 발휘해 가지고 그 섬이나 조곰한 고도를 욕심낸다는 것보다도 우리 동해안에 있는 중요 어장을 획득한다는 것은 큰 침략적 야심이라는 것을 부인해서는 안 될 것이고, 우리는 앞으로 강력하게 왜인의 침해를 저지하지 않으면 안 될 것으로 봅니다.

또 한 가지 파랑도라는 조곰한 섬이 있는데 그것도 역시 무인도입니다. 저는 여기에는 가 보지 못했읍니다마는 역시 제주도에서 약 20리 떨어진 섬입니다. 여기에도 아주 어족이 풍부하고 방금 제가 말한 수산물이 풍부한 곳인데 현재 매일같이 왜인들이 침해해 가지고 어업을 하고 있는 것입니다. 여기에 따라서 우리는 이 해안주권선을 확보한다는 영토 문제, 영토는 물론 촌토도 침해를 당해서는 안 될 것이며 이 침해자에 대해서는 철저히 응징하지 않으면 안 될 것입니다.

그러나마 이 해안 주권의 공약을 일본 사람은 영토 3마일밖에는 언제든지 어장을 할 수 있다는 이러한 과거 고식적인 인식을 우리는 타파시키면서 이 해안주권선에 대해서 강력한 주장을 하여 한 치라도 해안주권선에 어느 나라 사람의 침해도 받지 않아야 될 것입니다. 그렇기 때문에 참고적으로 말씀드리고 외무위원장께 이것을 첨가해 주셨으면 좋을까 해서 의견을 타진하는 것입니다.

● **부의장 윤치영** 황 위원장 간단히 답변해 주세요.
● **외무위원장 황성수** 간단히 답변하겠읍니다.

김정실 의원이 말씀한 정부는 무엇을 했느냐, 외무부에서 아까 유 의원이 말씀한 바와 같이 외교적으로 강력하게 항의하고 국내적으로는 해군과 공군으로 하여금 조사를 하고 영토를 보호하도록 조처를 의뢰했다고 합니다. 그 보고가 들어오는 대로 받아서 보고를 하겠는데 국회와 정부각료가 떨어져 있기 때문에 불편을 느끼는 한 가지입니다마는 사실은 이러한 것은 외무위원장보다는 행정부 당국자들에게 질문하고 답변을 듣는 것이 좋기는 좋은 문제입니다.

둘째 일제의 강권을 가지고 패막을 박고 가는 웃을 만한 분개할 만한 것은 사실이며 이 패막을 뽑아다 의사당에서 보이고 보관해서 자손에게 일제의 야욕을 보이도록 하자는 것도 좋은 말씀입니다. 독도에 대한 침해가 영토에 대한 침해이고 해양 주권 내에 대한 침해는 옳습니다. 이미 이것도 지적된 사실입니다마는 그래서 넓은 의미의 영토는 영해도 들고 국제법상으로 3리가 영해라는 것을 시인하는 학자는 적을 것입니다.

미국의 외교관이고 국제법의 학자의 말씀을 들으니 소련의 군함이 영해의 3리 밖에까지 와서 어업을 한다고 하면 이것은 침해를 하는 것이니까 용서할 수 없을 것입니다. 그러고 300여 년 전에 정말이나 화란의 대포가 3리밖에 가지 못하니까 3리까지를 영해라고 했다, 그러니까 3리 외에는 일본선이 와서 어업을 해도 괜찮다고 생각하는 이러한 어리석은 일본 사람의 꿈을 깨치고 당연코 우리 해양주권선을 주장허야 될 것입니다.

제 자신은 물론 그렇게 생각하고 여러분도 동의할 줄 생각하나 다만 수속상 아까 네 가지 안, 외무위원회의 안에 수정안을 내시는 것은 수속상 수정안으로 취급할 것이 아닌가, 의장께서 생각할 것이고 저 개인으로서는 물론 찬성합니다.

● **부의장 윤치영** 이종욱 의원 소개합니다.

● **이종욱 의원** 일본이 우리 대한민국 영토에 와서 불법한 침해적 행동을 한 것은 다른 나라에다가 만일 그렇게 했다고 할 것 같으면 혹 모르겠습니다. 하지만 우리 한국에 와서 이런 행동을 했다고 하는 것은 도저이 듣고서 참을 수 없는 일인데 정부에서 어느 정도로 그동안에 진행을 해 왔는지 모르지만 나는 이 외무위원회의 안 가운데 그 안이 다 무엇을 허도 좋습니다.

그러나 그 시기는 내 나라 영토를 흔재로는 빼낀 터인데 빼껴 가지고 하루 있느냐, 이틀 있느냐, 열흘 있느냐, 한 달 있느냐 하는 그 시간 관계가 중대한 정신상, 외국의 치욕상 관계가 있으니 그 시간을 급속히 모든 행동에 나가주기를 부처서 정부에 전달했으면 좋을까 해서 간단한 말씀을 드리는 바입니다.

● **부의장 윤치영** 이종형 의원을 소개합니다.

● **이종형 의원** 제1항을 좀 수정했으면 좋겠읍니다. 실력 행사 운운은 물론 외무위원회에서도 가볍게 생각했을 것으로 생각합니다마는 그것이 아까 유승준 의원의 걱정하신 바와 같이 좀 무거워 보입니다. 왜 그런고 하니 침해하면 법으로서 징치할 것이지 실력까지 동원하고 크게 야단칠 것이 아닙니다. 독도에 침입한 일인을 의법 징치할 것입니다. 외국 군이나 사인이나 물론하고 … 지리산의 게리라가 내려왔다 하드라도 의법 징치할 것이고 외국인이 오드라도 의법 징치할 것입니다. 이러한 가벼운 방법으로 할 것이고 항의는 국

제상의 문서가 있으니까 그것으로 항의할 것이고 우선 그렇게 잘못한 것이 있으면 징치하면 고만이에요. 정부가 했을 것으로 믿습니다. 아직 안 했으면 거리 관계로 그렇게 하고 있을 것입니다.

불법 침입을 하고 있는 것은 도적놈과 같으니 처벌법에 의해서 처벌하면 그런 가벼운 문제입니다. 그러므로 유승준 의원의 걱정하시는 것은 대단히 유리한 것으로 생각해서 제1항은 실력이라는 말씀도 그런 의미로 생각하고 있읍니다. 전쟁 모양으로 선전할 것이 아니고 딱 들어오면 잡아다가 징치하면 됩니다.

우리 법이 있어요. 작년 해양주권선을 선포한 법이 있어요. 그 정도 가볍게 하면 좋겠읍니다만 그렇게 하면 국제법상의 문제가 되는 것입니다. 일인이 왔다고 하는 것은 일본 정부가 보냈을 리 없고 일본 사람이 함부로 들어왔다 생각합니다. 정식으로 저쪽에서 왔다고 하면 우리 군대를 보내고 할 텐데 한 현의 관리 생각이 일시한 것 같으니까 그따위 잘못한 사람이 있으면 잡아다가 징치하고 일본 사람이 우리에게 나종에 호의로 해결하자고 하면 그때 국제 문서에 의해서 하기로 하고 국회가 취할 태도는 의법 징치한다, 독도에 침입한 놈은 의법 징치한, 이것을 저의 의견으로 말씀드립니다.

● **부의장 윤치영** 표결하겠읍니다.

아까 황병규 의원이 첨부하자는 것, 황병규 의원이 잘 아실 줄 압니다. 해양주권선을 포함한다는 것입니다. 그대로 다 접수하신답니다. 그리고 또 지금 이종형 의원이 말씀하신 것 참고될 줄 압니다.

(「아니요, 제1항은 수정하면 안 되요」 하는 이 있음)

(「의장! 수정안 내겠에요」 하는 이 있음)

(「표결이요」 하는 이 있음)

지금은 다시 또 수정안은 안 되겠읍니다.

(「언권 주시요」 하는 이 있음)

그럼 유승준 의원 잠깐 소개합니다.

● **유승준 의원** 의장께서 수정안을 내지 못한다고 그러니까 수정안을 내지 않고 참고로 말씀드리겠읍니다.

방금 이종형 의원의 말씀에 제1항에 침입자를 의법 징치한다고 하는데 절대 동감이올시다. 설명은 안 하겠읍니다.

다음 제3항인가, 제2항인가의 출어하는 어선을 해군이 보호 출어할 것, 이 조항은 빼야 됩니다. 우리 출어한 어선이 불법 집단한테 침해를 받은 예가 아직 없읍니다. 적당히 할 것이에요. 해군이라 하면, 또는 경비정이라고 하면, 또는 그 임무 중에 가장 중요한 임무의 하나가 우리나라의 어선을 보호한다고 하는 것이 당연한 일이올시다. 이것을 독도 문제를 계기해서 출어하는 어선을 해군 함정이 보호해라 … 이것 어떻게 전쟁 전야를 상정하는 것과 같아서 이것은 필요 없읍니다. 하니까 제1항을 이종형 의원의 말대로 고쳐주기 바라며, 제2항을 빼 주기를 바랍니다. 왜 그러냐 하면 제1항을 고침으로 말마암아서 의사표시가 제2항과 균형이 맞지 않는 것입니다. 그러니까 제2항을 빼 주었으면 좋겠읍니다.

● **부의장 윤치영** 황성수 의원을 소개합니다.
● **외무위원장 황성수** 그 의도가 다른 데 있는 것 같아서 설명하겠읍니다. 의법 징치라 하는 말씀과 실력으로 우리 영토를 보존하라는 말씀이 보는 각도에 따라서 오히려 외무위원회 것이 더 부드러울 수도 있읍니다. 의법 징치라면 들어오는 사람을 잡아 보내라는 그러는 의미이고, 처음 말씀의 실력 행사는 우리나라의 땅을 우리 실력으로 보호해라 그것입니다. 땅이라든지 해양주권선에 주점을 두어 가지고 들어온 사람을 꼬집어 말하는 것이 아니고, 의례히 할 일로서 우리나라의 영토나 영해를 우리 실력으로 보존하도록 하라 그러는 것이 외무위원회의 안입니다.

그리고 둘째 문제를 빼는 것을 말씀하시었는데 그렇게 할려면 사실은 네 가지가 다 당연합니다. 의례히 해야 할 일을 안 하는 것 같이 또는 혹은 하드라도 게을리하는 것과 같이 보일 때에 아까 이종욱 의원이 말씀한 바와 같이 우리 국회는 행정부를 촉진시켜서 빨리 해라 하는 의미로서 이 건의안을 내는 것입니다. 그러니까 외무위원회안을 그렇게 어렵게 생각하지 마시고, 정부를 촉진하는 의미로 생각하시고, 또 우리 해양주권선을 추가하는 것은 물론 좋습니다.

● **부의장 윤치영** 표결하지요. 사회하는 사람으로서 말씀하는 것은 대단히 멀 합니다만 이것은 별로 차이가 없는 것 같습니다.

(「의장」하는 이 많이 있음)

이용설 의원이 말씀합니다.

● **이용설 의원** 외무위원회의 한 사람으로서 이런 말을 여러분께 드리기 대단히 미안하지만 불가불 이렇게 하는 것이 신중하고, 또 여러분의 뜻을 관철할 줄로 알아서 말씀드리려고 합니다.

지금 외무위원장께서 하신 보고의 그 네 가지의 조건에 있어서 사실상 우리가 신중히 생각할 적에 외교상으로 보아서 이런 말을 써야 좋을는지 않 써야 좋을는지 깊이 생각해 볼 것 같으면 지금 이종형 의원의 말씀이라든지 다 일리가 있는 줄로 깨닫기 때문에 만일 여러분께서 이 문서를 다시 한 번 외무분과위원회로 넘겨서 다시 수정해서 드려오라 해 줄 것 같으면 여러분의 의견을 충분히 저의가 받았음에 여러분의 의견을 참작해 가지고 좀 순한 문구로, 또 우리의 뜻을 관철하면서 다시 여러분에게 제출하는 것이 좋지 않을까 생각을 해서 만일 여러분이 좋게 생각하신다면 저는 이 문서를 외무분과위원회로 넘겨서 수정해 드려오라고 이렇게 하도록 동의를 하고 싶습니다.

(「동의하시요」하는 이 있음)

그대로 동의하겠읍니다.

(「재청, 3청」하는 이 있음)

● **부의장 윤치영** 이용설 의원의 말씀은 다시 이것을 외교위원회에 넘겨 가지고 수정해서 가져오라는 말씀인데 거기에 이의 없읍니까?

(「좋소」하는 이 있음)

그런데 지금 이보다 아까 그것을 작성을 해 가지고 외무위원회에 그에 대한 자구 수정을 하라고 요청을 하는 것이 어떻습니까?

(「안 되요」하는 이 있음)

(「의장, 이의 있어요」하는 이 있음)

그러면 성안해서 말씀하세요. 간단히 말씀하세요.

● **우문 의원** 아까 황 의원이 대략 어제 외무위원회에서 토의된 것을 보고했읍니다만 그

가운데에 우리가 반드시 알아야 될 중요한 문제가 하나 보고가 덜 된 것입니다. 그래서 여러분이 이 중요한 문제를 받어 두시면 좋을 것 같아서 한 가지 말씀을 드리겠읍니다.

아까 이종형 의원께서 말씀하실 때의 그 의사가 지방 말단 관리가 행사한 것처럼 이렇게 인식을 가지게 됩니다. 그러나 그런 것이 아니고 이것은 작년에도 한 번 독도 문제가 일어났든 것입니다. 일어났는데 이것은 일본 정부의 의사입니다. 그래서 우리가 중요하게 알어 두어야 될 것은 일본 정부로서 독도가 저의 땅이다, 이러는데 이것은 어떠한 근거에서 그러느냐 이것이 중요하고 또 이것을 우리가 알어야 됩니다. 그것은 대략 그 사람들이 역사적이라든지 혹은 지리적이라든지 이것보다도 또 그 사람네들의 그 주장은 하나도 없고 다만 최근에 있어서 이것도 역사적이라고 할는지 모르나 그 이유를 어데서 중요한 것으로 드느냐 하면 명치 37, 38년의 일로 전쟁 때에 자기네들의 병참기지로서 이것을 사용했든 것입니다. 그 당시만 하드라도 벌써 우리 한국으로서는 정치적 압력을 받었든 것입니다. 이래서 그것도 무인도이고, 거리가 멀고 이래서 우리나라 정부로서는 항의를 안 했든 것입니다. 그래서 그 무인도에다가 일로전쟁 당시에 해군병참기지로 사용했든 일이 있었읍니다. 이것을 일본 놈들이 우리가 그 당시에도 사용했든 땅이다, 이러한 말을 한다 하는 것을 그것을 우리가 알어 두어야 될 중요한 문제이고, 또 한 가지는 최근에 소위 맥아더 라인이 어데까지 그어 있느냐 할 것 같으면 독도에서 약 12리을 떨어저서 되었든 것입니다. 그 두 가지만 참고로 말씀드립니다.

● **부의장 윤치영** 이제는 표결하겠읍니다. 아까 이용설 의원의 동의가 성립 되었는데 내용은 여러분이 다 아시기 때문에 다시 더 설명하지 않습니다.

(거수 표결)

표결한 결과 말씀합니다.

재석 인원 106인, 가에 70표, 부에 1표도 없이 가결되었어요.

다. 제2대 국회 제16회 제19차 국회 본회의(1953년 7월 8일)****

7월 7일부로 외무위원장 황성수 의원으로부터 작일 본회의 의결에 의지해서 독도 침해 사건에 관한 건의안과 동독 치하의 반공 의거에 대한 메시지 안을 기초했읍니다.
보고는 이상이올시다.

● **의장대리 조봉암** 지금 보고 들으신 사항 중에 독도 침해 사건에 관한 대정부 건의안인데 황성수 의원 소개합니다.

1. 독도침해 사건에 관한 건의안

● **외무위원장 황성수** 우리의 영토인 독도를 일본이 침해한 데 대해서 우리 정부로서는 당연히 여기에 대한 강력한 조치가 있어야 될 것은 아무도 이의가 없을 것입니다마는 용어에 있어서는 좀 더 신중히 생각하여 쓰는 것이 좋겠다는 말씀이 있어서 어제 외무위원회를 모여가지고 주문과 건의문을 이제 읽는 바와 같이 다시 작성을 했읍니다.

「독도침해 사건에 관한 대정부 건의안,
주문, 대한민국 영토인 독도에 일본 관헌이 불법 침입한 사실에 대하여 정부는 일본 정부에 엄중 항의할 것을 건의함.
이유, 지난 6월 27일 일본 도근현청 국립경찰 도근현본부 법무성 입국관리국 송강사무소원 등 약 30명이 역사상 대한민국 영토가 명확한 독도에 대거 침입하여 일본 영토라는 표식과 아울러 한국인 출어는 불법이라는 경고표를 건립하는 한편 때마침 출로 중의 한국인 어부 6명에게 퇴거를 요구하는 불법 행위를 감행하여 엄연한 해양주권과 대한민국 국토를 침해하는 불상사를 야기하여 한일 양국의 우호적인 국교에 일대 암영을 던진 바 있다.

**** 제16회 국회 임시회의 속기록 제19호(단기 4286년 7월 8일(수) 상오 10시), 1~2쪽

그러므로 대한민국 정부는 금후 한국의 주권을 보장할 뿐 아니라 산악회를 포함한 강력한 현지 조사단을 독도에 파견함에 천원조(千援助)하여 한국인 어민의 출로를 충분히 보호하고 금후 사태 수습에 적극적 조치를 취할 것을 요청하여 좌기의 결의문을 제출한다.

결의문
1. 대한민국의 주권과 해양주권선의 침해를 방지하기 위한 적극적인 조치를 취하여 근후 독도에 대한 한국 어민의 출로를 충분히 보장할 것.
2. 일본 관헌이 건립한 표식을 철거할 뿐 아니라 금후 여샤한 불법 침해가 재발되지 않도록 일본 정부에 엄중 항의할 것.」

이상이올시다.

● **의장대리 조봉암** 이 건의안에 대해서 의견 없읍니까?
(「좋습니다」 하는 이 있음)
그러면 정부에 건의하도록 하겠읍니다.

`「조선일보」, 1953년 7월 11일, 2면`

독도에 군함 급파
일인 침범 사실을 조사*

앞서 우리나라 영토인 독도에 일본 경찰관 30명과 외무성 관리 수명이 상륙하여 자기 영토라는 표식을 세웠다고 전하여진 바 있어, 국회 측에서 행정부에 대하여 이에 대한 강력한 조치를 요청한 바 있거니와, 9일 국방부 소식통이 전하는 바에 의하면 독도에 일인이 상륙한 사건을 조사하기 위하여 8일 하오 해군 군함 1척이 독도로 향하였다고 한다. 그러나 선박의 종별 및 승선 인원에 대하여서는 귀환 후 그 전모가 발표될 것이라 한다.

---

* 『경향신문』, 1953년 7월 11일, 2면, "군함 보내어 조사, 일인의 독도 침범사건"; 『평화신문』, 1953년 7월 11일, 2면, "드디어 실력 행사 단행 호(乎), 해군 함정 8일 출동, 일인 독도 상륙사건을 조사"

「경향신문」, 1953년 7월 15일, 2면

독도 보호에 실력 행사
일(日) 안보청 순시선 불법상륙 기도

일본 정부에서 보안대를 파견하여 자기네의 영토라는 현판을 붙인 이래 독도를 탐내는 일본 측 야욕은 본성을 노출한 바 있어 국민의 분격을 자아내고 있던바 12일 아침 한국 경찰은 일본 보안청 순시 선원이 독도 상륙을 기도하는 것을 방지하는 한편 그들의 야욕에 경고함으로써 독도 방위에 무력행사도 불사하는 한국의 공고한 결의를 보여주었다고 한다.

동 사건에 대한 발포는 정부 측으로는 아직 없으나 이에 대하여 13일 일본 조일신문(朝日新聞)은 다음과 같이 전하고 있다.

조일신문의 보도

당지 발행 아사히(朝日) 신문이 13일 아침 일본 국립경찰본부에 들어온 정보라 하여 보도한 바에 의하면 12일 아침 일본 해상보안청 순시선이 독도 부근을 순찰 중 한국 어선 3척의 자동소총을 소지한 한국 경찰관 7, 8명의 보호하에 고기잡이하는 것을 발견하고 순시선은 보트를 내려서 독도에 상륙하려고 하였던바 한국 경관 3명이 통역을 연행하여 "이곳은 한국의 영역이니 물러나가라"고 하였다. 일본 측의 보트가 순시선으로 돌아가 배를 갈아탄 순간 한국 경관은 갑자기 수십 발을 발사하여 그중 2발이 선체에 명중하였는데, 인명 피해는 없었다고 한다.

그런데 최근 일본 정부 및 의회에서는 종시일관 한국의 영토인 독도를 자국의 영토라고 주장하고 있는 것이다.

「동아일보」, 1953년 7월 15일, 1면

일, 독도 영유 고집
순시선* 피격? 일(日) 대한(對韓) 항의

【동경 13일발 AFP=합동】 13일의 해상보안청(海上保安廳)에 입수된 정보에 의하면 일본국 조취현(鳥取縣) 제8해상관구 보안청 소속 '헤쿠라'(音讀) 순시선이 12일 아침 '사카이'(音讀) 시로부터 죽도(竹島)[독도(獨島)]에 갔던바, 죽도 부근에는 해상에서 한국 선박 3척과 수 척의 전마선(傳馬船)이 한국 함정의 보호하에서 어로를 하고 있었다. 그런데 죽도에 다다른 순시선 '헤쿠라'에 4명의 한국 경관이 승선하여 죽도는 한국의 영토임을 강조하였는데 '헤쿠라'에서는 죽도는 일본 영토임을 고집하고 이들 한국 관헌을 하선시킨 후, 죽도를 한번 순회하고 귀환하려고 하였을 때 돌연 한국선으로부터 수십 발의 총격을 받았다. 그중 2발은 순시선에 명중되었으나 인명에는 피해가 없었다 한다. 이 사건에 대해서 일본 외무성에서는 13일 밤 중으로 일본에 주재하는 한국대표부에 엄중한 항의를 신입(申入)할 것이라 한다.

---

* 원문에는 '시순선'이나 '순시선'의 오식으로 보인다.

「조선일보」, 1953년 7월 15일, 2면

일, 적반하장
독도사건 항의설

【동경 14일 PANA=대한】 일본 정부는 13일 당지 주일한극대표부를 통하여 독도 부근에서의 한·일 충돌사건 등에 관하여 한국 정부에 항의하였다 한다.

이 항의는 12일 밤 독도 부근 해상에서 한국인이 일본 초저정(哨戒艇)에 대하여 발포하였다는 보고를 받고 즉시로 한 것이라 한다. 그런데 그 항의문은 일본 주권침해, 일본 수역에서의 불법 어로(漁撈) 등을 비난하는 한편, 총탄 두 개가 맞음으로 말미암은 초계정의 피해에 대한 배상과 사건 책임자의 처벌 등을 구한 것이라 한다.

「동아일보」, 1953년 7월 16일, 1면

미(美)에 조정 요청?
독도 문제, 일(日) 외상 해괴 증언

【동경 14일발 로이터=세계】 강기(岡崎) 일본 외상은 14일 "일본은 영국 및 미국에게 일본 해상에 있는 독도의 소유권에 관한 일본과 한국 간의 분쟁을 조정해줄 것을 요청할 것이라"고 말하였다. 일본 외무성은 13일 정식으로 동도에 한국 경찰이 상륙한 것은 불법적인 행위라고 한국 측에게 항의를 제출하였는데, 동 항의는 한국 경찰이 조사차 파견된 일본의 순찰선에게 발포하였다는 보도에 뒤이어 행하여진 것이다. 강기 외상은 "일본은 벌써 동도에 대한 한국 측의 주장에 관하여 3차에 걸쳐 항의하였다고 말하였다."

「민주신보」, 1953년 7월 16일, 2면

독도 문제 또다시 험악
관계관 긴급 회동코 대책 강구

한일 양국의 국□ 감정을 고려하여 종□일관 우의적인 태도를 취해오던 정부에서는 거듭되는 독도의 사태 악화에 드디어 강경대책으로 나와 독도 주변을 연중 경비하는 등 새로운 태세를 갖추고 있다.

지난 12일의 한국 경찰이 일본 보안청 소속 선박이 다시 독도를 재침범해왔는 것을 저지하려 하였으나 끝끝내 듣지 않음으로 발포하였다 한다. 이에 대하여 외무부에서는 즉시 내무부에 진상조사를 의뢰하는 한편, 법제처, 내무, 국방 외무 관계자들과 회합코 앞서 독도에 파견된 해군 조사단의 귀부를 기다려 정부에서는 일본 정부에 대하여 정식 항의를 제출할 것이라 한다.

「조선일보」, 1953년 7월 16일, 2면

독도는 단호 방위
손 국방부 장관 담*

일선의 독도 침범사건에 대하여 손(孫) 국방부 장관은 14일 다음과 같은 담화를 발표하였다. 독도는 역사적으로 보나 지리적으로 보나 엄연히 한국의 영토이며 과거 왜정 때에 발행된 문헌으로 독도가 우리 영토라는 것을 일본 정부는 수긍해오고 있다. 그러나 작금 일본 정부는 역사적 사실을 전복시키어 자기 나라의 소유임을 누차 고집하여 세인을 아연케 하였으며 최근에는 일본의 관원이 무기를 가지고 와서 어로 중인 어민에게 철거를 강요하였다. 이러한 사실은 인류의 공적인 공산군과 싸우는 한국에 대하여 편견된 주장이라고 경고하는 바이며 정의에 입각하여 단호한 조치를 취할 것이다. 우리 해군은 영토를 방비하는데 전력을 다할 것이다.

일선 2척 독도 침범
정지 신호하자 도주**

국방부 보도과의 유인목(兪仁穆) 보도원은 무장한 일본 선원 약 30여 명이 12일 또다시 독도를 침범하였다가 우리나라 순시선의 정지 신호를 무시하고 도망하였다고 보도하고 있다. 대구 발신(發信)의 동 보도는 경상북도 경찰국에서 울릉도 경찰서로부터 받은 보고에 의거한다고 전제한 다음 전훈 다음과 같이 보도하였다.

12일 하오 5시 40분경 울릉도 경찰서 김(金) 사찰주임 외 2명의 직원들은 순시선으로 독

---

* 『평화신문』, 1953년 7월 16일, 2면, "단호한 조치 불사, 손 국방장관, 독도사건에 언명"
** 『평화신문』, 1953년 7월 16일, 2면, "침략성 못 버리는 일본, 무장 선원 독도에 재침범, 한국 경찰의 추격 받고 도주"

도를 경비하던 중 2개의 선박(T·M·14 400톤급으로 추측됨)에 탑승한 약 30명의 일본인 (그 중 7, 8명은 권총을 휴대)을 발견하고 즉시 검문검색을 한 다음 역사적으로나 지리적으로 확실한 한국 영토인 독도에 불법 침범한 일선은 한국 경찰에 인치되어야 한다고 강력히 주장한즉 이에 불응한 동 선박은 갑자기 속력을 내어 도주하였다고 한다. 수차의 정지 신호를 무시하고 도주하는 동선을 향해 발포하였으나 속력이 느린 아 순시선은 일 선박을 따르지 못하였다. 그런데 이번에 침범하였던 일 선박은 자칭 시마네현(島根縣) 보안청장이라는 자가 지휘하고 있었다고 한다.

「평화신문」, 1953년 7월 16일, 2면

일본 정부 의연(依然) 해괴한 고집

한편 독도를 자기들의 영토라고 되풀이하고 있는 일인(日人)들이 오만불손한 침략 근성에 대하여 방금 전 국민들의 분격은 날로 높아가고 있는데 이를 구체적으로 반영하는 사실로서 14□ 일본 외무성은 정식으로 독도는 일본 시마네현(島根縣) 소관 다케시마(竹島)라는 것을 발표하고 있다.

즉 동 발표에 의하면 독도는 일본 연대(年代) 명치 38년 2월에 도근현(島根縣)의 일부라는 것이 □현상으로 인정된 것이라 고집하였다.

또한 독도는 태평양 전쟁 직전까지 일본의 영유로 되어 있던 것이 전후 맥아더 라인에 의하여 상실되었으나 그 후 샌프란시스코에서 체결된 강화조약 제2조 "일본은 한국의 독립을 승인하고 제주도, 거문도, 울릉도를 포함한 한국에 대한 일체의 권리를 방기(放棄)한다"라는 규정을 이행해야 함에도 불구하고 동 강화조약에 한국이 정식으로 초청되지 않았으므로 한일 간의 □□□ 외교교섭에 의하여 동 문제가 해결될 성질의 것이니 동 2조에 해당되지 않는다는 것을 이유로 그들의 고집을 되풀이하고 있다.

「동아일보」, 1953년 7월 19일, 1면

독도 근해 초계 계속
아(我) 해군 일선 침범에 대비

작(昨) 18일 해군 당국자가 언명한 바에 의하면 독도 부근 수역 경계를 계속하고 있는 아(我) 해군 함정들은 일본 선박 침해에 대비하여 만전을 기하고 있을뿐더러, 한국의 어업권은 완전히 수호되고 있다고 말하였다. 한편 일본 측의 독도 근방 일대를 공공연하게 침해 활동하고 있는 그 실정을 조사 중이던 아 해군 포함(砲艦)은 약 1주일 동안의 조사 임무를 마치고 방금 부산항에 귀환하였다는바, 불일 현지 조사보고를 발표할 예정이라고 한다.

『동아일보』, 1953년 7월 20일, 1면

독도 문제에 대일(對日) 통고?
18일 국무회의 결과 주목*

18일의 정례 국무회의는 상오 9시부터 2시간 반에 걸쳐 전 국무위원 참석 리에 경무대 관저에서 개최되었는데, 소식통에 의하면 이날의 국무회의에서는 자반 발표된 이 대통령과 로버트슨 미 대통령 특사와의 한미공동성명에 의한 한미공동방위조약 체결에 관한 제반 세목이 토의되었다고 한다. 또한 동 소식통에 의하면 동 회의에서 최근 독도에 대한 일본 정부에서 취하고 있는 영토 주장 문제를 위요하고, 정부는 강경한 태도로 이에 임하리라는 종래의 주장을 변경할 수 없는 점에 의견일치를 보았다고 한다. 그런데 동 옵저버들은 금반의 국무회의의 결과에 따라 독도 문제에 관하여 일본 측에 대한 모종의 강경한 정부 측 통고가 있지나 않을까 추측하고 있다. (동양)

---

* 『경향신문』, 1953년 7월 20일, 1면, "18일 정례 국무회의"; 『조선일보』, 1953년 7월 20일, 1면, "독도 문제 검토, 18일 정례 국무회의"

평화한 농촌의 묘사
울릉도의 농가
임석제(林奭濟) 씨 사진전에서

◇ 독도는 요즈음 일본의 침범사건으로 국민의 관심을 새롭게 하고 있는데 이 무인지대를 지키고 있는 울릉도는 뜻밖에도 평온하다.

◇ 이곳의 평온은 독도의 귀속을 믿어 의심치 않는 평온이며 마침 농사도 고기잡이도 풍년이니 험난한 산허리에 자리 잡은 농가의 하루는 지극히 평화롭다.

◇ 평화를 깨뜨리는 자 그 누구냐. 사진은 시내 명동 '모니카' 다방에서 20일부터 개최 중인 임(林奭濟) 씨의 '울릉도 농가'.

「동아일보」, 1953년 8월 6일, 1면

일선(日船)의 영해 침범
정부서 대일 항의

【동경 4일발 AP=합동】 일본 외무성이 발표한 바에 의하면 4일 대한민국 정부로부터 일본 정부에 대하여 일본 해상 순회정이 한국 영해를 침범한 것에 항의하여 왔다 하는데 한국 정부가 언명한 바에 의하면 일본 순회정은 과거 이미 4환(圜)에 걸쳐 일본 남부 본주(本州)의 도근현(島根縣) 해안에서 150리 떨어져 있는 독도 근해를 순회한 바 있었다고 한다. 한편 일본 정부는 지난 7월 13일 대한민국에 대하여 각서를 통하여 소위 '죽도'에 대한 일본 측의 권리 주장을 입증하는 역사적 지리적 근거를 인용한 바 있었으며 또 동 각서에는 동 도내(島內)에 거주하고 있는 한국인에 대한 구절(句節)도 있었다 한다.

「조선일보」, 1953년 8월 22일, 2면

독도에 해군 체류
손 국방장관 기자회견 담

20일 상오 10시 반 손(孫) 국방부 장관은 출입기자단과 회견하고 독도 문제에 언급하여 우리 해군은 독도에 체류하고 있으면서 일본인의 상륙을 제지하고 원주민의 생명, 재산을 보호하고 있다고 말한 다음, 학병(學兵) 문제에 언급하여 (이하 생략)

`「조선일보」, 1953년 9월 12일, 2면`

독도에 일(日) 어선 200척
추방 위해 함정(艦艇)을 파견

10일 국방부에 들어온 소식에 의하면 일본 어선 약 200척은 4척의 초계선(哨戒船) 보호 아래 평화선을 넘어 독도 근해에서 고기를 잡고 있다 한다. 동 보고에 접한 해군 해상경비대에서는 즉시 함정을 파견하여 추방하도록 명령하였는바, 일본 어부들은 독도가 일본 영토라고 주장할 뿐 아니라 부근의 한국 어부들에게 협박 공갈을 하고 있다 한다. 한편 독도 부근의 한국 어부들은 당국의 보호를 요청하여 왔다 한다.

철저히 추방할 터
손 장관 강경한 태도 천명

최근 일본 어선이 빈번하게 한국 수역을 침해하여 어로를 감행하고 있음에 대하여 10일 손 국방부 장관은 왕방한 기자에게 평화선을 침해하는 일(日) 어선은 철저히 추방할 것이라고 하며, 이에 응하지 않을 때에는 나포 또는 발포할 것이라고 한국 측의 태도를 명백히 하였다. 또한 손 장관은 일본 어선이 함정까지 동원하여 고기잡이를 하는데 이는 좋지못한 사태를 초래할 것이라고 언명하였다.

「경향신문」, 1953년 9월 17일, 1면

한일회담 재개도 의문시

【동경 16일발 동양】 한국 평화선과 독도 문제의 긴박화에 따라 9월 중에 재개가 예상되고 있던 한일회담의 개최가 극히 의문시되고 있다. 12일 한일회담 한국 측 수석대표인 김 주일공사가 기자에 언명한 바에 의하면 최근 일본 어선단이 대거 평화선을 침범하게 됨에 따라 회담을 통하여 양국간 현안을 해결하려던 한국 측의 성의있는 노력은 매우 의문시되고 있다.

한편 일본의 강기(岡崎) 외상은 11일 한국과 어업회담을 가질 용의가 있으며 일본 측 업자가 한국 정부나 업자와 직접 교섭하여 분쟁 해결의 방도를 연구하는 것도 환영한다고 언명하고 있는바 당지의 한국 측 소식통은 만약 일본이 정식으로 어업회담을 제안해온다면 평화적인 문제 해결을 희구(希求)하는 한국으로서는 이에 물론 응할 것이나 평화선 내에서 일본선(日本船)이 완전히 퇴각한 후에 이 제안을 수락할 것으로 보인다고 언명하고 있다.

12일 조조(早朝)까지에 들어온 평화선 부근 일본선의 동향에 대한 보고는 한국 측의 강경한 평화선 방위 결의가 다시금 전하여졌으므로 별로 활발하지 않고 백여 척의 어선이 평화선 경계수역 근처에서 한국 해군 태도 여하에 따라 평화선을 돌파하여 어로를 재개코자 대기 중이라 한다.

`경향신문』, 1953년 9월 18일, 1면

평화선 침범과 일본의 항의

한일어업분쟁에 관한 일본 외무상의 정식 항의가 한국 정부에 도달하였다 한다. 그 내용은 발표되지 않아 알 수 없는 것이나 요는 일본 정부가 한국의 평화선을 침범한 사실을 공해상의 어로 자유란 종래의 주장으로써 합리화시키려 함에 있을 것만은 명백한 것이다. 한일회담이 정돈된 역사도 상당한 시일을 소모하였거니와 일본 정부가 기본태도를 개량하기 전에는 영원히 면치 못할 원칙적 대립의 위치에 있는 것이다.

같은 아세아 반공 투쟁국의 지위에 있는 일본에 대하여 우리는 과거의 제국주의를 탓하기보다는 장차의 민주적 강화를 기대할 따름이다. 그러나 세 살 버릇 80에 이르는 모양 미국에 의하여 강요된 민주주의 일본은 그 내막과 근성에 있어서 도국성(島國性)과 침략성을 버리지 못함은 인방(隣邦)인 우리로서 가석지염(可惜之念)을 불금(不禁)케 하며 때에 따라서는 실력으로써 광정시킬 필요를 통절케 한다.

「조선일보」, 1953년 9월 27일, 1면

[사설]
오도(誤導)되는 일본 여론

1.
근자(近者), 일본에서는 소위 '국민궐기대회(國民蹶起大會)'가 처처에서 열리었다. 그들의 이 집회 목적은 대한(對韓) 감정을 격동시키려는 데 있는 모양이고 특히 일본의 태반의 여론 지도자들까지 음(陰)과 양(陽)으로 이같이 무책임하게 군중심리를 자극(刺戟)시키기에 여념이 없음을 볼 때 우리는 일본을 위하여 놀라지 않을 수 없다. 이러한 사태는 반공보루(反共保壘)로서 상호 제휴(提携)되어야 할 양국 관계에 중대한 위협을 일으키는 것 외에는 아무 소득이 없는 위험한 불장난이란 점을 여기 명백하게 지적코자 하는 바이다. 주지하는 바와 같이 최근, 일본은 세 가지 제목을 내걸고 한국에 대한 악감정을 조작 고취하고 있으니 첫째는 해양선 문제이며 둘째는 독도 문제이며 셋째는 한국 부흥자재(復興資材) 구입에 있어서 한국이 일본 자재를 배척하고 있다는 것이다. 그러나 이같은 문제의 귀추는 극히 명료하다. 첫째 해양선 문제를 보자. 우리는 이 문제에 대하여 타(他) 일본란(日本欄)에서 상론의 기회를 다시 갖고자 하거니와 요약해서 말한다면 일본은 1930년대에 이미 미가(美加) 양국이 일본에 대하여 북미주 서부 연해에 출어를 금지하려고 전도(全圖)한 사실은 망각하였다 하더라도 1945년 9월 28일 어업관할수역(漁業管轄水域)에 관(關)한 트루먼 선언, 1952년 5월 9일 미가일(美加日) 어업조약에 의하여 소위 공해(公海)에 있어서의 출어 억지(抑止)에 관하여 일본이 조약상 의무를 부담하고 있음에 불구하고, 그 외에 남미 기타 각국의 연안어업 관할권 선언 및 북대서양 국제어업조약 등의 실례를 들을 필요도 없이 2차 대전 후 공해(公海) 자유에 대한 국제법상의 일반적 관념은 이와 같이 항해자유의 원칙과 어업자유의 원칙이 분리되어 새 방향으로 수정되고 있고 자신이 이미 제3국과의 조약에서 이것을 인정하고 있는 기정사실을 묵과하고, 케케묵은 영해 3리설만이 유일 타당한 것이라고 훤전(喧傳)하고 있는 것이다. 현실적 문제로 보더라도 과거 8년간 맥아더 라인에 의하여 동 수역에서 어로를 하지 않은 일본이 이(李) 라인 설치로 인하여 무슨 새로운 타격이 있는가, 또한 한일 양국간의 역사적 국교관계와 현재도 동 수역이 준전쟁 상태 하에 있다는 사실로 볼 때 한일 양국의 새로운 입어교착(入漁交錯)에서 야기될 모든 분쟁을 방지하는 평화선으로서의 이 라인의 필요성은 더욱 강조되어야 할 것이다. 특히 전재에 가하여 원래가 한국의 자본어업시설과 기술은 극히 후락(後落)되고 빈약한 원인이 과거 36년간 일본의 한국 침략과 착취에 있었다는 인과로 볼 때 어떻게 일본이 지금 와서 얼굴 간지럽게 국제법상 운운하여 형식적 공평을 운운할 수 있는가. 일본은 이(李) 라인 선언의 제4항이 항해자유의 원칙을 부정하고 있지 않다는 것과 대일강화조약 제21조에 의하여 한국이 동 조약 제9조의 대일 어업협정의 수익국이 되어 있다는 사실을 기억할 것이며 해방 전후를 통하여 일본인은 이(李) 라인 내에서 정당한 개발 실적을 가진 일이 없으며 한국은 구한국 시대부터 대한민국 수입 후 현재에 이르기까지 개발 및 보존조치의 실적을 가지고 있는 것이다. 방금 일본은 호주 정부의 해양선언에 의하여 라푸라해(海)에서 진주조개의 채취까지 금지당하고 있음에 불구하고 이상 한국의 법리적 현실적 경제적 정치적으로 근거가 확고한 주장에 대하여 일방적 조치라고만 비난할 뿐 자국민에게 순리와 대세를 이해시키려 하지 않고 한국에 대한 악감정만을 선동하고 있음은 어떠한 정치적 의도인지 묻고자 하는 바이다.

2.
둘째로 독도 문제에 관해서는 구한국 말기에 보호국이라는 그들의 강압하에 그야말로 일방적 조처로서 자기 판도로 편입했던 것인 만큼 오늘날 한국이 버젓이 독립을 달성한 단계에 이르러서는 한국이 일본으로부터 이탈 복구된 그 순간부터 독도도 정당하게 한국 영토로 복귀되지 않을 수 없는 문제이다. 독도가 고래로 역사상 지리상으로 울릉도의 속도로서 한국 영토이었음은 일본인 임자평(林子平)의 저서에도 명백한 것이다.

(이하 생략)

「동아일보」, 1953년 10월 3일, 2면

독도 등 답사, 대한산악회서

대한산악회에서는 종래 계속해 오던 조사 사업을 완성하기 위하여 재차 울릉도, 독도 학술조사단을 파견하기로 되었다 한다. 더구나 독도는 최근 일본 측으로부터 그 영유(領有)를 주장, 침범하는 등 심상치 않은 사태에 비추어 각계의 권고도 있거니와 학술적 견지에서 조사에 만전을 기하기 위한 것이라 한다.

독도 · 평화선 문제 위요(圍繞)
일본 측 고의로 배한(排韓) 여론을 선동
김 공사(公使), 실증 들어 일 태도를 재차 통박

【동경 2일발=동양】 김 주일공사는 1일 "일본 국민의 여론이 한국에 대하여 현재 분격하고 있다면 그것은 분명히 고의로 조작된 것이며, 일부 일본인의 무책임한 성명과 선전 운동 및 의식적 한국 중상(中傷)에 기인될 것이다"라고 말하고 다음과 같이 성명하였다.

"최근 당지의 신문 내지 '삐라'에 게재된 일부 일본인의 사실 무근 또는 왜곡된 성명에 나는 주의를 끌게 되었는데 이는 우리 한국 관민에 불미한 결과를 재래케 하거나 또는 우리나라의 관민을 중상한 것이다.

▲ 첫째로=9월 22일 일본의 일부 신문은 한일회담 '옵저버'로서 한국 수산대책위원회 사무국장 오구라(吳久羅)라는 한국인이 한국 정부는 '평화선'을 고집할 의향이 없다 운운하는 의미의 성명을 발표하였다고 보도하였다.

▲ 둘째로=9월 22일 한국 해군 함선의 수병(水兵) 3명이 일본 어선에 들어가 금품과 어획물을 박탈 운운이라는 보도가 있었다.

▲ 셋째로=2, 3주일 전에 일부의 일본인 유력자는 독도 및 어족 보호 평화수역 문제에 대하여 한국이 취하고 있는 태도에 □주어 일본은 한국군이 일본을 점령하려는 절박한 사태에 대비하여 재군비를 하여야 한다 운운하는 의미의 성명을 발표하였다.

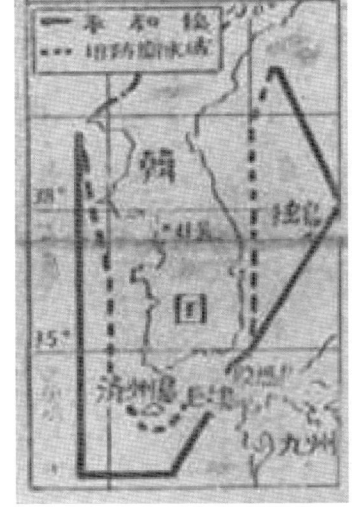

그뿐만 아니라 과거 23일 내에 우리나라 관민을 모욕한 수십만 매의 과격한 문구를 쓴 '삐라'와 '팸플릿'이 도처에 첩부되었으며 한국으로부터의 '침략'을 받고 있는 위험이 절박해 있는 것 같이 일본 민중들을 선동

하였다.

이에 있어 오구라 사건에 대해서 돋인이 한국인이 아니고 소창문치(小倉文治)라는 대판(大阪)시 거주의 일본인이라는 것이 판명되었다. 한일회담 '옵저버'라고 자칭하는 이 일본인은 우리 어족 보호 평화수역의 실시에 대하여 사실무근의 담화를 유포시켜 우리나라 정부에 불리한 결과를 가져올 오해를 야기시켰다.

한국 해군 군인의 부정행위라는 둘째 사건에 대하여서는 우리가 철저히 조사한 결과, 일본 어선장(漁船長)이 분명히 하였다고 되어 있는 이 이야기는 사실인즉, 동 선장이 공산 침략에 항거하여 용감히 싸워 자유 세계의 집단 안전 보장에 공헌한 우리 해군을 중상하려는 의식적 의도로서 날조한 것이 판명되었다. 일본에 대한 우리 군대의 예상되는 침략에 관한 무책임한 성명 또는 선동 '삐라'에 대해서는 소극(笑劇) 이외에 아무것도 아니며 나로서는 그들의 목적이 일본 국민 사이에 우리나라에 대한 공연한 분격을 일으키려는 데 있다고 결론하는 것이 나의 착오가 되어지기를 성심으로 희망한다. 현 단계에 있어 나는 그들에게 한국이 결코 침략자가 아니었다는 것을 상기시키고 싶다. 우리 한국인은 평화를 애호하는 국민이며 우금(于今)껏 타국을 침략한 적이 없다. 이는 역사가 분명히 표시하는 바이다. 나는 한국이 여하한 외국에 대하여도 국제적 부정행위를 가하였다고 비난할 수 있는 사람은 한 사람도 없다고 확신한다.

`「조선일보」, 1953년 10월 19일, 2면`

독도 답사에 성공
산악회 학술조사단 18일 귀경

【울릉도에서 홍종인(洪鍾仁)발 특전】 13일 악천후로 독도 상륙에 실패한 한국산악회 학술조사단 일행은 천후 회복을 기다려 15일 제2차로 울릉도를 출항하여 새벽 6시 해뜨기 전에 독도 상륙에 성공하여 하룻밤을 무인고도에서 막영하면서 16일 정오까지 측지반(測地班)과 기록반을 주로 한 예정 목적을 대략 완성하고 동일 오후 6시 울릉도에 귀착하였다. 일행은 16일 밤 9시 울릉도를 떠나 17일 저녁 부산에 도착 18일 아침에는 서울에 돌아갈 것인데 한국산악회가 독도에 조사단을 파견하기 무릇 3회였는바, 제1차로 1947년에는 무난히 상륙하여 학술조사에 성공했으나 작년에는 두 차례나 상륙에 실패했고 이번에도 첫날 실패한 뒤에 다시 상륙에 성공하여 조사 임무를 마친 것이다.

「경향신문」, 1953년 10월 20일, 1면

[사설]
일본의 태도 시정을 촉구

기간(其間)에 쌓이고 쌓이었던 감정을 극복하고 대립되어 오던 견해의 차이를 조정함으로써 정상적인 한일관계의 수립을 위하여 두 번이나 중단되었던 한일회담이 재개된 것은 아주(亞洲) 반공권의 전체적 이익을 위하여서도 극히 환영할 만한 사실이다. 그러나 회담 벽두 일본 대표 구보전(久保田)의 지각없는 망언으로 말미암아 다시 중단되고 말았다. 우리는 국내외 정세의 관계로 일본에 일쿠 파쇼세력이 대두되고 있는 것은 잘 안다. 허나 외교 대표로서 정식회의에 나온 자가 그와 같이 망언한 것은 일본 전체를 대표하는 것으로서 우리로서도 이를 정식으로 취급하지 않을 수 없다.

그자는 한국 대표가 과거에 일본이 한국에서 소유하였던 재산권을 포기해야 한다고 말한 데 대하여 언급하기를 포츠담 및 카이로 선언에서 일본이 한국을 노예화하였다던 문구는 고전 당시의 흥분(興奮)의 소산 이외에 아무것도 아니며 일본의 한국 점령은 한국 인민의 복지에 많은 공헌을 하였다고 하는가 하면 미 군정시에 65만의 재한 일인을 강제 송환한 것은 미국 정책이 국제법에 위반되는 행위였다는 궤변을 농(弄)하였다.

일본이 한국에 있는 재산권을 잃은 것은 8·15 무조건 항복과 더불어 국제법상에 사실화하였으며 상항(桑港)강화조약에서도 한국에 있는 모든 권원과 청구권을 포기한다는 명문 있는 조약에 현 길전(吉田) 수상이 수석대표로서 서명하였던 것이다. 이만큼 사실이 명백한데도 불구하고 포츠담·카이로 선언의 명문을 부인하여 일본은 한국을 노예화하지 않았고 오히려 한국인의 복지에 공헌 운운하고 8·15 항복의 사실을 잊었는지 미국 정책이 국제법 위반이니 무엇이니 하면서 역설을 늘어놓는데 이것은 8·15 전에 동조(東條)가 행사하던 권한을 그대로 정당화시키고 앞으로도 그러한 정책을 취하겠다는 태도밖에는 아무것도 아니다.

미국 정책이 국제법 위반이라는 것은 진주만 공격이 합법이라는 말과 같으며 한국 인민의 복지에 공헌 운운은 다시 한국을 병탄하겠다는 40여 년 전의 그들이 심사와 하나 다를 것 없다. 그러지 않아도 우리들은 제국주의적 침략자 일본인들은 국제법상 엄연히 근거가 있는 한국의 어족 보호선을 무시하고 공해의 자유라는 명목 아래 이의 침범을 정당화시키려 노력하고 일부 어용학자들까지 전범의 처벌과 같이 어족 보호선이라는 신국제법은 합당치 않다는 주장을 내세움으로써 국제적으로 침략도전을 하고 있다는 사실과 뻔하게 한국령인 독도를 자국 영토라고 주장하고 이를 관철하기 위해서 재군비를 해야 한다는 그네들의 제국주의적 근성을 잘 알고 있던 터이라 새삼스레 놀라지 않거니와 차제에 한국 대표를 소환하고 한일회담을 거부할 것을 주장한다.

하는 수가 없다. 일본은 아주(亞洲) 반공권의 중요한 멤버인 줄은 잘 안다. 그러나 그들이 공산주의와 투쟁하기 위하여 국력을 기울여 하지 않고 인방(隣邦)을 침략하고 국제적인 신(新)사실과 국제질서를 파괴하자는 데 근본 의도가 있는 이상 이것은 힘으로 누르는 외에 도리가 없다. 종내 태도를 시정치 않는다면 무력제재를 가하는 것만이 국제질서를 유지하는 소이(所以)다.

그래도 3,000년 가까운 역사를 가졌다는 일본이 국제 조류의 신방향을 모르고 '동조(東條)'와 현인신(現人神)의 근성이 노골화하였다는 사실을 우방인(友邦人)인 우리로서 일본 그 자신을 위하여 무한히 슬퍼한다. 그대들이 자랑하는 지성과 현명이 그렇게도 어두어졌는가? 그렇지 않으면 벌써 전체주의 정권에 굴복하여 세금만 무는 노예가 되었단 말인가? 스스로가 아는지 모르는지? 일본은 동양의 고아가 되었다는 이미 객관화한 사실을! 그들이 현재 꿈꾸는 동아(東亞)에 있어서의 친선관계는 동조(東條)가 구상하던 대동아공영권과 흡사한 것이다.

일본은 원할지 몰라도 상대할 각국이 이에 응할 리 만무한 일본을 위하는 일본 일방적이라는 것을 아직도 모르는가? 역사의 조류가 그것을 용허(容許)할 줄 아는가, 위일헤 2세 다음에 히틀러를 가졌던 독일 국민의 불행을 모르는가? 이제부터라도 그리 늦지 않으니 일본은 시급히 제국주의적 근성을 버리고 민주주의 정신을 호흡해야 할 것이다.

「조선일보」, 1953년 10월 22일, 2면

독도에 다녀와서(1)
홍종인(洪鍾仁) 기(記)*

제1차는 상륙 실패
표식없는 일본 경비선 근해에 출몰

동해 바다 한가운데 있는 울릉도의 부속도서인 독도에 대한 한국산악회의 울릉도·독도학술조사단에 의하여 해군 함정의 편을 얻어 지난 11일부터 1주간 동안의 임무를 마치고 돌아왔다. 일행은 측지반(測地班), 촬영반(撮影班), 등반대(登攀隊)를 주로 한 25명으로 작년 이래의 숙망을 달성했다. 조사단의 일원으로서 현지 보고를 대략 적어 보고자 한다.

부산으로부터 약 180마일의 항정을 19시간 만에 서북풍에 흔들리며 울릉도에 도착한 것이 12일 오전 7시경, 바람을 피하여 모시개(苧泊)**에 배를 대고 하룻밤을 쉬고 13일 새벽 6시 출항했다. 12시경 독도에 도착했을 때부터 천후가 돌연히 악화하여 서북풍에 비와 바람이 모질었다. 전마선(傳馬船)을 내리고 동도(東島) 일각에 하륙 작업을 시작하다가 부득이 단념하고 일단 울릉도로 회항키로 했다. 작년 9월에도 동 조사단 일행이 외국군의 폭격 연습으로 두 차례나 상륙을 실패했던 터에 이번에 다시 상륙이 여의치 못했던 것은 조사단 일행을 위하여 커다란 시련이 아닐 수 없었다. 울릉도까지 48마일, 거센 서북풍을 정면으로 안고 달려야 하는 난항(難航)이었다. 독도로부터 수 마일 떨어졌을 때 우리 뒤로 기선 한 척이 나타났다. 거리가 멀고 또 비에 가려 상대방의 정체를 알아낼 수 없었다. 설마 그것이 일본 경비선인 줄이야 알았으랴.

---

* 『경향신문』, 1953년 10월 21일, "무인도 4단여 평, 울릉도민의 생활근거"에는 위의 기사를 요약한 내용이 있다.
** '저포(苧浦)'의 오식으로 보인다.

하오 두 시 반경 기선은 우리 함정에 많이 접근했다. 선원들이 모자를 벗어서 흔드는 것이 보였다. 그러나 배에는 하등의 국적(國籍)의 표시가 없는 것이 수상했다. 우리 함정 905호의 정장 26세의 서덕균(徐德均) 대위는 곧 전투 배치를 하는 동시에 국제신호로써 상대방의 국적을 묻고 선박의 행로와 임무를 묻는 한편 정선(停船)을 명했다. 상대방은 곧 정선하고 배꼬리를 우리 편으로 물리면서 그때야 비로소 일본기를 올렸다. 배꼬리에는 일본 글자로 '나가라'(250톤)라고 쓰여 있고 그들은 답신하기를 "우리는 일본 경비선으로 일본 정부의 명에 의하여 죽도(竹島) 방면을 순항차입니다"고 했다. 독도를 일본 영토라고 주장하는 그들은 독도 방면의 우리 측 행동을 부단히 살피고 있는 것을 알 수 있었다. 그 경비선은 '레이더' 장치도 있는 쾌속선이었다. 그때 우리편 정장은 곧 저편에 대하여 "리 라인밖

으로 곧 철퇴하라"고 신호하니 그들은 곧 회답키를 "건전한 항해를 빕니다"고 하여 공손히 돌아갈 태도를 보였다. 그래서 우리 함정으로부터 정선 명령의 '케' 기(旗)를 내리자 그들은 곧 뱃머리를 동남방으로 돌렸다.

◇

다음날 정오의 일본 측 방송에 의하면 이 배에는 일본 국회의 중의원(衆議院) 의원이 타고 우리 측과 소위 해상 회담을 하겠다고 독도 방면으로 왔던 것임을 알 수 있다. 그들의 방송은 최초에는 대략 사실을 그대로 보도했었다. 즉 독도 부근에서 한국 군함을 발견하고 접근하였으나 '리 라인' 밖으로 철퇴하라고 했고, 또 풍파가 심하여 더 접촉할 수 없었다고 했다. 그러나 세 시간 후의 일본 방송은 말을 고쳐서 "11일 부산방송에 의하면 한국 측에서 지리학자 등 20여 명이 독도에 온다고 해서 가보았더니 한국 군함을 발견했다. '리 라인' 밖으로 철퇴하라기에 우리는 '리 라인'을 인정치 않는다고 하고 한국 측의 요구를 거부했다"고 했던 것이다. 국적 표시도 없이 항해하다가 정선 명령을 받았던 그 사람들의 거짓말을 우리는 동해 한가운데서 눈으로 보고 귀로 들을 수 있었던 것이다 이날 밤 울릉도에 귀항한 것은 밤 9시경이었다.(계속)

독도에 다녀와서(2)
홍종인(洪鍾仁) 기(記)

뜻 않은 '전파'의 격려
해가 뜨며, 본격적인 작업을 개시

14일 오후까지 천후에 대한 정보를 여러 가지 각도로 수집 검토한 결과, 15일은 바다가 평온할 듯했다. 울릉도 측후소에서는 하루 두 차례나 천기도(天氣圖)를 그려주었다. 비록 날은 개인다고 해도 계절풍(季節風)이 시작되는 때요, 겸하여 바다가 거칠기로 유명한 동해인만큼 전 단원의 안전과 건강을 위하여 조심스럽지 않을 수 없었다. 15일은 오전 한 시에 출항키로 하고 단원 일동은 저녁 후에 미리 배에 올랐다. 바다에는 오징어잡이 배가 수백 척 멀리 5리나 10리 밖까지 울릉도를 둘러싸고 있다. 쪽박 같은 배에 몸을 싣고 밤새 넘나드는 물결에 흔들리며 '카바이트' 등불 밑에 오징어를 낚는 울릉도 어민들은 단순히 그들 자신의 생활을 위한 생업에 힘쓰고 있다기보다도 동해의 울릉도를 항공모함(航空母艦)이나 다름없는 하나의 부성(浮城)으로 삼고 망망한 동해 바다를 지키고 있는 호국(護國)의 척후병(斥候兵)의 임무를 다하고 있는 것이라고 할 것이다. 가을밤 맑은 하늘도 바다 위의 별빛은 유난히도 육지에서 볼 수 없는 영롱(玲瓏)한 빛을 내고 있는 것이었으나 출렁거리는 파도 사이로 감실거리는 오징어 배의 등불도 울릉도가 아니면 볼 수 없는 찬란한 광경임에 놀라지 않을 수 없다.

독도에 도착한 것은 오전 다섯 시 반 경, 아직 해 뜨기 전 바다는 비교적 고요하다. 동해 바다 전 폭을 뒤덮은 듯한 붉은 노을 밑에 우리들은 동도와 서도 사이 남쪽으로 배를 대고 상륙을 시작했다. 모두가 조반 전이다. 약간의 비상식(非常食)만을 가지고 상륙하는 대로 조사 작업을 개시키로 했다. 최대 한도로 시간을 절약하여 될 수 있다면 해지기 전까지 일을 끝마칠 수 없겠느냐 하는 예정이었다. 이유는 천후가 역시 염려되기 때문이었다 그리하여 측지반을 선두로 곧 두 척의 전마선이 움직이기 시작했다. 그때 바로 우리가 본부 기지(基地)로 한 동도의 서편 기슭에서 약 300미터 되는 서도 한 모퉁이의 소위 '가제'* 바위에는 가제*(海驢)가 수십 마리 올라앉아 우리들 불의의 손님에 향하여 고개를 돌리고 있는 것이 자세히 보였다. 측지반이 접근하자 "응아 응아"하며 누런 놈, 검은 놈, 큰 것은 송아지만큼 하고 작은 놈은 중개만큼씩 한 놈들이 물로 덤벙덤벙 뛰어들었다. 우리나라에서 가재가 서식하는 곳이 독도뿐인 점에서도 독도의 가제*는 천연기념물(天然記念物)로 지정하여 보호되어야 할 가치를 가지는 것이다. 또 뒤에 발견된 것이지만 비난추니(새매)와 그 외의 수 개 종류의 매(鷹)와 같은 맹금류(猛禽類)와 희귀한 몇 가지 적은 새가 깃들고 있는 것도 독도의 생물로서 특기할 바라 할 것이다.

조사 작업은 아침 해가 높아가면서 본격적으로 바빠졌다. 측지반이 서도의 남쪽으로 바다 위의 바위를 징검다리 삼아 측량판을 들고 이동하고 있을 때, 등반대(登攀隊)는 동도의 봉우리를 찾아서 표식(標識)을 세우는 일이 가장 어려운 일이었다. 등반이 어려운 이유는 산이 모두 절벽으로 되어 있는 험악한 암석투성이인데다가, 화산재(火山灰)가 풍화(風化)된 것이어서 돌뿌리를 면밀히 하나하나 망치로 두드려보지 않고는 손발을 붙일 수가 없었다. 등반대는 한국 산악계의 유일한 호프인 암벽(岩壁) 등반의 젊은 알피니스트들이다. 그러나 금강산이나 북한산 등지의 화강암 등의 절벽에서 경험한 어려움의 비교가 아닌 것을 새로 경험케 되었던 것이다. 허리에 '자일'을 매고 '하겐'을 박아가며 실로 한 치 두 치를 새겨가면서 기어오르지 않을 수 없었다. 그러는 동안 동도와 서도 측지반과 등반대 그리고 우리의 함정 905호와 조사단 본부와의 연락은 미리 준비해 가지고 갔던 휴대용 무선전화기를 통하여 몹시 바빴다.

---

* 원문에는 '가재'로 되어 있으나 강치(바다사자)를 의미하는 '가제'로 수정하여 표기한다.

◇

그런데 이날 무선전화로 서로 바쁜 연락을 하는 동안 우리들에게 뜻밖의 흥분을 느끼게 한 것은 정오 이후로부터 그 조그마한 전화통으로 멀리 부산(釜山)의 60만 어민대회에서 "일본 어선의 침범을 물리치고 우리의 해양주권선(海洋主權線)인 평화선을 지키다"고 외치는 대회 중계방송 전파(電波)가 광망한 바다를 건너 가칫 가칫 우리 고막에 울려왔던 것이다. 그 소리는 간신히 들을 수 있는 정도였으나 열성에 넘치는 그 결의 표시의 전파는 절해고도의 벼락 턱에 매달려 있는 우리들의 조사 작업을 무한히 격려해 주는 그 소리로 들렸던 것이다. 즉 평화선을 지켜야 할 것이라는 우리 어업계의 외침은 곧 "독도를 지켜라"하는 외침에 다름없기 때문이다. 왜냐하면 동해 한끝의 평화선은 동도로부터 바로 10마일 동남쪽으로 그어져 있는 것이다. 이같이 하여 독도에 상륙한 그 날 조사 작업에 열중하고 있는 그 시각에 우리들에게 격려를 보내는 어민대회의 그날이었던 것은 뜻하지 않은 가운데 깊은 뜻이 숨어 있음을 느끼게 했던 것이다.(계속)

(사진은 독도의 일부)

`「조선일보」, 1953년 10월 24일, 1면`

한일회담 절충 위해
일 외상 방한을 시사

【동경 23일발 AP=본사특약】강기승남(岡崎勝男) 일본 외상은 결렬된 한일회담에 관하여 고위절충을 하기 위해서 서울을 방문할 수 있게 될 것인가 아닌가는 한국 정부의 기분에 매여 있다고 22일 언명하였다. 그는 기자회견에서 한국의 공기(空氣)는 지금 그의 방한(訪韓)을 받아드릴 수 있는 것으로 생각지 않는다고 말하였다. 어느 기자가 하여간에 외상 자신이 "공손한 태도로" 가는 것이 좋을 것이라고 시사하자 강기(岡崎) 외상은 "글쎄 모르겠소"라고 대답하였다. 그는 또 일본 어련(漁聯)을 "공해에서 나포한 것이 일본 국민 사이에 '곤혹과 분격'을 일으키고 있으며 독도는 역사적 문헌에 명백한 바와 같이 일본에 소속된다"고 말하였다. 그는 그러나 일본 정부로서는 한일간의 모든 현안을 "평화적(平和的)으로 해결(解決)"하도록 결심하고 있다는 것을 강조하면서 "일본과 한국은 서로 총을 쏘아서는 안될 것이다"라고 말하였다. 이것은 일본 어선과 독도를 보호하기 위해서 일본 군대를 써야 한다는 극우분자와 어업계의 요구에 대하여 대답한 것으로 해석된다. 강기(岡崎) 외상은 일본 정부로서는 현재 제3국의 조정을 요청할 생각은 없으며 한일문제는 관계국에 의하여 해결되어야 한다고 부언하였다.

「조선일보」, 1953년 10월 26일, 2면

독도에 다녀와서(3)
홍종인(洪鍾仁) 기(記)

로빈손 크루소도 될 뻔
15일 밤엔 고도(孤島)서 막영(幕營)

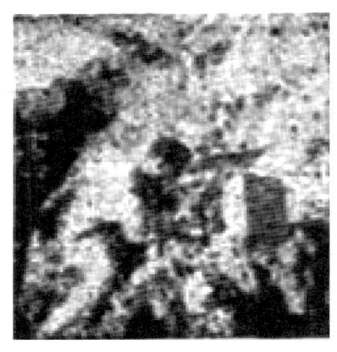

15일은 날씨가 그대로 계속해서 좋았다. 측지반은 오전 오후로 서도(西島)의 약 4분의 3가량 측량을 마치고 다시 동도로 이동해 왔으나 이미 시간은 저물어 해지기 전에 측량을 끝낼 도리가 없었다. 등반대도 동도의 등반을 끝내고 다시 서도로 이동키에는 시간의 여유가 없었다. 이때까지의 천기 상황은 대체로 보아 16일 오전까지 큰 변동 없을듯 싶었다. 905호의 정장과 의논한 결과, 정장은 말하기를 다소의 풍파가 일어나도 조사단원을 무인도에 버리고 돌아가지는 않을 것이니 16일 오전 중으로 기어코 소기의 목적을 달하도록 하라고 하면서 함정은 섬 밖에서 표박(漂泊)하고 있을 터이라고 했다. 하기는 어려운 일이다. 풍파가 심하면 조그마한 종선을 섬에 부칠 수 없다. 열이면 아홉, 암석에 붙어 쳐브서지게 되는 것이다. 물론 큰 배는 섬에 접근할 도리가 없다. 최후의 수단이 있다면 종선을 파선시킬 작정하고 라이프 재킷과 로프의 결사적 작업을 하지 않으면 안된다. 13일의 상륙은 실패했었으나 그날 만일에 한 시간 전에만 도착하여 상륙작업을 개시했었던들 5, 6명 내지 8, 9명은 독도에서 한 이틀 동안 현세의 로빈손 크루소가 되지 않을 수밖에 없었던 것이다.

그리하여 우리는 독도의 동도에서 하룻밤 천막을 치기로 했다. 그 대신에 불필요한 인원은 될수 있는 대로 함정으로 돌려보냈다. 저녁 햇발이 서쪽 바다 위를 벌겋게 물들이고 있을 때 단원들은 모두 본부 기지로 집결되었다. 함정으로부터는 우리들의 작업의 편의를 위하여 식사를 만들어 날라주었다. 동도와 서도 사이로 왔다갔다 하며 섬을 지키며 우리 일행을 호위해 주는 함정, 태극기가 펄럭거리는 우리 해군 함정이 우리와 지척 사이에 유유히 해상을 만보하고 있다는 것은 우리들에게 무한한 미더운 느낌을 가지게 했다. 단원들은 단 하루의 작업이었지만 상당히 피곤한 모양이다. 아무리 바다가 고요하다고 하지만 바닷가로 돌자면 배를 탓건 암벽(岩壁)에 붙어들건 물결을 뒤집어 쓰지 않을 수 없다. 대부분의 아랫도리는 젖어 있었다. 또 등반대는 육체의 피로도 대단커니와 정신의 피로가 더 심하다. 그리고 바위를 타고 기어다녀야 하는 때문에 손끝이 모두 솔갑고 또 팔다리에 약간한 상처는 피하기 어려웠다.

그리고 이날 본부에서는 해군 사병들의 도움을 얻어 우리말로 '독도'라고 쓴 화강석(花崗石)으로 만든 표석(標石)을 세웠다. 작년 8월 15일까지는 꼭 세우려고 만들었던 것을 작년에 상륙조차 실패하고 울릉도 경찰서에 일 년 동안 묵혀두었던 것이다. 넓이 두 자가량, 높이 자가웃에 부피 한 자 조금 못 되는 장방형(長方形)의 묵직한 것이다. 바로 동도 서쪽에 경상북도에서 세운 1948년 6월의 '독도어민조난자 위령비'에서 조금 떨어져 나란히 세웠다. 정면에는 우리 국문으로 '독도'라고 크게 쓰고 한문자로 '독도', 또 불란서 말로 된 'LIANCOURT'이라고 새겼다. 뒤에는 "한국산악회 울릉도 독도 학술 조사단"이라고 새겼다. 다시 측면에는 세운 날짜를 써넣었다.

무인고도의 밤이라고 하지만 조금도 외로울 바 없었다. 물결 소리 출렁거리는 기슭에는 캠프파이어(營火)가 밤새 피어오르고 하늘에는 반달이 찾아든다. 라디오로는 서울시, 부산시 또 일본말, 중국말, 영어, 러시아 말 등등 갖가지 방송이 들린다. 그런 중에도 우리가 이 고도에 와서 방송을 들으면서 절실히 느낀 것은 우리나라 방송의 전력(電力)이 다른 나라의 그것보다 대단히 약하다는 것도 한 가지 크게 섭섭히 생각된 바였지만, 그보다도 우리나라 방송이 여러 종류의 전파로 대단한 방해를 받고 있다는 사실이다. 육상에서 들을 때보다도 본토와 뚝 떨어져 있는 외로운 섬에 와서 내 고장 전파를 잡아보려고 할 때 중국말, 일본말 그리고 북한 괴뢰 등의 강력한 방해를 받고 있음을 볼 때, 이는 단순히 방송 하나만의 문제가 아니라 실로 우리나라의 통일 발전의 사업이 얼마나 어렵다는 그것에 비길만 하다고 느껴졌다.

그런데 밤이 깊어서 우리 곽사에는 일대 환성(歡聲)이 일어났다. 다름 아니라 천막 가까이 물오리 한마리가 찾아들었던 것이다. 진객을 맞이한 우리들은 모두가 어린 아이들처럼 어쩔 줄 모르고 기뻐 떠들었다. 무엇을 대접할까, 저녁밥이 남았나? 사과? 아니 커피를 한잔 끓일까? 하며 야단법석이었다. 그때 특히 새의 생태(鳥類生態)에 전문적 지식을 가진 촬영반의 이 군은 "아니야 저 물오리 병이 들어서 … 무슨 병인지 모르지만 중태인걸 …", 의학반의 조 박사도 여기는 하는 수가 없었다. 아침에 보니 그 물오리는 바위틈에 쪼그리고 앉은 채 왕생(往生)을 했던 것이다. (계속=사진은 독도에 상륙하여 표석을 세우는 산악회원)

「동아일보」, 1953년 10월 27일, 1면

한국령 표식 탈거(奪去)
일, 23일 독도를 침해*

【동경 26일발 UP=동양】 일본 제8관구 해상보안본부(舞鶴)는 25일 오후 2시 반 독도가 그들의 영토라고 다음과 같이 발표하였다. "23일 오전 10시경 해상보안청 순시선 '나가라'와 빈전(濱田) 해상보안부 순시선 '노시로' 외 2척은 독도 부근을 경계 중, 동도 동측부에 작업원을 상륙시켜 산정과 산 중복 기타 암소 등에 다수 설치되어 있는 한국 측 표식를 철거하고 일본 영토 표주(도근현[島根縣] 은지군[隱地郡] 오개촌[五個村]이라고 기재한)를 설치한 후 24일 도근현 빈전(濱田)에 귀환하였다. 그런데 전기 '나가라'는 지난번 중의원 의원 십정신(辻政信)과 외무성 천상(川上) 사무관을 승선시켜 독도 해역에 출항한 일본 해상보안청의 순시선이며 그들은 우리 산악회원들이 지난번 독도 측량 후 각처에 세워놓은 한국영토표식을 발견하고 이를 모조리 철거한 것으로 보인다.

---

* 『조선일보』, 1953년 10월 28일, 2면, "독도에 일 영토표식, 일 순시선원, 우리 표식을 철거"

『조선일보』, 1953년 10월 27일, 2면

독도에 다녀와서(4)
홍종인(洪鍾仁) 기(記)

하룻밤 꿈을 맺고
분화구 있는 독도와 기약없이 작별

독도의 캠핑은 시간도 짧지만 경험키 어려운 장소인 터이라 우리들은 밤이 깊도록 시간을 아껴가며 즐겼다. 그러나 다음날의 작업을 생각하고 또 천후가 결코 안심되지 않는 것을 생각하여 모두가 좋은 꿈을 꾸기는 했던 것이다. 그런데 아직 동이 트기 전 천막이 펄럭거리는 소리에 잠이 깼다. 천막을 들치고 나오니 물소리도 높고 구름이 앞뒤를 가리고 있다. 때는 5시 전원 기상(起床) 신호에 선잠을 깨친 듯 자리를 걷었다. 바람이 어떻게 불던 나머지 일을 끝마쳐야 할 것은 우리들의 최대의 책임이다. 해뜨기를 기다려 기슭에 끌어올렸던 배를 내리고 작업 준비에 착수하는 동안 우리의 905호 함정은 슬며시 나타난다. 전화 연락으로 아침 인사를 바꾸고 천후를 타진했다. 오전 중 크게 염려될 것은 없으니 오후 한 시까지는 출범하도록 재촉이 있었다. 아침 햇살을 따라 가제*가 바위 등으로 어슬렁거린다. 바로 우리 본부기지 앞으로도 짝을 지어 뛰놀고 있다.

---

* 원문에는 '가재'로 표기되어 있다.

◇

운수가 좋다 할까, 해가 퍼지면서 구름이 걷히고 바람도 다소 잔잔해진다. 측지반은 동도 앞 코숭이로 돌기로 하고 등반대는 서도로 달라붙었다. 서도는 동도와 비교가 아닌 칼날 같은 산이다. 높이가 130미터가량의 험악한 돌뿌리의 산이다. 등반대는 남쪽 안측으로 오르기로 했다. 다섯 명의 일대가 전후 세 시간이나 절벽에 붙어서 싸워보았으나 도저히 약 사분의 일 정도의 중턱에 가서는 더 올라가기 어려웠다. 그렇다고 절대 불가능한 것은 아니었다. 시간에 한정이 있고 보니 무리하게 거행할 수 없었다. 등반대가 절벽에서 싸우고 있는 동안 본부기지의 전화통은 쉴 새 없었다. 단원들의 시선은 전혀 등반대에 집중되어 있었다. 이때 산마루 위에는 '비난추니'가 제트 비행기 모양으로 수십 마리가 얼기설기 뒤치고 제치며 날고 있는 것도 장관이었다.

측지반의 작업도 정오 가까워 거진 끝났다. 독도가 우리나라에서 희귀한 지리학(地理學)상의 기록을 짓게 될 점은 동도에 분화구(噴火口)가 밑으로 남아 있는 것을 볼 수 있다는 점이다.

◇

예정된 시간을 어김없이 일행은 영시 반까지 전원이 함정으로 돌아갔다. 함정의 엔진소리가 커가며 발걸음이 빨라질 때 단 하룻밤의 꿈을 맺은 곳이라고 하지만 작별임에는 틀림없고 겸하여 몇 해를 두고 벼르고 애써오던 조사단의 임무를 이제서 일단락을 짓고 다시 찾을 날의 기약 없이 작별케 되니 작별 느낌도 새롭지 않을 수 없었다.

우리의 함정이 울릉도 모시개(苧浦)로 돌아간 것이 여섯 시. 약간의 파도는 있었으나 이제는 대개가 파도에 엔간히 익숙해졌다. 그뿐 아니고 그 밤으로 16일 밤 아홉 시 취항 예정이라 바쁜 시간에 육지로 향하는 기분이 단원들을 긴장케 했다. 이같이 하여 오징어잡이 등불이 섬을 둘러싸고 성을 치고 있는 울릉도를 밤으로 작별했다. 모두가 연래의 무거운 짐을 내린 듯 뱃전에 나와서 '울릉도야, 잘 있거라 바람 부는 밤 물결, 거친 밤 자지 않고 밤새와 바다를 지키는 울릉도 여러분 잘 있으시오 …' 하고 마음으로 건강을 축복하며 작별을 아꼈다. 이튿날 17일 부산 도착은 오후 여섯 시. 전후 왕복 일주간에 항해시간은 60시간, 만 이틀 반이었다.

(사진은 독도를 측량하는 측지반원)

「조선일보」, 1953년 10월 31일, 2면

독도에 다시 우리 표식
백(白) 내무장관, 경북지사에 명령*

백 내무부장관은 29일 기자단과 만난 자리에서 독도에 세운 영토표식을 일본 측에서 철거한 문제 등에 관하여 다음과 같이 말하였다.

▲ 독도 영유 표식문제＝경상북도 지사에게 명령하여 일본 측에서 철거한 독도가 우리 영토라는 표식을 다시금 세우도록 지시하였다.

(이하 생략)

---

* 『경향신문』, 1953년 10월 30일, 2면, "잡부는 철저 단속, 독도에 국토 표식 갈도록 지시, 백(白) 내무장관 담"

「동아일보」, 1953년 11월 15일, 1면

"한국이 독도 침략 운운"
일 정부, 미(美)에 구원 요청

【동경 13일발 AP=합동】일본 외상(外相) 강기승남(岡崎勝男) 씨는 13일 "한국이 일본 영토인 죽도(竹島)를 침범한 것은 침략으로 간주한다"라는 일본 정부 측의 견해를 발표하는 동시에 미일방위조약에 의하여 미국 측에게 구원을 요청하였다고 언명하였다. 강기(岡崎) 외상은 길전(吉田) 정부의 여당인 자유당 집행위원회에서 이 성명을 발표하였다. 한편 동경에 있는 한국 정부의 주일대표부 측에서는 "한일 양국 간의 현안의 문제가 해결되기 전에는 강기 씨의 성명은 무의미한 것이다. 그것은 한국도 역시 미국과 군사조약을 체결하고 있는 까닭이다"라고 언명하였다. 일본 각 신문은 동 강기 성명을 특기하여서 이것은 일본 당국이 미국 정부에게 논쟁의 초점이 된 독도로부터 한국 측을 축출할 것을 강요한 것이라고 설명하고 있다. 그런데 한국 및 일본 당국은 어부들의 휴식소로 사용되는 동 무인도에 대한 주권을 서로 주장하였었다.

독도는 동해의 풍부한 어장의 한복판에 위치하고 있으며 한국 영해로 60리(哩)를 획(劃)한 '이(李) 라인' 내에 있는 것이다. 일 대표부 측에서는 동(同) 강기 성명이 독도로부터 축출당한 일본 어민들의 항의에 대한 '정치적 제스처'에 불과하다고 언명하였다. 한편 김용식(金溶植) 공사는 주일미대사 존 앨리슨 씨를 방문하여 약 30분 동안 요담하였으며 강기 일 외상도 또한 동 대사와 수차에 걸쳐서 회담한 바 있다고 한다.

앨리슨 미 대사는 지난 주일 명고옥(名古屋)에서 일본 기자단에게 한일 약국 간의 분쟁을 숙려(熟慮)하기 위하여 즐거이 진력하겠다고 언명하였다. 그런데 한일회담은 2년여에 걸친 성과없는 협상 끝에 지난 10월에 결렬되었던 것이다. 한편 한국 해군은 '이 라인' 영해 내에서 일본 어선 38척을 나포하는 동시에 동 선원 431명을 체포하였다고 발표하였으며 13일에 동 선원은 재판이 종료되는 즉시로 석방될 것이라고 언명하였다.

「자유신문」, 1953년 11월 16일, 1면

출어문제 미(美)와 협의
일 외상, 독도 문제도 언급

【동경 14일발=동양】 강기(岡崎) 일본 외상은 13일 자유당 총무회에서 한일 제반문제에 관한 견해를 다음과 같이 말하였다.

1. 한국 정부가 60□것은 정부가 극력 교섭하고 있다는 것이 결렬된 것으로 생각된다.

2. 정부는 출어를 강행할 방법으로 교섭을 진행시키고 있으며 미국 측도 이 문제가 반미운동에 이용된 것을 우려하고 신중히 우리와 협의 중이다.

1. 독도 문제는 목하 미국 정부와 교섭 중에 있는데 정부는 이 문제를 안전보장조약에서 말하는 한국의 일본 영토에 대한 직접 침범이라는 견해로서 미국의 선처를 요청하고 있다. 안전보장조약에 의하면 이러한 구체적 문제는 이미 쌍방 간에 협의하기로 되어 있기 때문에, 목하 독도 문제를 안전보장조약에 의하여 미일 양국에서 협의 중에 있다. 한국의 불법한 조치에 대한 그 대항 조치로서는 다음과 같은 것이 생각되어지고 있다.

▲ 첫째=김 공사의 본국 귀환을 요구하는 것
▲ 둘째=9억 엔(圓)[일화(日貨)]에 달하는 국내 한국인에 대한 생활보조비의 지불 정지

`「조선일보」, 1953년 11월 26일, 1면`

대일외교의 강화
국회, 정부에 건의안을 가결

국회는 24일 한일회담에 관한 대정부 건의안을 만장일치로 가결하였다.

즉 국회 외교분과위원회로부터 한일회담을 위요한 일본 측의 오만무례한 태도를 응징하기 위하여 정부의 대일 외교정책의 강화를 건의하자고 제안한 것이다. 동 건의안의 요지는 ⑴ 구보전(久保田)의 발언과 동 발언에 대한 일본 정부의 지지 천명을 정식으로 취소케 할 것, ⑵ 이(李) 라인이 국제법상의 정당한 관례임을 승인케 할 것, ⑶ 근간의 재일동포에 대한 박해와 비인도적 조치를 철폐케 할 것 등 3개 조항이다

한편 박영출(朴永出) 의원은 우리는 민주 아세아(亞細亞)의 원향(怨響)이며 제국주의를 탈각(脫殼)치 않은 일본에게 표면적인 구보전(久保田) 발언의 취소보다 근본적인 정신과 태도 시정을 요망한다고 전제한 다음 우리 영토인 독도를 침해당하면서까지 회담을 재개할 하등의 필요가 없다고 말하였다. 그러므로 전기 3항 이외에 일본이 재차 독도를 침해하지 않겠다는 보장을 받게 하자고 주장하였는데 외무위원회 위원 정일형(鄭一亨) 의원으로부터 동 문제는 이(李) 라인 승인으로써 자연히 해결될 것이라고 말하여 원안대로 통과를 보게 된 것이다.

1954년의 독도

8. 독도의 시설 설치와 경비 강화

「조선일보」, 1954년 1월 20일, 4면

우리나라 표식을 다시 건립
20일, 독도에 경북도 직원을 파견

【부산항 해양경찰대 선상에서 남기영(南基永)발】정부에서는 간교한 일본에 의하여 지난해 10월 중순경 영토표식이 제거된 독도에 다시금 우리나라 표식을 세우게 되었다. 즉 경상북도권내인 동 독도에 우리나라 영토표식을 세우기 위해서 경북 당국은 중앙의 지시에 의하여 관계 직원 일행을 보내게 되어, 이의 일행은 20일 독도에 상륙하여 석주(石柱)에 박힌 영토표식을 견고한 '콘크리트'로 다시 세우게 되었다. 한편 일행의 해로(海路)를 위하여 해양경찰대 경비선 9척이 18일 하오 8시 부산항을 출발하였는데, 동 경비선은 20일 포항(浦項)에서 동 표식 설립위원 일행을 태우고 현지로 향할 것이다.

「조선일보」, 1954년 1월 23일, 2면

독도에 영토표식
19일 또다시 건립*

해양경찰대 경비선 수 척이 보호하는 가운데 경상북도 직원 일행에 의하여 19일 독도에 한국 영토표식이 다시 건립되었다. 동 영토표식은 앞서 산악회에서 현지를 답사하고 건립하였던 것인데, 일본 해상보안대에 의하여 철거되었었다.

---

* 『경향신문』, 1954년 1월 23일, 2면, "독도에 영토표식, 해경 지원하 새로 건립"; 『마산일보』, 1954년 1월 24일, 2면, "독도에 영역표식 해경 지원하 건립"

「조선일보」, 1954년 1월 25일, 2면

포항으로 무위 귀환*
독도 영토표식 건립대(建立隊)

【포항에서 본사 남기영(南基永) 특파원발】 독도에 대한 우리나라 영토표식을 건립하기 위하여 경상북도 직원과 이를 경호하는 경찰대, 그리고 신문기자 일행은 지난 19일 오후 9시 해양경비함으로 포항을 출항하여 현지로 향하였으나 풍우와 거센 파도로 말미암아 악전고투 끝에 울릉도 서방(西方) 33마일 해상에서 20일 오전 6시 다시 선두를 돌려 동일 오후 5시 포항으로 돌아왔다. 일기는 매우 불순하고 때마침 겨절풍이 불고 있으므로 현지로 다시 향하려면 3, 4일은 이곳에서 기다려야 될 형편이다.

---

* 「경향신문」, 1954년 2월 1일, 2면, "독도에 영토 표식차 도(道) 직원 출발 예정"

「동아일보」, 1954년 2월 2일, 1면

일령(日領)을 고집
독도 문제에 일 회답문서

【동경 1일발=동양】일본 외무성은 독도의 한국 영유권을 주장한 한국 측 서면(書面)에 대하여 동도(同島)는 일본 영토라고 주장한 회답문서를 작성하여 금주일 내에 주한국대표부를 통하여 한국 측에 수교될 것이라 한다. 그런데 그들은 법률상의 사유로 한일합병 이전에 명치(明治) 38년 2월 22일 도근현(島根縣) 고시 제4호*로 동도를 도근현 소유로 편입한다는 행정조치를 취하였을 때 한국 측이 이에 이의를 신청하지 않았다고 하였다. 그러나 이 법률상의 사유를 지적한다면 한국 측이 일본 측에 수교한 외교문서 중에는 동 도근현 고시가 공고력이 없다는 것을 지적하였으며 일국의 영토권에 관하여 일현(一縣) 지사의 명의의 고시를 한다는 그 자체가 부당하고 또 동도에 대하여 도근현 지사가 관리한 실제적 사실이 없는 것을 역력히 지적하였던 것이다. 일본의 전기 회답문서는 이밖에 역사상 또는 지리상의 사유를 열거한 것으로 보이는데 이 모든 점이 그들의 일방적인 해석과 또한 그릇된 해석으로 나타난 점이 많다 한다.

---

* '도근현 고시 제4호'는 '도근현 고시 제40호'의 오식이다.

「동아일보」, 1954년 3월 17일, 1면

독도 방위에 자위권
일본 법제국 장관이 언명*

【동경 15일발AP=합동】일본 정부 법제국 장관 좌등달부(佐藤達夫) 씨는 15일 일본은 "독도(竹島)에 대한 한국의 침략이나 일본 어선에 대한 공격을 구축하는 자위권을 보유하고 있다"고 언명하였다. 이러한 성명은 이날 중의원 외무위원회에서 자유당(自由黨) 의원 좌좌목성웅(佐佐木盛雄) 씨가 제기한 질문에 대한 답변 가운데서 나온 것이다. 그러나 좌등 법제국 장관은 개진당(改進黨) 의원 병목방웅(並木芳雄) 씨가 비록 일본 헌법은 국제적 분쟁을 해결하기 위해서 무기를 사용할 것을 금지하고 있더라도 자위를 위하여 무장 군대를 사용하는 것은 정당하느냐고 질문한 데 대하여는 답변을 거절하였다.

---

* 『경향신문』, 1954년 3월 17일, 1면, "여적(餘滴)"; 『조선일보』, 1954년 3월 17일, 1면. "'독도에 자위권' 일본, 무력행사를 호언"

『경향신문』, 1954년 4월 2일, 2면

독도에 새로운 촉수
일본 권위지도에도 한국 영토라고 명시

인광채굴권 허가
일(日), 매일(每日) 지(紙) 그 기만성을 야유(揶揄)

독도의 귀속문제를 둘러싸고 일본 정부는 해방이 된 지 몇 해 안 된 1948년도서부터 일본국에 영속된 것이라고 시위하면서 제국주의적 침략의 낡은 꿈에서 깨어나지 못한 꼴을 보이고 있어 사변 전부터 누차에 걸쳐 한국 정부의 강경한 경고의 성명이 발표된 바 있고 이어 작년 9월 9일 한국 주일 대표부에서는 일본 정부에 한국 정부의 공식 견해를 한국과 일본의 각 문헌 사기(史記)에 의해 공표한 바 있었다. 그후 일본 정부에서는 아무런 반성함이 없이 5년전에 히로시마(廣島) 통신국에 도쿄(東京世田谷區世田谷) 거주의 쓰지 도미조 씨 외 2명으로부터 들어온 인광채굴 출원(出願)을 지난 2월 26일 정식 허가하여 다시 한 번 우리에게 커다란 충격을 가져오고 있는 것이다.

동 인광채굴 출원은 온 섬을 한 광구(鑛區)로 삼고 출원하였다 하는데 동 섬에는 상당한 매장량을 갖추고 있어서 동 출원은 한국 측과 분쟁하여 오던 중 일본 외무성의 '일본 영토에 틀림없다'는 일방적인 정식 견해에 따라 이번 허가되게 된 것이라고 일본 매일신문은 지난 3월 7일부에서는 보도하고 있다.

그런데 최근 지리부도 인쇄만을 취급하는 대한지공회사(紙工會社) 조사부에 입수된 일본 출판의 1952년도판 『표준세계지도』(전국교육도서 주식회사 간행=국배판)에 의하면 독도 문제를 둘러싸고 훨씬 이전부터 분쟁이 계속해오던 간행 당시 동 지도에서(第六圖日本周邊 항中) 독도의 지명을 죽도(竹島)라고 쓰고 밑에 로마자로 한국음을 따서 'CHUKDO'라고 하였고 일본 가나로는 한국음을 따서 표기하고 있다. 권위 있는 학자가 총망라되고 일본 외무대신의 서명까지 들어 있는 동 책은 가장 최신 지리부도의 결정판으로 독도를 하나의 관용어로서 '죽도(竹島)'라 표기하고 로마자로서 '주권국어 음'을 따서 넣은 것이다(同書 編集要記 八項에 준함). 이로써 독도 문제는 일본 정부에서간 정책적으로 논의되는 분쟁대상이 될 뿐으로서 일본 학자나 교육자나 민간 교육단체 등에서는 한국 영토임을 인정하는 하나의 산증거가 되는 것으로 주목됨다.

동서편집요기 8항에 '그 지점의 주권국어 음'을 따르는 데 힘을 썼다고 있고 10항에는 '지명표음은 이도(伊東三郎) 씨 외 9개국(英獨佛支朝西프土印) 기타 각 국어 전문가 930명에 의해 이루어졌다'고 명기되어 있어 일본 사계 권

위자에 의해 한국 주권하의 영토란 점을 증명해주고 있다. 특히 지명표기에 있어 신중을 기하기 위해 그 통일에 2년 유여를 허비하고도 완결을 보지못하여 일본 건설성 지리조사소, 운수성, 해상보안청 수로부, 일본은행조사국 등 그리고 많은 지리학자, 민족학자, 언어학자, 외국공관 등으로부터도 자로와 많은 편의를 받았다고 서문(序文)에 명시된 것으로 보아 일본 자유민은 다같이 동 서적을 신뢰할 수 있는 마음의 대도가 되어 있으나 일본 정부만이 엉큼한 생각을 갖고 '자위대 함대'를 앞장 세우고 인광석 채굴을 할 심산으로 침략성을 노골화시키고 있다. 이에 일본 매일신문 지난 3월 7일 자 석간 '단침(短針)'이란 가십란에 '죽도의 인광석 채취를 허가. 자위 함대가 생기게 된 때문인가' … 하고 단침(短針) 아닌 동침을 놓고 있는 것이다. 그러나 우리 해군은 여전 태극기 높이 휘날리며 일본의 침략을 주야로 경비하고 있는 것이다.

『경향신문』, 1954년 4월 3일, 2면

독도 보호해주오
울릉도민 당국에 진정

사적(史的) 고증이나 실제상에 있어 우리 국토임이 틀림없는 독도에 대하여 일본에서는 허무맹랑하게 자기 나라 영토라고 주장하여 인광(燐鑛) 채굴허가까지 내는 무모한 짓(기보)을 해온데 대하여 울릉도와 독도에 거주하는 1만 5,000 도민을 대표한 독도개발주식회사 사장 이(李정允) 씨는 일본인 침략으로 인하여 생계가 파탄 상태에 놓여져 있어 자치적으로 독도를 방위하겠으니 원조해달라는 진정서를 내무부에 제출해 왔다고 한다.

동 진정서에 의하면 울릉도 및 독도 주민들은 어획물로 생계를 하고 있는 1만 5,000명 주민은 일인들 침범으로 커다란 생활난에 위협을 느끼고 있으며 더욱이 6월부터 미역 채취가 시작되는데 이에 대처하여 경비를 강화해야 한다는 것을 주장하고 아래와 같은 것을 요구하고 있다.

1. 독도, 울릉도에 등대를 가설해 줄 것.
2. 무선시설 있는 감시초를 설치할 것.
3. 해안경비정을 보급해줄 것.

한편 동 진정서에 접한 김(金長興) 치안국장은 "이제까지도 독도를 해안경찰대에서 경비해 왔고 국가적인 견지에서 한층 더 경비를 강화하겠다"고 언명하였다.

「동아일보」, 1954년 5월 2일, 3면

"독도를 수호하자"
울릉도민회서 자위대 결성 결의

작일 외무부 발표에 의하면 울릉도 도민 1만 5,000명은 자발적으로 왜적 침범을 봉쇄하기 위하여 '독도자위대'를 결성하기로 지난 4월 25일 동도 도민대회를 개최하고 만장일치로 결의하였다고 한다. 그런데 한일 양국은 일의대수(一衣帶水)의 관계로서도 영구적인 우호관계를 유지하여야 할 것임에도 불구하고 일본은 과거의 침략 근성을 아직도 버리지 못하고 재군비 확장에 광분하고 있을 뿐 아니라 우리 영토인 독도를 일본 영토라고까지 부당한 주장을 하고 있어 우리 국민의 분노를 한없이 자아내고 있는 이때 시급한 자위책이 요청되고 있었던 것이다.

「서울신문」, 1954년 5월 2일, 3면

독도 수호에 궐기!
울릉도민이 자위대 조직

일본의 독도 침략 야욕을 분쇄하기 위하여 지난번 1만 5,000명의 울릉도민은 일선 침범을 규탄하는 도민대회를 개최하고 독도방위대책위원회를 조직하는 한편 독도 주변의 해상 감시와 어민 보호를 위한 독도의용자위대(獨島義勇自衛隊)가 조직되었다 한다.

즉 동 자위대는 울릉도 일원의 청장년들을 규합하여 편성하는 한편 정부가 선언한 해양주권선을 감시하고 일제의 부단한 침략이 계속되고 있는 독도를 방위하기 위하여 매일 약 20명의 감시원을 독도에 상주시킬 계획이라 하는데 현재 동 계획은 정부 당국의 사전 승인 및 협조를 얻기 위하여 28일 국무총리를 비롯하여 내무·국방·외무 당국에 계획서를 제출하였다 하며 동 자위대 편성 승인 문제는 불원 관계 당국에 의하여 승인이 있을 것이 기대되고 있다.

「조선일보」, 1954년 5월 3일, 3면

우리 영토를 수호
독도의 자위대를 결성

울릉도 1만 5,000 도민은 독드자의대(獨島自衛隊)를 결성해서 한국의 영토인 독도를 결사방위하기로 결의하였다 한다.

지난 25일 하오 1시 울릉도 고등학교에서는 1만 5,000명 울릉도 도민을 대표하는 관공서 등 각기관장과 사회단체 대표, 각 면의회 의원, 지방 유지 등 다수가 참집한 가운데 국민회(國民會) 울릉도 지부 주최로 三민궐기대회를 열어 독도방위대책위원회를 결성하는 한편, 울릉도 내의 청장년으로서 독도자위대를 결성하기로 하였다고 한다. 이리하여 먼저 독도에다 등대와 감시초를 설치한 다음 매주일 교대로 50명씩 청장년을 소집해서 그 중 20명은 독도에 직접 파견하여 등대와 감시초에 근무케 하고 또 무전사 1명씩을 교대로 근무케 하여 본도와 경비선에 각각 상시 연락하도록 할 것이라고 한다.

「경향신문」, 1954년 5월 5일, 2면

금년 내로 완성
울릉도에 수전(水電) 건설

상공부에서는 울릉도개발주식회사에서 제출한 울릉도 수력발전소 건설안을 심중히 검토 중에 있는바 독도 방위의 전초기지로서 중요성을 가진 울릉도의 개발이 시급함에 비추어 동 수력발전소 건설안을 인가하리라 한다.

동 도민은 전력의 부족으로 막대한 불편을 느끼고 있을뿐더러 제빙공장, 통조림공장, 오징어건조공장 등 각종 수산가공업은 쇠퇴일로에 있어서 울릉도개발회사에서는 민간자본 6,600여 만 환을 동원하여 도내 북면 추산동에 최대 774킬로, 평균 468킬로의 수력발전소를 1년 기한으로 건설할 계획을 추진 중에 있는 것이다.

「조선일보」, 1954년 5월 6일, 2면

독도 기록영화
6일 치대(齒大)서 공개*

한국산악회에서는 작년 10월 중에 파견했던 '울릉도·독도학술조사단' 기록반이 촬영한 독도의 기록영화가 완성되어 6일 하오 5시 반부터 시내 소공동 치과대학강당에서 공개하기로 하였는데 동 석상에서 다음과 같은 보고 강연도 있을 것이라 한다.

1. 울릉도 독도 학술조사사업 개황
  홍종인(洪鍾仁)
2. 울릉도 독도의 지질
  옥승식(玉昇植)
3. 독도의 측지(測地) 보고
  박병주(朴炳柱)
4. 역사상으로 본 울릉도
  유홍렬(柳洪烈)
5. 독도의 발견과 기(其) 후
  홍이섭(洪以燮)
6. 해양주권선에 관하여
  황산덕(黃山德)

---

* 『경향신문』, 1954년 5월 3일, 2면, "독도 기록영화 강연과 동시 상영"; 『동아일보』, 1954년 5월 6일, 2면, "독도 기록영화 공개 오늘 치대(齒大) 강당"

「조선일보」, 1954년 5월 6일, 2면

훌륭한 조직이다
백 총리, 독도자위대에 협조 지시*

백(白) 국무총리는 3일 백 내무부 장관에게 울릉도 도민의 독도자위대 조직을 적극 후원하라고 지시하였다 한다.

백 총리는 동 지시에서 엄연한 한국의 영토인 독도의 주권을 확보하기 위해서 울릉도민이 궐기대회를 열어 독도자위대를 조직하기로 한 그 결의야말로 훌륭한 것이며 뜻깊은 것이라고 지적하면서 내무부 장관에게 적극 협조하도록 요망하였던 것이다.

그런데 이것은 기보한 바와 같이 지난 25일 거행된 울릉도민의 총궐기대회의 결의에 따라 울릉도민 대표가 정부에 독도자위대 조직에 협조하여 줄 것을 요망해 온 데 대한 조치라 한다.

---

* 「동아일보」, 1954년 5월 6일, 2면, "자위대 결성을 추진, 독도 도민결의 찬양"

「조선일보」, 1954년 5월 13일, 2면

이번엔 암석에 조각
독도에 영토 표식대를 다시 파견

엄연한 우리나라의 영토인 독도의 주권을 확보하기 위하여 울릉도 도민들이 자진하여 독도자위대를 조직하기로 끝의한 사실과 이에 따라 동 조직과 활동에 적극 협력하라는 요지의 국무총리 지시가 내무부 장관에게 보내졌다 함은 기보한 바 있거니와, 12일 치안국 소식통에 의하면 울릉도와 독도 간은 워낙 원거리이며 또한 독도의 기온과 지질이 장시간 체류치 못할 악조건인 관계로 울릉도민들의 열성에 만족할 만한 협조를 보내기는 곤란한 처지라고 한다. 한편 해양경찰대에서는 독도가 우리 영토임을 내외에 알리는 영토표식을 이번에는 암석에다 파서 세기려고 금명간 경비선을 독도로 파견할 것이라고 한다. 그런데 지금까지 산악회원들에 의하여 세워졌던 영토표식은 일본인에 의하여 제거된 사실도 있었다.

『경향신문』, 1954년 6월 2일, 2면

독도에 괴비행기
기총소사코 하관(下關) 쪽으로 뺑소니

당지 경찰로부터 31일 치안국에 들어온 보고에 의하면 약 200명의 어민이 어로 중인 독도에 정체 불명의 비행기가 출현하여 기총 사격을 감행한 사건이 발생하였다고 한다.

동 보고에 의하면 지난 22일경 일본 국기를 게양한 1,000톤급의 함정 1척이 독도 250미터 근처까지 접근하여 배회하고 돌아간 사실이 있은 후 24일 오전 11시경에는 국적 불명의 비행기 1대가 날아돌아 약 300발가량의 기총소사를 감행하고 일본 하관(下關) 방면으로 날아갔다는 것이다.

그런데 어로작업을 위하여 독도에 상륙하였던 우리 어민 200명은 아무런 피해도 없지 않았으나 사건이 사건이니만치 치안국에서는 이 사실을 관계 부처에 연락하여 조처키로 되었다고 한다.

`「동아일보」, 1954년 6월 2일, 2면`

독도에 정체 불명 기(機)
영토표식 향해 기총소사

지난 5월 22일 우리 어민 약 200여 명이 독도 근해에서 어로 중, 동일 상오 10시경 약 1,000톤급의 국적 불명 무장 선박이 독도 남방 250마일 해상에 출현하여 어민들의 작업을 정찰하고 간 후 다시 24일 상오 10시쯤에는 정체 불명의 비행기 1대가 독도 상공에 나타나 '대한민국 경북 울릉군 남면 독도(大韓民國 慶北 鬱陵郡 南面 獨島)'라는 표식을 향하여 약 300발의 기총 사격을 가하고 일본 하관(下關) 방면으로 도주하였다고 한다.

「조선일보」, 1954년 6월 2일, 2면

일함(日艦), 독도에 기총소사
영토표식 말소가 목적?

해양경찰대로부터 31일 치안국에 보고된 바에 의하면 지난 25일 오전 10시 반경 그 소속이 일본인 것이 명백한 경비함정 1정이 독도에 나타나 "대한민국 경상북도 울릉도 남면 독도"라고 우리나라의 영토임을 바위에 새긴 지점을 향해서 장시간 동안 기관총을 발사한 다음 행방을 감추었다고 한다. 그런데 이에 앞서서 지난 5월 17·18 양일 동안 해양경찰대에서는 이 대장 이하 50여 명의 대원이 독도에 상륙하여 영토표지를 조각한 바 있었던 것이다. 일본 측에서는 이를 마땅치 않게 여기고 이와 같이 영토의 표지를 없이 해버리려고 기관총을 대고 쏘았던 것이라고 해양경찰대에서는 단정을 내리고 있다. 그러나 바위에 새겼던 영토표지의 글자에는 별로 큰 피해가 없었다고 한다.

`조선일보`, 1954년 6월 4일, 1면

[사설]
독도의 우리 어민에 대한 일본 경비선의 발포

1

내무부 치안국에 들어온 보고에 의하면 지난 5월 22일 일본 경비선이 우리 동해의 울릉도 부속도서인 독도를 순항하고 간 일이 있었다고 하더니, 다시 25일에는 일본 경비선이 독도에 향하여 기관총을 300여 발 발포하고 간 일이 있었다고 하며, 또 그 후의 보고에 의하면 25일에 국적이 미상한 비행기도 독도 상공을 선회하였다고 한다. 아직 그간에 조사가 불분명한 바 없지 않으나 일본 경비선이 평화선을 넘어서 독도와의 근거리에 접근하여 기관총을 발포한 것만은 틀림없다. 그런데 알고 보면 독도에 대한 일인(日人)의 발포는 단순한 우리의 독도에 대한 표식을 말살코자 한 악희(惡戲)의 류(類)가 아니냔 것이다. 일망무제(一望無際)의 해상, 고립한 암산에 대한 '공포(空砲)'의 그것이 아니고 기실인즉 그 자리에 200여 명의 우리 민(民)들이 출어 중이었던 것이다.

아! 이 얼마나 잔인한 비인간적 만행이냐. 단순히 어민을 퇴산케 하려는 위협 발포에 불과한 결과였다고 하더라도 이 얼마나 살기를 품은 악독한 것이냐. 우리는 가슴이 서늘해 오는 것 금치 못한다. 망망한 해상에서 평화롭게 생업을 영위하고 있는 소박한 그 어민에 대하여 겸하여 몸 하나 피할 곳 없고 줄격으로 된 암괴(岩塊)에 간신히 몸을 붙이고 작업하고 있는 소(所)에 기총소사를 했다는 것은 완전히 해상(海上) 도덕을 무시하는 해적의 행위라고 하지 않을 수 없다.

2

이러한 사실은 우리들에게 1948년 6월 8일 독도에서 출어 중이던 울릉도와 동해안 묵호(墨湖), 죽변(竹邊) 등지의 어민이 미 극동공군의 연습 중인 폭격기의 폭격을 받아 8명의 사망자와 이십 수 명의 중경상자를 토게 했던 그 무참한 비극을 연상케 한다. 독도는 절해의 고도란 말만으로 형용키 어려운 그 바위 등과 바닷물을 피로 물들였던 것이다. 식수 하나 구할 수 없는 좁은 지역에 칼날 같이 서 있는 동과 서의 두 개로 된 바위산을 목표로 하고 울릉도로부터 사십 수 마일의 거칠은 파도를 쪽배로 배길을 하여 미역이며 전복, 소라 등을 따려고 봄 한때 이곳에 모이는 우리 어민들이라 생명을 내걸고 하는 출어인 것이다. 이 독도가 어느 땅에서보다도 우리의 울릉도에 가장 가까울 뿐 아니라 옛날부터 관습되어 온 동해의 어민들의 출어지로 되어 있는 때문이다. 또 그 위에 생각하여야 할 것은 우리 어민이 생명의 위험을 느끼면서도 거기까지 출어하여야 할 만큼 가난한 탓도 있다. 그리하여 독도는 우리의 영토로서 400여 년부터 우리 사적(史籍)에 기록되어 있는 것이다. 물 위에는 물새와 파도 소리가 들리고 물 속에는 물고기가 뛰놀 뿐인 이 섬에 난데없는 폭격이 있었던 것이다. 그때의 조난자 위령비는 독도 상에 엄존(嚴存)하여 동해 상의 우리 어민의 수호신이 되고 있다. 이러한 기억도 우리 머리 속에 새롭거든, 일본의 경비선이 우리 어민들의 평화로운 생업을 위협하며 발포에 이른 것은 이 무슨 백주(白晝) 강도의 행위냐.

3

독도가 일본의 영토라고 주장하는 근거는 하등의 가치 없는 것임은 우리가 벌써부터 지적해온 바이다. 혹여 그 주장의 근거가 있다고 해서 우리 한국에 대하여 담판할 것이라고 하면 그 절차를 밟아야 할 것이다. 해마다 제 때를 타서 오래 전부터 우리 어민들이 출어하고 있는 것을 작금에 와서 자기 땅이라고 억지의 주장을 하면서 우리 어민의 출어를 방해하려고 일개의 정부의 이름 밑에 순항 중이라는 경비선을 시켜서 발포의 만행을 감행케 한다는 것은 현대의 문명사회의 일이라고는 생각할 수 없다. 더구나 그동안 피아(彼我) 간에는 국교 조정의 외교교섭이 있었다. 미구(未久)에 재개되기를 서로 기대하기도 하고 또 반드시 교섭을 성립시켜야 할 관계에 있거든, 조금도 사리를 분별치 못하는 폭거를 범하고 있으니 이는 실로 일본국의 면목을 위하여 한심한 일이라 하지 않을 수 없다.

이러한 일본의 행동에는 일찍이 우리를 침략하던 옛 근성을 버리지 못한 것이라고 할 것이다. 그러나 일본에도 구안(具眼)의 식자가 있을 것을 우리는 확신하며 다시 이러한 폭거가 없도록 조처가 있음직이 생각하며 동시에 일본은 진정한 반성에서 나오는 사과가 있어야 할 것이다. 이 때에 정부 당국은 해양경찰대로 하여금 독도의 어기(漁期) 중 작업 중의 어민의 보호를 위하여 만전의 책(策)을 다하도록 하여야 할 것이며 사건의 상세한 조사를 발표하고 동시에 일본에 대하여 엄중 항의하여야 할 것이다.

「조선일보」, 1954년 6월 4일, 2면

정체 불명 기(機), 독도 상공서 사격
당국, 일함(日艦) 기총소사 진상을 조사

지난 25일 오전 열시 반 경 그의 소속이 일본인 것이 명백한 경비함정 1정이 독도 근해에 나타나 기관총을 발사한 사실이 있었다고 해양경찰대로부터 치안국에 보고된 사실과는 별도로, 울릉도 어민들이 목격하고 당국에 알려온 소식이라고 하여 경상남도 경찰국으로부터 1일 치안국에 보내온 소식에 의하면 지난 22일 상오 10시경 일본 국기를 게양한 1,000톤급의 선박이 독도 250미터 전방 해상을 배회하여 정찰한 바 있은 다음, 3일 후인 25일 상오 11시경 동도 북쪽으로부터 비래한 국적 불명의 비행기 한 대가 동도 암석에 조각되어 있는 우리나라 영토표지에 대하여 약 300발의 기총탄을 발사하고 일본 하관(下關) 방면으로 사라진 사건이 있었다고 한다. 이와 같이 비행기가 상공에서 기관총을 쏘았다는 설과 또한 함정이 기총소사를 했다는 두 가지 보고에 접한 치안국에서는 동일한 사건이 두가지로 보고되어 왔는지 그렇지 않으면 전연 별다른 사건이었는지를 확인 중이라고 하는데, 비행기에서 쏜 총탄은 고기를 잡던 약 200명의 어부들에게도 떨어졌으나 별 피해는 없었다고 한다.

`경향신문』, 1954년 6월 5일, 2면 *

억지 쓰는 일(日) 정부
독도 영토권에 또 망언

일본 외무성 조약국장 시모다(下田)는 3일 '일본해의 죽도(竹島, 獨島)는 일본 영토인바 한국 정부가 동 섬에 영토 표식주를 세운 것은 불법이다'라고 언명하였다. 시모다는 중의원 외교위원회 석상에서 '역사는 동 섬이 일본 영토임을 증명하고 있는바 일본은 한국 측의 동 표식주를 철거할 합법적인 권한을 갖고 있다'고 언명하였다.

한편 외무성 아시아국장인 나카가와(中川)는 '외무성이 일본 영토인 동 섬을 안전히 보전할 조치를 강구 중에 있다'고 발언하였다.

나카가와는 또한 '외무성은 일본기가 객월 동 선에 발사하였다는 한국으로부터의 최근 보도를 확인하지 않고 있다'고 부언하였다(동경발=로이터).

---

* 『경향신문』, 1954년 6월 5일, 1면, "여적"

`「마산일보」, 1954년 6월 5일, 2면`

독도 총격사건
과학적 조사 진행

거 5월 22일 국적 불명기에 의하여 불법 총격을 당한 사건에 대한 현지 보고가 그 명일 외무부에 전달되었다는바, 동 부에서는 이 현지 보고를 기초로 한 과학적인 조사가 완료되는 대로 곧 가해국가에 대하여 엄중 항의를 제출할 것이라고 하는바, 조(曺) 외무차관은 이러한 불법적인 침범을 묵과할 수는 없다고 다시 강조하였다. (서울발=합동)

『조선일보』, 1954년 6월 5일, 2면

일기(日機) 소행이 확실
독도 총격사건의 진상 판명

무장한 경비선이 총격을 가했다는 보고와 그와는 달라서 비행기가 상공에서 기총 사격을 했다는 어민들의 목격담 때문에 진상 파악이 곤란하던 독도 총격사건에 대하여 다각도로 진상을 조사 중이던 내무부에서는 3일 다음과 같이 그의 진상을 명백히 하였다.

즉 지난 5월 23일 오전 열시 반경 배의 앞과 뒤에 각기 일본기를 높이 게양한 무장경비함이 약 두 시간 동안 독도 근해를 또 돌아 다니다가 일본 방면으로 자취를 감춘 바 있었으며, 그 다음날인 24일 오전 열 한 시경 동도 동북방에서 비래한 듯한 비행기 한 대가 우리나라의 영토임을 조각한 쪽을 향해 약 300발의 총탄을 쏘고 일본 하관(下關) 방면으로 사라졌다는 것인데 비행기의 국적은 알 길이 없었다고 하며 그 후 내무, 국방 및 외무 등 3부에서는 합동으로 정체가 묘연한 비행기의 국적을 조사 중이라고 한다. 한편 그의 소속이 일본인 것을 명백히 한 선박이 다녀간 다음날 나타난 비행기가 기총소사를 하였다는 점에 비추어 십중팔구 일본 비행기가 아닌가 당국에서는 보고 있다고 한다.

「조선일보」, 1954년 6월 6일, 1면

독도 영토권을 고집
일 조약국장이 망언

【동경 3일발 로이터=세계】 일본 외무성 조약국장 하전(下田)은 3일 "일본해의 죽도(독도)는 일본 영토인바 한국 정부가 동도에 영토 표식주(柱)를 세운 것은 불법이다"라고 언명하였다. 하전은 중의원 외교위원회 석상에서 "역사는 동도가 일본 영토임을 증명하고 있는바 일본은 한국 측의 동 표식주를 철거할 합법적인 권한을 갖고 있다"고 언명하였다.

`조선일보』, 1954년 6월 7일, 3면

이번엔 우리 표식을 촬영*
거듭하는 일본의 독도 침범행위

지난 5월 24일에 발생했던 독도 충격사건이 현지 어민은 물론 우리 국민에게 아직도 충격을 주고 있는 이때 또 이번에는 일본 어선이 독도에 나타나서 촬영하고 간 사건이 있다 하며, 당국에서도 사태를 중시하고 있으며 앞으로 취할 조치를 강구하기에 이르고 있다.

즉 치안국에 들어온 보고에 의하면 총격사건이 있은지 4일 후인 지난 28일 하오 3시경 선원13명을 태운 140톤 급의 일본 어선 1척이 독도에 도착하였는데 그 중 선원 1명은 독도 일대를 답사한 후 "대한민국 경상북도 울릉군 남면"이라고 바위에 새겨놓은 영토표지를 촬영해 간 사건이 발생하였다 한다.

다시마 채집을 위하여 독도 근해어 출어하였다가 현장을 목격한 울릉도 어민 수백 명의 신고를 기초로 한 경상북도 경찰국으로부터의 보고에 의하면 독도를 침범한 전기 일본 어선은 약 40분 동안 정박하였다가 촬영을 마친 후 어로 중인 한국 어민들에게 그들의 '히카리' 담배를 나누어주면서 시모노세키(下關) 방면으로 사라졌다는 것으로서 치안국에서는 동 사건 진상을 철저히 규명하겠다고 말하고 있으며 외무부에서도 일본 정부에 대하여 강경한 항의를 제출할 것이라 한다.

---

* 『경향신문』, 1954년 6월 7일, 2면, "공공연 경토침범, 일(日) 어선 독도 표식 촬영"

「조선일보」, 1954년 6월 8일, 1면

"독도는 우리 영토"
일본 주장은 어불성설

외무부 반박

외무부 정보국에서는 5일 일본의 중천(中川) 외무성 아세아국장과 하전(下田) 동 조약국장의 독도에 대한 발언을 반박하는 한편 제국주의적 야욕에서 나오는 일본 측의 불법적인 행동에 유감의 뜻을 표명하였다. 그런데 지난 4일 일본 중의원 외교위원회에서 중천은 "독도에 대한 일본의 권리를 보호하기 위해서는 적절한 조치를 고려하고 있으며 이에 대한 조속한 결정을 내려야 한다"고 말하였으며 또한 하전은 "일본이 적절한 보호적 조치를 취하지 않는다면 한국 측이 일본 어부에게 가해할는지도 모른다"고 말하여 마치 독도가 일본의 영토인 것처럼 말하였던 것이다.

한편 정보국에서는 "독도는 역사적 사실로 보나 지리적 거리나 지질학적 견지에서 보아 한국의 영유임에 틀림없으며 한국인이 고대부터 독도에서 어로생활을 하여온 것은 일본인 자신이 인정하는 바이다"라고 상기시키면서 그럼에도 불구하고 일본은 마치 말단 행정기관의 일방적인 고시나 선전으로써 자기네의 영유로 합법화하려는 행동을 취하고 있다고 지적하고 이어 다음과 같이 말하였다.

"대한민국이 완전 독립하여 엄연히 주권을 행사하는 오늘날 우리는 이러한 무도한 행동을 묵과할 수 없는 것이다. 당국은 항상 한일간의 우호관계를 조속히 달성하려고 온갖 노력을 기울여 왔으나 일본은 항상 이와 같은 불법적인 행동을 취하고 있음은 실로 유감지사가 아니라고 할 수 없다."

「민주신보」, 1954년 6월 9일, 2면

악화된 평화선
일본 측 독도 영유를 호언

8일 외무부 당국에서 입수한 정보에 의하면 최근 독도의 시찰을 마치고 돌아온 일본 정부 수산시험위원회 관리들은 동해역에서 한국 어선 약 10척으로 분승한 30여 명의 한국 어부가 어로에 종사하고 있었고 한국 어부들과 만난 것과 한국 어부들은 금년 4월부터 계속 동도 일대에 걸쳐 해조 기타 수산물을 어획하기 위하여 출어한 것을 확인하였다 하며 이들의 보고에 의하여 일본 정부는 한국 정부에 엄중한 항의를 제출할 것이라고 전하여지고 있다. 한편 일본 신문은 이를 대서특필하여 정부를 선동하고 있다고 한다. 그리고 그들은 독도는 일본에 반환되어 방금 도근현(島根縣)에서 관리 중이라고 어디까지 독도의 영유권을 주장하고 있다. 그런데 독도는 어디까지 한국의 영유로서 문헌 기타가 여실히 증명하고 있는 것이며, 동도에는 한국의 영유라는 것을 증명할 수 있는 수많은 증거도 정부에서는 보유하고 있어 이□□ □□□인 영유권 운운에 대해서는 정부에서는 완전히 묵살 문제시하지 않고 있으나 금후 동도에 대한 감시를 더욱 철저히 하는 동시 이의 대책을 수립할 것이라고 한다. 이에 대하여 외두부 고위 측에서는 문제시되지 않는다. 그들은 누구에게 영유권을 관리받은 것인지 이런 유치한 장난에 □□ 흥미가 없으나 정부로서는 금후 동도 부근을 철저히 감시하겠다고 말하였다.

「조선일보」, 1954년 6월 12일, 2면

독도에 조사대 급파
내무부, 독도사건 경위를 발표[*]

내무부에서는 10일 독도에서 일어나고 있는 일련의 사건을 다음과 같이 정식으로 발표하였는데 상세한 것을 조사하기 위하여 방금 경비함정이 독도로 향발하였다고 한다.

1. 5월 16일 오후 2시 59분경 독도가 우리나라 영토임을 표지하기 위하여 해양경찰대장은 칠성호(七星號)로 석공(石工) 세 명을 대동하고 부산을 출발, 18일 오전 5시 반경 독도에 상륙하였다. 그리고 석산봉(石山峰) 동남방 암석에 태극기와 "대한민국 경남[**] 울릉도 남면 독도"라는 표지를 조각한 다음 5월 20일 오후 5시경 부산으로 돌아왔다.

2. 5월 23일 오전 10시 반경 일본국기를 게양한 함정(약 1,000톤급 포 장치[級砲裝置]) 한 척이 독도 동방 약 250미터 해상에 출현하여 독도를 전망한 다음 퇴거하였다.

3. 5월 24일 오전 11시경 국적 불명인 비행기 한 대가 일본 북해도(北海道) 방면으로부터 독도 상공에 비래하여 약 300발의 기총소사를 한 후 일본 하관(下關) 방면으로 퇴거하였다.

4. 5월 28일 오후 3시 15분경 독도 근해에 일본국기를 게양한 어선(漁船=140톤급 무전장치가 있고 선원은 13명이 탑승)한 척이 나타났으며 그 후 1명의 선원이 상륙하여 우리나라 영토 표지를 4·5개소 촬영하고 동일 오후 3시 40분경 퇴거하였다. 이에 정부에서는 진상을 조사차 6월 8일 오후 한 시경 해양경찰대 소속 직녀호를 현장으로 파견하였다.

---

[*] 『동아일보』, 1954년 6월 11일, 2면, "일련의 독도사건, 내무부서 경위 발표"
[**] '경북'의 오기이다.

「조선일보」, 1954년 6월 16일, 2면

격랑 만나 귀환
해양경찰, 다시 독도로

치안국 관계관이 14일 언명한 바에 의하면 독도에서 일어나고 있는 일련의 사건을 조사하기 위하여 지난 8일 현장으로 파견되었던 해양경찰대 소속 직녀호는 해상에서 풍파를 만나 기지로 돌아오지 않을 수 없었다는바, 그 후 11일 재차 현장으로 향발은 하였으나 무사히 독도에 도착하였다는 소식은 14일 현재 접하지 못하고 있다고 한다.

【경남지사】 국적 불명기가 독도에 나타나 기총소사를 한 사건을 조사하기 위하여 현지에 출동한 해양경찰대 소속 직녀호로부터 14일 해양경찰대에 무전으로 연락해온 바에 의하면 독도 동방의 암석에 조각된 우리 국기와 표지에는 아무런 피해도 없다고 하며 5월 28일 하오 3시경 일본 사카이시 어로 시험선(145톤급)이 독도에 나타나 독도에서 어로 중인 상이군인 6명과 기타 어부들과 이야기한 사실이 있다는바, 동일 동선의 무전사는 일본 수산고등학교 교사(성명 미상)이라 하며 동 어선에는 꽁치잡이 그물이 실려 있었다고 한다.

「조선일보」, 1954년 6월 19일, 2면

평화선 수호에 이상 있다
당국자 함정 부족 해결을 호소

평화선의 경비를 꾀하여 작년 12월 24일 내외(內外)의 큰 관심을 모은 속에 발족을 보았던 해양경찰대는 창설된 지 근 반년이 되었건만 함정의 부족으로 고위 당국에서 이에 대한 대책이 없는 한 평화선 수호는 거의 불가능한 것이라고 관계관은 호소하고 있다. 즉 해양선 1360마일로 그어진 평화선안의 영해는 그의 넓이가 5만 5,400평방(平方) 킬로로서 남북을 통합한 우리나라 육지 면적의 약 2배 반에 달하는 광범한 구역인바 이의 수비를 단 6척의 경비함이 담당하고있는 형편인데 그나마도 6척이라는 경비함정은 일정시의 소해정(掃海艇)급이며 그 속도는 좋아야 12노트에 불과한 노후한 것이라 한다. 그뿐만아니라 수리 관계로 실제로 항해하는 것은 하루 평균 3척에 지나지 못하는 지극히 미미한 경비력에 불과하다는데 이같이 구비치 못한 힘으로써는 방대한 해상을 다만 순회한다는 것만으로도 벅찬 일이기 때문에 여기에 급한 일이 생기어 독도 같은 지역에 24시간 계속 정착시켜 순라 경비시킨다는 것은 엄두도 내지 못하는 일이라고 하겠다. 그러므로 현 상태로 해양경찰대를 방임한다면 그의 존재는 있으나 마나할 정도로서 해양선 수호는 기대키 곤란한 일이라고 관계당국에서는 고충을 피력하고 있다

독도 방위 강화
항만시설 적부(適否) 조사

일본의 침략 대상이 되어 있는 독도를 완전히 방어하고 독도에 항만시설을 서둘러 어선이 독도를 중심으로 어로할 때 선원들이 기거할 수 있도록 하기 위한 조치로서 내무부에서는 수 일 내로 건설국 항만 관계자와 치안국 경비관계자로 조직된 독도조사반을 현지로 파견케 되었다고 한다. 그런데 이들은 우선 독도에 항만시설을 할 수 있겠는지, 또는 어떻게

하면 좀 더 효과있게 독도를 침략에서 방위할 수 있겠는지 등등 광범위한 조사를 실시하게 되었다고 하는데 조사결과 항만시설을 할 수 있다면 곧 착공할 것이며 경비력도 강화하게 될 것이라고 한다.

한편 동 조사단의 출발 시일은 대외관계도 고려하여 비밀에 붙이게 될 것이라고 한다.

해양경비의 강화
백(白) 장관, 필요성을 역설

백 내무부 장관은 17일 기자단과 만난 자리에서 해양 경비력의 강화문제에 언급하여 국가의 예산부족으로 조속한 시일내에 전반적인 강화를 기대하기는 곤란하지만 어느 정도 강화 대책을 강구해야겠다고 말한 다음 이어 당분간은 해양 경비력의 주력은 독도(獨島)에 두고 영토방위에 만전을 기하겠다고 강조하였다.

『경향신문』, 1954년 6월 20일, 1면

일본의 침략근성
갈(葛) 처장, 독도 침범사건에 경고

갈 공보처장은 18일 그의 담화를 통하여 일본 어선이 평화선을 침범하고 정체불명의 비행기가 독도를 불법사격한 사건 등을 지적하여 일본의 침략근성은 점차 증대되어 가고 있다고 말한 후 일본은 항상 양면 작전을 취하여 미국에 대하여는 순종하나 한국을 비롯한 아세아 각국에 대하여는 제국주의 정책으로 대하고 있다고 경고하였다. 그리고 갈 처장은 자유세계와 더욱이 동양제국(東洋諸國)은 일본 제국주의의 재대두를 경계하여야 한다고 말하였다.

「경향신문」, 1954년 7월 16일, 2면

토비대(討匪隊)와 해양경찰
국회위원들이 위문

국회 내무위원회 전원과 각 분과에서 2명씩 선출된 약 40명의 의원이 내 21일부터 5일간 예정으로 잔비토벌의 서남지구 경찰대와 독도를 포함한 평화선 방어에 감투하고 있는 해양경찰대를 찾아 현지 사찰을 하기로 하였다.

즉 동 일단은 21일 새벽 기동차편을 이용하여 남원으로 출발하여 동일 가까운 작전 고지를 위문 시찰한 다음 그 다음날 부산으로 향하여 해양경찰대를 방문하고 경비선의 안내를 받아 평화선 일대를 직접 시찰한 다음 25일 부산에서 해산할 것이라고 한다.

『조선일보』, 1954년 7월 16일, 2면

일 참의원 독도 조사계획
엄중한 한국의 감시로 실패

일본서 들어온 외전에 의하면 일본 참의원 외무위원회 위원 5명으로 된 독도조사단은 엄중한 한국 해양감시로 말미암아 목적을 달성하지 못하고 13일 귀국하였다 한다.
즉 자유당 출신 위원 이노 씨는 동 조사단이 6월 16일에 독도를 조사할 예정이었으나 한국 해양감시선이 독도 주변에 증강되고 있어서 연기하지 않을 수 없었다고 말했는데 지난 12일에도 독도에서 가장 가까운 섬에까지 갔었다 한다. 동 위원은 일본이 한국과의 회담을 재개하고 독도의 귀속문제를 해결하기를 희망하고 있다고 말하였다 한다.

『경향신문』, 1954년 7월 20일, 2면

오만불손한 왜경(倭警)
독도 부근에 배회코 어민 협박

【부산】당지 해양경찰대에서 전하는 바에 의하면 지난 7일 독도에 도착한 해경 대원들은 최근 일경(日警) 5명을 포함한 40여 명의 일본 선원이 독도 부근을 배회하고 있었다는 확실한 정보를 울릉도 어민 배(裵承熙, 43) 씨로부터 입수하였다 한다.

배 씨로부터 입수된 정보라 하여 해경에서 말한 바에 의하면 지난 6월 15일경 약 1,000톤급으로 추정되는 일 선박에서 소형선을 이용하여 5명의 무장 일경이 독도 브근을 배회하였으며 출어 중인 배 씨를 만나자 당황한 어조로 "한국인이냐"고 물은 후 "죽도는 일본 영토다. 죽도 문제를 해결하는 데는 화전택일(和戰擇一)이 있을 뿐이다" 운운한 후 물러갔다 한다.

그리고 그후에도 일 순시선으로 추측되는 대형선박은 교대로 배회하고 있다고 하며 이로 말미암아 도민의 출어는 많은 위협을 받았다 한다.

「동아일보」, 1954년 7월 25일, 3면

독도 경비 강화를 명령*
일 참의원단 내도설(來島說)에 대비

경찰 당국에서는 23일 돌연 독도 경비 강화를 해경에 명령하였다고 위 경찰 당국에서 긴급히 취하여진 여사한 조치는 23일 하오 3시부터 한 시간 반에 걸쳐 법무, 외무, 내무 등 3부 관계자가 합동 연석회의를 끝마친 다음에 취하여진 것이다. 이날 치안국장실에서 개최되었던 동 회의에는 내무부 김장흥(金長興) 치안국장, 외무부 이수영(李壽榮) 정보국장, 법무부 박천일(朴天一) 법무국장과 기타 각 부 관계자가 합석하였던 것이다. 동일 하오 3시부터 동 4시 반까지 1시간 반의 회의를 끝마친 치안국장 김장흥 씨는 회의 내용에 대하여 구체적인 언급을 회피하고 일본 참의원단의 독도시찰에 대비한 것이라고 말하는 동시에 만일 일본 참의원단이 독도에 상륙하였을 때에는 의법 처단하겠다고 언명하였다.

---

* 「경향신문」, 1954년 7월 25일, 3면, "독도의 경비 강화"; 「조선일보」, 1954년 7월 25일, 2면, "독도방위에 만전, 각 부처 관계관 긴급대책을 수립"

「조선일보」, 1954년 7월 26일, 3면

24일 현지로 출발
독도시찰의원단

【경남지사】독도와 해양 평화선의 실정을 시찰하기 위하여 내부한 민의원 조경규(趙瓊奎) 내무분과위원장 외 10명은 24일 이른 아침 해양경찰대를 방문하고 이 해양경찰대장으로부터 상세한 보고를 들은 후, 불충분한 시설과 적은 인원으로 광범한 해양 평화선을 수호하기 위하여 주야 분투하는 경비대의 노고를 치하하고 국회 대표의 감사장을 수여하였다. 그리고 동 일행은 두 반으로 나누어 2일간 예정으로 경비정 화성호(火星號)와 칠성호(七星號)에 분승하여 이날 하오 2시경 부산항을 출발하여 남해안 일대를 골고루 들러 일본 선박이 자주 침범하는 평화선을 상세히 시찰하면서 멀리 독도로 향발하였다.

『조선일보』, 1954년 7월 28일, 2면

독도시찰의원단
기념 표식 새겨놓고 귀항(歸港)

【경남지사】국회 내무분과위원장 조경규(趙瓊奎) 씨 외 12명으로 구성된 해양주권선 시찰단 일행은 두 반으로 편성하여 한 반은 칠성호(七星號)로 욕지도(欲之島)를 거쳐 통영서 일박한 후 거제도, 한산도를 시찰하고 26일 상오 11시 부산항에 돌아왔다. 그리고 또 한 반은 24일 하오 2시 김상돈(金相敦), 김동욱(金東郁), 염우량(廉友良) 3 의원으로 구성하여 신문기자, 기타 보도사진반 14명과 함께 부산항을 출발, 험한 파도를 무릅쓰고 25일 정오 독도에 도착한 다음 동쪽 섬 바위에 시찰 기념 표지를 새기고 26일 하오 3시 45분 무사히 부산에 귀항하였다.

『동아일보』, 1954년 7월 29일, 2면

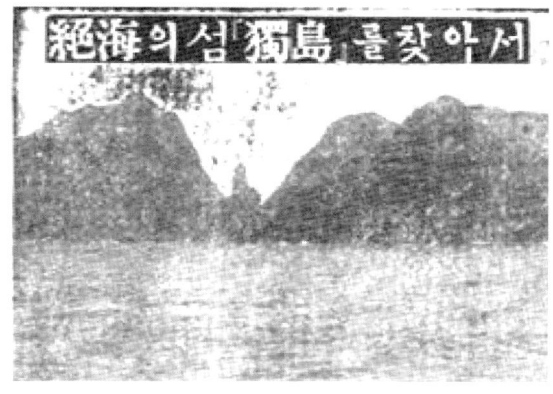

절해의 섬 독도를 찾아서[*]

어장(漁場) 보도(寶島)에 등대 설치 긴요
남대문 연상되는 무수한 수문(水門)

수천 마일에 걸친 해양주권선의 역사적 선포를 본지도 어언간 2년 7개월, 그간 얄궂은 운명 속에서도 끝내 버리지 못한 일인의 침략 근성은 성스러운, 우리가 수호하여야만 할 평화선을 수차 더럽혔고 급기야는 역사적으로 명백히 입증되고 있는 우리 영토 독도까지도 무리한 고집을 세워가며 자기네 영토인 양 전세계에 거짓 선전을 하기에 분주하다. 이 모든 급박한 현실에 비추어 이번 민의원 일행의 독도 시찰은 여러 가지 면에서 그 성과는 컸던 것이다.

지난 24일 하오 2시 김상돈(金相敦), 염우량(廉友良), 김동욱(金東郁), 세 의원을 수반으

---

[*] 당시 독도시찰위원단의 독도 시찰 모습을 담은 영상이 최근 공개되었다. JTBC 뉴스(2019년 8월 13일) "6·25 직후 '독도' 담긴 가장 오래된 영상 … 첫 공개"

로 하는 독도시찰단에 끼어 기자는 이미 마련된 화성호(火星號)에 몸을 싣고 부산항을 떠났다. 때마침 퍼붓는 폭우와 심한 파도는 마치 나뭇잎과도 같이 화성호를 농락하였다. 우선 기자의 가슴을 찌른 것은 된장국에 날김치라는 조식(粗食)을 먹어가며 일인 어부에 못지않은 낡은 의복을 입고서도 명령 일하 민활히 움직이는 선원들의 기계적인 활동과 노구한 선체(船體) 그것이다. 우리보다 훨씬 빠른 신조(新造)된 일 어선과 비교할 때 먼저 해경대의 질적 강화가 절실히 요청되었다. 부산항을 떠난 지 22시간 만에 목적지인 독도에 다다랐다. 부산서 동북방으로 220 마일 북위 37도 5분 동경 131도 52분인 동해 한복판 해상에 홀로 서 있는 독도는 세계 어느 나라 해도(海圖) 상에서도 그 모습을 감추고 있는 무인도인 동시에 무영도(無影島)인 것이다. 항시 안개에 잠뿍 싸인 독도는 그 둘레가 불과 500미터 내외로 추산되는 두 개의 적은 고도(孤島)인 것이다. 이제부터 기자가 본 독도와 선원을 통해서 알려진 독도 주변의 해보(海寶) 실정을 소개키로 하자.

수평선에서 약 60도의 급경사를 이룬 소암도인 독도는 검은 흙색의 회암석(灰巖石)으로 뭉쳐있고 다년간의 풍화작용으로 바위는 굳은 백토(白土)와 같이 연약한 것이며 섬의 높이는 하나는 약 180미터, 다른 하나는 약 150미터로 추산되고 있으며 섬 중복에서 정점(頂點)에 이르는 사이는 뱀풀, 잔디로 생각되는 엷은 황록색의 약은 풀이 덮여 있고 바위 밑에서 솟아나는 맑은 샘은 하루 3, 4명의 식생활을 충당시킬 양으로 흐르고 있었다.

섬 둘레에는 남대문을 예상케 하는 무수한 수문(水門)이 뚫려있고 뉴욕 항의 여신(女神)을 상기시키는 석상(石像)이 난립되어 있는 것이다. 우리 해경대가 벌써 흰 페인트로 새겨 놓은 태극기는 섬 중턱에 석연이 빛나고 있으며 특히 민의원 시찰단을 기념하기 위하여 "독도 단기(檀紀) 4287년 7월 25일 대한민국 민의원 시찰 김상돈, 염우량, 김동욱"**이라는 대활자를 섬 절벽 위에 써 놓았다.

** 기사 원문은 다음과 같다. "獨島 檀紀 四二八七年 七月 二十五日 大韓民國 民議員 視察 金相敦 廉友良 金東郁"

선원들의 말을 빌리면 독도 주변에는 미역, 오징어, 새우, 전복을 위시해서 수많은 어류가 군거하고 있으며 물개의 거리로 유명하다는 것이다. 섬 주위의 수심(15미[米])이 얕은 관계로 군항보다는 차라리 어항(漁港)에 적의한 동시에 한시도 빨리 등대(燈臺)를 건설해 달라는 것이었다. 이렇듯 4시간에 걸친 시찰을 마친 시찰단은 쓸쓸히 해상에 날고 있는 갈매기 떼와 작별하고 25일 하오 3시 뱃머리를 돌려 부산을 향했다. [사진 상(上)은 선상에서 본 독도. 하(下)는 동도 절벽에 새겨진 시찰단 명단] [김준하(金準河) 기(記)]

「조선일보」, 1954년 7월 29일, 2면

풍파 거센 독도
민의원 시찰단과 동선하고

암석에 기록된 시찰 표식
무심한 갈매기의 외로운 표정

【독도에서 본사 특파원 문계준(文啓俊)발】우리나라의 해양주권선인 이 라인을 수호하기 위하여 4286년 12월 23일 내무부 치안국 경비과 소속으로 해양경찰대를 창설하게 되어 지난 4월 이상렬(李相烈) 씨를 단장으로 하는 경비정 □□척과 □□□명의 대원으로 편성을 완료한 해양경찰대가 그간 불법 어로작업 중인 일본 어선 15척과 중공(中共) 어선 2척 그리고 일본 순시선 1척을 나포하고 연 인원 108명의 일본 어부와 기타 3여 명의 불법 침범자를 체포하는 한편 우리 경제계를 좀먹는 밀수선 12척도 적발했으나, 한편 일본의 침략근성은 여전히 독도에 대한 영유권을 주장하고 평화선의 침범을 장려하고 있어 평화선 근방에는 파도 아닌 풍파가 거세다.

이러한 이 라인의 설정을 시찰하기 위하여 국회 내무분과위원장 조경규(趙瓊奎) 씨 외 13명의 의원은 서남 전투지구의 실정 시찰을 끝마치고 2반으로 나누어 지난 24일 해양경찰대 김 작전계장 안내로 한 분대는 남해 부근 욕지도(欲知島)로, 또 한 분대는 동해 독도 부근으로 향하였다. 욕지도 부근에는 칠성호(七星號), 또 동해 독도 방면 시찰대는 화성호(火星號)로 24일 하오 2시 부산을 출발하였다.

민의원 김동욱(金東郁), 김상돈(金相敦), 염우량(廉友良) 세 의원과 보도원, 촬영반 등의 틈에 끼어 기자는 궂은 비 내리는 부산항의 희미한 안개를 헤쳐가며 만경창파를 동으로 향하는 성대백(成大白) 선장이 잡은 '키'에 행방을 일임하고 독도까지 220마일 원양해로의 길을 떠났다.

이날 해상은 거센 파도와 사정없이 불어오는 맞바람으로 배는 물결의 산을 넘고 고개를 넘어 20도 이상으로 선실은 극도로 동요되었다. 출발 후 얼마 되지 않아 한 사람 두 사람 배멀미를 시작하여 모두 인사불성이 되어버렸다. 어느새 어두운 밤이 새고 날이 밝아지자 한 사람 두 사람 갑판 위에 나오기 시작한 때는 벌써 동편쪽 아득한 안개 속에 동양화에 나타나는 흐린 먹으로 그린 산수화 같은 독도가 보이기 시작하였다. "독도가 보인다"는 소리가 들리자 너도 나도 할 것 없이 배 갑판 위에 올라가 골머리 아픈 것도 잊고 30노트로 달리는 배의 더딤을 느끼기 시작하였다. 화성호가 독도에 닿은 것은 25일 12시 10분 두 쪽으로 나뉘어 있는 이 무인고도에는 평화스러운 갈매기 떼가 오락가락할 뿐 인적도 어선도 아무것도 없다. 그저 화강암 위에 길이 4센티가량 되는 풀이 퍼렇게 덮였을 뿐, 바닷물에 면한 암석에 있는 해초만이 유달리 눈을 끈다. 북위 37도 15부 동경 131도 52부에 위치하는 독도는 전 주위가 약 1킬로나 되며 이곳에는 해산물로 미역, 전복, 해삼 등이 많다고 한다.

어린 갈매기 하나가 배 갑판 위에 앉아 있는 것을 잡아서 머리를 쓰다듬어 주고 다시 하늘로 날려 보냈으나 다시 날아와 우리가 있는 갑판 위에 앉아 울고 있는 그야말로 말없는 평화경 독도, 외로운 독도를 여실히 설명하여 주었다. 김상돈 의원이 '뎀마'*를 타고 상륙을 기도하였으나 배에 익숙치 못하여 다시 돌아오고 김 해양경찰대 작전참모와 치안국 이정재 총경과 김준길, 조준영 경위가 배를 저어 동쪽 섬에 이르자, 경사 60도 되는 석산 백 미터 중턱에 올라가 미리 준비한 페인트**로 "단기 4287년 7월 25일 대한민국 민의원 시찰 김상돈 염우량 김동욱 해경대 화성호"라고 암석에 기록하였다 그런데 이곳 암석이 바람에 무너져 작은 돌이 구를 때 저 평화스러운 어린 갈매기가 치어 죽은 시체가 띄엄띄엄 보였

---

* '전마선'의 일본식 발음이다.
** 원문에는 '펭기'로 되어 있다.

다는 것이며 한편 그쪽 암석에 기록하러 간 사이 모선 화성호에서는 민의원 김동욱 의원의 솜씨 있는 낚시줄에 재수 없는 고기가 세 마리씩이나 잡혔다. 이 고기는 검은 도미인데 길이 10센티 이상 가는 것으로 저녁 반찬을 한다고 좋아들 하였다. 이 독도의 높이는 해발 180미터다. 한편쪽 작은 섬은 해발 150미터라고 하며 울릉도에서 55마일이라는 이 섬에 우리 울릉도 자위대의 경비막(警備幕)으로 추측되는 판자집이 서편쪽 기슭에 보였다. 그런데 이 섬에는 약 10인이 살 수 있는 식수(食水)가 있다는 것이며 또한 이곳 독도를 중심하여 밀수배의 연락처와 불법 어로선이 항상 배회하는 것이라고 선원들은 말하였다. 일행은 25일 하오 4시 20분 독도를 출발 울릉도를 향하였으나 갑자기 심하여지는 풍랑으로 일로 부산으로 향하였다. (사진은 독도)

『조선일보』, 1954년 7월 29일 2면

명함인사를 배격
김 치안국장, 독도 문제 등 언급

김 치안국장은 27일 기자단과 만난 자리에서 우리의 영토인 독도를 방위할 만전의 시책은 이미 갖추어졌다고 언명하는 등시에 이의 개발을 위한 위원회는 각계각층을 망라하여 조직될 것이라고 부언하였다. 한편 동 국장은 경비의 임무를 소홀히 하면서까지 국회의원에게 정중히 경례를 하는 경찰관이 발견되는데 이는 약 3년 전에 지시했던바, 의무적인 경례 지시는 이미 취소되었으니 경례하는 것보다는 경비에 정신을 차리도록 시정하겠다고 말하면서 권력층의 쿠탁을 거절 못하는 이른바 명함인사(名啣人事)는 한사코 배격할 방침이라고 언명하였다. (이하 생략)

『동아일보』, 1954년 7월 30일, 2면

해경대의 실태 해부

영해 수호에 SOS,
부족된 함정, 비약한 장비의 강화 초미

작년 12월 14일 대통령령 제844호로 해군이 담당하고 있던 해양주권선의 경비 중책은 새로 탄생된 해양경찰대에 이양되었고 이로부터 만 7개월간의 해경은 일본 경비선 1척 밀수선 12척 밀수 검거 건수가 33건 이외에 다수의 일 어선을 나포한 바 있어 국민은 시시로 그들의 업적을 찬양해 왔다. 이럴 때마다 당국 책임자는 "주권선 수호는 완벽을 기하고 있다"라는 담화를 발표하고 주권선에 대한 국민의 일련의 의아심을 해소시켜주면서 오늘에 이르렀다. 그러나 이번 민의원 일행의 해경 시찰을 통해서 보여진 전기한 당국의 발표가 과연 실제로 기해지고 있는가? 하는 문제는 많은 의구심을 자아내게 하고 있는 것이 사실이다.

따라서 '주권선 수호문제'는 당국의 새로운 대책과 거족적으로 관심을 집중시켜야 할 중대한 단계에 이르고 있는 것이다. 달콤한 '평화의 꿈'에서 깨어난 일본은 본능적인 국토방위 의식의 재연으로 현재 그들의 해안 보안청의 장비는 중무장화 일로를 걷고 있는 반면 이에 대처할 우리 해경의 실력은 원시 상태에서 일보도 벗어나지 못하고 수십년 묵은 ○척의 소함정으로 장비되어 있고 그나마 전 역량을 발휘치 못한채 그중 ○척은 계속 수술대에서 신음하고 있는 것이다. 일선 참모의 말을 빌리면 우리 영해를 침범하는 일 어선은 나날이 수가 증가되고 그 중 3분지 1의 포착(捕捉)도 불가능한 까닭에 일 어선은 항시 우리 영해 내에서 조업을 계속 중에 있으며 만일 그들을 발견해도 레이더 장치와 우리보다 훨씬 빠른 일 어선의 추격 나포는 불가능하면 도리어 오송(吳松) 오상항(五常港)을 모항(母港)으로 우리 직할 해역을 배회하는 중공 경비정에 위협을 느끼고 있다는 것이다. 좋은 실례를 들면 지난 번 일 경비정이 우리 영토 독도를 침범하고 '도근현(島根縣) … 죽도(竹島)' 운운의 표봉을 박은 후 무사히 돌아갔고 일본 중의원 십정신(십正信)*이 독도에 상륙한 다음 "한국 경비정을 만나고 싶다"라고 유유히 비웃고 돌아간 사실 및 체포된 일 어선장이 우리 경비정을 보고 "이것으로서야 …"라고 도리어 동정했다는 등의 역력한 사실을 상기할 때 주권선 수호 설정은 위기 일발에 직면하고 있을 뿐아니라 나아가서 국제 체면 문제에 이르고 있는 것이다.

기자와 만난 해경 대원들은 이구동성으로 당국의 무력한 주권선 방위 계획에 원망을 토로하면서 외국과 비교할 수 없는 저열한 장비로 일선 경찰의 사기는 땅에 떨어지고 있으며 하루 속히 경비정의 증가 및 장비 강화를 촉구하고 경비원의 대폭 증가가 시급함을 통절히 요청하고 있다. (김준하[金準河] 기)

---

* '辻政信'의 오식이다.

『조선일보』, 1954년 8월 5일, 1면

일측(日側) 만행 규탄
자유당(自由黨)서 성명

자유당에서는 3일 일본 정부의 만행을 규탄하는 성명을 발표하였다.

동 성명 내용은 "자유 세계가 공산 세계를 박멸하려는 그늘 밑에서 일본은 과거를 반성하지 못하고 한국에 대하여 재산권을 요구하며 또한 독도를 자기네 영토라고 하는 등 비법적(非法的) 폭언을 하는 한편 최근 대촌(大村) 수용소(收容所)에서 발생한 교포 학대 사건 등은 도저히 용납될 수 없는 처사인만치 국제적 도의를 무시하는 일본의 만행을 즉시 시정하라"고 경고하였다.

「조선일보」, 1954년 8월 8일, 2면

독도에 등대 세우라
의원들, 무장병 배치도 주장

독도를 시찰한 국회의원들은 독도에 등대를 세우고 무장병을 배치하라고 주장하였다. 지난 25일 독도와 욕지도(欲知島) 등 동해의 평화선 일대를 시찰한 국회조사단을 대표하여 내무위원장 조경규(趙瓊奎) 의원과 김상돈(金相敦) 의원은 6일에 열린 국회 본회의 석상에서 시찰 결과에 대하여 보고했는데 그 보고 가운데 양 의원은 독도에 대한 일본의 침략성을 경고하고 조속한 시일 내어 등대를 세우고 무장병을 배치하는 등 강력한 조치를 취하여야 한다고 주장하였다.

【참고자료】| 국회 회의록*

제3대 국회 제19회 제26차 국회 본회의(1954년 8월 6일)**

5. 서남지구 및 해양경찰대 평화선 시찰 보고의 건

● **내무위원장 조경규** 7월 8일 제18차 본회의의 결의에 의지해서 서남지구전투경찰대와 해양경찰대 및 평화선을 시찰 급 위문하게 되었읍니다.

그래서 저희들 일행은 의원 20명 또 국회의 전문위원, 간사 약 10명 도합 약 30명 일행이 거월 21일 오전 8시 반에 서울역을 출발을 해 가지고 남원까지 그날 도착했읍니다. 그래서 그날 즉시 도착하는 즉시로 서남전투대에 대한 전반적인 계획과 전반적인 조직 또 그 동안 여러 가지 업적에 대한 것을 듣고 시찰하고 그다음에 그 익일 예정한 바와 같이 각 전투대의 제일선을 주로 위문하게 했읍니다.

(중략)

또한 일부는 해양경찰대를 시찰하기 위하여 목포로 간 의원이 몇 분이 있읍니다. 그 남어지 대부분은 해양경찰대를 시찰하기 위하여 그 익일 오전 8시 반에 출발했읍니다. 저희들이 해양경찰대를 시초로 시찰하게 된 중요한 이유는 해양경찰대가 평화선의 경비를 맡아 가지고 있고 그 형편과 조직 그 운영방면 이 모든 것을 우리는 국제적으로 이 문제가 다단한 이 평화선, 다시 말하면 주권선에 대한 이 문제를 국제적으로 취급하는 것이 타당하겠다고 하는 각도에서 저희들은 평화선을 시찰하는 것을 대대적으로 각 언론기관을 통해서 선전을 했읍니다.

---

* 국회 속기록 내용은 지금의 맞춤법대로 교정하지 않고 '국회 회의록'에 있는 내용 그대로 옮겼다(국회 회의록 사이트: http://likms.assembly.go.kr/record/index.jsp).
** 제19회 국회 임시회의 속기록 제26호(단기4287년 8월 6일(금) 상오10시), 11~14쪽.

물론 여러분이 잘 아시는 바와 같이 이 평화선의 가장 가차이 있는 독도에 대한 문제가 대단히 중요시 되는 것입니다. 왜놈들은 … 이번에 갔다 온 결과로 보아서는 왜놈들의 국토이라고 해서 푯말까지 박았습니다. 또 독도를 시찰하기 위하여 일본 참의원이 올려고 몇 번이나 애를 썼으나 우리 해양경비대 때문에 그네들은 목적을 달성하지 못한 것이 많이 있는 것입니다.

이러한 국제적으로 문제가 많이 일어나는 해안이기 때문에 … 매일과 같이 일본 어선 넘어오는 해안이고 특히 어족이 풍족한 욕지도이어서 침범이 비일비재했기 때문에 수 척 되는 우리 경비선으로 경비는 하고 있으나 틈틈이 저쪽에서 우리 지역을 넘어와 어업을 해가고 있는 것이 사실입니다.

이러한 해안의 중대성에 비추어서 우리는 이 해안에 대한 것을 국제적인 문제로 취급해야 되겠다고 하는 커다란 의미에서 이 해안을 시찰하고 또 해안에 대한 확고한 신념을 가지고 보아야 되겠다고 해서 오전에는 해안경찰대의 여러 가지 진행상황과 현황을 청취하고 오후 2시에 배 두 척을 가지고 하나는 욕지도 근방 가장 어업의 중심지로 되어 있는 욕지도 또 한 함정은 독도로 가도록 이렇게 출발을 했읍니다.

마침 저희들이 떠난 그때에는 폭우가 몹씨 내려와서 부산 밖에 나갔다가 1시간 이상 대기했다가 떠났읍니다. 폭우가 심하였지만 예정대로 가야 되겠다고 해서 두 척은 같이 출발했읍니다. 그래서 독도에 갔다 오신 분은 독도에 대한 충분한 다시 거기에 대한 시찰담을 말씀드리겠고 저희들 일행은 욕지도 근방을 어업의 중심지가 되어 가지고 있고 한 3, 4일 전에 일본 어선을 잡은 일이 있읍니다. 대마도 서방 한국 측으로부터 약 1마일 지점에서 우리 경비선이 일본 어선 3척을 잡은 일이 있읍니다.

그래서 그 지점을 가보는 것이 좋겠다고 해서 부산에서 바로 그곳으로 갔읍니다. 그러나 여러분이 아시다싶이 폭우는 쏟아지고 바다에 나가보니까 배도 없거니와 아무 선박도 보지 못했읍니다. 그러나 요전번에 3척 나포한 지점 가까이 가다가 부득이 지점이 어디라고 하는 표식이 없고 별로 볼 것이 없어서 날씨도 좋지 못했읍니다. 그래서 독도 근방을 보려갔지만 2일 동안 비가 왔기 때문에 어선도 보지 못하고 피차에 경비선조차 보지 못하였읍니다. 그러니 우리의 남방으로 간 평화선 시찰선은 무의미한 결과를 초래하였읍니다.

그래서 독도에 가신 함정은 가는 도중에 불비한 시설 다시 말하면 우리 해안경찰대가 작년에 창설되면서부터 예산상으로 대단히 미약했읍니다. 거기에 현재 장비라든지 모든 설비가 아직 불충분합니다. 독도 거기에는 대단히 위험스럽습니다. 그런데 김상돈 의원이라든지 또는 염우량 의원이라든지 김동욱 의원 세 분이 위험하드라도 불가불 가봐야 되겠다 그래서 해안경찰대에서 최선의 노력을 해 가지고 갔지만 중간에서 나침반이 고장이 나서 엔징이 스톱되고 이런 위험한 가운데에 가는 이런 고초를 당했지만 결국 무사히 목적지인 독도에 도달해 가지고 왜놈이 박어 논 표식을 뽑아 버리고 그리고 우리들이 전부 서명을 하고 그리고 거기서 모든 것을 조사해 가지고 온 실증이 여기에 있읍니다.

여기에 있어서 우리가 가장 구체적으로 논의한 것은 독도 문제에 있어서는 여러분이 이미 신문지상을 통해서 보았을 것입니다마는 이 독도 문제가 가장 어려운 문제로 되어 있는 것입니다. 한국의 표식을 박어 놓고 왜놈들이 와서 표식을 꼽아 놓고 하니까 이것이 하루밤 사이에 대한민국의 영토가 되고 왜놈의 영토가 되는 이런 경향에 있는 것입니다.

그래서 갔든 우리 일행이 왜놈의 표식을 뽑아 버리고 좌우간 이 독도는 한국 측의 소유라는 것이 역사적으로 증명되고 있지만 앞으로 우리가 이것을 국제적으로 한국 측의 소유라는 것을 알려주기 위해서는 여기에 특별한 시설을 해 가지고 이것을 인식시키도록 하는 것이 급선무가 아닌가 생각합니다.

그래서 우리 갔든 일행이 아직 회합을 갖지 못했읍니다마는 우리가 여기에 대한 결론을 여러분에게 보고해 드릴 경우가 있을 것이고 일행 중의 한 사람으로써 여기서 시찰한 실황과 이 해안경찰대와 평화선에 대한 시찰 전반적 문제를 몇 가지 말씀드리고 앞으로 필요한 것을 우리가 국가적으로 해야 될 점이라든지 또한 여기에 대한 어떠한 정책이 필요하다든지 이런 것을 우리가 다시 회합해 가지고 결론을 질려고 생각하고 있읍니다.

오늘은 이만큼 보고해 드립니다.

● **김상돈 의원** (의석에서) 지금 보고해 대해서 보충 보고할 것이 있읍니다.

● **의장 이기붕** 김상돈 의원 말씀하세요.

● **김상돈 의원** 이제 대략 내무위원장으로부터 말씀이 있었으니까 거듭 하지 않겠읍니다. 다만 거기에 저는 소속의원이 아니지만 이번 지리산 위문 내지 독도 시찰을 자원해서 갔든 사람의 하나올시다.

이왕 이러한 계획을 국가적으로 안 한다고 하면 모르거니와 하는 이상에는 한 것 다웁게 해야 된다는 것으로 그렇지 않으든 차라리 안 하는 것이 좋지 않을까 생각합니다.

무엇이냐 하면 첫째 해안경찰대의 총인원이 700명이나 넘는데 그들 중에 배를 타고 출항할 만한 인원이 무리 무리를 해서 198명에 불과하고 그 외는 다 육상에서 일을 하고 있는 것입니다. 물론 초창기니까 무리일지언정 좀 주객이 전도한 감이 있읍니다.

또한 배 척 수 장비가 적기 때문에 마음대로 수리를 하지 못하고 수리를 하기 전에 명령이 나서 나가기 때문에 이상야릇한 일이 생기며 저희 탔든 배도 처음에는 설비가 완비하리라고 해서 그래 20시간을 가고 보니 우리끼리 말하거니와 바라건데 신문인은 이것을 발표하지 않기를 바라면서 말씀드립니다.

20시간을 가고 보니까 독도는 어디에 있는지 간 곳이 없고 지금 어디에 있는지 방향을 모르겠다, 알고 보니 나침반이 미수리가 되어서 불안정하고 방향을 놓쳤다는 것이예요. 그러니 어떻게 하느냐? 그러나 좀 더 4시간은 가보아야 어디인지 알겠다는 것입니다. 무슨 일본 배가 온다 중공 배가 온다 하는 이때에 이런 데에 있어서 … 자그만치 20시간이나 가 가지고 방향을 모른다고 하니, 아직도 4시간을 더 가야 알듯하다고 하니 이 팔자는 불행인지 다행인지 6·25사변을 겪어 나와서 또 독도 시찰을 하다가 중공포로가 되지 않을까 그런 염려가 사실 있었단 말이에요.

그러나 다행이도 무사히 돌아왔는데 문제는 여기에 대해서 일본 정부에서 결정한 것이 신문에 게재된 것이 있는데 이것이 중대한 문제이기 때문에 이것을 그대로 여러분에게 낭독해 드리겠읍니다.

「동경 25일발 합동 당지 석간지 동경신문이 25일 보도한 바에 의하면 일본 정부는 일본 어선을 공격하는 소련 중공 및 한국 함정과 대전하기 위하여 무장 함정의 사용을 결정하였다고 한다. 이런 결정은 외무성 해상보안청 해양경비대 해양어업청 전전에 육해군성(陸海軍省)의 통합체인 방위청의 책임관리들이 지난 7월 16일 회의에서 이루어진 것이라고 하며 이런 결정은 해상보안청에서 외국 선박이 일본 선박을 나포할 때는 과거의 소극적 태도를 버리고 무장 함정을 사용하여 적극적으로 여기에 대전하라는 지령을 내렸다 한다. 그 지령은 다음과 같다.

⑴ 선박 나포에 관하여 일본인은 본지나해 및 기타 공해상에서 많은 외국 선박이 국적과

소속을 밝힐 것을 거부한다면 발포하여 전투를 전개한다.

(2) 일본선박에 대하여 정선명령 또는 어획물의 몰수를 합법 처리로서 인정할 것에 보복할 것.

(3) 평화선은 국제 위반으로 계속 불시인할 것. 필요할 때에는 초계함을 평화선 이내로 초계케 할 것.

그런데 현재 해상보안청은 3인치 포 및 40미리 기관총으로 무장된 18척의 초계함이 있으며 동경신문에 의하면 동일한 무장을 한 다른 15척의 초계함이 급속히 장비되고 있는 중이다」

다시 말하면 동 평화선을 공연한 것이라고 운운해 가지고 앞으로 선박을 붙들으면 그전같이 순순히 붙들려 가는 것이 아니라 이제부터는 강경히 반항해서 전쟁도 불사한다는 각오 밑에서 나가겠다는 이러한 강경한 태도를 취하고 있읍니다.

그런데 우리나라의 해양경찰대의 상태를 본다면 그 병기라든지 모든 장비가 미약하기 짝이 없다 그 말이예요. 까딱하면 축출을 당할 염려가 없지 않기 때문에 제 생각은 내무분과위원회에서 정부에 단단히 말씀을 해서 …

나중에 웃음을 사지 않을까 하는 것을 생각하는 까닭에 본 의원이 내무위원회의 소속은 아니로되 국방기자의 이야기를 들어보건데 좌우간 시설을 해놓고 ,등대라든지 이러한 시설을 해놓고 하루빨리 세계만방에 공포한다면 이것은 좋든 나쁘든 자연이 우리의 국토가 된다 말입니다. 그러니 속히 정부로 하여금 빨리 추진하는 것이 급선무이며 이것이 가장 효과적이라는 것입니다.

그러니 바라건데 우물쭈물하기 쉬운 것이니 이런 것이 신문에 발표된 것은 유감이라고 생각합니다만 좌우간 그런고로 지금도 늦지 않았으니 여기에 대해서 우수운 결과를 초래하지 않기 위해서 여기에 대한 대책을 우리가 정부로 하여금 조속히 추진할 것을 촉구하여야 되겠다는 것을 말씀드리고 참고로 이 기사 전문을 낭독해 드리는 것입니다.

● **의장 이기붕** 김상돈 의원께서 하신 말씀을 내무분과위원회에서 참고해 주시고 다음은 일선장병 위문시찰에 대한 보고를 안동준 의원이 보고하겠읍니다.

안동준 의원 말씀하세요.

(이하 생략)

독도에 등대 완성
우리 영역표식에 개가

신성한 우리나라 영토로 세계 각국이 자타 공인하고 있는 난단 220마일 해상에 위치한 독도에 대하여 야만적이고 침략 근성 잔재가 아직도 뿌리깊이 박혀있는 일본은 하등의 반성이 없을뿐더러 이 독도를 자기네들의 영토라고 생때를 쓰고 있을 뿐아니라 요즘에 와서는 우리나라 해양주권선인 이 라인을 틴법히 침범까지 하여 가며 그들의 영토라고 호호 장담 과시하고 있는데 비추어 지난 10일 교통부에서는 이에 등대를 설치하고 동 일 정오 점등하게 되었다 한다.

그런데 과반 전 국민의 관심 아래 정부 및 국회에서 이를 시찰하고 세계에 우리나라 영토임을 시위하는 한편 등대 설치를 착착 진행하여 왔었는데 드디어 10일 준공을 보아 정오에 점등하게끔 되었다. 이로써 완전히 일본의 야욕에 대한 명실 상부한 실력 행사일뿐 아니라 앞으로는 놈들의 여하한 구실과 행패도 봉쇄하게끔 되었다.

그런데 등대 위치 및 등질 등은 다음과 같다.

▲ 위치=독도 북부 동단 북위 37도 14분 55초, 동경 131도 52분 15초

▲ 등질(燈質)=섬백광(白光) 매 5초 1광(一光) 아세찌링 가스등

▲ 등고(燈高)=수면상 50피트

▲ 광달거리=10마일

`「동아일보」, 1954년 8월 14일, 2면`

독도에 등대, 12일부터 점등*

교통부에서는 독도에다가 등대를 설치하고 지난 10일 12시부터 점등하고 있는데 동 등대 위치는 독도 북부 동단이며 등질(燈質)은 섬백광(閃白光) 매 5초에 1 섬광 아세찌링 와사등**이다. 그리고 등고는 수면상 50피트이고 광달거리(光達距離)는 10마일이다.

---

* 『조선일보』, 1954년 8월 14일, 2면, "10일부터 점등, 독도에 등대 설치"
** '가스등'의 옛말이다.

「조선일보」, 1954년 8월 15일, 1면

[사설]
독도에 불멸의 등대

동해 바다에서도 멀리 울릉도로부터 동남으로 49리(哩) 떨어져 있는 우리 울릉도의 부속 도서인 무인고도의 독도에, 10일 하오 이후 우리 교통부에서 세운 등대의 불빛이 해상 10리를 밝히게 되었다. 허방 후 독도가 우리의 영토로서 동해의 해상 활동상 새로운 발전의 기점이 될 곳으로 우리 국민의 깊은 관심을 끌게 된 것은 1947년 8월 한국산악회(韓國山岳會)의 학술조사단 파견 이후였고, 그 후 일본이 1951년 가을의 강화조약의 성립을 앞두고 독도를 자기 영토라고 주장하기 시작하자 독도 문제는 한일회담의 중요 논쟁점이 되어 국민의 관심을 더욱 깊게 하였던 것이다. 그런데 이번 독도에 우리의 손으로 등대를 세우게 되었다는 것은 이미 우리의 영토로서 우리 어민들의 출어를 위한 항해상 편의를 도모코자 한 정부의 당연한 조치가 될 뿐 아니라, 등대가 해상 표식으로써 가지는 국제적 이용가치는 등대의 광망(光芒)과 아울러 국적 표시의 불멸의 의의를 가지는 것이다. 저 일인들이 우리 측의 표식을 번번이 뽑아 버리기를 일삼아왔으나 등대에 한에서만은 항해 안전을 위하여 그 건설자의 국적 여하를 불문하고 만인에 의하여 보전되지 않으면 안되는 성질을 가지는 것이다. 즉 □야의 해상의 지표로서 그 광촉과 섬광의 색과 명멸의 초차(秒差) 등이 그 독도의 위치를 말한 게 되는 것이니, 이는 곧 으리 정부에 의하여 국제적으로 해도상에 등록될 것이다. 으리는 독도에 등대가 선 것으로 해서 독도가 우리 영토인 모든 역사적 증거 위에 다시 새로운 산 증거물을 더하게 된 것을 기뻐하는 한편 또 한 가지 더 큰 의의가 있음을 잊을 수 없다. 즉 1948년 6월 8일 미국 극동공군의 폭격연습으로 마침 독도에 출어 중이던 울릉도와 강원도 등지의 어민 20여 명의 사상자가 있었다. 절해의 무인고도 상의 참극이었다. 당시의 조난자들을 위로키 위하여 경상북도에서 세운 위령비는 저들 일인들도 감히 손을 못대고 지금도 엄존해 있다. 동해의 국토 수호의 신이 되고만 그 어민들의 영을 위로키 위하여 봄마다 출어기(出漁期)에는 울릉도민들이 여기에 간소한 제물을 올린다. 어두운 밤 파도가 아우성치는 가운데 쓸쓸히 독도를 지키는 국토수호의 제령을 위하여 우리의 등대는 따뜻하고 정다운 위로의 등불이 될 것이다.

「조선일보」, 1954년 8월 24일, 2면

독도의 등대 설치
외교사절단에 통고

한일회담의 중요한 논쟁점인 독도에 지난 10일 우리 손으로 등대를 세워 일반 선박 및 우리 어민들의 출어를 위한 항해상 편의를 도모하고 아울러 국적을 표시하게 되었음은 기보한 바와 같거니와 금번 외무부에서는 동 등대 설치를 8월 20일 자로 재한 각 외교사절단에게 통고하리라 한다. 통고를 받을 국명은 다음과 같다. 미국, 중국, 영국, 불란서 및 법왕청.

「마산일보」, 1954년 8월 26일, 2면

선박과 인원 배치
독도 경비에 만반 태세[*]

국립경찰 당국에서는 일본 정부의 영토 확정 야욕을 분쇄하기 위하여 독도에 감시초와 독도 경비를 전담할 선박 구입 및 인원 배치 등 만반의 경비책을 완료하였다. 24일 익명을 요구하는 경찰 고위당국자는 독도에 대한 경비 활동이 활발히 전개되기 전에는 독도 경비책을 밝힐 수 없다고 말하고 이미 독도에는 감시초가 완성되었고 독도의 힘으로부터 수호할 수 있는 선박과 인원이 결정되었다고 시사하였다. 그런데 동 당국자는 독도 경비를 전담케 될 인원과 그 기관명을 밝히지 않았다. (서울발=세계)

---

[*] 『경향신문』, 1954년 8월 26일, 2면, "독도에 경비 강화"

「동아일보」, 1954년 8월 29일, 1면

독도서 국군이 발포
일 가소로운 항의

【동경 28일발 UP＝동양】당지에서 27일 탐문한 바에 의하면 일본은 한국에 대하여 지난 23일 한국군이 독도 앞바다에서 1척의 일본 초계정(哨戒艇)을 공격하였다고 항의하였다 한다. 즉 일본 외무성은 26일 한국주일대표부에 대하여 항의를 하는 동시에 일본 초계정에 대한 한국군의 발포사건에 대하여 사과하도록 요구하였다 한다. 일본 측은 한국군이 동도(同島)로부터 일본 초계선 오키호에 대하여 발포하여 수 발이 명중되었다고 주장하고 있다. 그러나 사상자는 없었다.

『조선일보』, 1954년 8월 30일, 3면

독도와 울릉도 간 무선시설을 완비

【대구】 경상북도 경찰국에서 알려진 바에 의하면 독도와 울릉도 간에 무선시설이 완비되어 27일 하오 3시부터 개통하였다고 한다.

『경향신문』, 1954년 9월 1일, 2면

3,000만 환의 예산[*]
독도에 경비대를 파견

31일 중앙청에서 개최된 국무회의에서는 동해의 고도 독도 경비를 강화하기 위하여 경비대를 파견하고 우리 한국의 영토를 강철같이 수호하는 예산으로 3,000만 환을 87년도[**] 제1회 추가예산 30억 환 중에 편성 통과시켰다 한다.

---

* 『경향신문』, 1954년 9월 1일, 1면, "추가예산 30억, 국무회의서 정식 통과". 1면 기사에는 해경 보강비(5억), 독도 경비 강화비(3,000만 환) 등 국무회의서 정식통과된 예산내역이 있다.
** 87년도는 단기 4287년도(1954년)을 의미하는 것으로 보인다.

독도를 완전 무장
경관(警官)을 상시 주둔, 국무회의 최종 결정

정부에서는 경비정 1정, 연락선 1척 그리고 무장 경찰관(警官) ○○○명을 상시 주둔(常駐)케 할 독도 완전무장안에 대하여 8월 31일 최종 결정을 내렸다. 즉 지난 3월경부터 교만 노골화한 일본의 독도 침범 야욕을 분쇄하기 위하여 내무·국방·교통 3부 수뇌부에서는 수차의 회의를 거쳐 4,160만 환의 독도 경비 예산을 계상하였던바 31일 국무회의에서는 그 액수를 약간 삭감하여 3,000만 환을 가결하였으며 즉일로 독도를 무장할 것을 또한 결정하였다.

그리고 내무부 치안국 고위 당국자는 우수한 경비정 1정과 연락선 1척 그리고 무장 경관 ○○○명을 이미 배치하고 있으며 동도에는 수개소의 초소(哨所)를 두어 언제든지 외부로부터의 침략에 발사(發射)할 준비를 진행 중이라고 말하였다. 또한 그 준비에 신중을 기하고 있는 등 치안 당국자는 함정의 크기, 경비원의 인원 그리고 중무장(重武裝)의 한계에는 언급을 회피하였으나 기관총과 포(砲)를 배치한다는 것만은 시인하고 그러나 그러한 무장은 능동적인 공격을 목적으로 하는 것이 아니라 주권과 영토를 방위하는 권리를 행사할 뿐이라고 말하였다.

「조선일보」, 1954년 9월 2일, 1면

김 공사, 일 정부에 항의
일정(日艇)의 독도 상륙 기도사건*

【동경 31일발=동양】31일 상오 11시 일본 무장선이 독도에 침범한 데 대해서 주일대표부 김용식(金溶植) 공사는 일본 정부에 대하여 엄중한 항의를 제출하였는데 이것은 8월 23일 30명의 승조원을 가진 일본 해상보안청 경비정이 우리 영토인 독도에 접근하였을 때 한국 순시함의 정지신호에 불복코 500미터까지 접근하여 상륙을 기도한 데 대한 항의인 것이다.

김 공사는 동 항의에서 "일본 함선의 여사한 행위는 한국 영토 안전에 대해서 중대한 위협을 주는 것이며 이러한 행동에 우리 정부는 중대한 관심을 표시하고 있다"고 말하였다.

---

* 『동아일보』, 1954년 9월 1일, 1면, "김 공사, 일(日)에 항의, 일함(日艦)의 독도 상륙 기도"

`동아일보』, 1954년 9월 3일, 1면

일(日) 항의를 일축
김 공사 독도 문제에

【동경 2일발=동양】 독도의 등대와 영토표식을 설치한 데 대하여 일본 정부는 지난 8월 17일 한국 정부에 항의한 바 있는데 김 주일공사는 이에 대하여 2일 오전 10시 일본 측의 전기 항의를 일축하였다.

「경향신문」, 1954년 9월 5일, 1면

한일 독도분쟁, 일(日) 국제법정 제소?

【동경 3일발 AP합동】 일본 외무성 소식통이 3일 말한 바에 의하면 일본은 독도를 위요한 한국과의 분쟁을 헤이그의 국제사법재판소에 제소할지도 모른다고 한다. 동성(同省)은 이 날 이 문제에 관하여 회의를 열었다. 독도는 한일 양국 간 동해상에 위치하는 섬인데 한국은 동도에 수비대를 파견하여 집을 짓고 있다고 하여 일본은 한국 정부에 항의를 제출하였었다.

「동아일보」, 1954년 9월 9일, 2면

독도 우표 발매, 내(來) 15일부터

체신부에서는 오는 15일부터 독도의 사진을 넣은 우표를 발매할 것이라 하는데 2환, 5환, 10환의 3종류라고 한다. 그런데 이 독도 우표를 발매하게 된 동기는 독도를 아직도 일본의 영토시하는 왜정에게 새로운 경고를 주는 동시 기타 외국에 대해서도 독도는 우리의 영토라는 것을 재인식시키자는 데 있다 한다.

여하한 사태에도 대처
독도 경비에 만전

김(金) 치안국장 담

김장흥(金長興) 치안국장은 작 10일 기자들과 만난 자리어서 일본 국방 관계 당국자가 한국의 영역인 독도에 자위군을 상륙시킬지도 모른다고 망언을 한 데 대하여 한국 경찰은 여하한 사태에도 대비할 준비를 갖추었으며 만일의 경우에는 국방부와도 협의하여 침략 근성을 버리지 못한 일본의 불법 처사에 대처할 것이라고 독도 경비에 대한 확호(確乎)한 쾌도를 천명하였다. 그런데 전기(前記) 독도에는 이미 경비초소가 설치되어 ○○명의 무장 경찰대가 배치되고 있는 것이다.

`경향신문』, 1954년 9월 12일, 3면

독도 경비는 반석
외침시엔 단호히 분쇄

김(金) 치안국장 담

경찰 당국에서는 10일 독도에 대하여 무력적인 외침이 있을 경우에는 이에 응할 만반의 태세가 갖추어졌다고 언명하여 독도 수호는 반석 위에 놓여 있음을 명백히 하였다. 김(金長興) 치안국장은 "독도에 대하여 만약 무력적인 외침이 야기되는 경우에는 휘하 해양경찰대를 포함하는 당해 지구경찰을 동원하여 외침에 대처할 것이다"라고 말하였다.

「조선일보」, 1954년 9월 12일, 2면

외침시엔 국방력을 동원
독도 방위에 만반의 준비 완료

경찰 당국자는 10일 만일 독도에 대한 외침이 있을 경우에는 이를 요격할 만반의 준비가 이미 끝났다고 언명하는 동시에 경찰은 국내 치안만을 전담하게 되어 있는데 만일 우리의 영토인 독도의 치안 확보가 경찰만의 힘으로 불가능할 때에는 국방력을 동원하게 된다는 정부의 방침은 명약관화한 일이라고 부언하였다. 그런데 경찰 최고 책임자의 이와 같은 언명은 일본의 국방 관계 당국자가 8일 "독도의 지배권을 다시 획득하기 위하여 필요하다면 군대를 동원할지도 알 수 없다"라고 일본 국회의 1분과위원회에서 말하는 동시에 계속하여 "일본의 해안경비대가 독도에 상륙할 수 없다면 소수의 자위군(自衛軍)을 사용할 것이다"라고 말했다는 외신에 접하자 금번 독도 방위 문제에 언급했던 것이다.

한편 독도에는 등대를 건립하는 한편 무전시설까지 설치하고 이미 ○○명의 경찰수비대가 정부로부터 파견되어 상주하고 있는 것이다.

『조선일보』, 1954년 9월 13일, 3면

독도 근해를 유익(遊弋)
경비정 장비를 강화

"독도에 지배권을 다시 획득하기 위해서는 군대를 중원할지도 알 수 없다"고 일본의 모 국방관계 당국자가 말하였다는 정보에 접한 경찰에서는 이를 일소에 붙이고는 있으나 독도에 상주하고 있는 경찰수비대에서는 가일층 감시와 경비를 강화하게 되었다고 한다. 한편 해양경찰대 본부에서는 독도에 주둔 중인 수비대와 상시 긴밀한 연락을 취하는가 하면 지난 ○일부터는 소속 경비함정으로 하여금 24시간 계속하여 독도 근해를 유익(遊弋)시키고 있다 한다.

`경향신문』, 1954년 9월 24일, 1면

독도 문제, 국재(國裁)에 일(日) 제소?*

【동경 23일발 UP=동양】 일본 외무성의 일(一) 고급관리는 22일 일본 정부는 독도에 관한 한일간 분쟁을 국제사법재판소어 제소할 것을 예비적으로 결정하였다고 언명하였다. 일본 외무성 아세아국장 나카가와 도루가 말한 바에 의하면 만일 국제사법재판소에서 독도 문제 해결이 실패한다면 일본은 이 문제를 유엔에 제소할는지도 모른다고 한다.

나카가와는 이날 참의원의 일(一) 위원회에서 일본 정부는 독도에서의 발포사건과 한국 경찰의 동도 경비를 일본에 대한 침략이라고는 해석하지 않는다고 말하였다.

---

* 『동아일보』, 1954년 9월 24일, 1면, "국제재(國際裁)에 제소? 독도 문제에 일 고관(高官) 망언"; 『조선일보』, 1954년 9월 25일, 1면, "국재제소 고려, 일(日), 독도 문제를"

『경향신문』, 1954년 9월 26일, 1면

독도 문제를 국재(國裁)에 제소
일 내각서 결정*

【동경 25일발 UP=동양】일본 정부는 24일 독도 문제에 관한 한일 간의 영토분쟁을 국제사법재판소에 제소하기로 결정하였다.

이날 일본 내각의 승인을 받은 금번 조치는 국제사법재판소에 제출되기 전에 한국 측의 승인이 있어야 한다.

---

* 『경향신문』, 1954년 9월 27일, 1면, "여적(餘滴)"

「동아일보」, 1954년 9월 27일, 1면

국재(國裁) 제소란 해괴
독도사건, 정부, 일에 반박 회답 호(乎)

관변(官邊) 측에 의하면 정부는 일본 정부의 독도 문제 국제재판소 제소 제의에 대하여 즉시 그 부당성을 지적하는 회답을 보낼 것이 확실시된다. 일본 정부는 25일 정식으로 주일 김 공사에게 독도 문제를 국제재판소에 제소할 것을 제의하였다고 하는데 일본은 유엔 가맹국이 아니기 때문에 문제를 국제재판에 제소하기 위하여는 피소국의 동의를 필요로 하는 것이므로 금반 한국 정부의 동의를 요청한 것이다.

『조선일보』, 1954년 9월 27일, 1면

일(日), 김 공사에 제의
독도 문제의 국재(國裁) 제소

【동경 25일발 UP=동양】 25일 오전 11시 30분 일본 외무차관은 김 주일 공사와 외무성에서 만나 독도 문제에 관하여 영토권 분쟁으로 국제사법재판소에 부탁할 것을 제의하였다. 그런데 동 회담 석상에서 김 주일 공사는 독도가 역사적으로나 지리적으로 한국 영토와 불가분의 관계에 있고 또한 한국 영토임이 틀림없는 점을 역설 강조하였으며 서면으로서의 상세한 회답은 추후 정부 지시에 따라 할 것도 분명히 하였다. 그런데 일본 정부가 독도 문제에 관하여 국제재판소에 제소한다는 것은 24일 각의에서 결정한 것인데 동 제소에는 당사국(한국)의 합의가 있어야만 이루어질 수 있는 것이다.

『경향신문』, 1954년 9월 29일, 1면

독도는 한국 영토
일본의 부당한 주장 단호 일축*

【동경 27일발 AFP=합동】 주일한국대표부는 27일 영토권을 위요(圍繞)하여 분규를 거듭하여 온 독도에 대한 일본 측의 주장을 정식으로 거부하는 한국 정부 각서를 일외무성에 전달하였다. 6,000어(語)에 달하는 동 각서는 금년 초에 한국 정부에 전달된 한국 및 일본의 중간에 위치하는 돌올(突兀)한 암석으로 이루어진 동 독도가 일본 측에 귀속하는 것이라고 주장한 일본 정부 측 각서를 거부하는 것이다.

축조적(逐條的)으로 일본 측의 영유 주장을 들어서 논박하는 27일의 동 각서는 여사한 일본 측의 영유 주장을 입장하려는 크증(敎證)은 "부정확하며 따라서 무가치하다"고 규정하였다.

일본은 동 독도를 위요한 계쟁(係爭)을 헤이그의 국제재판소에 제소한다고 성명한 바 있다.

---

* 『동아일보』, 1954년 9월 29일, 1면, "일측 즈장을 일축, 독도 문제 주일대표. 일에 각서"

「경향신문」, 1954년 9월 30일, 1면

국재(國裁) 제소는 부당
외무부서 독도 문제로 성명

28일 외무부 정보국에서는 일본이 독도 문제를 국제재판소에 제소하자는데 대하여 동부(同部) 보도과를 통하여 다음과 같은 성명을 발표하였다.

일본이 한국의 영토를 자기의 영토라고 해서 그 문제를 국제사법재판소에 제소하려 한다는 소식이 있는데 만일 어떤 나라가 '록아도(鹿兒島)'를 그의 영토라고 하여 그 문제를 국제사법재판소에 제소하면 일본은 이에 응할 것인가? 수백 년 전부터 독도는 한국의 토(土)이다. 독도가 한국에 귀속되고 있는 점은 역사가 설명하는 바이며 점유 이후 일본이 부당하게 자기의 소유라고 조작하여 국제사법재판소에 제소함에 한국이 응한다면 그 사실 자체가 한국의 주권을 오손(汚損)하는 것으로 생각되지 않을 수 없다.

「마산일보」, 1954년 9월 30일, 1면

독도는 한국 영토
외무부서 일 주장 논박*

【서울 29일발=합동】 작 28일 외무부에서는 독도가 한국의 영유라는 확연한 증거를 열거하여 독도에 대한 일본의 부당한 주장을 통렬히 논박하였다.

일본이 독도를 자기의 소유라고 주장하는 법적 근거로서 1905년 독도를 도근현(島根縣)에 편입하였을 때 한국 정부는 이에 대하여 항의를 제출하지 않았으므로 한국은 일본의 독도 점유를 묵인하였다는 이론을 내세우고 있다. 이러한 이론은 1905년 이전에는 독도가 일본의 영토가 아니었다는 것을 입증하는 것이고 우리는 1905년 우리 외교권이 일본에게 박탈되어 대외적인 항의를 제출할 수가 없었던 것이며 이런 외교적 항의는 당시 일본이 하지 않으면 할 사람이 없었던 것이다. 그런데 일본이 일본 자신에게 항의를 하지 않았던 것이다. 1945년 한국이 해방됨에 따라 일본 침략의 최초로 희생되었던 독도가 자동적으로 일본으로부터 기타 한국 영토와 함께 해방이 되었음은 물론이려니와 이를 입증하는 사적(史蹟)은 열거키 끝이 없으며 백여 년 전의 일본 지도만 보더라도 독도가 한국 영토란 것을 명백히 하고 있는 것이다. 일본이 한국의 영토를 자기의 영토라고 해서 그 문제를 국제사법재판소에 제소하려 한다는 소식이 있는데 그의 영토라고 하여 그 문제를 국제사법재판소에 제소하면 일본은 이에 응할 것인가? 수백 년 전부터 독도는 한국의 영토이다. 독도가 한국에 예속되고 있는 것은 역사가 증명하는 바이며, 금일까지 우리 어민이 이를 계속하여 이용하고 있다. 그럼에도 불구하고 일본이 재무장을 시작한 뒤로 작금 한국을 무력으로 위협하는 행동이 있었음은 부인할 수 없는 사실이다. 과거에 있어 일제 침략

---

* 『경향신문』, 1954년 9월 30일, 1면, "국제 제소는 부당, 외무부서 독도 문제로 성명"; 『동아일보』, 1954년 9월 30일, 1면, "외무부 불응 성명, 일의 독도 문제 제소설(說)"; 『조선일보』, 1954년 9월 30일, 1면, "국재(國裁) 제소란 어불성설, 주일대표부서도 일에 강경 각서. 독도 문제"

의 최초로 희생된 독도를 또다시 점유하려 함은 대일강화조약을 파기하고 한국을 재침하려는 의도의 발로로서 주시되지 아니치 못할 것이다.

『동아일보』, 1954년 10월 3일, 1면

[사설]
독도 문제에 대한 일본의 당론

착잡하고도 난삽(難澁)한 한·일관계는 일본 측이 독도 문제를 다시 끄집어 들고서 국제사법재판소에 제소하리라고 전해짐으로써 요즈음 더욱 악화되어 가고 있다. 그러나 이것은 우리 정부의 동의가 없이는 일본 측의 일방적 의사만으로 성립될 수 없는 일이므로 어불성설이라 볼 수밖에 없는 일이지만, 시방 미국이 구상하고 있는 동북아세아 방위기구문제를 둘러싸고 미묘하게 국제정세가 감돌아가는 이 중요 시기에 일본 측의 그러한 우론(愚論)은 가뜩이나 좋지 못한 우리의 감정을 더욱 부풀어 오르게 하였다. 이 독도가 누 영토에 속하느냐는 것은 이제 새삼스레 논쟁할 필요조차 없다. 역사적으로 엄연한 우리 땅덩어리의 하나인 것은 일본이 한국을 병탄한 뒤 노예적인 식민정치 3반세기 동안을 통해서 이른바 총독부가 그 행정 관장 아래 두었던 한 가지 사실만으로도 알 수 있는 일이다. 만약에 독도 그것이 일본 본토 지도 안에 들어 있던 것이었다면 어째서 일본 정부는 제 품 안에 넣지 않고 '의붓자식' 취급을 해서 당시 저의 식민지이었던 우리나라 판도 안에 집어넣어 관할케 했던가를 묻고 싶다. 우리는 그 말 같지도 않은 영토권 문제를 여기에 되풀이해서 논란하려고 하지 않겠다. 오직 현(現) 길전(吉田) 자유당(自由黨)의 지향하는 바 "조속한 시일 안에 한·일국교를 수호해야만 된다"고 저번 동 당 외교조사회의 건의에 의한 정책 결정이 드디어 그따위 결론으로 나왔다는 것을 해괴하게 생각할 따름이다. 만일에 길전 정권이 참으로 한·일관계의 호전과 아울러 국교 조정을 바랄진대 어째서 자꾸만 평지에 풍파를 일으키는 따위의 곡언(曲言)·망설을 토하여 피·아 간에 감정만 더욱 소원케 하는가. 일본 측의 소위 제소설이 있자 변 외무장관과 김 주일공사는 때를 함께하여 반박성명을 발표하였거니와 우리는 여기서 누가 옳다거니 그르다거니 말하지 않으려 한다. 다만 길전 외교가 우리의 눈을 현혹할 정도로 조삼모사하는 데에 크게 경계를 할 필요가 있다는 것을 다시금 느끼게 한다는 것뿐이다. 그리고 배미파(拜美派)로 자타가 공인하는 길전 여당은 미국의 권애(眷愛) 그늘 속에서 우리 앞에 제로라 뻗대지만 그것으로써 얼마나 대미 환심을 사서 한·일관계에 이(利) 남는 외교성과를 거둘는지 두고 볼 일이다. 방금 일본 자국내의 여론을 들으면 "길전 내각이 존속되고, 또 강기(岡崎)가 외상(外相)으로 유임되어 있는 한 미국의 주일대사는 무용의 장물"이라고까지 조소를 받고 있다. 이 말은 곧 아미정책(阿美政策)으로 일관하는 오늘의 길전이나 강기의 외교방침을 말하는 야유적 표현으로서 이 또한 우리의 계심(戒心)을 요한다. 위에서 말한 일례를 가지고 볼 때에 일본의 현 정치가들은 미국의 지나친 관용정책에 "자주성을 잃은 의미주의심(依美主義心)"에서 이번과 같이 독도 문제를 국제사재(國際司裁)에 호소한다고 뒤떠들어대는 것일 것이다. 그렇지만 일본의 허장성세(虛張聲勢)라 해서 우리가 무턱 무시해버린다는 것보다도, 우리는 우리대로 거기에 대처할 대미·대일 외교의 새로운 방안이 꾸며져야만 되겠다.

「경향신문」, 1954년 10월 6일, 2면

독도 침범엔 발포
김(金) 치안국장, 강경책 시사

김 치안국장은 5일 출입기자들과 회견한 자리에서 독도 경비문제를 비롯한 당면한 제반 문제에 대하여 아래와 같이 언급하였다.

▲ 독도 경비=최근 일본 방송 등에서 일본 선박이 독도에 접근하려하였으나 한국 해양경찰대의 포문(砲門)이 자기들에게 돌려져서 접근치 못하였다 하고 이를 비난하고 있다는 정보가 있으나 아마 우리가 독도를 경비하고 있음을 비난할 사람은 하나도 없다고 말하며 정말로 일본선이 독도에 접근하면 발포할 것이라는 암시를 주었다.

(이하 생략)

『동아일보』, 1954년 10월 6일, 2면

일(日) 독도에 상륙 시도
아(我) 경비진에 놀라 퇴각

관계 당국자 담에 의하면 수일 전 또다시 일본 선박이 우리 영해를 침범하고 독도에 상륙을 기도하다가 실패되었다 한다. 이 사실은 재작 4일 밤 일본 방송에서 시인하였다는데 동 방송에 의하면 일본 선박은 한국의 영역인 독도 상륙을 기도하여 접근할 무렵 독도에서는 포문(砲門)을 일본 선박에 향하여 공격할 것 같이 보이므로 퇴각하고 말았다 한다. 이에 대하여 김장흥(金長興) 치안국장은 독도 경비는 만전을 기하고 있다고 언명하였다.

`조선일보`, 1954년 10월 6일, 1면

김 공사 귀국
독도 문제 등 협의

주일공사 김용식(金溶植) 씨는 5일 하오 2시 서북 항공편으로 여의도 공항 착 귀국하리라 한다. 동씨의 귀국 이유는 밝혀지지 않고 있으나 독도 문제를 비롯한 한일관계에 대한 문제를 정부와 협의하기 위한 것으로 추측된다. 김 공사는 수일간 체류한 후 귀임할 예정이라 한다.

『경향신문』, 1954년 10월 7일, 1면

김주일 공사
경무대에 보고

5일 귀국한 주일대표부 김용식 공사는 6일 상오 경무대 관저로 이(李) 대통령을 방문, 사무 보고를 하였다고 하는데, 구매(購買) 지역, 독도 문제 등으로 한일 간의 알륵*이 극심한 차제 김 공사의 보고는 매우 주목되는 바이다. 한편 김 공사는 6일 하오 3시 외무부에서 기자회견을 하리라고 한다.

---

*   '알력'의 비표준어이다.

「조선일보」, 1954년 10월 7일, 2면

일선(日船) 독도에 접근
아(我) 측 포문에 놀라 도주

5일 모 정보 당국자는 수일 전 일본 선박이 독도에 접근해 온 사실이 있으며 승무원들이 상륙을 꾀하였으나 독도의 경비 포문(砲門)에 공포를 느끼어 도주한 것 같다고 말하였다. 한편 4일 밤 일본 방송에서도 독도에 일본 선박이 접근하였던 사실이 있다고 시인하고 있었다 하는데 김 치안국장은 우리의 영토인 독도를 방위하기 위해서는 무력행사도 사양치 않을 것이며 또한 경찰에서는 만반의 준비가 되어 있다고 독도 방위 문제에 언급하였다.

『경향신문』, 1954년 10월 8일, 1면

한일회담 조건 제시
김(金) 공사, 기자회견에서 수긍

5일 귀국한 주일대표부 김용식(金溶植) 공사는 6일 하오 기자회견석상에서 한일회담 재개설에 관하여 "우리 역사를 재차 더럽히지 않고 자손만대에 화를 끼치지 않는다는 보장이 없는 한 재개할 수 없다"고 언명하였다.

그런데 김 공사는 5, 6일 양일간에 걸쳐 이(李) 대통령을 방문하고 소관사무를 보고하였다고 하는바 소식통에서는 금반 김 공사는 일본 정부의 원활한 한일회담 재개에 대한 수개 조항으로 되는 타협안을 이 대통령에게 제출하였다고 전해지고 있는데 김 공사는 이를 부인하지 않는 한편, 이 대통령이 한일회담 재개를 위한 한국 측의 조건을 제시하였다는 설을 수긍하였다.

그리고 김 공사는 당면한 한일문제에 관하여 다음과 같이 언급하였다.

▲ 독도문제=지난 25일 일본 정부에서는 독도 문제를 정식으로 해아(海牙)에 있는 국제재판소에 제소하겠다는 통고가 있었는데 우리 정부 측 태도를 일본에 가서 정식통고하겠다.

▲ 미곡수출문제=일본은 한국미(韓國米) 수만톤을 구매하려고 하는데 기(其) 수출미 대가의 일부분을 한일통상계정 한국 측 차월액(借越額) 4,700만 불 중에서 청산할 것을 요구하고 있다.

「마산일보」, 1954년 10월 16일, 1면

일본 성의 표시 여하로
한일회담 재개 용의
김 공사 외국 기자회견서 언명

【동경 14일발=동양】 서긴석 특파원 기(記)=김 주일 공사는 13일 동경에서 외국인 기자를 회견하고 한국은 일본 정부가 결렬된 한일회담 재개에 대해서 성의 있는 태도를 표시한다면 한일 간의 여러 혼안은 해결할 수 있으리라고 기대한다고 말하였다.

김 공사가 말하는 일본 측의 성의 있는 태도라는 것은 일본이 회담 재개에 대하여 한국 측이 주장하는 두 가지 전제 조건을 충족시켜야 된다는 것이다.

즉 제1은 한일 결렬의 직접 원인이 된 구보전(久保田) 발언을 정식으로 취소한다는 것, 제2는 재한 일본인 재산에 대한 일본 측의 청구권 주장의 포기이다.

한국 측은 일본 측이 말하는 소위 저한 재산, 현 한국 재산의 사실상 8할에 달한다는 점을 지적하고 있다.

김 공사는 나는 회담에서 모든 문지가 해결되기를 크게 기대하고 있다고 말하면서 한일회담의 본래의 의제는, ①재일한인의 국적 처우 문제, ②선박 반환 문제, ③어업 문제, ④한일기본조약 체결 문제, ⑤일본의 구(舊) 재한 재산 청구권 문제 등이라고 말하였다.

그런데 일본이 한국의 국보 미술품을 한국에 반환하고 재일 한인 노동자 200만 명, 즉 제2차대전 중 일본에 강제징발 또는 징집된 한국인에 대한 임금 지불, 그 밖에 한국에서 일본이 가져온 재산의 손하를 보상하야 된다는 문제도 있다.

김 공사는 구보전 발언의 취소 방법에 대해서 일본 측과 즉시 토의할 의사가 있다고 언명하였으며 일본 정부가 6항목에 달하는 타협안을 제출하였다는 데 대해서는 이를 부인하였다.

독도 문제 불일 정식 회답

이 밖에 독도 영유권 문제에 대해서 일본 측이 국제사법재판소에 제소하였다는 일본 측 안에는 한국 정부의 정식 회답이 2·3일 내에 일본 외무성에 전달되리라는 데 동 내용에 대해서는 밝히지 않았다.

그러나 한국민의 태도가 독도의 한국 영유를 확신하고 있다는 점을 김 공사는 거듭 강조하였으며 독도 문제는 한일회담 석상에서 토의할 의제가 아니라는 점을 시사하였다. 또한 독도에 대한 일본 측의 태도가 1905년 독도를 도근현(島根縣)에 편입했다는 점에서 일본이 그 영유권을 주장한다는 것은 한국을 강제 점령하였다는 옛날의 사실을 한국민에 새삼스럽게 회상케 하는 결과라는 점을 김 공사는 지적하였다.

「경향신문」, 1954년 10월 25일, 2면

재일교포 위문단, 23일에 본사 방문

기보=비누, 캐러멜, 그림엽서, 오르간 등 많은 위문품을 가지고 조국 방위에 분투하는 군경을 위문코저 21일 내한한 재일교포 위문단 단장 박(朴石憲) 씨를 비롯하여 부단장 조(趙用玉) 씨 및 동 일행 장(張永준), 허(許弼석), 국(國海龍), 긴(金大業), 이(李明吉), 장(張石圭), 한(韓善尙), 김(金景鍾), 김(金萬甲) 씨 등 11명은 23일 귀국인사차 본사를 내방하고 조국의 언론계의 발전상을 목도하였다.

그런데 동 일행은 다음과 같은 예정표에 의하여 군경을 위문할 것이라고 하며 특히 치안국의 안내로 독도도 시찰할 것이라 한다.

▲ 제1일(25일) 서울 정양원(靜養院), 중앙직업 보도소(輔導所), 용두동 원산장(援産場), 고아원

▲ 제2일(26일) 경찰병원, 육군병원, 화랑농장

▲ 제3일(27일) 일선 각 부대

「마산일보」, 1954년 10월 26일, 1면

일(日), 독도 문제 제소 실패
한일회담 재개에 난제 개입

【동경 24일발 INS=합동】 일본 신문이 24일 보도한 바에 의하면 일본은 대한민국이 독도에 대한 그들의 권리 주장을 국제사법재판소에서 해결하자는 일본 측의 제안을 거부할 것으로 예상하고 있다 한다.

고위 외무성 소식통의 말을 인용하고 있는 동 보도에 의하면 일본 측 제안에 대한 한국 정부의 거부는 아마 금주에 일본 정부에 통고될 것이라 한다.

독도는 동해안에 있는 소무인도인데 동도의 소유 문제는 작년에 일본이 한국을 멸욕하였다는 한국 측의 비난과 더불어 결렬되어 버리고만 한일회담에서 토의되었던 문제이다. 한국 측은 동 회담에 참가한 일본 대표가 한국에 관한 카이로 선언과 포츠담 선언의 타당성을 의심함으로서 한국을 멸욕하였는데, 이 멸욕은 앞으로 진전이 오기 전에 취소되어야 할 것이라고 비난하였다. 한국 측의 일부를 예언하는 이 날의 보도는 주일한국공사 김용식(金容植) 씨가 지난 11일 동경으로 간 이래 진전을 시사하는 최초의 보도이다. 김 공사는 이 대통령과 2주일 간에 걸쳐 오랫동안 중단된 한일회담을 재개하는 조건을 토의한 후에 당지에 돌아왔다. 익명을 요구하는 한 한국 고위 소식통은 한일회담이 조속한 시일에 재개될 것을 낙관하고 있다고 말하고 나는 일본이 우리만큼 성의를 보인다면 한일간의 협상을 통하여 해결되지 못할 문제가 있다고 생각하지 않는다고 부언하였다. 한편 한국 국무총리 겸 외무부 장관인 변영태(卞榮泰) 씨는 일본이 동 성명을 철회하고 한국에 있는 동국의 재산에 대한 권리 주장을 포기하지 않는 한 한국 정부로서는 한일회담을 재개하자는데 절대 거부할 것이라고 말하였다. 현재까지 일본이 구보전(久保田)의 발언을 취소할 의도를 가지고 있다는 시사는 없었다. 한국은 국제사법재판소의 가입국이 아니며 이 문제를 동 법정에 제소하려 하지 않고 있는 것이다. 독도 문제에 관한 일본 측의 주장에는 한국의 자동적인 동의가 요청되고 있다. 동 회담이 재개되었을 때 있어서 당면한 문제는 한국 FOA 자금을 가지고 일본으로부터 재건 물자 및 기계류를 도입함을 반대하지 말라는 일본 측의 주장일 것이다. 한국 정부는 최근의 치열한 원화 분규 중에 7억 불 원조 수락에 대한 미국 측 전제 조건을 거부함에 있어 일본 상품을 도입하기를 원하지 않고 있음을 명백하였다. 즉 미국 측은 만일 한국이 이 원조를 수락할 작정이면 한국이 충족시켜야 할 한 가지 조건은 일본으로부터의 도입을 의미할지라도 상품의 질이 적합한 한에 있어서는 가장 값싼 시장으로부터 상품을 도입하여야 한다고 말하였다. 또 중요한 문제는 일본인에 대한 견해 차이이다. 일본은 이 대통령의 일본 어부들이 와서 어로작업을 행하여서는 안 되는 선언을 한국과 일본 간 설정한 어로 분규선인 것이다.

「동아일보」, 1954년 10월 30일, 1면

한국 측 정식 거절
일의 독도 문제 국제재(國際裁) 제소

【동경 28일발 AP=합동】일본 외무성은 28일 독도의 영유권을 위요(圍繞)한 한일 양국 간의 주장에 대한 재정(裁定)을 헤이그의 국제법정에 제소하자는 일본 측 요청을 한국 정부가 거절하였다고 발표하였다. 동 외무성의 공식 발표에 의하면 주일한국대표부는 독도의 영유권이 한일 양국 중 어느 편에 귀속하는 것인지를 국제법정으로 하여금 결정짓게 하자는 일본 측 요구를 거절한 것이다.

「마산일보」, 1954년 10월 30일, 1면

독도 엄연한 한국 영토
국제재판소 제소 거부
김 공사 일에 공식 각서 수교*

【동경 28일발 UP=동양】 김(金) 주일공사는 28일 하오 일본 정부 오촌(奧村) 외무차관에 독도 영유권에 관하여 일본 정부가 국제사법재판소에 제소하려는 데 대한 한국 정부의 동의를 요청한 데 대하여 이를 거부하는 한국 정부의 정식 각서를 수교하였다.

주일대표부에서는 앞서 일본 정부가 독도 영유를 자기의 영토라고 한 데 대한 약 6,000어(語)에 달하는 반대 성명을 발표한 바 있었다. 동 각서는 주로 역사적 지리적 견지에서 권위 있는 근거를 열거하여 작성된 것이다. 그런데 일본 정부는 소위 독도 영유를 주장하고 동 문제를 국제사법재판소에 제의할 것이라는 데 대한 한국 정부의 동의를 요구한 바 있었는데 요구를 거부한 한국 정부의 정식 각서 내용은 다음과 같다.

1. 한국 정부가 누차 명백히 한 바와 같이 독도는 옛적부터 한국 영토였으며 또한 일본 측이 독도를 자기 영토라고 하는 모든 주장은 무근거할 뿐만 아니라 부적당하다.

상술한 일본 법무성 구상서 제1항에 표명된 일본 정부의 견해는 단지 종래의 주장을 되풀이한 것으로 독도에 대한 일본의 소위 영유권 주장은 전혀 사실과 다른 가상에 입각한 것이며 한국 정부는 그 전에 이미 명백한 이유를 들어 이를 반박하였다.

2. 일본 정부가 국제사법재판소에 제출하려는 제안은 위법이라는 가상(假想)하에 부당한 투쟁을 하려는 다른 기도에 불과하다. 한국으로서는 독도에 대한 영유권을 최초부터 보유하고 있었으며 이 한국의 독도 영유권을 국제법정에서 명백히 되어야 할 아무런 이유도

---

* 『경향신문』, 1954년 10월 30일, 1면, "독도 문제 국재 제소 거부, 김 공사, 일본에 정식 각서 수교"; 『조선일보』, 1954년 10월 30일, 1면, 국재(國裁) 제소란 거불성설, 독도 문제 김 공사, 일에 각서 수교"

우리는 발견할 수 없다. 하등의 문제없는 것을 공연히 일종의 영유권 분쟁으로 조작하려고 한 것은 일본이다. 일본은 독도 문제를 국제사법재판소에 제의함으로서 비롯 임시적이라 하여도 소위 독도 영유권에 관하여 한국과 동등한 토대를 가지려고 기도하고 이를 위해서 의사(疑似) 영유권을 설정하였으며 완전하고도 의심할 여지없는 한국의 독도 영유권을 위태롭게 하려하고 있다.

3. 뿐만 아니라 한국은 과거 약 40년간에 걸쳐 일본의 제국주의 침략으로 말미암아 주권을 박탈당하였다는 것을 일본은 상기해야 한다. 일본 정부가 하등 의심할 여지가 없음을 주지하는 바와 같은 이러한 침략은 한 걸음 점차적으로 행해졌으며 궁극에 있어서는 1910년에 이르러 전 한국을 일본이 병합한 결과를 가져왔다. 그러나 일본은 소위 한국의 정서와 제1차 한일협약을 한국에 강요한 1904년에 실질상으로 한국을 지배하는 강권을 확보하였던 것이다. 덕산(德山) 현장(縣長)(도근현[島根縣])이 독도를 그 관할에 편입한다고 운위(云謂)한 것은 이러한 협약 후 1년 뒤의 일이었다. 이와 같이 해서 독도는 일본의 침략에 희생당하려 했던 최초의 한국 영토이다.

이제 일본 정부가 독도 영유를 주장하는 것은 절대로 불합함에도 불구하고 집요히 소위 영유권을 주장함에 비추어 한국 국민은 일본이 과연 종래와 다름없는 침략의 방향으로 나가는 것으로 그의 비상한 관심을 기울이고 있다.

4. 이 문제에 관하여 모든 사실이 이와 다르며 한국 국민에 대하여 독도는 단지 동해에 있는 소도서에 불과하는 것이 아니다. 그것은 사실 한국 주권의 상징이며 한국 주권의 불가침성에 대한 테스트이다. 한국 국민은 독도를 방위함으로써 한국 주권의 불가침성을 수호하려고 결심하고 있다. 따라서 한국 정부는 임시적이라 할지라도 국제사법재판소에서 독도에 대한 주권이 문제시되도록 운할 수 없는 것이다.

5. 또한 대한민국 정부는 유감이나마 독도 문제를 국제사법재판소에 제의하자는 일본 정부 제안을 거절하는 바이다. 그러나 대한민국 정부는 독도에 관하여 일본 정부가 의심을 가진다면 독도가 한국 영토의 불가분의 일부라는 것을 일본 정부가 확신할 때까지 이러한 의심에 대해서 언제든지 답변할 용의가 있다.

`「마산일보」, 1954년 10월 31일, 1면`

독도 제소 거부 후
일본 태도 극 주목*

【동경 29일발=동양】 서긴석 특파원 기(記) - 28일 하오 5시 김 공사가 전달한 한국 측의 독도 문제에 대한 공식 각서에 대하여 일본 측은 다음과 같이 보고 있다.

즉 일본 관변 측에서는 한국 독도 문제의 국제사법재판스 제소를 거부한 것은 독도 영유권에 대해서 한국 측이 이양한 것을 국제사법에 입증한 것과 마찬가지라는 견해 아래 제소가 성립되지 않았다 하더라도 그 자체에 효과가 있다는 것이다. 한편 일본 외무성 문화정보국은 28일 밤 한국 측에서 동 각서를 송부 후 다음과 같은 견해를 발표하였다.

금반 한국 정부가 국제 법정을 회피하는 태도로 나온 것은 의외이며 실로 유감이다. 일본국 정부의 제소를 한국 정부가 의연 거부하는 한 독도에 관한 모든 분규에 대해서의 책임은 당연히 한국 정부에서 져야 하는 것이다. 다른 견해에 의하면 앞으로의 대책으로서 일본은 동 문제의 국제사법재판소 제소가 불성립되었으므로 국제 여론에 호소한다는 관점에서 다른 수단을 취할 것으로 보이는데 그 방법으로서는 단독 혹은 국연(國聯) 안전보장이사회에의 제의 등인데 어느 방법에 있어서도 사실상 실현성은 희박하다. 금반 한국 측 각서로서 독도 영유권에 대한 일본 측의 주장은 일시 좌절된 감이었는데 앞으로 일본 측이 동 문제를 어떻게 취급할 것인가는 극히 주목되는 바이다. 현재로서 예측되는 바로서는

1. 한국 측이 동 문제의 제소를 거부한다는 사실을 들어 선전 자료로 쓴다는 점
2. 동 문제를 한일회담 거리의 재료르서 이용하다는 점
3. 일본 재무장에의 여론을 촉진시키는 재료로 쓴다는 것 등을 예상할 수 있는데 여하 간에 일본 측의 금후 태도는 상당한 관심을 끌게 될 것이다.

---

* 『조선일보』, 1954년 10월 31일. 1면, "일(日) 선전효과 기도, 독도 제소 거부에"

「조선일보」, 1954년 11월 12일, 2면

독도, 확연한 우리 영토
60년 전 일인(日人) 간행지도에도 명시

일본의 침략을 막기 위하여 독도에 경비대가 파견되고 우리 등대가 오고가는 각종 선박의 길을 안내하고 있건만 침략에 아직도 미련을 가지고 있는 일본 정부가 그 근성을 버리지 못하고 국제사법재판소에 제소하겠다고 떠들어대고 있어 우리 정부에서는 이를 일소에 붙이고 있거니와 이러한 가소로운 일본 정부의 망동에 각지에서 여러 가지 사실(史實)을 보내오는 사람이 있다.

그 중에서도 서울 상왕십리동 34에 사는 강태산(姜泰山, 42) 씨는 일인들이 명치 28년 1월 25일 서촌(西村)이란 자의 이름으로 발행하여 대창서점(大倉書店)

에서 발매한 청한명세신도(淸韓明細新圖)란 지도를 가지고 9일 본사를 찾아왔는데 여기에는 당시의 조선국과 일본국이 색깔로 구별해 있으며 당시 일본이 송도(松島)라고 호칭하던 독도(獨島=이 호칭은 금년 10월 15일부 일본 매일신문에도 게재되어 있음)는 조선국 색깔로 명확히 인쇄되어 있는 것이다.

(사진은 60년 전 일본인이 발행한 지도, 원 내는 문제의 독도, 삼각선 내는 울릉도)

『경향신문』, 1954년 11월 16일, 2면

독도시찰위문단
대구서 현지로 향발

【대구】 경북도 의장 정(鄭載元) 씨 및 7명의 의원과 김(金) 경찰국장을 비롯한 43명의 경찰관으로 구성된 독도시찰위문단 일행은 8일 상오 10시 대구를 출발하였는데 동 일행은 5일간의 예정으로 동해의 고도에서 분투하는 경비대를 방문할 것이라 한다.

『경향신문』, 1954년 11월 22일, 2면

해괴한 일 정부의 처사
독도 우표 붙인 우편물 반송 결정

일본 정부에서는 19일 각의에서 한국 정부가 발행한 독도 풍경을 그린 우표는 금후 일본 내에서는 취급치 않고 동 우표가 사용된 우편물은 한국으로 회송하도록 결정하였다 한다. 그런데 이러한 조치를 감행한 데 대하여 정부 당국에서는 '난폭하고 오만한 정책'이라고 규탄하는 한편 이에 대한 대책을 강구할 것이라 한다.

『동아일보』, 1954년 11월 24일, 1면

한국 해안포 사격
독도 접근한 일선(日船)에

【동경 22일발 AP=합동】일본 해상보안청에서 22일 발표하는 바에 의하면 일본 탐색정 2척이 독도 상에 있는 한국 해안포의 사격을 받았다 한다. 동(同) 해안포는 포탄 5개를 발사하였으나 일본 탐색정은 하등의 손해를 보지 않았다 한다. 동 발표에 의하면 독도 주위를 정기적으로 순찰하던 이 탐색정(探索艇)에 탄 일본 해안경비대원들은 독도상에 15명의 한국군 초계병이 서 있는 것을 보았다고 한다.

| 「조선일보」, 1954년 11월 24일, 2면 |

국제협정의 위반[*]
일의 독도 우표 붙인 우편물의 반송설
갈(葛) 처장 한일 우호 저해를 지적

갈 공보처장은 22일 '독도를 표시한 우표' 문제에 관하여 다음과 같이 발표하였다. 일본 정부에서는 지난 19일 한국 정부가 발행한 독도를 표시한 우표를 붙인 우편물은 취급치 않고 한국으로 회송하도록 결정하였다는데 여사한 조치는 국제협정의 위반이며 한일 양국의 우호적인 공존을 바라는 우리로서는 심히 유감된 일이라 아니할 수 없다. 우리도 우리 영토에 대한 여하한 침략도 단호히 이것을 격퇴하여야 할 것이다.

(이하 생략)

---

[*] 『마산일보』, 1954년 11월 24일, 2면, "국제우편협정의 위반, 갈(葛) 처장 독도 우표에 일(日) 태도 공박"

`경향신문』, 1954년 11월 25일, 3면

독도에 접근한 일선(日船)
해안포 사격에 격퇴*

일본 해상보안성에서 22일 발표하는 바에 의하면 일본 탐색정 2척이 독도상에 있는 한국 해안포의 사격을 받았다 한다. 동(同) 해안포는 포탄 5개를 발사하였으나 일본 탐색정은 하등의 손해를 보지 않았다 한다. 동 발표에 의하면 독도 주위를 정기적으로 순찰하던 이 탐색정(探索艇)에 탄 일본 해안경비대원들은 독도 상에 15명의 한국군 초계병이 서 있는 것을 보았다고 한다.

그런데 한일 양국 간 해상에 있는 작은 암석도서인 이 독도는 한일 양국 간의 분규거리의 하나가 되고 있는 것이다.

한편 동 문제에 대하여 23일 김 치안국장은 아직 아무런 보고도 못받았다.

---

* 『동아일보』, 1954년 11월 24일, 1면, "한국 해안포 사격, 독도 접근한 일선(日船)에"

『경향신문』, 1954년 11월 25일, 3면

수복지구에 우체국 개설
체신장관, 독도 우표 언급

24일 이(李) 체신부 장관은 기자단과 만난 자리에서 당면한 제반 문제에 대하여 요지 다음과 같이 언명하였다.

(중략)

▲ 서울 광주간 직통전화 25일부터 계통될 것이고 독도 우표 문제는 사용될 약 일본 정부가 우편물을 반송한다든지 하는 경우에는 만국우편조약국제사무국에 정식으로 항의할 것이나 아직 이러한 실례는 없다라고 언명하였는데 동 장관은 이어 "일본의 여사한 조치는 만국우편조약의 기본정신에 위반되는 것이며 역사상 전례없는 일"이라고 부언하였다.

「동아일보」, 1954년 11월 28일, 1면

독도 그린 우표 거부
일 각의(閣議)서 정식 결정*

【동경 27일발=동양】일본 정부는 26일의 각의에서 한국의 독도 표식 우표를 관세법에 의거하여 거부키로 정식 결정하고 이를 외무성을 통하여 한국 정부에 통고하기로 되었다. 이에 따라 일본 우정성에서는 서서(瑞西) 베루에 있는 만국우편연합사무국에 동 결정을 가맹국에 통고하도록 의뢰키로 되었다 한다. 일본 정부 측의 조사에 의하면 한국에서 오는 우편물은 월 약 3만 톤에 달하고 있으며 그 대부분이 독도 표식 우표를 사용하고 있다 한다.

---

* 『마산일보』, 1954년 11월 29일, 1면, "독도 그린 우표 거부, 일 각의 정식 결정"

「마산일보」, 1954년 12월 2일, 2면

독도 우표 문제, 일측에서 항서

일본 정부는 앞서 한국에 독도 우표에 대한 조치의 우편물 발송 등을 결정하였는데 29일 주일대표부를 통하여 항의를 제출하였다. 동국 항서의 요지는 다음과 같다.

"일본 정부는 종래 수 차에 걸쳐 한국 정부의 독도 불법점거에 항의하여 왔다. 일본 정부는 한국 정부가 이 항의를 무시하고 한편 독도에 대한 우표를 발행한 것은 한국 정부가 독도의 영유권을 주장하는 불법수단으로서 해외에 선전하는 비우호적 행동으로 볼 수밖에 없다. 이에 대한 선책을 요청한다. 일본 정부는 동 우표에 대하여 장래에 취할 어떠한 조치를 보류하고 있다는 것을 여기서 명백히 한다." (동경 30일발 AP=합동)

「조선일보」, 1954년 12월 5일, 2면

독도는 한국 영토
170년 전 일인 제작 지도에 명시
영국박물관서 문헌 발견

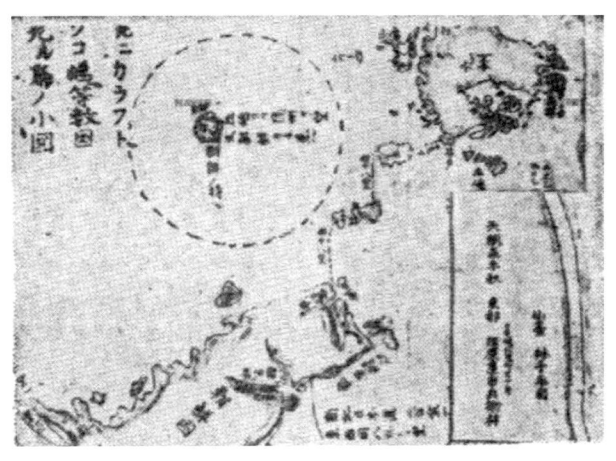

엄연한 우리 영토인 독도를 가지고 자기 영토라 고집하여 국제재판소에까지 호소하겠다고 떠들어대는 일본 정부의 망동을 봉쇄하는 일본인 자신이 만들어 놓은 지도가 영국박물관에서 발견되었다. 이 지도는 지금으로부터 172년 전인 서기 1782년에 일본의 지리가 하야시 시헤이(林子平)가 지작한 것으로서 일본 원근 및 외국지도라 이름지어서 만들어놓은 지도 속에 다케시마(竹島=지금의 독도)는 한국의 것이라고 똑똑히 기입되어 있다. 그런데 동 지도는 일콘 동경도 니혼바시구(日本橋區) 기타타카라마치(北寶町) 3정목 스노하라야 이치베(須原屋市兵衛)가 영국박물관에 기증하여 보관되고 있던 것으로서 지난번 영국을 방문하였던 우리 정부 모 고관이 발견하고 확대 등사한 후 영국박물관의 스탬프를 찍어 가지고 돌아온 것이다.

(사진은 동 지도=점선 원 내가 문제의 독드=일본말로 "조선의 소유"라는 말이 뚜렷이 쓰여 있다.)

『동아일보』, 1954년 12월 7일, 2면

패류(貝類) 번식 적지
독도 수산 실태조사

【부산분실】 국립중앙수산시험장에서는 약 1개월간에 걸쳐 동해의 고도 독도의 수산자원의 실태를 조사한 바 있는데, 동 조사의 결과 조개(貝類) 해조류(海藻類)는 헤아릴 수 없는 자원을 보유하고 있으며 '가제*'의 번식처로서는 남한에서 가장 유명한 곳으로 밝혀졌다고 한다. 그리고 수산물의 분포 상태는 대체로 울릉도와 대동소이한 것으로 어류에 있어서는 회유어(回遊魚)가 풍부하며 연안의 각종 기변어족(磯邊魚族)도 많으며 패류(貝類)와 해조 자원은 무한의 보고로 알려졌다고 한다. 이 종류를 들면 해양 동물 가제*, 어류 유렉이, 가오리, 방어, 꺽더구, 복장어, 고등어, 상어, 공치, 제륨, 전복, 살고 등 홍합, 굴, 따개비, 봇알, 대수리, 미역, 돌김, 우무가시라, 청각, 해삼, 등속이라고 하는데 이러한 풍부한 수산 자원의 분포 실태로 보아 장차 이 땅의 유일한 원양어선의 거점으로 등장될 것이 확실시된다고 하며 현재로서는 선박의 피난지가 없어 어장 개척에 지대한 장해가 되고 있다 한다.

---

*   원문에는 '가재'로 되어 있다.

『동아일보』, 1954년 12월 8일, 1면

독도 문제 유엔 제소
강기(岡崎) 일 외상 또 망언

【동경 7일발 UP=동양】 일본 부수상 서방죽호(緖方竹虎)는 6일 한국은 "무력의 행사를 통하여 기정 사실을 만들어 놓음으로써" 독도에 대한 주권 주장을 공고화하려고 기도하고 있다고 비난하였다. 그러나 그는 일본 정부가 동 문제의 평화적 해결을 도모하려고 노력할 것이라고 말하였다. 한편 강기 외상은 일본 정부가 동 분쟁을 유엔에 제소할 것을 고려 중이라고 언명하였다.

「마산일보」, 1954년 12월 8일, 1면

일측 망동을 응시!
강기(岡崎) 부수상, 독도 문제 고집*

【동경 7일발 로이터=세계】 일본 부수상은 6일 동 정부는 독도 분규의 평화적 해결책을 추구할 것이라고 언명하였다. 중의원의 본회의에서 연설하면서 동 부수상은 일본은 동도를 한국으로부터 뺏기 위하여 자기 방위군을 파견할 조치를 취하지 않을 것이라고 말하였다. 그는 한국과 일본 간의 유화적(柔和的) 관계를 유지한다는 것은 전 극동의 평화 유지를 위해서 필요한 것이라고 말하였다. 한편 오카자키 외상(外相)은 일본은 국제사법재판소에 대한 그의 제소를 한국 측의 불응으로 인해서 각하였으나 독도 문제를 해결되지 않은 채 남겨두지 않을 것이라고 언명하였다. 그런데 국제사법재판소 기소에 실패한 일본은 이에 UN에 대하여 동 문제의 해결을 호소할 것을 고려하고 있다고 말하였다. 그러나 그는 일본은 상금(尙今)도 동 문제가 양국 간의 협상을 통해서 해결될 것을 희망하고 있다고 말한 다음 일본 정부는 상금 동 문제의 해결을 위하여 UN에 제소하지 않았다고 부언하였다.

---

* 『동아일보』, 1954년 12월 8일, 1면, "독도 문제 유엔 제소, 강기(岡崎) 일 외상 또 망언"; 『조선일보』, 1954년 12월 8일, 1면, "독도 문제의 국연(國聯) 제소 고려, 일 부수상 언명". 『조선일보』에는 동경 6일발 기사로 되어 있다.

`『조선일보』, 1954년 12월 16일, 3면`

일 정부의 항의는 부당한 간섭
'독도 우표' 사용은 정당
김주일공사, 14일 회답 전달

【동경 14일발=동양】주일 김용식(金溶植) 공사는 14일 상오 11시 30분 일본 외무성의 독도 우표에 관한 일본 정부 항의에 대하여 대한민국 정부의 회답서를 전달하였다.

앞서 일본 정부는 한국 정부가 독도 표지의 우표를 발행한 데 대하여 항의를 제출하였다고 언명한 바 있는데 한국 정부는 동 항의에 대한 회답인 이번 구상서(口上書)에서 "이 문제에 관하여 대한민국은 계속 그 정당성을 주장하는 바이며 독도가 대한민국 영토의 불가분의 일부이다"는 견해를 명백히 하였으며 또한 동 구상서는 "대한민국 정부는 특히 1954년 9월 5일에도 독도에 관한 정당한 견해를 기술한 서한을 일본 정부에 수교한 바 있는데 동 서면에는 현 국제 정세나 또는 역사적 사실(史實)에 입각하여 독도가 한국 영토임을 충분히 입증하였다. 그러므로 대한민국 정부는 독도에 대한 영토상의 주권을 충분히 행사할 권한을 가지고 있다는 점이 하등 의심할 여지가 없는 것이다. 따라서 한국 정부가 독도를 불법으로 침입한 것처럼 말한 일본 정부의 견해는 아무런 전제도 없으며 또한 사실과 전혀 상이되는 것이다."

이상과 같은 구상서는 이어서 "독도를 표지한 우표를 한국 정부가 발행한 데 대하여 마치 일본 정부가 말하는 바와 같이 동 우표를 발행함으로써 독도에 대한 권리 주장을 세계에 표명하려는 그러한 의도는 한국 정부에 없는 것이다. 전술한 바와 같이 독도는 한국 영토의 일부이다. 독도 표지의 우표를 한국 정부가 발행한 것은 한국의 권한 하에 행하여질 것이며 일본 정부가 이렇다 말할 성질은 못된다. 대한민국 정부의 동 우표에 대하여 일본 정부가 항의 운운한다는 것은 한국 국내 사정에 관하여 부당한 간섭을 하려는 의도 외에 아무것도 아니다"라고 지적하면서 이러한 점에 비추어 대한민국 정부로서는 일본 정부가 독도 표지 우표 발행에 대하여 하등 항의할 입장이 못된다는 것을 동 구상서는 명확히 표명하고 있다.

「서울신문」, 1954년 12월 17일, 1면

독도 문제와 나

최남선(崔南善)

울릉도의 동남해상에 국인(國人)이 '독섬'(獨島)이라고 부르는 군서(群嶼)가 있어서 그것이 울릉도의 속도(屬島)로 내려온 것은 문헌상에도 명증(明證)이 있고 일본인들도 그렇게 안 까닭에 일본어에는 이 섬을 부르는 명칭도 없었다. 그러다가 19세기 초년(初年)에 불국(佛國) 측 군함 '리앙코르'호가 이를 발견하고 그 선명(船名)으로 '독섬'을 '리앙코르'도(島)라고 해도에 기입함에 이르러 일본인이 이것을 듣고 비로소 '독섬'을 '량꼬'도(島)라고 부르기 시작하였다. 일본인이 이 섬을 안 것이 오래지 않고 따라서 이 섬에 대한 영토권을 운운할 이유가 없음은 이 일사(一事)를 가지고도 알 것이다.

일본이 명치(明治) 초년으로부터 정치 개혁 운동이 활발해짐과 함께 장주(長州) 방면의 정객(政客)들이 정치 자금을 사방으로 구할 때에 이 '량꼬'도의 재원(財源)을 이용하려 하여 여러 가지로 조사하였으나 이 섬이 조선 영토임을 알고는 침은 흐르되 손을 떼지 않지 못하였다. 이때의 조사 기록에는 재미있는 것이 많다.

이 결과는 일본 해군수로부가 발행해오는 『조선수로지』에 채입(採入)되어서 명치(明治) 이후 누차의 판본(板本)에 '량꼬'도는 울릉도의 조하(條下)에 기입하게 되어서 최근까지도 그 전통이 계속하여 나왔다.

그리하는 중 명치 34~35년경에 '중천(中川)'*이라는 일본서(日本西) 어민이 '독섬'에 가서 어채(漁採)로 대리(大利)를 얻고 돌아옴에 그 서해(西海)의 변민(邊民)이 이를 모방하여 '독섬' 출어가 일시에 유행을 이루고 다만 '독섬'이 한국 영토임으로써 불편하다 하여 여러 가

---

* 이 일본 어민은 나카이 요자부로(中井養三郎)로 '중천(中川)'은 '중정(中井)'의 오기로 보인다.

지로 일본 영토화할 것을 음모하였다.

그러나 일본 정부에서는 외교관계를 고려하여 얼른 결행하지 못하더니 명치 37년에 노일(露日)전쟁이 일어나서 일본의 해상권이 강해지고 또 한국에 대하여 압력이 커짐에 38년 2월에 이르러 아무도 모르는 중에 '량꼬'도를 일본 영토로 편입해버렸다.

그 방법은 도근현(島根縣) 지사가 현청(縣廳) 문밖에 일편(一片) 게시(揭示)를 붙여서 동경 북위 몇 도의 '량꼬'도를 도근현에 편입한다고 한 것이니 이는 실로 중앙 정부에서 하기가 어려움을 고려하여 짐짓 지방 관청으로 하여금 은밀한 가운데 이를 감행케 함이었다. 이것이 숙종 조에 울릉도를 먹으려다가 여의치 못한 일본이 다시 수백 년만에 울릉도의 일부인 '독섬'을 몰래 잡아먹은 경과다.

나는 특히 '독섬'을 일본에게 빼앗긴 사실에 고분(孤憤)을 품고서 노일전쟁 이후는 무론(毋論)이요, 그 이전의 문헌에 나오는 사실에도 필요한 주의를 다하여 언제든지 문제 만들 기회가 오기를 기다리다가 해방 이후에 각 방면에 이에 대한 주의를 환기하고 특히 조사 사실(史實)의 일부를 작년 『서울신문』에 게재하였다.

한·일교섭은 앞으로도 다대한 파란을 예상케 하고 어느 의미에서는 한국민의 국민 생활상에 있어서 일본의 동향을 주의함이 무엇보다도 중요한 일이 될 것을 생각케 하는데, 우리는 모름지기 동해 문제, '독섬' 문제에 감계(鑑戒)함이 있지 아니하면 아니될 것을 통감할 것이다. (필자 사학가)

`조선일보』, 1954년 12월 20일, 3면

쌀 없어 기아 상태
독도수비대서 구호 요청

【경남지사】 우리나라 영토인 독도를 보호하기 위하여 모든 난관을 무릅쓰고 있는 일선 근무원들에게 식량이 두절되어 기아선상에 놓여 있다고 '에스·오·에스'를 부르짖는 무전이 해양경찰대 본부에 들어와 관계 당국에서 당황하고 있다. 지난 17일 동해 바다 한복판에 있는 외로운 섬 독도를 경비 수호하고 있는 관계 직원들로부터 무장 경비대를 배치하고 있는 독도에서 그간 유류난으로 말미암아 주식물인 식량을 보내오지 않아 경비원들이 관할 당국에 대하여 식량 보급을 수차 탄원했으나 관할 당국에서는 식량을 운반할 길이 없어 해양경찰대에 식량 운반을 의뢰하여 왔다 한다. 그런데 해경에서는 관할권 외일 뿐 아니라 유류 문제로 해상경비조차 만전을 기하지 못하고 있는 실정에 비추어 동 무전을 받고도 어찌할 길이 없어 당황하고 있다고 한다. 그런데 당지로부터 들어온 무전에 의하면 부식물은 바다에서 해산물이라도 채취하여 살아 갈 수가 있으나 주식물인 식량이 떨어져 기아선상에 빠져 있으니 시급히 공급하여 달라는 것이라 한다.

`『서울신문』, 1954년 12월 22일, 2면`

'독도 우표'는 정당
일 정부서의 불법화 계획 좌절

일본 정부는 독도 표식의 한국 우표를 불법화하려는 자기네 계획이 도리어 불법이라는 것을 발견하였다. 일본 정부는 전기 우표를 불법화시키기 위한 법률을 제정하려 하였으나 외무성의 이의(異議) 주장으로 14일 동 계획은 좌절되었다.

일본 정부가 독도를 도안으로 한 한국 우표를 불법화하려는 데 대하여 주일대표부는 각성을 촉구하는 각서를 전달한 바 있다. 즉 독도 표식 한국 우표에 대한 일본 정부의 항의를 일축하여 주일대표부는 "독도는 한국 영토의 일부분이며 독도 표식의 우표 발행은 한국 주권 행사의 일부인바 일본 측이 항의할 성질의 것이 못되며 일본 측의 항의는 오히려 한국 내정의 간섭이다"라고 반박하였던 것이다.

일본 정부는 동 우표가 "공안(公安)을 해롭게 하는 것"이라 하여 법률의 일부를 개정하여 동 우표를 불법화하려고 기도하였던 것인데 동 기도가 좌절된 경위에 대하여 일본의 『아사히(朝日) 신문』은 19일 다음과 같이 보도하였다.

"독도를 도안으로 한 한국 우표는 일본 국내에 넣을 수 없고 우표를 붙인 우편물은 반송해야 한다는 원칙 밑에 일본국을 모욕하는 표시를 포함한 우편물 등의 수입금지에 관한 법안은 지난 13일의 차관회의에서 내정되었으나 다음날 각의(閣議) 직전 외무성의 주장으로 좌절되었다.

독도 표식의 우표 문제는 요시다(吉田) 내각 시대부터의 이야기인데 이 우표를 붙인 우편물이 월간 3만 내지 4만 통이나 우송되어오는 형편이므로 당시의 한 각료가 "일본 영토를 도안으로 한다는 것은 부당하다"고 주장하고 우정성을 독촉하여 만들게 한 것이 전기 법안이다. 그러나 외무성으로서는 한국과의 사이에 여러 가지 처리를 요하는 문제가 많기 때문에 이러한 일로 분의(紛議)를 일으키게 해서는 안 된다고 생각하고 있는 모양이다. 또 사회당(社會黨) 방면에서는 법안의 제명에 '모욕'이라는 어구를 사용하는 것은 너무나 적극적이라는 면도 있다. 언제까지나 방치해 둘 수 없는 문제이기는 하지만 외국에서는 우표를 이용한 분쟁이 전쟁으로까지 된 예(例)도 있으므로 신중하고 적절한 처치를 요망하는 바이다." 【동경(東京)발＝동양(東洋)】

3편

⟨목록⟩
1947~1954년 독도 관련 국내 언론보도 기사 목록

1. 1947년

6월 20일

『대구시보』, 2면, "왜적 일인(日人)의 얼빠진 수작, 울릉도 근해의 소도(小島)를 자기네 섬이라고 어구(漁區)로 소유"

7월 23일

『동아일보』, 2면, "판도에 야욕의 촉수 못 버리는 일인(日人)의 침략성, 울릉도 근해 독도 문제 재연(再燃)"

『동아일보』, 2면, "당연 우리 것, 신(申) 국사관장 담"

8월 3일

『동아일보』, 4면, "독도 문제 중대화, 수색위원회 조직코 협의"

『부인신보』, 2면, "울릉도 답사대, 조선산악회서 파견"

『서울신문』, 2면, "울릉도학술조사대, 조선산악회서 파견"

『한성일보』, 2면, "울릉도 답사대, 조선산악회서 파견"

8월 5일

『동아일보』, 2면, "독도는 우리 판도, 역사적 증거 문헌을 발견, 수색회서 맥 사령에 보고"

8월 7일

『동광신문』, 2면, "독도는 우리땅 사적(史的) 증거 문헌 발견"

8월 12일

『대구시보』, 2면, "독도에 조사단 경찰청서 파견"

『영남일보』, 2면, "무인도 독도, 경찰청서 조사에 착수"

8월 13일
『한성일보』, 2면, "근해 침구의 일 어선, 맥아더선 수정도 건의"

8월 17일
『대구시보』, 2면, "독도조사단 16일 등정"
『영남일보』, 3면, "독도시찰대, 오늘 출발"

8월 19일
『영남일보』, 2면, "울릉도학술단 조사 수행기⑴, 동백꽃 피는 바닷가에서 도민의 해양 비약을 기원"

8월 21일
『자유신문』, 2면, "문제 많은 독도도 탐험"

8월 22일
『대구시보』, 2면, "독도를 탐사"
『서울신문』, 2면, "울릉도학술조사대 현지 착(着), 활동에 착수"

8월 23일
『부녀일보』, 2면, "독도는 해산물의 보고, 그러나 사람 살 수 없는 곳"
『영남일보』, 2면, "울릉도학술단 조사 수행기⑵, 너울안개 도동(道洞) 항구에 다정하게 맞아준 도민(島民)들"
『조선일보』, 2면, "울릉도 학술답사대, 독도 답사, 의외! 해구 발견"

8월 24일
『영남일보』, 2면, "독도서 해구(海狗) 3두를 포획"
『자유신문』, 2면, "동해 신비경(神秘境)인 독도의 생태에 황홀, 산악회 조사대"

8월 27일

『남선경제신문』, 2면, "독도는 이런 곳, 절경의 풍광 가지고, 수산 자원이 풍부"

『대구시보』, 2면, "동해의 고도(孤島) 울릉도행(1), 선경(仙境)에 들어온 감(感)"

『서울신문』, 2면, "근면한 도민 생활, 각 부문의 성과 다대, 울릉도 탐사 완료"

『서울신문』, 2면, "조사대 일행, 울릉도 출발 귀로에"

8월 28일

『공업신문』, 2면, "성인봉을 답파? 과학하는 조선"

『남선경제신문』, 2면, "독도는 이런 곳"

『영남일보』, 2면, "울릉도 학술조사를 마치고 돌아와서(3) (김득룡)"

8월 29일

『대구시보』, 2면, "울릉도 기행(2), 오적어(烏賊魚) 잡이 억원대를 돌파"

『부녀일보』, 2면, "독도 소개 영화를 목하 제작 중"

『영남일보』, 2면, "울릉도 학술조사를 마치고 돌아와서(4), 원시적 영농의 개량과 흉년 제가가 초급 과제 (김득룡)"

8월 30일

『대구시보』, 2면, "독도 사진 공개, 본사 최 촉탁 촬영"

8월 31일

『대구시보』, 2면, "사진, 본사 최 촉탁 촬영"

9월 1일

『자유신문』, 2면, "수력 발전도 가능, 전대 화해화(火海化)의 호장(豪壯)한 야어(夜漁) 광경, 울릉도 조사 송석하 씨 보고"

9월 2일

『서울신문』, 4면, "울릉도의 연혁 (석주명)"

9월 3일

『대구시보』, 2면, "사진, 본사 최계복 특파원 촬영"

『독립신보』, 2면, "국토상 위치의 인식 중요(上), 교통 체신 장애로 산업발전 조해(阻害)*, 울릉도학술조사대 보고"

『조선일보』, 2면, "절해의 울릉도, 학술조사대 답사①, 동해면(東海面)의 중요거점, 국가적 재인식이 절대 필요"

9월 4일

『공업신문』, 2면, "생명선은 수산과 임산업(林産業), 울릉도, 식량 교통난도 해결"

『대구시보』, 2면, "사진, 울릉도에서 본사 최계복 특파원 촬영"

『조선일보』, 2면, "절해의 울릉도, 학술조사대 답사①**, 생업은 오징어 잡이, 40□ 비탈에 옥수수는 익는다."

9월 5일

『대구시보』, 2면, "사진, 본사 최계복 특파원 촬영"

9월 6일

『서울신문』, 4면, "울릉도의 여인 (김원용)"

---

* 조해(阻害)는 저해(沮害)의 비표준어이다.
** 원문에는 '학술조사대 답사①'로 되어 있으나, 1947년 9월 3일 자에 '학술조사대 답사①'이 있으므로, 9월 4일 자 기사는 '학술조사대 답사②'의 오기로 보인다.

9월 9일

『공업신문』, 2면, "울릉도 보고, 10일에 강연회"

『서울신문』, 3면, "울릉도조사대의 귀환 보고 강연회"

『서울신문』, 4면, "울릉도의 자연 (석주명)"

9월 20일

『수산경제신문』, 1면, "울릉도기행(1) (구동련)"

9월 21일

『수산경제신문』, 1면, "울릉도기행(2) (구동련)"

『한성일보』, 2면, "울릉도학술조사대 보고기(1) (홍종인)"

9월 23일

『수산경제신문』, 1면, "울릉도기행(3) (구동련)"

9월 24일

『수산경제신문』, 1면, "울릉도기행(終) (구동련)"

『한성일보』, 2면, "울릉도학술조사대 보고기(2) (홍종인)"

9월 25일

『한성일보』, 2면, "울릉도학술조사대 보고기(3) (홍종인)"

9월 26일

『한성일보』, 2면, "울릉도학술조사대 보고기(終) (홍종인)"

10월 15일

『공업신문』, 2면, "독도의 국적은 조선, 입증할 엄연한 증빙자료 보관"

『대동신문』, 2면, "독도는 조선 긍 증빙자료 다수 보관"

『독립신보』, 2면, "독도는 우리 것, 악랄한 왜적의 촉수. 증빙자료가 엄연히 증명"

『부녀일보』, 1면, "교활하게도 조선 엿보는 일본, 그러나 독도 국적은 조선, 엄연한 증거자료도 보관"

『한성일보』, 2면, "독도의 국적은 조선, 엄연한 증빙 자료도 보관"

10월 16일

『수산경제신문』, 2면, "독도의 국적은 조선, 엄연한 증빙자료도 보관"

10월 18일

『수산경제신문』, 1면, "독도 근방에 일(日) 밀선(密船) 출몰"

10월 22일

『동아일보』, 2면, "일본의 침략적 야욕, 이번엔 황해 파랑서에, 자기네 영토라고 맥 사령에 보고"

11월 5일

『경향신문』, 2면, "울릉도 보고전 10일부터 동화(東和)서",

『독립신보』, 2면, "울릉도 보고전"

『부산신문』, 2면, "울릉도 보고전 서울서 개최"

『서울신문』, 2면, "울릉도 보고전"

11월 8일

『대구시보』, 2면, "울릉도 전시회에 도민 대표가 상경"

11월 15일

『서울신문』, 4면, "울릉도 보고전을 열면서 (홍종인)"

『서울신문』, 4면, "가제(독도産) (윤병익)"

11월 18일

『서울신문』, 4면, "가제(독도産)(承前) (윤병익)"

2. 1948년

7월 8일

『조선일보』, 1면, "헌법안 제2독회 완결, '대한민국 헌법', 제3독회는 12일부터 개시, 국회 27차 회의"

7월 17일

『대공일보』, 1면, "울릉도와 독도(1) (유하준)"

7월 18일

『대공일보』, 1면, "울릉도와 독도(2) (유하준)"[*]

7월 20일

『대공일보』, 1면, "울릉도와 독도(3) (유하준)"
『수산경제신문』, 2면, "독도의 물개① (박재동)"

7월 21일

『대공일보』, 1면, "울릉도와 독도(4) (유하준)"

---

[*] 원문에는 "울릉도와 독도(3)"으로 되어 있으나, 후에 "울릉도와 독도(2)"로 정정하였다. 『대공신문』, 1948년 7월 20일, 1면, "울릉도와 독도(3) (유하준)"

7월 22일

『대공일보』, 1면, "울릉도와 독도(5) (유하준)"

『수산경제신문』, 2면, "독도의 물개② (박재동)"

7월 23일

『대공일보』, 1면, "울릉도와 독도(6) (유하준)"

『수산경제신문』, 2면, "독도의 물개④* (박재동)"

7월 25일

『수산경제신문』, 2면, "독도의 물개⑤** (박재동)"

9월 4일

『수산경제신문』, 1면, "수산업계의 회고와 전망(6), 이재 어민이 구휼책 막연, 인명과 선박 손실은 일대 치명상"

9월 5일

『수산경제신문』, 1면, "수산업계의 회고와 전망(7), 근해에 왜 밀어선(密漁船) 빈번, 교활한 수단으로서 재침(再侵) 기도"

---

* '독도의 물개③'의 오식으로 보간다.
** '독도의 물개④'의 오식으로 보간다.

3. 1949년

6월 3일

『자유신문』, 2면, "유명 무실한 맥아더 라인, 일 어선 침범은 묵인, 맥 사령부는 일 태도 비호, 손원일 소장 기자단 회견"

『조선중앙일보』, 2면, "맥아더 라인 사수, 손 해군총참모장 담(談)"

6월 15일

『강원일보』, 1면, "맥아더 라인 확대 문제, 주일대사에 재교섭 지시"

9월 23일

『경향신문』, 1면, "정부 당면 시책, 33의원에 답변, 맥아더 라인 변경할 시에는 한국 안전을 불침해"

4. 1950년

1월 28일

『서울신문』, 2면, "일 어선 침해 빈번, 맥아더선 철폐를 획책, 이 대통령, 기자단과 회견담"

2월 5일

『자유신문』, 2면, "맥아더 라인을 사수하자. 맥선(線) 침범의 일 어선, 금후는 나포 않기로, 선명(船名) 위치만 스캡에 보고"

2월 28일

『경향신문』, 2면, "일(日) 어구(漁區)의 확장 언명한 일 없다. 맥 라인 침범선은 엄단, 내한한 '헤'씨 기자단에 언명"

3월 10일

『조선일보』, 1면, "다액의 배상요구, 통상과 생산업도 감시, 영국의 대일 구화(媾和)안 중 요골자"

11월 27일

『동아일보』, 1면, "대일강화(對日講和), 미(美) 7원칙을 제시, 소(蘇)는 미측 설명을 요구"

『조선일보』, 1면, "대일구화(對日媾和) 7원칙, 미(美) 제안에 소(蘇) 설명 요구"

5. 1951년

7월 23일

『조선일보』, 1면, "대일강화(對日講和) 조인국서 한국 제외는 부당, 양(梁) 주미 대사 정식 항의"

7월 24일

『동아일보』, 1면, "[사설] 외교사절단 파견을 요망"

7월 25일

『동아일보』, 1면, "대일구화조약안의 검토(상) (유진오)"

8월 21일

『조선일보』, 2면, "한국 요구 대부분을 용인, 대일강화조약 최종안 수정"

8월 28일

『조선일보』, 1면, "맥선(線) 존속시키라, 이(李) 공보처장 성명 발표"

8월 30일

『민주신보』, 2면, "잊어버렸던 독도, 대일강화문제로 재등장, 한일 어획 경쟁 석일(昔日)부터 계속, 귀속 여부 상항 회의 관건, 엄연히 한국 영토인데 일본인들이 모략"

9월 1일

『민주신보』, 2면, "명백히 된 독도 귀속, 15세기 말엽 한인이 발견, 성종 2년 군역 피한 사람 수색으로 발견, 아(我) 정부 문헌을 양 대사에게 송부"

9월 5일

『민주신보』, 2면, "가증, 일 독도 자기 영토라고 주장, 노골화한 영토 야심, 포츠담선언, 맥 지령에도 엄연히 불포함, 경계하자! 독도 아닌 타 영토 수호에도"

『민주신보』, 2면, "어디까지나 우리 영토, 외무부 당국서 단호 반박"

『조선일보』, 2면, "경계할 일본의 재기, 민주 관용은 침략을 조장, 이 대통령 상항(桑港)회의 등에 언급"

9월 9일

『조선일보』, 1면, "한국은 요구권 보유, 상항(桑港)회의에서 덜레스 씨 연설"

9월 22일

『조선일보』, 2면, "파랑서조사단(波浪嶼調査團) 현지에"

11월 26일

『동아일보』, 2면, "독도를 죽도(竹島)로 자칭, 일(日) 영유 주장, 조일신문 보도에 교포 분격"

11월 29일

『자유신문』, 2면, "독도는 우리 영토, 이(李) 공보처장 일본에 경고"

6. 1952년

1월 16일
『경향신문』, 2면, "재일동포의 사활문제, 한일회담에 투치는 좌담회, 상호간 감정 완화, 한일회담에 현지 대표 참석이 필요"

1월 26일
『동아일보』, 2면, "한국 수역주권 선포에 일본 정부 비공식 비난"
『자유신문』, 2면, "한국 해역 주권행사 선언의 파문, 공허 관습의 위반, 일본 정부 강경히 비난 개시"

1월 30일
『동아일보』, 2면, "인해(隣海) 주권선언에 일(日) 정식 항의, 가증! 독도의 일본 영토를 주장"

1월 31일
『대구매일신문』, 2면, "우리 인접 해양 선언에 일(日) 정부 아(我) 대표부에 항의 전달. 괴(怪)! 독도 영토권도 주장"
『마산일보』, 2면, "침략주의 일본을 상기하라, 외함(畏獵)! 독도를 일본령으로 주장, 한국 산악회에서 반박 성명"

2월 1일
『경향신문』, 1면, "국회와 협조로, 허(許) 서리 기자회견 담"
『경향신문』, 2면, "독도는 엄연한 아(我) 영토! 해양 주권선언 당연, 일본 이의에 산악회서 반박"
『자유신문』, 2면, "해역 선언과 '죽도', 독도는 엄연한 우리 땅, 해괴한 일측 이의를 산악회서 반박"

2월 2일

『경향신문』, 1면, "인접해양 주권선언과 일본"

2월 17일

『동아일보』, 1면, "한일 본회담, 일본 주장"

3월 8일

『동아일보』, 2면, "독도의 한국 영토 입증, 귀중한 문헌 외무 당국 입수"

『마산일보』, 1면, "한국회담의 일대 쾌보 독도는 한국 영토 일본 해양학회 문헌에 명시"

3월 9일

『경향신문』, 2면, "한일회의 호조리 진행, 독도는 우리 영토로"

『자유신문』, 2면, "한·일회담에 일대 낭보! 독도는 한국 영토, 일본 해양학자 임자평(林子平)이 반증"

4월 15일

『경향신문』, 2면, "중등 입학, 국가고시문제"

5월 2일

『동아일보』, 1면, "독도 문제 귀추 주목, 맥선 철폐로 복잡화"

5월 6일

『동아일보』, 1면, "[사설] 한일어업문제"

5월 23일

『민주신보』, 2면, "어선단 대규모 확충 화급, 일본 어선 아(我) 해역에 불법 침범"

7월 10일

『동아일보』, 2면, "일더 수산장화한 독도, 벌써 미역, 조개 등 억대 어획"

7월 11일

『경향신문』, 2면, "억 원 이상 어획 독도의 최근 소식"

7월 12일

『조선일보』, 2면, "독도 근해서 조개 등 대량 어획"

8월 2일

『경향신문』, 2면, "독도 등에 조사간, 11반 구성 출발"

9월 12일

『동아일보』, 2면, "울릉도 독도 탐사, 산악회서 금일 출발"

9월 13일

『동아일보』, 2면, "독도학술조사단, 수일간 출발 연기"

9월 18일

『경향신문』, 2면, "울릉도·독도학슬조사단, 17일 출발"

『동아일보』, 2면, "독도조사단 작일 오후에 출발"

『조선일보』, 2면, "17일 출발, 울릉도 독도 학술조사반"

9월 21일

『경향신문』, 2면, "독도학술조사단, 현지에 무사 도착"

『동아일보』, 2면, "독도 또 폭격 소동, 불안과 공포에 싸인 도민(島民)들"

『동아일보』, 2면, "미군 비행기로 추정, 독도학술조사단이 보고"

『조선일보』, 2면, "무사히 현지에, 울릉도 등 조사반"

9월 22일

『경향신문』, 2면, "독도 주변 어선을 폭격, 현지 학술조사단 보고"

『동아일보』, 2면, "폭격연습지 아님은 5공군도 확인하고 있다, 독도 무경고폭격에 상공 장관 담"

『서울신문』, 2면, "독도폭격사건 재연, 폭탄 4개를 투하, 주민은 공포에 싸여 전전긍긍, 독도학술조사단 보고"

9월 23일

『조선일보』, 1면, "팔면봉(八面鋒)"

『조선일보』, 2면, "독도를 또 폭격, 단발기 폭탄 4개를 투하"

『평화신문』, 2면, "독도에 또 폭격사건, 국적 불명기가 폭탄 4개 투하"

9월 24일

『조선일보』, 2면, "침범시엔 발포! 일(日), 해양선언 무시에 단호 태도"

9월 25일

『조선일보』, 2면, "독도에 또 폭격 연습! 22일 쌍발기 4대가"

9월 26일

『동아일보』, 2면, "울릉도 우복(又復) 폭격 학술조사단이 보고"

『평화신문』, 2면, "폭격 광경을 촬영, 24일에 조사단 독도로 출발"

『평화신문』, 2면, "소위 일본의 ABC라인, 국제 도의를 망각, 맥 라인을 무시한 침략 행동"

9월 28일

『동아일보』, 2면, "독도 폭격 상금 계속, 학술조사단 제4차 보고"

『서울신문』, 2면, "전율(戰慄) 하에 놓인 독도, 24일 정체불명의 비행기 또 폭격"

『조선일보』, 1면, "독도를 또 폭격"

9월 29일

『경향신문』, 2면, "독도 주변에 폭탄 연속 투하, 진남호 등 울릉도에 귀항"

『동아일보』, 1면, "한국전쟁 양상 변모? 연안 전면 봉쇄 단행, 적의 해로 기습 등에 대비"

『동아일보』, 1면, "일선(日船) 침범도 경계, 민간 선박에 출입 허가제"

『동아일보』, 1면, "신 경비선서 독도는 제외"

『조선일보』, 1면, "팔면봉(八面鋒)"

9월 30일

『경향신문』, 2면, "천연자원이 사장(死藏), 독도의 어로 보호 긴요"

『조선일보』, 1면, "목적 못 이루고 독도학술조사단 28일 무의 귀환"

10월 8일

『동아일보』, 2면, "독도조사단, 9일 보고회 개최"

10월 9일

『조선일보』, 1면, "9일 보고회, 울릉도학술조사단"

10월 10일

『동아일보』, 1면, "유엔군 봉쇄선 일부를 개정? 정부 요청을 이해"

10월 11일

『동아일보』, 2면, "울릉도 조사단 보고회 성황"

『조선일보』, 2면, "봉쇄선 개정을 요청, 유엔 당국, 실정(實情)을 수긍"

10월 16일
『경향신문』, 2면, "독도 미답기(상) (김원용)"

10월 17일
『경향신문』, 2면, "독도 미답기(중) (김원용)"

10월 18일
『경향신문』, 2면, "독도 미답기(완) (김원용)"

7. 1953년

2월 28일
『동아일보』, 2면, "독도 어민 공포 일소, 공폭 연습 중지를 미군서 보장"

3월 1일
『경향신문』, 1면, "독도는 한국의 것! 미수(美遂) 주권인정"
『서울신문』, 3면, "독도는 우리 영토, 어로작업의 안전 보장 확약, UN 당국과 합의"
『조선일보』, 2면, "보장된 독도 근역의 어로. 미군당국서 불폭격 통고"

3월 2일
『경향신문』, 1면, "대(對) 독도 야욕 미식(未熄), 일본 또 소유를 주장"
『마산일보』, 2면, "독도의 한국 귀속에, 일(日), 금명(今明) 견해 표명시(示), 한일 회담에서 토의 의향"

6월 29일

『동아일보』, 1면, "한국 어부 불법 체포, 일(日), 독도 영유 계속 주장"

6월 30일

『평화신문』, 3면, "일 관헌 30명, 독도에 불법 상륙, 현판 세우고 한인에 철거를 강조"

7월 3일

『동아일보』, 2면, "침략의 상투(常套) 수단 노골, 일(日)의 독도 침범에 국내 여론 비등"
『동아일보』, 2면, "역사적 제증거 뚜렷, 일본의 영토란 만부당, 산악회 성명"
『동아일보』, 2면, "어민 납치는 불법행위, 행정당국의 강력한 조치 절실, 어민회 성명"

7월 7일

『민주신보』, 1면, "민국당 피격 사건 판명, 독도의 일인 내침(來侵)에 대책 논의?"
『경향신문』, 2면, "일본의 괴이한 처사"
『동아일보』, 1면, "이 판국에 낮잠 자다니, 울어도 시원치 않는 독도 침점(侵占)"

7월 8일

『동아일보』, 1면, "황(黃) 군, 이번엔 황성수(惶醒睡), 보증궁자엔 보증수표가 붙나?"
『동아일보』, 2면, "국회서 처리 방안 논의, 일 정부의 독도 침점(侵占) 사건"

7월 9일

『경향신문』, 2면, "외무위원 독도에 관심 집중"
『경향신문』, 2면, "우리 경찰대를 파견, 일인(日人)이 건 현판 철거, 독도사건에 진 장관 언명"
『동아일보』, 1면, "민의원, 형법안 2독회"
『동아일보』, 2면, "독도의 일(日) 표식 제거, 조병옥(趙炳玉) 씨 피살설 무근 진(陳) 내무장관 담"

『조선일보』, 1면, "독도사건 보고, 형법안을 속속 심의"

『조선일보』, 2면, "국회의 태도 강경. 일본 경찰의 독도 침범 문제"

7월 10일

『조선일보』, 1면, "독도사건에 건의안 8일 국회서 채택"

7월 11일

『경향신문』, 2면, "군함 보내어 조사"

『서울신문』, 2면, "독도에 군함 급파, 일인의 불법 침범을 조사"

『조선일보』, 2면, "독도에 군함 급파, 일인(日人) 침범 사실을 조사"

『평화신문』, 2면, "드디어 실력 행사 단행 호(乎), 해군 함정 8일 출동, 일인 독도 상륙사건을 조사"

7월 15일

『경향신문』, 2면, "독도 보호에 실력 행사, 일 안보청 순시선 불법상륙 기도"

『경향신문』, 2면, "조일신문의 보도"

『동아일보』, 1면, "일(日), 독도 영유 고집, 순시선* 피격? 일(日) 대한(對韓) 항의"

『조선일보』, 2면, "일(日), 적반하장. 독도사건 항의설"

7월 16일

『동아일보』, 1면, "미(美)에 조정 요청? 독도 문제, 일(日) 외상(外相) 해괴 증언"

『민주신보』, 2면, "독도 문제 또다시 험악, 관계관 긴급 회동코 대책 강구"

『서울신문』, 2면, "일의 침략성 노골화, 무장 경찰 선원 또 독도를 침범, 우리 경비대의 추격받고 둔주(遁走)"

---

* 원문에는 '시순선(視巡船)'으로 되어 있다.

『서울신문』, 2면, "상륙하면 해군 동원, 손 국방장관 단호한 응징 언명"
『조선일보』, 1면, "팔면봉(八面鋒)"
『조선일보』, 2면, "독도는 단호 항위, 손 국방부 장관 담"
『조선일보』, 2면, "일선(日船) 2차 독도 침범, 정지 신호하자 도주"
『평화신문』, 2면, "침략성 못 버리는 일본, 무장 선원 독도에 재침범, 한국 경찰의 추격 받고 도주"
『평화신문』, 2면, "일본 정부 의역 해괴한 고집"
『평화신문』, 2면, "단호한 조치 불사, 손 국방장관, 독도사건에 언명"

7월 17일
『동아일보』, 1면, "역사의 조류"

7월 19일
『동아일보』, 1면, "독도 근해 초계(哨戒) 계속, 아(我) 해군 일선(日船) 침범에 대비"

7월 20일
『경향신문』, 1면, "18일 정례 국무회의"
『동아일보』, 1면, "독도 문제에 대일(對日) 통고? 18일 국무회의 결과 주목"
『조선일보』, 1면, "독도 문제 검토, 18일 정례 국무회의"

7월 22일
『동아일보』, 1면, "함정 제일주의, 박 해군총참모장 21일 취임사"

7월 24일
『경향신문』, 2면, "평화한 농촌의 묘사 '울릉도의 농가' 임석제 씨 사진전에서"

8월 6일

『동아일보』, 1면, "일선의 영해 침범, 정부서 대일 항의"

8월 10일

『서울신문』, 1면, "울릉도와 독도: 한일 교섭사의 일(一) 측면(1) (최남선)"

8월 11일

『서울신문』, 1면, "울릉도와 독도: 한일 교섭사의 일 측면(2) (최남선)"

8월 12일

『서울신문』, 1면, "울릉도와 독도: 한일 교섭사의 일 측면(3) (최남선)"

8월 13일

『서울신문』, 1면, "울릉도와 독도: 한일 교섭사의 일 측면(4) (최남선)"

8월 14일

『서울신문』, 1면, "울릉도와 독도: 한일 교섭사의 일 측면(5) (최남선)"

8월 15일

『서울신문』, 1면, "울릉도와 독도: 한일 교섭사의 일 측면(6) (최남선)"

8월 16일

『서울신문』, 2면, "울릉도와 독도: 한일 교섭사의 일 측면(7) (최남선)"

8월 17일

『서울신문』, 1면, "울릉도와 독도: 한일 교섭사의 일 측면(8) (최남선)"

8월 18일

『서울신문』, 1면, "울릉도와 독도: 한일 교섭사의 일 측면(9) (최남선)"

8월 19일

『서울신문』, 1면, "울릉도와 독드: 한일 교섭사의 일 측면(10) (최남선)"

8월 20일

『서울신문』, 1면, "울릉도와 독도: 한일 교섭사의 일 측면(11) (최남선)"

8월 21일

『서울신문』, 1면, "울릉도와 독도: 한일 교섭사의 일 측면(12) (최남선)"

8월 22일

『조선일보』, 2면, "독도에 해군 체류, 손(孫) 국방장관 기자회견 담"

8월 23일

『서울신문』, 1면, "울릉도와 독도: 한일 교섭사의 일 측면(13) (최남선)"

8월 25일

『서울신문』, 1면, "울릉도와 독도: 한일 교섭사의 일 측면(14) (최남선)"

8월 26일

『서울신문』, 1면, "울릉도와 독도: 한일 교섭사의 일 측면(15) (최남선)"

8월 27일

『서울신문』, 1면, "울릉도와 독도: 한일 교섭사의 일 측면(16) (최남선)"

8월 29일

『서울신문』, 1면, "울릉도와 독도: 한일 교섭사의 일 측면(17) (최남선)"

8월 30일

『경향신문』, 1면, "여적(餘滴)"

『서울신문』, 2면, "울릉도와 독도: 한일 교섭사의 일 측면(18) (최남선)"

8월 31일

『서울신문』, 1면, "울릉도와 독도: 한일 교섭사의 일 측면(19) (최남선)"

『서울신문』, 2면, "일, 침범하면 격파, 우리 해군의 영해 수비는 철통, 최 정무국장 담"

9월 1일

『서울신문』, 1면, "울릉도와 독도: 한일 교섭사의 일 측면(20) (최남선)"

9월 2일

『서울신문』, 1면, "울릉도와 독도: 한일 교섭사의 일 측면(21) (최남선)"

9월 3일

『서울신문』, 1면, "울릉도와 독도: 한일 교섭사의 일 측면(22) (최남선)"

9월 4일

『서울신문』, 1면, "울릉도와 독도: 한일 교섭사의 일 측면(23) (최남선)"

9월 6일

『서울신문』, 1면, "울릉도와 독도: 한일 교섭사의 일 측면(24) (최남선)"

9월 7일

『서울신문』, 1면, "울릉도와 독도: 한일 교섭사의 일 측면(25) (최남선)"

9월 12일

『조선일보』, 2면, "독도에 일(日) 어선 200척, 추방 위해 함정을 파견"

『조선일보』, 2면, "'철저히 추방할 터', 손 장관 강경한 태도 천명"

9월 17일

『경향신문』, 1면, "한일회담 재개도 의문시"

9월 18일

『경향신문』, 1면, "평화선 침범과 일본의 항의"

9월 27일

『조선일보』, 1면, "[사설] 오도되는 일본 여론"

10월 3일

『동아일보』, 1면, "한국 비난은 부당!"

『동아일보』, 2면, "독도 등 답사, 대한산악회서"

10월 5일

『자유신보』, 1면, "독도 평화선 문제 위요(圍繞), 일본 측 고의로 배한(排韓) 여론을 선동, 김 공사, 실증 들어 일 태도를 재차 통박"

10월 7일

『동아일보』, 1면, "한일간의 친선을 위하여"

10월 19일

『조선일보』, 2면, "독도 답사에 성공, 산악회 학술조사단 18일 귀경"

10월 20일

『경향신문』, 1면, "[사설] 일본의 태도 시정을 촉구"

10월 21일

『경향신문』, 2면, "무인도 4만여 평, 울릉도민의 생활 근거"

10월 22일

『조선일보』, 2면, "독도에 다녀와서(1), 제1차는 상륙 실패, 표식 없는 일본 경비선 근해에 출몰 (홍종인)"

10월 23일

『조선일보』, 2면, "독도에 다녀와서(2), 뜻 않은 '전파'의 격려, 해가 뜨며, 본격적인 작업을 개시 (홍종인)"

10월 24일

『조선일보』, 1면, "한일회담 절충 위해, 일 외상 방한을 시사"

10월 26일

『조선일보』, 2면, "독도에 다녀와서(3), 로빈슨 크루소도 될 뻔, 15일 밤엔 고도서 막영(幕營) (홍종인)"

10월 27일

『동아일보』, 1면, "한국령 표식 탈거(奪去), 일(日), 23일 독도를 침해"
『서울신문』, 2면, "독도 우리 표목 철거, 표면화된 일본의 도전적 수작"

『조선일보』, 2면, "독도에 다녀와서(4), 하룻밤 꿈을 맺고. 분화구 있는 독도와 기약없이 작별 (홍종인)"

10월 28일

『조선일보』, 2면, "독도에 일(日) 영토표식, 일(日) 순시선원, 우리 표식을 철거"

10월 30일

『경향신문』, 2면, "잡부금(雜賦金) 철저 단속, 독도에 국토 표식 달도록 지시, 백(白) 내무장관 담"

10월 31일

『조선일보』, 2면, "독도에 다시 으리 표식, 백(白) 내무장관, 경북지사에 명령"

11월 12일

『경향신문』, 2면, "회고와 청산, 지난 3년간의 문화운동(상) 영화

11월 15일

『동아일보』, 1면, "'한국이 독도 침략 운운', 일(日) 정부, 미(美)에 구원 요청"

11월 16일

『자유신문』, 1면, "출어문제 미(美)과 협의, 일 외상, 독도 문제도 언급"

11월 21일

『경향신문』, 1면, "여적(餘滴)"

11월 25일

『동아일보』, 1면, "박 군 웅변은 연습부족, 비서관문 쉽사리 통과할까?"

11월 26일

『조선일보』, 1면, "대일외교의 강화, 국회 정부에 건의안을 가결"

8. 1954년

1월 20일

『조선일보』, 4면, "우리나라 표식을 다시 건립, 20일, 독도에 경북도 직원을 파견"

1월 23일

『경향신문』, 2면, "독도에 영토표식"

『조선일보』, 1면, "팔면봉(八面鋒)"

『조선일보』, 2면, "독도에 영토표식, 19일 또다시 건립"

1월 24일

『마산일보』, 2면, "독도에 영역표식, 해경 지원하 건립"

1월 25일

『조선일보』, 2면, "포항으로 무위귀환, 독도 영토표식 건립대"

2월 1일

『경향신문』, 2면, "독도에 영토 표식차 도(道) 직원 출발 예정"

2월 2일

『동아일보』, 1면, "일령(日領)을 고집, 독도 문제에 일(日) 회답문서"

2월 9일

『조선일보』, 1면, "양두구육(羊頭狗肉)의 일측 정략 외교"

3월 17일

『경향신문』, 1면, "여적(餘滴)"
『동아일보』, 1면, "독도 방위에 자위권, 일본 법제국 장관이 언명"
『조선일보』, 1면. "'독도에 자위권' 일본, 무력행사를 호언"

3월 18일

『조선일보』, 1면. "사절단의 성과 과대, 변 장관 제반문제에 언급"

3월 19일

『서울신문』, 2면, "독도 수호에 만전, 해양경찰대에서 엄중 경계"

3월 21일

『동아일보』, 2면. "주간 내외"

4월 2일

『경향신문』, 1면, "여적(餘滴)"
『경향신문』, 2면, "독도에 새로운 촉수, 일본 권위지도에도 한국 영토라고 명시, 인광 채굴권 허가, 일, 매일 지 그 기만성을 야유"

4월 3일

『경향신문』, 2면, "독도 보호해주오, 울릉도민 당국에 진정"

4월 10일

『조선일보』, 1면. "대일통상 단절과 금후 조치"

4월 25일

『동아일보』, 4면. "외국문헌 도입과 그 행정문제"

5월 2일

『동아일보』, 3면, "'독도를 수호하자', 울릉도민회서 자위대 결성 결의"

『서울신문』, 3면, "독도 수호에 궐기! 울릉도민이 자위대 조직"

5월 3일

『경향신문』, 2면, "독도 기록영화 강연과 동시상영"

『조선일보』, 3면, "우리 영토를 수호, 독도의 자위대를 결성"

5월 5일

『경향신문』, 2면, "금년 내로 완성, 울릉도에 수전(水電) 건설"

5월 6일

『동아일보』, 2면, "자위대 결성을 추진, 독도 도민결의 찬양"

『동아일보』, 2면, "독도 기록영화 공개, 오늘 치대(齒大) 강당"

『조선일보』, 2면, "독도 기록영화, 6일 치대서 공개"

『조선일보』, 2면, "훌륭한 조직이다. 백두진(白斗鎭) 총리, 독도자위대에 협조 지시"

5월 13일

『조선일보』, 2면, "이번엔 암석에 조각, 독도에 영토 표식대를 다시 파견"

6월 2일

『경향신문』, 2면, "독도에 괴(怪)비행기, 기총소사코 하관 쪽으로 뺑소니"

『동아일보』, 2면, "독도에 정체 불명기, 영토표식 향해 기총소사"

『서울신문』, 2면, "독도에 기총 소사! 국적 불명 비기(飛機)가 위협"

『조선일보』, 2면, "일함, 독도에 기총소사, 영토표식 말소가 목적?"

6월 4일

『서울신문』, 2면, "일기(日機)의 소행? 독도에 내습한 국적 불명기(不明機)의 정체를 조사, 외무·내무·국방 3부 합동으로"
『조선일보』, 1면, "[사설] 독도의 우리 어민에 대한 일본 경비선의 발포"
『조선일보』, 2면, "정체 불명기, 독도 상공서 사격, 당국, 일함 기총소사 진상을 조사"

6월 5일

『경향신문』, 1면, "여적(餘滴)"
『경향신문』, 2면 "억지 쓰는 일(日) 정부, 독도 영토권에 또 망언"
『서울신문』, 1면, "일 영토라 망언, 조약국장 중의원서"
『마산일보』, 2면, "독도 총격사건, 과학적 조사 진행"
『조선일보』, 2면, "일기(彐機) 소행이 확실, 독도 총격사건의 진상 판명"

6월 6일

『조선일보』, 1면, "독도 영토권을 고집, 일 조약국장이 망언"

6월 7일

『경향신문』, 2면, "공공연 영토침범 일(日) 어선 독도 표식 촬영"
『서울신문』, 1면, "일측 주장은 불경, 외무 당국 독도 문제에 성명"
『서울신문』, 2면, "독도에 일선(日船) 또 침범, 국토 표식 촬영코 도주"
『조선일보』, 3면, "이번엔 우리 표식을 촬영, 거듭하는 일본의 독도 침범행위"

6월 8일

『조선일보』, 1면, "'독도는 우리 영토', 일본 주장은 어불성설, 외무부 반박"

6월 9일

『민주신보』, 2면, "악화된 평화선, 일본 측 독도 영유를 호언"

6월 10일

『조선일보』, 2면, "예술사진 당선 작품"

6월 11일

『동아일보』, 2면, "일련의 독도사건 내무부서 경위 발표"
『서울신문』, 2면, "해경대 독도에 출동, 일함(日艦) 침략 사건을 조사"

6월 12일

『조선일보』, 2면 "독도에 조사대 급파. 내무부, 독도사건 경위를 발표"

6월 16일

『서울신문』, 2면, "독도 경비를 강화, 일선(日船) 침범에 대비, 경비정 배치"
『조선일보』, 2면, "격랑 만나 귀환, 해양경찰, 다시 독도로"

6월 17일

『서울신문』, 3면, "틀림없는 일(日) 비기(飛機), 독도 피격사건 진상 판명"

6월 18일

『서울신문』, 1면, "독도 상륙은 불법, 주일대표부, 일 정부에 항의"
『조선일보』, 2면 "일(日), 우리 영해 침범을 조장, 제주도 중심으로 소위 '특별해역'을 설정"

6월 19일

『조선일보』, 2면, "평화선 수호에 이상 있다, 당국자 함정 부족 해결을 호소"
『조선일보』, 2면, "독도 방위 강화, 항만시설 적부 조사"

『조선일보』, 2면, "해양경비의 강화, 백 장관, 필요성을 역설"

6월 20일
『경향신문』, 1면, "일본의 침략근성, 갈(葛) 처장, 독도 침범사건에 경고"

7월 15일
『동아일보』, 1면, "변(ㄱ) 총리, 첫 시정연설, 개헌과 정당정치 구현, 군확(軍擴) 추진으로 국토 방위에 완벽"

7월 16일
『경향신문』, 2면, "토비대(討匪隊)와 해양경찰, 국회의원들이 위문"
『조선일보』, 1면, "통일전취(統一戰取)에 총단결, 변 총리, 시정 방침을 피력"
『조선일보』, 2면, "일 참의원 독도 조사계획, 엄중한 한국의 감시로 실패"

7월 20일
『경향신문』, 2면, "오만불손한 왜경(倭警), 독도 부근에 배회코 어민 협박"
『서울신문』, 2면, "□□ 독도 영해 침범, 해경서 현지 급파"*
『조선일보』, 2면, "반성 없는 일 정부, 감금 교포 석방 요구에 변명뿐"

7월 25일
『경향신문』, 3면, "독도의 경비강화"
『동아일보』, 3면, "중공군 철수면 자연 해결, 통일문제 등 소신 피력, 이 대통령 도미 앞두고 기자 회견"
『동아일보』, 3면, "독도 경비 강화를 명령, 일(日) 참의원단 내도설(來島說)에 대비"

---

* 자료 신문의 일부가 찢어져 제목의 일부만 보인다.

『조선일보』, 2면, "독도 방위에 만전, 각 부처 관계관 긴급 대책을 수립"

7월 26일

『조선일보』, 3면, "24일 현지로 출발, 독도시찰의원단"

7월 28일

『조선일보』, 2면, "독도시찰의원단, 기념표식 새겨놓고 귀항"

7월 29일

『동아일보』, 2면, "절해의 섬 독도를 찾아서, 어장 보도(寶島)에 등대 설치 긴요, 남대문 연상되는 무수한 수문"

『서울신문』, 3면, "민의원 일행 독도 시찰, 절벽에 기표(記標)해 놓고 귀부(歸釜)"

『조선일보』, 2면, "풍파 거센 독도, 민의원 시찰단과 동선하고, 암석에 기록된 시찰 표식, 무심한 갈매기의 외로운 표정"

『조선일보』, 2면, "명함인사를 배격, 김장흥 치안국장, 독도 문제 등 언급"

7월 30일

『동아일보』, 2면, "해경대의 실태 해부, 영해 수호에 SOS, 부족된 함정, 비약한 장비의 강화 초미"

7월 31일

『경향신문』, 2면, "지방행사"

8월 5일

『조선일보』, 1면, "일측 만행 규탄, 자유당서 성명"

8월 7일

『경향신문』, 1면, "민의원 드디어 재개"

8월 8일

『조선일보』, 2면, "독도에 등대 세우라, 의원들, 무장병 배치도 주장"

8월 10일

『서울신문』, 2면, "일선(日船)의 독도 침범을 확인, 해경대 경비로 상륙 기도타 실패"

8월 13일

『경향신문』, 2면, "독도에 등대 완성, 우리 영역표식에 개가"
『서울신문』, 2면, "독도에 등대 섰다, 10일 하오 12시부터 점등"

8월 14일

『동아일보』, 2면, "독도에 등대, 12일부터 점등"
『조선일보』, 2면, "10일부터 점등, 독도에 등대 설치"

8월 15일

『조선일보』, 1면, "[사설] 독도에 불멸의 등대"

8월 21일

『경향신문』, 1면, "독도 장관 임명하면 적임, 손 씨 큰 자물쇠에 숙덕 공론"

8월 24일

『조선일보』, 2면, "독도의 등대 설치, 외교사절단에 통고"

8월 26일

『경향신문』, 2면, "독도에 경비 강화"

『마산일보』, 2면, "선박과 인원 배치, 독도 경비에 만반 태세"

8월 28일

『서울신문』, 2면, "독도에 또 일(日) 무장선(武裝船), 우리 경비대 위협 발포에 도주"

8월 29일

『동아일보』, 1면, "독도서 국군이 발포, 일(日) 가소로운 항의"

8월 30일

『조선일보』, 2면, "팔면봉(八面鋒)"

『조선일보』, 3면, "독도와 울릉도 간 무선시설을 완비"

9월 1일

『경향신문』, 1면, "추가예산 30억, 국무회의서 정식 통과"

『경향신문』, 2면, "3,000만 환의 예산, 독도에 경비대를 파견"

『동아일보』, 1면, "김 공사, 일(日)에 항의, 일함(日艦)의 독도 상륙 기도"

9월 2일

『서울신문』, 3면, "독도를 완전 무장, 경관을 상시 주둔, 국무회의 최종 결정"

『조선일보』, 1면, "김 공사, 일본 정부에 항의, 일정(日艇)의 독도 상륙 기도 사건"

9월 3일

『동아일보』, 1면, "일(日) 항의를 일축, 김 공사 독도 문제에"

9월 5일

『경향신문』, 1면, "한일 독도분쟁, 일 국제법정 제소?"

『동아일보』, 2면, "주간경제"

9월 6일

『조선일보』, 4면, "서해도서 학술조사단 보고, 제1차 특적군도, 김재원"

9월 9일

『동아일보』, 2면, "독도 우표 발매, 내(來) 15일부터"

9월 10일

『경향신문』, 1면, "여적(餘滴)"

『조선일보』, 2면, "독도 표식한 우표를 발행"

9월 11일

『동아일보』, 1면, "여하한 사태에도 대처, 독도 경비에 만전, 김 치안국장 담"

9월 12일

『경향신문』, 3면, "독도 경비는 반석(盤石), 외침시엔 단호히 분쇄, 김 치안국장 담"

『조선일보』, 2면, "외침시엔 국방력을 동원. 독도 방위에 간반의 준비 완료"

9월 13일

『조선일보』, 3면, "독도 근해를 유익(遊弋), 경비정 장비를 강화"

9월 24일

『경향신문』, 1면, "독도 문제, 국재(國裁)에 일(日) 제소?"

『동아일보』, 1면, "국제재(國際裁)에 제소? 독도 문제에 일(日) 고관(高官) 망언"

9월 25일

『조선일보』, 1면, "국재(國裁) 제소 고려, 일 독도 문제를"

『조선일보』, 1면, "팔면봉(八面鋒)"

9월 26일

『경향신문』, 1면, "독도 문제를 국재(國裁)에 제소, 일(日) 내각서 결정"

9월 27일

『경향신문』, 1면, "여적(餘滴)"

『동아일보』, 1면, "국재(國裁) 제소란 해괴, 독도사건, 정부, 일(日)에 반박 회답 호(乎)"

『서울신문』, 1면, "국재(國裁) 제소(提訴)란 가소(可笑), 정부 독도 문제에 각서(覺書) 발송"

『조선일보』, 1면, "일, 김 공사에 제의, 독도 문제의 국재 제소"

9월 29일

『경향신문』, 1면, "독도는 한국 영토, 일본의 부당한 주장 단호 일축"

『동아일보』, 1면, "일측 주장을 일축, 독도 문제 주일대표, 일(日)에 각서"

9월 30일

『경향신문』, 1면, "국재(國裁) 제소는 부당, 외무부서 독도 문제로 성명"

『동아일보』, 1면, "외무부 불응 성명, 일의 독도 문제 제소설"

『마산일보』, 1면, "독도는 한국 영토, 외무부서 일 주장 논박"

『조선일보』, 1면, "독도 문제 국제제소란 어불성설. 주일 대표부서도 일본에 강경각서"

10월 3일

『경향신문』, 4면, "왜인고(倭人考), 섬, 이원영"

『동아일보』, 1면, "[사설] 독도 문제에 대한 일본의 망론"

10월 6일

『경향신문』, 2면, "독도 침범엔 발포, 김 치안국장, 강경책 시사"

『동아일보』, 2면, "일(日) 독도어 상륙 시도, 아(我) 경비진에 놀라 퇴각?"

『조선일보』, 1면, "김(金) 공사 귀국, 독도 문제 등 협의"

10월 7일

『경향신문』, 1면, "김 주일공사, 경무대에 보고"

『동아일보』, 1면, "한일관계 보고, 김 공사, 이 대통령 방문"

『조선일보』, 2면, "일선(日船) 독도에 접근, 아측 포문에 놀라 도주"

10월 8일

『경향신문』, 1면, "한일회담 조건 제시, 김 공사 기자회견에서 수긍"

『조선일보』, 1면, "일, 신 타협안 제시, 김 공사, 한일회담 재개 조건을 강조"

10월 10일

『동아일보』, 1면, "대일문제 모종 훈령, 김 공사 취임 후 동향 주목"

10월 13일

『조선일보』, 1면, "먼저 재산권 포기, 변 총리, 한일회담 재개 조건 견지"

『조선일보』, 1면, "김 공사 취임, 등경서 성명 발표"

10월 14일

『조선일보』, 2면, "매점매석은 처벌, 김 치안국장, 불화(弗貨) 약탈사건도 언급"

10월 16일

『마산일보』, 1면, "일본 성의 표시 여하로 한일회담 재개 용의, 김 공사 외국 기자회견서 언명"

10월 25일

『경향신문』, 2면, "재일교포 위문단, 23일에 본사 방문"

10월 26일

『마산일보』, 1면, "일(日), 독도 문제 제소 실패, 한일회담 재개에 난제 개입"

10월 30일

『조선일보』, 1면, "한일회담 재개 필지(必至), 일본 정부 기관지, 낙관적 보도"

『경향신문』, 1면, "독도 문제 국재 제소 거부, 김 공사, 일본에 정식 각서 수교"

『경향신문』, 1면, "여적(餘滴)"

『동아일보』, 1면, "한국 측 정식 거절, 일(日)의 독도 문제 국제재(國際裁) 제소"

『마산일보』, 1면, "독도 엄연한 한국 영토, 국제재판소 제소 거부, 김 공사 일에 공식 각서 수교"

『조선일보』, 1면, "국제사법재판소 제소란 어불성설, 독도 문제 김용식(金溶植) 공사 일본에 각서수교"

10월 31일

『조선일보』, 1면, "일, 선전효과 기도, 독도 제소 거부에"

『마산일보』, 1면, "독도 제소 거부 후, 일본 태도 극(極) 주목"

11월 12일

『조선일보』, 2면, "독도, 확연한 우리 영토, 60년 전 일본인 간행지도에도 명시"

11월 14일

『서울신문』, 2면, "독도 영유권과 국재(國裁) 제소(提訴) 거부 이유"

11월 16일
『경향신문』, 2면, "독도시찰위문단, 대구서 현지로 향발"

11월 20일
『동아일보』, 1면, "[사설] 한일관계와 대통령 담화"

11월 22일
『경향신문』, 2면, "해괴한 일 정부의 처사, 독도 우표 붙인 우편물 반송 결정"
『서울신문』, 2면, "가소로운 일(日) 정부의 망동, 독도 우표를 부인, 우편물 취급 않겠다고 항의 운운"

11월 24일
『동아일보』, 1면, "한국 해안포 사격, 독도 접근한 일선(日船)에"
『마산일보』, 2면, "국제우편협정의 위반, 갈 처장 독도 우표에 일(日) 태도 공박"
『조선일보』, 2면, "국제협정의 우관. 일(日)의 독도 우표 붙인 우편물의 반송설, 갈(葛) 처장, 한일우호 저해를 지적"

11월 25일
『경향신문』, 3면, "독도에 접근한 일선(日船), 해안포 사격에 격퇴"
『경향신문』, 3면, "수복지구에 우체국 개설, 체신장관, 독도 우표 언급"

11월 28일
『동아일보』, 1면, "독도 그린 우표 거부, 일(日) 각의서 정식 결정"

11월 29일
『마산일보』, 1면, "독도 그린 우표 거부, 일(日) 각의 정식 결정"

12월 1일

『서울신문』, 2면, "괘씸! 독도 표식 우표에 X 소인(消印), 배달은 하면서도 일(日)의 망동"

12월 2일

『마산일보』, 2면, "독도 우표 문제, 일측에서 항서"

『서울신문』, 3면, "체신부 장관 언급, '만국우편사무국에 항의할 터', 독도 우표 X 소인 사건 추궁"

12월 5일

『조선일보』, 2면, "독도는 한국 영토, 170년 전 일인 제작 지도에 명시, 영국박물관서 문헌 발견"

12월 7일

『동아일보』, 2면, "패류 번식 적지, 독도 수산 실태 조사"

12월 8일

『동아일보』, 1면, "독도 문제 유엔 제소, 강기(岡崎) 일 외상 또 망언"

『조선일보』, 1면, "독도 문제의 국련(國聯) 제소 고려, 일본 부수상 언명"

『마산일보』, 1면, "일측 망동을 응시! 강기(岡崎) 부수상, 독도 문제 고집"

12월 16일

『조선일보』, 3면, "일 정부의 항의는 부당한 간섭, '독도 우표' 사용은 정당, 김(金) 주일공사, 14일 회답 전달"

12월 17일

『서울신문』, 1면, "독도 문제와 나 (최남선)"

12월 19일

『경향신문』, 2면, "구산(鳩山) 나 각과 일 정국 전망, 한일문제와 관련하여"

12월 20일

『경향신문』, 2면, "갑오년의 기결미결, 외무·국방부 편, 외교에 다소 성과, 군확(軍擴)어의 업적은 찬연"

『조선일보』, 3면, "쌀 없어 기아 상태, 독도수비대서 구호 요청"

12월 22일

『서울신문』, 2면, "'독도 우표'는 정당, 일 정부서의 불법화 계획 좌절"

12월 30일

『경향신문』, 1면, "갑오년 일지④"

색인

ㄱ

갈홍기 78
강기(강기승남) → 오카자키 가쓰오
강기문 179
거문도 29, 46, 47, 83, 191, 298
거제도 220
공암 121
과도정부 → 남조선과도정부
관음도 121, 128
광영호 55. 59, 128, 232, 234, 240
구국찬 7
구즈류호 62
국제사법재판소 79, 80, 85, 401, 407, 408, 410, 412, 424, 426, 429, 430, 431, 432, 444
권대일 35, 274
극동공군 55, 56, 233, 351, 391
극동위원회 26, 29
극동자문위원회 29
길전 → 요시다
김동욱 75, 372, 373, 374, 376, 386
김상돈 73, 75, 76, 372, 373, 374, 376, 377, 383, 386, 388
김영택 250

김옥균 122
김용식 79, 132, 248, 250, 252, 399, 419, 420, 422, 426, 445
김원용 59, 132, 248, 250, 252
김자주 48, 197
김장흥 71, 370, 403, 404, 418
김정실 265, 279
김종원 81, 149
김준길 377
김준혁 62
김한용 5, 6

ㄴ

나가라호 67
남조선과도정부 4, 32, 33, 34, 35, 36, 83, 95, 134
노시로호 68

ㄷ

대마도 45, 60, 83, 177, 187, 201, 213, 216, 242, 281, 385
대원사 122
대일강화조약 → 샌프란시스코강화조약
대일구화조약 188, 190, 274
대전호 36, 37, 103, 107, 109, 111

덕도 191

덜레스, 존 포스터 44, 45, 46, 184, 187, 188, 191, 203

도동 36, 37, 38, 46, 107, 109, 112, 115, 117, 122, 135, 136, 162, 163, 225, 250, 252, 253

도러섬 260

독도개발주식회사 340

독도방위대책위원회 72, 342, 343

독도수비대 73, 82, 448

독도시찰위문단 81, 433

독도시찰위원단 73, 75, 76, 373

독도의용수비대 7, 73, 81, 342

독도의용자위대 73

독도자위대 70, 71, 72, 73, 341, 343, 346

독도조난어민위령비 43, 44, 49, 67

독도폭격사건 5, 26, 28, 30, 40, 44, 52, 54, 56, 61, 83, 235, 246

독섬 67, 113, 141, 143, 446, 447

돌섬 273

돗토리현 30, 32, 188, 189, 292

동도 4, 32, 194, 315, 326

동방도 164

ㄹ

량코도(량꼬도) 194, 446, 447

러스크, 딘 47

러스크 서한 47

류큐 44

리앙코르도 29, 31, 67, 322, 446

리앙코르호 446

ㅁ

말릭, 야콥 44, 184

맥아더 라인(맥아더선) 27, 41, 42, 43, 47, 50, 53, 83, 99, 144, 175, 177, 178, 179, 192, 221

맥아더, 더글러스 42

모시개 315, 326

미일합동위원회 56, 61, 62, 84

ㅂ

박병주 345

박재동 41, 158, 168, 170

박천일 370

방종현 132

배승희 369

백두진 72

변영태 426

ㅅ

사카이미나토(사카이) 30, 32, 73, 93, 292, 363

사토 다쓰오 70

삼국접양지도 52

삼국통람도설 52

삼봉도 48, 111, 197, 213, 260, 273

샌프란시스코강화조약 26, 27, 29, 44, 45, 46, 47, 48, 50, 53, 187, 192, 193, 200, 203

서덕균 316

서도 32, 194, 197

서방도 164

서이환 271, 272, 274
석주명 121, 132
성인봉 104, 121, 135, 151, 177
손원일 41, 66, 177
송석하 35, 105, 121
수색위원회 33, 34, 83, 95, 97
시마네호 62
시모노세키 74, 348, 349, 354, 357, 359, 362
신석호 31, 35
심흥택 31, 33, 39
십정신(辻政信) 324, 381

ㅇ

안용복 101
안재홍 33, 35
애치슨, 조지 29
양유찬 45, 187
연합국최고사령관 26, 41, 42, 49
염우량 75, 372, 373, 374, 376, 386
오가사와라 제도 44
오가타 다케토라 80
오카자키 가쓰오(강기승남) 61, 66, 68, 80 256, 257, 294, 305, 320, 328, 329, 416
오키호 62, 77, 395
옥승식 132, 345
요시다(길전) 313, 328, 415, 416, 449
우도 32
우문 286
우산중학교 116, 117, 136
울릉도 자위대 82

울릉도·독도학술조사단 5, 6, 54, 56, 67, 84, 229, 230, 231, 232, 245, 247, 248, 315, 345
울릉도개발주식회사 344
울릉도학술조사대 4, 34, 96, 103, 105, 129, 132, 133, 135, 137, 139
웨이랜드 61
유승준 63, 265, 276, 284, 296
유인목 296
유진오 46, 190
유하준 40, 150, 155, 167
유홍렬 250, 345
윤성순 265
윤치영 149, 276, 278, 279, 281, 282, 283, 284, 285, 286, 287
이기붕 386, 388
이문엽 39, 141
이사부 115, 122
이수영 370
이어도 → 파랑도(이어도)
이용설 286
이정윤 71, 340
이정재 377
이종욱 283
이종형 63, 283
이철원 49, 206
임병직 42
임상욱 7
임석제 301

임자평 → 하야시 시헤이

ㅈ

장흥 116

저동 162

저포 315

정일형 330

정재원 433

정환범 42

제5공군 55, 56, 58, 233, 235. 240

제주도 29, 46, 47, 60, 83, 99, 144, 150, 175, 177, 188, 191, 204, 216, 220, 237, 242, 282, 298

조경규 371, 372, 376, 383, 384

조봉암 271, 288, 289

조선산악회 4, 34, 35, 39, 83, 96, 100, 102, 103, 109, 111, 127, 132, 133, 145, 146

조선수로지 446

조선지지자료 263

조재천 49, 206

조준영 377

조취현 → 돗토리현

좌도 32

주일한국대표부 42, 62, 79, 211, 258, 293, 411

직녀호 362, 363

진남호 54, 57, 58, 59, 230, 234, 239, 240

ㅊ

청한명세신도 432

최계복 4, 124, 127

최남선 66

최희송 31, 33. 92

추인봉 35, 274

칠성호 362, 371, 372. 376

ㅋ

카이로 선언 26, 185

클라크 60, 241

클라크 라인 60

ㅍ

파랑도(이어도) 46, 47, 48, 83, 188, 216, 270, 281, 282

파랑서 144. 204

평화선 50, 204, 222, 305, 366, 367, 371, 385, 388

포츠담 선언 26, 50, 51, 52, 84

ㅎ

하관 → 시모노세키

하야시 시헤이(임자평) 52, 63, 219, 263, 308, 441

한국산악회 5, 6, 50, 54, 63, 67, 84, 213, 227, 230, 312, 315, 391

해양경찰대(해경대) 69, 75, 81, 82, 333, 334, 347, 350, 352, 354, 362, 363, 364, 367, 371, 374, 376, 377, 380, 384, 404

행남 162

허정 51, 212

허필 30, 31

허학도 81
헤링턴 183
헤쿠라호 65, 292
홍순엽 7
홍순칠 7, 73
홍이섭 345
홍종인 6, 34, 35, 38, 39, 48, 54, 56, 57, 121, 132, 133, 135, 137, 146, 204, 226, 232, 234, 238, 265, 275, 312, 315, 317, 321, 345,
화성호 75, 371, 374, 376, 377

황병규 281
황산덕 345
황성수 63, 263, 265, 268, 270, 272, 278, 282, 285, 288
히바타 셋코 33

Liancourt → 리앙코르도
SCAPIN 제677호 26, 49
SCAPIN 제1033호 26
SCAPIN 제2046호 43
UN군 59, 60, 61, 241, 255

자료 출처

신문

- 국립중앙도서관(디지털화 자료: 신문)

  『강원일보』, 『공업신문』, 『대구시보』, 『대동신문』, 『대공일보』, 『독립신보』, 『마산일보』, 『부녀일보』, 『부인신보』, 『수산경제신문』, 『영남일보』, 『자유신문』, 『조선중앙일보』, 『한성일보』

- 국사편찬위원회

  『남선경제신문』, 『대구매일신문』, 『독립신보』, 『서울신문』, 『평화신문』, 『민주신보』

- 국내 신문사 및 네이버 뉴스 라이브러리

  『경향신문』, 『동아일보』, 『조선일보』

사진 및 문서

- 조선산악회 울릉도학술조사대 독도 학술조사(1947년)
  - 촬영: 최계복, 제공: 한국산악회
- 한국산악회 울릉도·독도학술조사단 독도 학술조사(1953년)
  - 촬영: 김한용, 제공: 국립아시아문화전당
- 독도 경비초사 및 표석 제막 기념(1954년)
  - 제공: 홍인근
- 국회 회의록
  - 제2대 국회 제16회 제17차 국회 본회의(1953년 7월 6일)
  - 제2대 국회 제16회 제18차 극회 본회의(1953년 7월 7일)
  - 제2대 국회 제16회 제19차 극회 본회의(1953년 7월 8일)
  - 제3대 국회 제19회 제26차 극회 본회의(1954년 8월 6일)

동북아역사 자료총서 60

광복 후 독도와 언론보도 II
1945~1954년의 독도

초판 1쇄 인쇄 2021년 12월 20일
초판 1쇄 발행 2021년 12월 31일

엮은이 홍성근
발행처 동북아역사재단

등록 제312-2004-050호(2004년 10월 18일)
주소 서울시 서대문구 통일로 81 NH농협생명빌딩
전화 02-2012-6065
팩스 02-2012-6189
홈페이지 www.nahf.or.kr
제작·인쇄 공앤박주식회사

ISBN 978-89-6187-706-0 94910
　　　　978-89-6187-584-4 (세트)

- 이 책은 저작권법에 의해 보호를 받는 저작물이므로 어떤 형태나 어떤 방법으로도 무단전재와 무단복제를 금합니다.
- 책값은 뒤표지에 있습니다. 잘못된 책은 바꾸어 드립니다.